21世纪高等学校实用软件工程教育规划教材

J2EE Web核心技术

——Web组件与框架开发技术

杨少波　主编

清华大学出版社

北京

内容简介

J2EE Web 核心技术系列教材在技术主题的定位方面，继续沿用已经出版的“J2EE 项目实训”和“J2EE 课程设计”系列教材的技术风格，选择目前比较热门的 Web 2.0 技术和主流的 J2EE 平台中的各种核心技术，并结合项目开发的具体实例进行详细和深入的介绍。

本书共 9 章，内容分为 3 大部分。前 4 章主要涉及 J2EE Web 核心组件技术及在项目中的具体应用，包括 Web 表现层 JSP 技术基础、Web 表现层 JSP 技术深入、Web 控制层 Servlet 组件技术和 Web 系统架构设计及 MVC 模式等方面的内容；而第 5、6、7 章的内容主要包括 Web 表示层 Struts2 框架及应用、业务控制器 Action 组件及应用、AOP 拦截器组件技术及应用等方面的内容；最后的第 8、9 两章的内容属于 Struts2 框架中的实用开发技术方面的内容。

本系列教材适合作为承担国家技能型紧缺人才培养培训工程的高等职业院校和示范性软件学院的计算机应用与软件工程专业的 J2EE 技术平台应用开发类课程的教材，也可作为自学 J2EE 技术平台软件项目开发和实现的相关技术和知识的技术人员的参考书。当然也可作为各类职业技能培训机构的 J2EE 应用开发类培训课程的教材。

图书在版编目（CIP）数据

J2EE Web 核心技术：Web 组件与框架开发技术 / 杨少波主编. —北京：清华大学出版社，2011.1
（21 世纪高等学校实用软件工程教育规划教材）
ISBN 978-7-302-23349-7

Ⅰ. ①J…　Ⅱ. ①杨…　Ⅲ. ①JAVA 语言－程序设计　Ⅳ. ①TP312

中国版本图书馆 CIP 数据核字（2010）第 152018 号

责任编辑：丁　岭　薛　阳
责任校对：梁　毅
责任印制：何　芊
出版发行：清华大学出版社　　**地　址：**北京清华大学学研大厦 A 座
http://www.tup.com.cn　　**邮　编：**100084
社 总 机：010-62770175　　**邮　购：**010-62786544
投稿与读者服务：010-62795954，jsjjc@tup.tsinghua.edu.cn
质量反馈：010-62772015，zhiliang@tup.tsinghua.edu.cn
印 装 者：北京鑫海金澳胶印有限公司
经　销：全国新华书店
开　本：185×260　**印　张：**23.25　**字　数：**581 千字
版　次：2011 年 1 月第 1 版　**印　次：**2011 年 1 月第1 次印刷
印　数：1～3000
定　价：39.00 元

产品编号：036626-01

系列教材编委会

PREFACE 序言

为了保证我国软件人才的培养，教育部于 2001 年发出了《教育部关于试办示范性软件学院的通知》，迄今为止全国已经拥有 36 家示范性软件学院，在软件人才培养方面开辟出一条崭新且有效的道路，为国家软件产业的迅猛发展提供了人力资源保证。

尽管近年来我国在软件人才的教育、培养方面取得了显著的成就，累计培养软件工程专业毕业生 6 万余人，人才数量与质量年年提高。但目前我国的软件教育也还存在许多问题，例如优秀软件工程专业教材匮乏，教材的理论、技术明显落后。这主要是由于我国高等学校开设软件工程专业的时间相对较晚，目前教学理念、方向、手段和教学内容等尚未统一；兼之软件业发展日新月异，而新理论与新技术从产生到由专家学者著书论述，再到编写教材、出版发行，最后到学校面授往往已经滞后了好几年了。这是目前我国软件工程教育亟须解决的一个难题。

于此，为适应我国经济结构战略性调整的要求和软件产业发展对人才的迫切需求，实现我国软件人才培养的跨越式发展，北京交通大学国家示范性软件学院与清华大学出版社合作，决定推出《21 世纪高等学校实用软件工程教育规划教材》系列丛书，以先进的教学理念和教学方法，最新的实用软件技术提高软件专业的教学水平和教材质量，填补国内高等院校软件专业教材的空白，引导和规范国内高等院校软件专业教育的方向。

北京交通大学国家示范性软件学院成立于 2003 年。作为国家重要的软件人才培养基地，成立 5 年多来，在管理体制、运行机制、教育思想与理念、人才培养方案与课程体系、教学模式与方法、产学研合作等领域大胆创新，探索出一条有效地培养"国际化、工业化、高层次、复合型"软件人才的办学之路，推出了"2+1+1"的人才培养模式。在软件工程专业课程体系建设、专业课程教学、实训实习等方面取得了丰富的经验。

本系列教材是针对当前高等教育改革与发展的形势，以社会对人才的需求为导向，主要以培养高素质应用型软件人才为目标，立足软件工程专业课程体系完善与教材规范。本系列教材以北京交通大学国家示范性软件学院多年教学经验为基础，听取多方面专家的意见，主要结合软件企业的实际需要，由具有丰富行业背景的企业教师执笔完成。主要贯彻"做中学"的教育理念，注重案例体验式教学，注重学生实际能力的培养，供普通高等院校软件工程专业学生参考使用。

由于主观或客观的诸多限制，丛书难免有不尽如人意之处。敬请有志于从事软件工程教育的广大专家、学者、同仁、读者以及软件行业的杰出人士一道，相互切磋探讨，以便共同促进我国软件业的发展和繁荣。

编委会

2008 年 2 月

FOREWORD 前言

1．为什么要提出编写 J2EE Web 核心技术系列教材

1）高校教师希望提供“系列化”的教学支持和帮助

由于高校在校学生在 4 年的学习过程中会处于不同的知识层次和技术应用层次，而不同层次学校的老师和学生对教材的“深、浅”也有不同的需要。J2EE Web 核心技术系列教材分别涉及 XHTML 与 XML 应用开发、Web 组件与框架开发技术等方面的内容，这些技术课程都是目前高校计算机学院和软件学院二年级和高职三年级的通用课程。

作者也将对 J2EE Web 核心技术系列教材做进一步扩展，编写涉及 Java 2 语言及面向对象编程应用和 J2SE 实用开发技术等方面的教材，这些编程语言和应用技术课程都是目前高校计算机学院和软件学院一年级和高职二年级的通用专业基础课程。为高校师生提供多层次的教学支持和技术帮助，以提升高校计算机学院和软件学院的教学质量。

2）目前高校用的 Java 类的教材内容及技术都比较陈旧

J2EE 技术规范从 1997 年开始发布至今已经有 13 年，Java 及 J2EE 技术规范本身也在不断地进行完善和升级，已经发生了根本性的改变。但目前许多高校在 Java 及 J2EE 相关技术及应用的教学中所采用的教材太“语法化和原理化”或者直接采用技术参考资料兼作教材，而且还缺少软件工程中所倡导的“规范性”的内容——如流程和规范、思想和原则、技术和应用，效率和质量，以及协同和协作等方面。

作者本人特向清华大学出版社提出编写“J2EE Web 核心技术”教学系列教材的计划，该计划也是对作者的“软件工程专业项目实训”系列教材（已在 2008 年由清华大学出版社出版）和“软件工程专业课程设计”系列教材（已在 2009 年由清华大学出版社出版）的进一步丰富。该系列教材的出版将为学生进一步学习其他软件开发专业课程和今后从事软件开发工作打下坚实基础，提升学生的职业技能，提高高校学生的就业竞争力。

2．本系列教材在内容方面的主要特色

1）系列教材所涉及的技术主题定位

J2EE Web 核心技术系列教材在技术主题的定位方面，继续沿用已经出版的“J2EE 项

目实训”和“J2EE 课程设计”系列教材的技术风格，选择目前比较热门的 Web 2.0 技术和主流的 J2EE 平台中的各种核心技术，并结合项目开发的具体实例进行详细和深入的介绍。

另外，为了使得本系列教材能够适应不同层次的读者群的要求，每个案例都是针对某类问题的解决方法的模板。

2）与同类技术参考书有本质的不同

目前高校 J2EE 平台软件开发类教材很少，学校采用的几乎都是市场上的“店销”科技书（技术参考书）。但科技书往往只追求技术内容的前沿性，而缺少完整的知识体系，也没有课后练习和教学指导、学习参考，不适合课堂教学。本系列教材不仅在内容的选择方面有别于一般的“店销”技术参考书，而且还为教师和学生提供了日常教学和学习指导——每章都附有教学重点、学习难点和教学注意事项、学习要点等内容，另外每章的案例都提供了程序源代码。将能够更好地帮助授课教师进行日常的教学，提高教学水平和教学效果。

3）系列教材中文字表达的特色

J2EE Web 核心技术系列教材在内容的组织和案例的选择方面，力求避免抽象的理论介绍，而是以目前企业级的软件项目开发实现过程中所涉及的 J2EE 各个核心技术方面的知识为基本素材展开讲解。考虑到高校低年级学生的知识水平和理解力，在教材的文字表达方面采用图义并茂的写作风格，这样能够使学生真正掌握和了解目前企业级的应用系统开发中所需要的知识和技术，授课教师不仅了解教什么，也知道应该如何教。

3．本系列教材在写作风格方面的主要特色

J2EE 课程是一门重要的计算机专业和软件工程专业的专业课或专业限选课程。作者结合自身多年的一线教学活动实践和对多所高校软件学院的本科生和研究生的教学指导，为高校师生提供了一套内容全面和系统、价格适中的 J2EE 开发类的教材。

本系列教材在内容的选择方面不但包括 J2EE 核心技术，还包括目前在软件企业中广泛应用的 J2EE 框架和开源开发工具等方面的内容。书中案例丰富，充分体现了现代软件工程教育中的 CDIO 理念：构思（Conceive）、设计（Design）、实现（Implement）和运作（Operate）。

为了能够在有限的篇幅里讲述最多的技术内容，本教材的写作秉承课程讲授风格，重

点突出、内容精练、案例丰富，对案例的实现都附有详细的实现过程的屏幕截图；作者在多年的 J2EE 一线教学过程中，不断地根据学生的课后反馈对课程讲义内容进行调整、改进和完善，此系列教材的编写将以实际授课的课程讲义为基础。内容的安排不仅适合学生的学习和课后实践，也符合学生的学习习惯和知识水平。

教材中所附的各章练习题难易适中，工作量也适中，有利于学生在课后巩固所学的课堂知识。

4．关于本书的内容介绍

本书共 9 章，内容分为 3 大部分。前 4 章主要涉及 J2EE Web 核心组件技术及在项目中的具体应用，包括 Web 表现层 JSP 技术基础、Web 表现层 JSP 技术深入、Web 控制层 Servlet 组件技术和 Web 系统架构设计及 MVC 模式等方面的内容；而第 5、6、7 章的内容主要包括 Web 表示层 Struts2 框架及应用、业务控制器 Action 组件及应用、AOP 拦截器组件技术及应用等方面的内容；最后的第 8、9 两章的内容属于 Struts2 框架中的实用开发技术方面的内容。

5．适宜的读者对象

本系列教材适合作为承担国家技能型紧缺人才培养培训工程的高等职业院校和示范性软件学院的计算机应用与软件工程专业的 J2EE 技术平台应用开发类课程的教材，也可作为自学 J2EE 技术平台软件项目开发和实现的相关技术和知识的技术人员的参考书。当然也可作为各类职业技能培训机构的 J2EE 应用开发类培训课程的教材。

6．本书的阅读方法

由于本书以及本系列教材侧重于“技术应用及开发实现”，在教材中将会出现大量教学示例。因此，建议读者在阅读本书时最好能够按照本书中所给出的各个示例中的设计方法和实现步骤完成各个章节中提供的练习，这样的学习效果会比较好。

7．致谢

在 J2EE Web 核心技术系列教材的编写过程中，得到了中国科学院计算技术研究所职业培训中心王健华校长的大力支持，感谢王校长对作者在工作上的帮助和指导以及培训中心的各位同事和教师的支持。

中国科学院计算技术研究所职业培训中心长期从事校企合作人才培养、企业内训、职业技能提升和项目管理等领域的咨询、教学和技术服务方面的工作，也会不断地为高校提供实用型和高质量的教学辅导参考教材。

编　者

2010 年 5 月

CONTENTS

目录

CONTENTS

CONTENTS

第1章　Web表现层JSP技术基础

CHAPTER 1

Java 2平台企业版（Java 2 Platform Enterprise Edition，J2EE）是一种利用Java 2平台简化企业级解决方案的开发、部署和管理等相关的复杂问题的体系结构，而Servlet和JSP是J2EE Web层中的两个主要的核心组件。JSP页面是由HTML标签和嵌入其中的Java脚本代码所组成的，整个JSP页面经过服务器动态解析处理后，最终将生成的标准HTML页面标签返回给客户端的浏览器。

JSP页面具有响应速度快、与应用服务器和操作系统平台无关等技术特性，并且在开发中可以重用Java系统中的各种成熟的资源，因此，应用JSP技术能够更加容易和快捷地构造基于Web的应用系统。本章主要介绍J2EE Web组件开发技术的入门知识，涉及HTTP超文本传输协议、软件架构设计中的三层体系架构和J2EE Web JSP技术及应用等方面的内容，还会重点介绍JSP页面中的指令和标准动作标签等方面的知识。

1.1　Web服务器端程序开发技术基础

1.1.1　HTTP超文本传输协议

HTTP协议是W3C于1990年颁布的一个属于应用层的面向对象的协议，主要适用于分布式超媒体信息系统，目前的版本是HTTP 1.1。尽管HTTP协议是构建在TCP/IP之上的协议，但其实HTTP协议本身并无此应用限制。

1. 什么是HTTP协议

1）超文本传输协议

HTTP（Hypertext Transfer Protocol）协议是指客户端程序（Web浏览器、网络爬虫或者其他的应用程序）与Web服务器（提供WWW类型服务的主机）的请求/响应的交互过程中所必须要遵循的规则和数据格式（通信规范）。

它是目前在因特网（Internet）上使用最广泛的应用层协议（在应用层协议集中，还包括电子邮件协议 SMTP 和 POP3、文件传输协议 FTP、远程登录协议 Telent 和域名系统 DNS 等协议）。

HTTP 协议主要用于传输采用超文本标记语言（Hyper Text Markup Language，HTML）实现的页面文件（俗称网页），客户端浏览器与 Web 服务器之间通过这个协议，使得网络用户可以浏览各种网络信息，并通过特定的程序与 Web 服务器进行人机交互（请求响应）。

2）HTTP 协议中的用户代理

基于 HTTP 协议的客户端程序（如浏览器等）也称为用户代理（User Agent），在用户代理和目标服务器之间可能存在多个不同形式的中间层（如代理、网关等）。浏览器也并不是基于 HTTP 协议的唯一客户端程序，在应用中还可以有搜索引擎、手机、掌上计算机、数字电视机顶盒等设备和程序也通过 HTTP 协议与对应的 Web 服务器之间进行通信和数据交换。

2. HTTP 协议主要的技术特性

1）HTTP 协议是建立在 TCP/IP 上层的应用层协议

HTTP 协议不仅保证客户端程序（特别是 Web 浏览器）正确和快速地传输超文本文件信息，而且是一个基于请求/响应模式的无状态的协议。HTTP 协议之所以简单和能够快速响应，主要是由于客户端程序向服务器端程序发送 HTTP 请求时，只需要传送请求的方式和目标资源的路径和文件名，并且请求的方式可以为 get，post 和 head 等多种形式。

2）HTTP 协议是一个基于请求/响应模式的无状态的协议

基于请求/响应也就意味着客户端每次需要更新信息时都必须要重新向 Web 服务器发出请求，并获得 Web 服务器端返回的信息后再更新当前的屏幕内容。协议的状态是指在下一次传输时可以保留本次传输信息的能力，而无状态（Stateless）也就是指 HTTP 协议对于事务处理没有记忆的能力（如 Web 服务器对客户端程序的两次请求无法区分是同一个客户端程序的两次请求还是两个不同的客户端程序的请求），如果用户代理在后续处理中需要应用前次请求的信息，则必须重新获得。

HTTP 协议具有无状态的特性，也就意味着客户端浏览器获取了所请求的目标资源后，将与 Web 服务器之间断开网络连接而空出不再需要的网络连接资源。因此，无状态的特性可提升分布式应用系统的性能，也允许在同一个页面中包含分布在相距很远的不同服务器中的其他信息。也正是由于 Web 服务器不需要保留之前的响应信息，才使得 Web 服务器的应答过程比较迅速。

但无状态的特性将会导致每次连接传送的数据量增大，同时也为实现会话跟踪带来一定的技术实现上的复杂性。

3）无永久连接

HTTP 协议所具有的无永久连接（Permanent Connection）的含义是指限制每次连接只处理一个请求，并且服务器处理完客户端程序的请求并收到客户端程序的应答信息后立即断开与客户端程序之间的网络连接，从而提高传输性能和减少传输时间。

3. HTTP 服务器默认的 TCP 连接的端口为 80

每当客户端程序向 Web 服务器发送一个 HTTP 请求后，也就建立出一个到 Web 服务器指定端口（默认为 80）的 TCP 连接。Web 服务器一旦收到客户端的请求后就会向客户端程序发回一个状态行（如“HTTP/1.1 200 OK”）和响应的消息，最后关闭网络连接。

如果 HTTP 服务器的端口号不为 80，则在访问该 Web 服务器时必须给定具体的端口号。比如，Tomcat 服务器默认的 HTTP 端口号为 8080，因此在浏览器端请求部署在 Tomcat 服务器中的某个 Web 站点页面时，需要在浏览器的 URL 地址信息中指明 8080 端口号值。

4. HTTP 协议中的请求头和响应信息

1）HTTP 消息的基本组成

HTTP 消息包括客户端程序向 Web 服务器端发送的请求消息和 Web 服务器端程序向客户端程序（如浏览器）返回的响应消息，而且它们都由一个请求起始行、一个或者多个头域、一个标识头域结束的空行和可选的消息体组成。

2）HTTP 协议中头域的基本组成

HTTP 协议中的头域主要包括通用头、请求头、响应头和实体头 4 个部分。每个头域由域名、冒号（:）和域值 3 部分组成。域名是与大小写无关的，域值前可以添加任何数量的空格符，头域可以被扩展为多行，在每行开始处，使用至少一个空格或制表符标识。

在 HTTP 协议中的请求头中包含请求的方法、URL、协议版本、请求修饰符、客户端信息和请求的具体内容等信息。如下为一个典型的请求头中的结构信息内容。

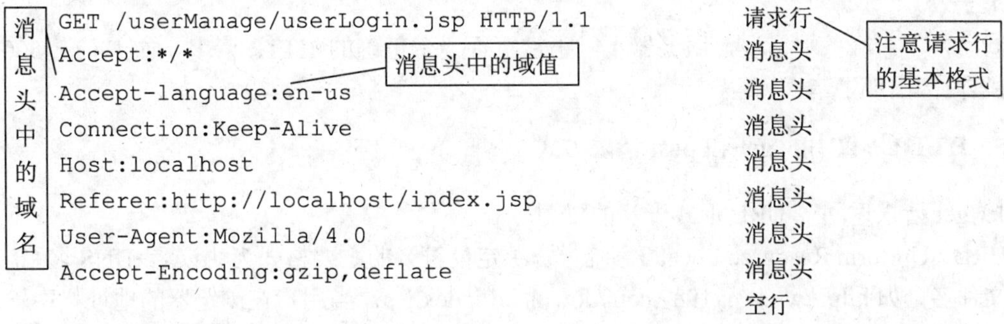

其中的请求行的基本格式为：请求方法+空格+请求 URL+空格+HTTP 协议版本+回车换行。而在 get 请求方式中的实体行为空，只有 post、put 和 delete 等请求方法中才有实体行。在实体行中主要存放 HTTP 请求的内容，如参数信息和表单中各个成员域请求提交的数据等。

3）Web 服务器返回的响应信息格式

Web 服务器对客户端的请求以一个状态行（包含响应码）作为响应，在响应的信息内容中包括协议的版本、成功或者错误的编码、服务器状态信息、实体元信息以及可能的实体内容。如下为一个典型的响应头中的结构信息内容。

```
HTTP/1.1 200 OK                                   状态行
Server: Apache-Coyote/1.1                         消息行
Content-Type:text/html;charset=ISO-8859-1         消息行
Transfer-Encoding: chunked                        消息行
Date:Wed, 18 Nov 2009 02:56:21 GMT                消息行
                                                  空行
<HTML>页面内容                                     实体行
```

4）响应消息中的实体内容

响应消息的实体内容就是网页文件的内容，也就是在浏览器文档窗口内右击，并在弹出的快捷菜单中选中“查看源文件”子菜单后，所看到的文本内容。如果采用 HTTP 1.1，并且 HTTP 响应消息中包含实体内容，且没有采用 chunked 传输编码方式，那么在响应消息头中必须包含指明内容长度的字段。

5）主要的响应输出的状态码及其功能说明

响应输出的状态码（Status Code）是一个 3 位数字的状态结果的代码，用于标识请求是否被正确响应。状态码中的第一个数字定义了响应的类别，随后的两个数字不起分类的作用。第一个数字可取如下所示的 5 个不同的值之一，它们的含义如下。

① 1××：信息响应类，表示接收到请求并且继续处理。

② 2××：请求处理成功的响应类，表示请求被成功接收和处理，如 HTTP 200（表示一切正常）。

③ 3××：重定向响应类，为了完成指定的请求动作，必须接受进一步的请求处理。

④ 4××：客户端错误，客户请求包含语法错误或者不能正确执行，如 HTTP 400（表示请求无效）。

⑤ 5××：服务端错误，服务器不能正常执行一个正确的 HTTP 请求，如 HTTP 500（服务器内部出现了错误）。

5. HTTP 协议中的 get 和 post 请求方式

1）get 请求返回以 URL 形式表示的资源

URL（Uniform Resource Locator，统一资源定位符）的主要格式为协议名+DNS 名+请求的文件名，如 http://www.px1987.com/download/index.jsp。当用户在浏览器的地址栏中输入指定的网址或者以在页面中单击超链接的方式访问目标页面时，浏览器将采用 get 方法向服务器获取资源。在 get 请求中可以发送查询参数字符串（Query String，也就是在 URL 地址后用“？”附加的参数列表），如图 1.1 所示。

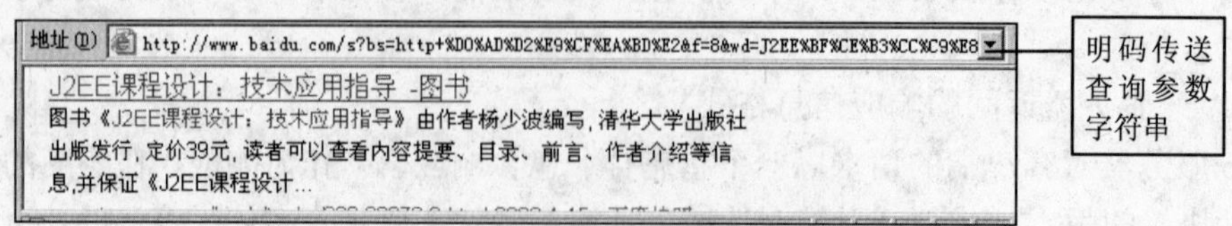

图 1.1　在 get 请求中也可以携带查询参数字符串信息

get 请求方式下可传递的信息量是有限的，而且是明码传送信息，所有的请求信息都在浏览器 URL 地址栏中出现。因此，传送用户敏感的个人信息（如密码等）时，最好不要采用 get 请求方式，而应该要采用 post 请求方式。

2）post 请求是通过表单实现的

通过表单不仅可以产生 get 请求，也可以产生 post 请求。但使用 get 方式提交表单和使用 post 方式提交表单的主要不同之处在于 get 请求方式下，显示追加了查询字符串的表单参数，而 post 请求是连同请求消息体和表单参数一起发送的。

因此，post 请求可以封装大量的信息，而且还可以发送大数据量的附件文件，能够满足文件上传等形式的应用要求，并且采用 post 请求方式发送信息时不将信息直接输出在浏览器的 URL 地址栏中，加密传送，更安全可靠。Web 服务器端程序通过分析封装的 post 消息来处理其中的请求数据。

6. 实现 post 请求的应用示例

1）post 请求的实现形式

所有的 post 请求只能通过 Web 表单的形式产生，提交方式又可分为直接提交（利用 submit 类型的按钮提交）和间接提交（利用脚本代码实现提交）。

2）直接产生 post 请求提交

例 1-1 为某个 Web 系统中的用户登录表单的 HTML 标签代码示例，并且在表单<form>标签中设置 method 属性值为 post（表示采用 post 请求提交方式）。因此，当单击表单中的【提交】按钮后，立即向 Web 服务器端的程序（本示例为/webcrm/userInfoServlet. action）发送 post 请求。

例 1-1　某个系统中的用户登录表单代码示例。

指明请求方式为 post 方式

```
<form action="/webcrm/userInfoServlet.action" method="post" >
    您的名称：<input type="text" id="userName"  /> <br/>
    您的密码：<input type="password" id="userPassWord" /> <br/>
    <input type="submit" value="提交" id="submitButton" />
</form>
```

指明该按钮为提交类型的按钮

3）间接产生 post 请求提交

由于单击某个“非提交类型的按钮”本身并不能真正地产生提交请求，而只有通过 JavaScript 脚本程序才能完成最终的请求提交，这样的请求提交方式称为间接提交。如下为一个表单中的普通按钮，但在其中添加了 onclick 鼠标单击事件响应的 JavaScript 代码（黑体标识），并且通过其中的 JavaScript 脚本程序最终产生提交。

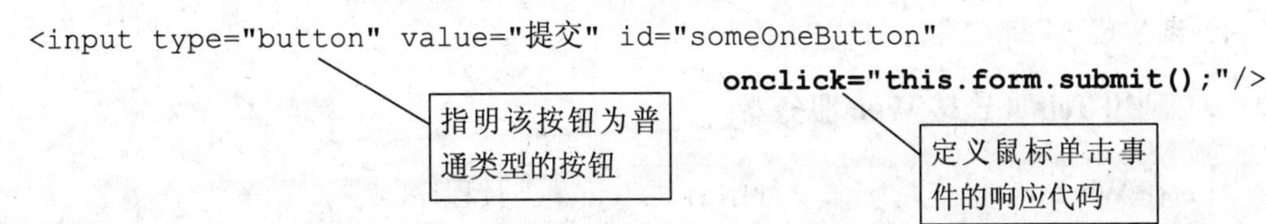
<input type="button" value="提交" id="someOneButton"
onclick="this.form.submit();"/>
指明该按钮为普通类型的按钮
定义鼠标单击事件的响应代码

7. 实现 get 请求的应用示例

1）get 请求提交通过 Web 表单产生

如果将例 1-1 示例代码中的<form>标签内的 method 属性改变为 method="get"，则例 1-1 中的用户登录表单将产生 get 方式的请求提交。当然，如果在<form>标签内没有指定 method 属性，此时的 Web 表单也将产生 get 方式的请求提交。

2）get 请求提交通过直接给出各种形式的 URL 地址信息产生

get 请求提交的产生方式比较灵活多样，不仅可以通过表单产生，也可以通过给出各种形式的 URL 地址信息产生。产生的 URL 地址信息可以是如下几种方式之一。

① 在浏览器的地址栏中直接输入某个目标资源文件的 URL 地址，如 http://www.px1987.com/getSubmit.jsp?name=www&id=2。

② 在 Web 页面的超链接上，如<a href="showInfo.jsp?id=1&type=2">显示结果</a>。

③ 在帧（窗框）标签的 src 属性中，如<frame src="mainPage.jsp" name="mainFrame">。

④ 在 JSP 页面内的重定向语句中，如 response.sendRedirect("index.jsp")。

⑤ 在客户端 JavaScript 脚本语言程序中的 document 对象中，如 window.location.href = "index.jsp"。

⑥ 在客户端 JavaScript 脚本语言程序的 window 对象的 open 函数中，如 window.open("index.jsp")。

8. 利用 Telnet 发送请求以观察 HTTP 请求和响应数据

1）Telnet 程序的主要功能

Telnet 为用户提供了在本地计算机上完成操作和控制远程服务器主机的能力，在终端使用者的计算机中使用 Telnet 程序，可以连接到远程服务器。在 Telnet 程序中输入操作命令，就可以在本地计算机中控制远程服务器。如果在连接远程服务器时需要进行访问验证，那么在开始一个 Telnet 会话时，必须输入用户名和密码来登录远程服务器。

在 Windows 操作系统中提供了 Telnet 客户端程序和服务器端程序，其中的 telnet.exe 是 Telnet 的客户机程序，而 tlntsvr.exe 是 Telnet 的服务器程序。此外，Windows 操作系统还提供了 Telnet 服务器管理程序 tlntadmn.exe。

2）本实验的目的及所依据的原理

利用 Windows 操作系统中的 Telnet 客户端工具程序，通过手动输入 HTTP 请求信息的方式，向 HTTP 服务器发出 HTTP 请求，HTTP 服务器接收、解析和处理请求后，将会返回一个 HTTP 响应信息。该响应信息会在 Telnet 客户端工具程序的窗口中显示输出，从而可以非常直观地了解 HTTP 协议和加深对 HTTP 协议的通信过程的认识。下面将介绍本实验的详细实现过程和步骤。

9. 利用 Telnet 连接 Web 服务器

1）在 Windows 操作系统命令行中启动 Telnet 工具程序

在 Windows 操作系统中，单击【开始】→【运行】菜单，在弹出的【运行】对话框中输入“cmd”命令进入 Windows 操作系统的命令行方式窗口，如图 1.2 所示。

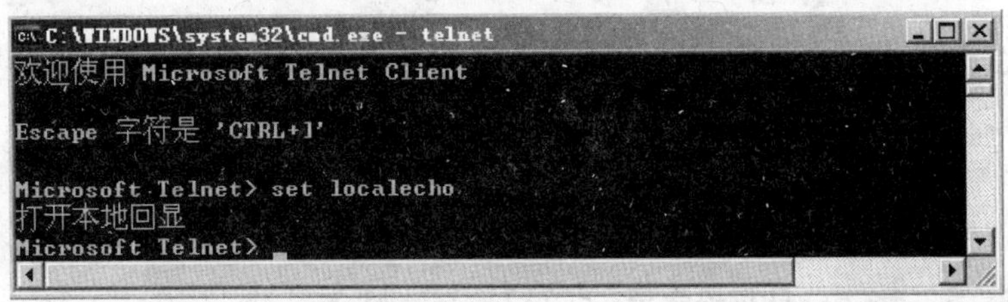

图 1.2　Telnet 命令行方式的窗口

在命令行中输入 Telnet 命令以启动 Telnet 工具程序，并进入 Telnet 命令行方式的窗口；然后在 Telnet 命令行中输入如下命令：set localecho，可以打开 Telnet 回显功能。

2）连接目标 Web 服务器

在 Telnet 命令行中输入如下命令：open www.sohu.com 80（回车），可以连接远程 Web 服务器，其中的“www.sohu.com”表示本实验是连接搜狐的服务器。但要注意其中的端口号 80 不能省略（因为 Web 服务器的默认端口号为 80），最终的操作结果如图 1.3 所示。其实可以直接在 Windows 操作系统命令行中输入如下命令，也能够达到相同的效果：telnet www.sohu.com 80（回车）。

图 1.3　连接搜狐 Web 服务器后的操作结果

但在如图 1.3 所示的窗口内显示出“连接失败”的错误提示，主要的错误原因是 Telnet 命令程序不能通过代理服务器上网连接，而必须是直接连接 Web 服务器。作者在做这个实验时是利用代理服务器上网。

3）启用本机中的微软 IIS 5.0 Web 服务器

在 Windows 操作系统中内带有 IIS 5.0（Internet Information Server，Internet 信息服务器），在 Windows 操作系统中的【控制面板】程序内的【管理工具】中包含【Internet 信息服务（IIS）管理器】的程序图标，单击该图标可以进入 IIS 5.0 Web 服务器的管理控制台窗口。IIS 5.0 Web 服务器在默认时，Web 服务是自动开启的。

如果本机中的 IIS 5.0 Web 服务器已经启动，就可以在浏览器的 URL 地址栏中输入 http://127.0.0.1/或者输入 http://127.0.0.1/iisstart.htm 浏览 Web 服务器中的默认首页面，通过这两种方式都能够出现如图 1.4 所示的页面信息，表明本机中的 IIS 5.0 Web 服务器已经启动。

4）利用 Telnet 连接本地 IIS 5.0 Web 服务器

在 Windows 操作系统命令行中直接输入如下命令：telnet 127.0.0.1 80 （回车），直接让 Telnet 程序连接本地 IIS 5.0 Web 服务器，如图 1.5（a）所示，将进入 Telnet 命令行方式的窗口。然后在 Telnet 程序内命令行方式中“摸黑”输入下面两行命令信息：

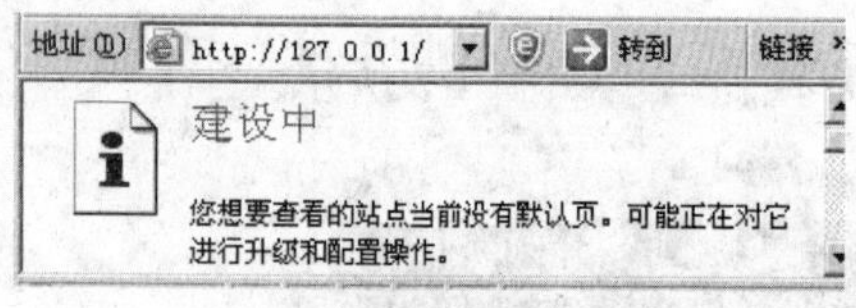

（a）查看方式一

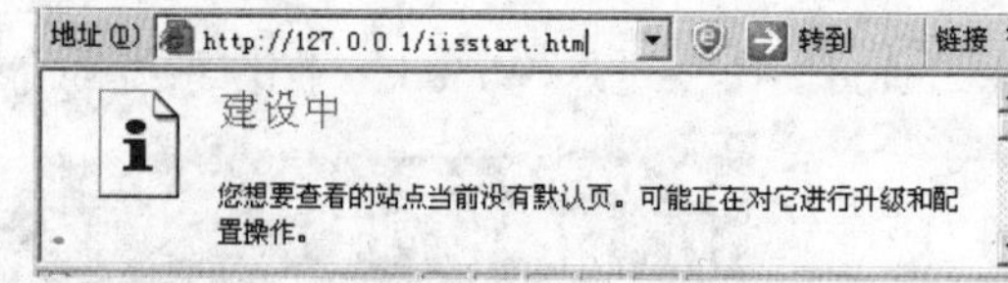

（b）查看方式二

图 1.4　两种查看方式下的浏览结果

```
Get（空格）/iisstart.htm（空格）HTTP/1.1（回车）
Host:（回车）（回车）
```

注意其中的空格和回车符号不要省略，这里的“摸黑”的意思是由于在 Telnet 窗口中没有设置命令回显，不能显示出所输入的命令字符串。最后将看到如图 1.5（b）所示的结果，该信息是对 IIS 5.0 Web 服务器发送 get 请求（对 iisstart.htm 页面文件请求）后 Web 服务器返回的响应消息。

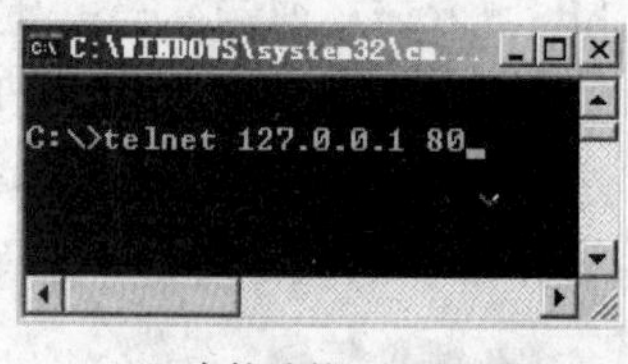

（a）直接连接 Web 服务器

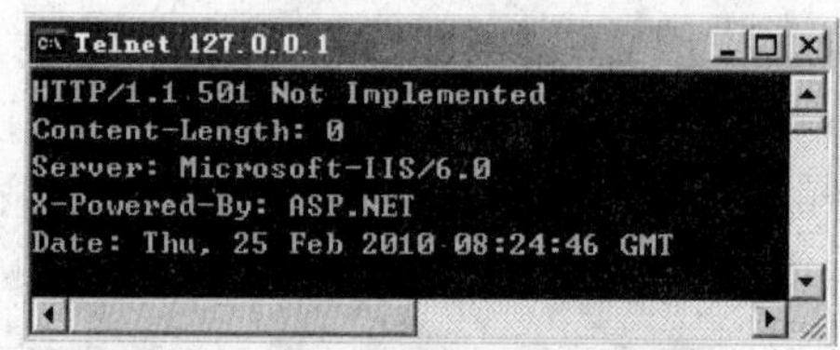

（b）服务器返回的响应结果信息

图 1.5　直接连接 Web 服务器及响应结果信息

5）利用 Telnet 连接本机中的 Tomcat 服务器

如果本机中已经安装和配置了 Tomcat 服务器，也可以利用 Telnet 程序连接 Tomcat 服务器。操作步骤与图 1.5（a）和图 1.5（b）中所描述的步骤类似，只是要将服务器的 URL 地址信息改变。如下为连接本机中的 Tomcat 服务器的命令示例（注意 Tomcat 服务器默认的端口号为 8080）：telnet 192.168.1.66 8080（回车）。

然后在 Telnet 程序内的命令行方式中同样“摸黑”输入下面两行命令信息：

```
Get（空格）/index.jsp （空格）HTTP/1.1（回车）
Host:（回车）（回车）
```

将看到如图 1.6 所示的对部署在 Tomcat 服务器中的某个 Web 应用系统内的默认首页面 index.jsp 页面文件的 get 请求的响应结果信息。

10. 利用 HttpWatch 工具程序全面监控 HTTP 请求和响应信息

1）下载 HttpWatch 监控工具程序

HttpWatch 是强大的网页数据分析工具，它可以直接集成在 IE 的工具栏中，提供包括网页摘要、Cookies 管理、缓存管理、消息头发送/接收、字符查询、post 数据和目录管理功能、报告输出等方面的功能。因此，它是一款能够收集并显示网页深层次信息的工具软件。它不用代理服务器或一些复杂的网络监控工具，就能够在显示网页信息的同时也显示对网页的请求和服务器回应的各种日志信息。可以在 HttpWatch 的官方网站 http://www.httpwatch.com/下载系统程序。

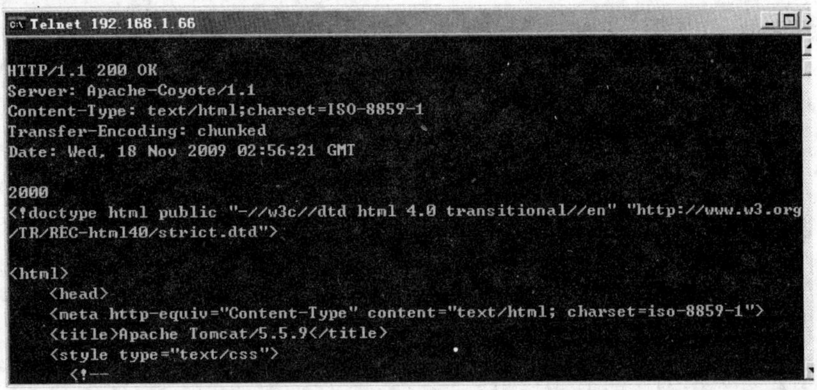

```
Telnet 192.168.1.66

HTTP/1.1 200 OK
Server: Apache-Coyote/1.1
Content-Type: text/html;charset=ISO-8859-1
Transfer-Encoding: chunked
Date: Wed, 18 Nov 2009 02:56:21 GMT

2000
<!doctype html public "-//w3c//dtd html 4.0 transitional//en" "http://www.w3.org
/TR/REC-html40/strict.dtd">

<html>
    <head>
    <meta http-equiv="Content-Type" content="text/html; charset=iso-8859-1">
    <title>Apache Tomcat/5.5.9</title>
    <style type="text/css">
      <!--
```

图 1.6　对 index.jsp 页面的 get 请求的响应结果信息

2）安装 HttpWatch 监控工具程序

HttpWatch 监控工具程序的安装过程其实也很简单，与普通的 Windows 系统中其他的应用程序安装方式没有什么差别。安装成功后，就可以在 Windows 系统中的【开始】菜单内的【程序】菜单栏中出现 HttpWatch Basic Edition 菜单项目，单击其中的 HttpWatch Studio 子菜单项目，可以启动 HttpWatch 监控工具程序。

当然，也可以在 IE 中启动 HttpWatch 监控工具程序，只需要单击 IE 中的【查看】→【浏览器栏】→HttpWatch Basic 菜单项，同样能够启动 HttpWatch 监控工具程序。在浏览器窗口中将会显示出监控窗口，如果此时在浏览器中访问目标网站，HttpWatch 监控工具程序将启动监控和记录请求响应信息。

3）实时监控所请求的目标页面及请求响应的信息

HttpWatch 监控工具程序提供了丰富的监控功能，可以选定某个信息并显示其概要信息，也具有观察请求头和响应结果的具体信息内容、显示 Cookies 信息、显示 Cache 缓存中的信息、显示查询字符串和显示通过 post 方式请求时的数据信息等方面的功能，如图 1.7 所示为显示 Cache 中的信息的局部截图。切换图 1.7 中的页面可以观察不同的信息。

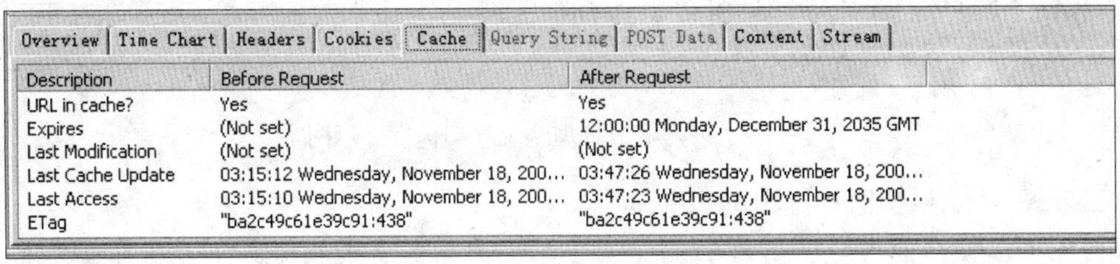

Overview | Time Chart | Headers | Cookies | Cache | Query String | POST Data | Content | Stream

Description	Before Request	After Request
URL in cache?	Yes	Yes
Expires	(Not set)	12:00:00 Monday, December 31, 2035 GMT
Last Modification	(Not set)	(Not set)
Last Cache Update	03:15:12 Wednesday, November 18, 200...	03:47:26 Wednesday, November 18, 200...
Last Access	03:15:10 Wednesday, November 18, 200...	03:47:23 Wednesday, November 18, 200...
ETag	"ba2c49c61e39c91:438"	"ba2c49c61e39c91:438"

图 1.7　显示 Cache 中的信息的局部截图

如果需要关闭 HttpWatch 监控工具程序，只需要单击监控窗口中的【关闭】按钮，如图 1.8 所示的是操作过程中的局部截图。

图 1.8　关闭 HttpWatch 监控工具程序时的状态截图

1.1.2　软件架构设计中的三层体系架构

1. 软件系统体系结构设计中的三层体系架构

1）三层体系架构中的数据访问层、业务逻辑层和表现层

经典的三层体系架构设计中自底向上依次是数据访问层、业务逻辑层和表现层 3 个层次，其中的表现层（Presentation）主要承担系统中的各种业务数据的输入和输出显示，一般由请求与响应的界面组件所构成；而业务逻辑层（Business logic）是系统的核心部分，代表应用系统中与业务逻辑或者规则有关的功能实现组件；数据访问层（Data Access）中的组件主要承担对业务数据的读写功能。这样使得整个系统松散耦合，每个部分又能够被复用。

图 1.9 为 B/S 架构的银行账户管理系统的架构设计示图，其中的表现层主要包含系统三大功能模块所需要的各个 Web 页面；而在业务逻辑层中分别包含与账户、交易和储户等有关信息的业务逻辑处理功能组件，并可以处理多客户的请求，通过数据库连接池、多线程和对象序列化等技术完成业务处理；在数据访问层中则分别包含针对系统中的 3 种不同信息的数据访问（增加、删除、修改和查询）功能组件。

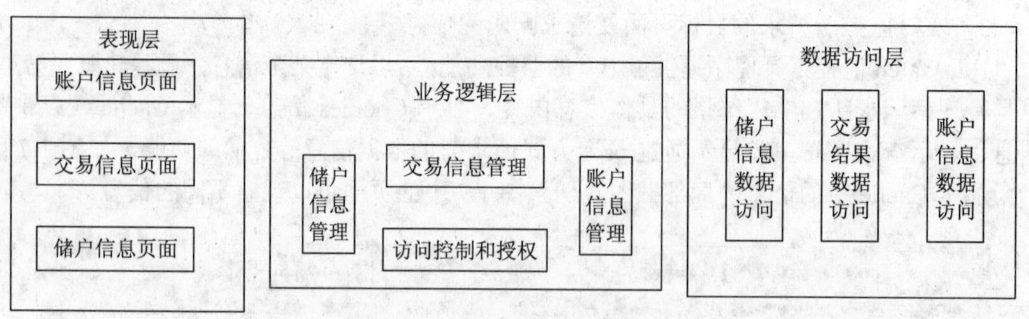

图 1.9　银行账户管理系统的架构设计示图

2）三层体系架构所体现出的主要优点

首先可以使得业务逻辑处理后的结果显示输出与业务逻辑处理的功能实现代码相互分离；其次还可以使得业务逻辑和物理数据库系统相互分开，当业务逻辑与物理数据库系统中的某一方发生改变时都不会影响到对方，因为它们之间已经通过数据访问层中的数据访问服务组件将两者相互隔离。

因此，应用三层体系架构可以使应用系统中的业务逻辑处理具有更好的伸缩性，并使得系统的“前端”（表现层）和系统中的“后端”（数据访问层）都能相互隔离。整个应用系统的三层中的各个相关的功能组件彼此之间也都能相互隔离，因此整个应用系统本身也具有良好的可升级性和可维护性，并且使得开发人员的职责分离。

当然，为了能够真正地让应用系统符合三层体系架构中的分层隔离的设计要求，在系统设计和功能编程开发实现时，必须充分地运用面向对象技术中的抽象和封装等技术手段。

2. 三层体系架构中的表现层可以作为应用程序窗体或 Web 页面

如果应用系统的表现层采用应用程序窗体实现，这样的三层体系架构称为 C/S/S（Client/Server/Server，客户端/业务逻辑服务/数据访问服务）架构；而应用系统的表现层如果采用 Web 页面实现，此时的三层体系架构称为 B/S/S（Browser/Server/Server，Web 客户端/业务逻辑服务/数据访问服务）架构。

应用程序客户端的三层体系架构主要应用于人机交互频繁，并且需要个性化的用户界面和需要访问客户机本地系统资源的应用系统，如 QQ 即时通信、点对点视频和声音文件传输、网络游戏等领域的软件。而 AJAX 等技术的广泛应用也使得 Web 页面能够产生出类似于应用程序客户端的应用效果，如图 1.10 所示的是 Google 地图系统。

图 1.10　在 Google 地图系统中应用 AJAX 技术改善人机交互

3. J2EE 技术平台中的三层体系架构各个层的实现技术

对于 C/S/S 架构的 J2EE 技术平台中的应用系统的表现层可以采用 Java Application（Java 桌面应用程序）技术实现，并应用 Java Swing GUI 组件构建出应用程序客户端 GUI 界面。而业务逻辑层则可以采用 JavaBean 本地组件技术或者 EJB（Enterprise JavaBeans）分布式组件技术实现，系统中的数据访问层一般采用 JDBC 数据访问接口编程实现。

对于 B/S/S 架构的 J2EE 技术平台中的应用系统的表现层可以采用服务端的 JSP（JavaServer Pages）及浏览器客户端标准的 HTML、CSS 和 JavaScript 等技术实现，而业务逻辑层和数据访问层与 C/S/S 架构中对应层的实现技术保持一致性。

在 Web 表现层的 JSP 页面中，不应该出现太多的实现业务和数据逻辑处理的程序代码，这些都应该由中间的业务逻辑层中相关的程序实现。JSP 页面只应该负责由 Web 浏览器向 Web 服务器中相关程序发出服务的请求，并把处理后的结果再输出显示在 Web 浏览器中。

1.1.3 构建 J2EE Web 应用系统的开发环境

1. Apache Tomcat 服务器程序

Tomcat 服务器程序是 Apache 开源社区中的 Jakarta 项目内的一个子项目，也是一个可以支持运行 Serlvet/JSP 的 Web 容器。可以在 Apache 的官方网站 www.apache.org 下载 Tomcat 的系统程序（包括源代码）。在 Apache 官方网站中提供了 Tomcat 的全部源代码，包括 Servlet 引擎、JSP 引擎和 HTTP 服务器。

目前 Tomcat 广泛地应用在中小规模的 Java Web 应用系统开发及实际应用中。关于 Tomcat 服务器更深入的技术应用方面的内容，作者在《J2EE 课程设计——技术应用指导》一书（见本书的参考文献）的第 12 章“Tomcat 服务器对安全管理技术支持”中做了比较详细的介绍。

2. 安装 JDK 和配置安装 Tomcat 服务器程序

由于 Tomcat 服务器需要 JDK 中的 Java 编译器等相关的程序，因此在本机中首先要正确地安装 JDK 系统。而配置 Tomcat 服务器的运行环境，主要是在 Windows 操作系统的环境变量中增加两个环境变量项，其中的 JAVA_HOME（注意是大写）环境变量的值指向 JDK 的安装根目录，如图 1.11（a）所示。而 TOMCAT_HOME（注意也是大写）环境变量的值指向 Tomcat 系统程序本身的安装根目录，如图 1.11（b）所示。

（a）JAVA_HOME 环境变量

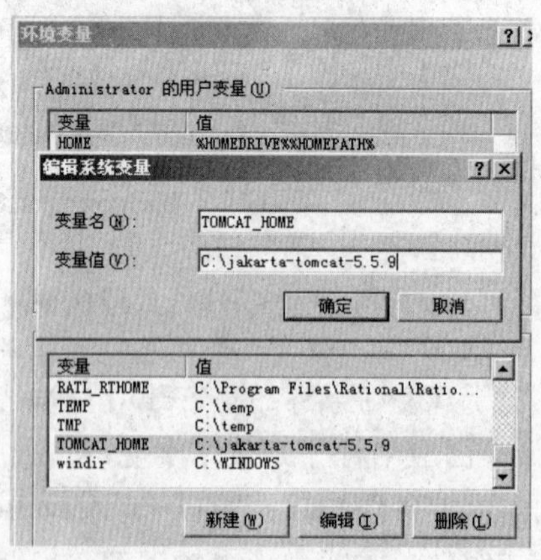

（b）TOMCAT_HOME 环境变量

图 1.11 JAVA_HOME 环境变量和 TOMCTA_HOME 环境变量

由于 Tomcat 服务器在运行中也需要 JDK 中的其他相关的程序，如 Java 解释器程序，因此需要在 Windows 系统的环境变量中的 Path 变量名中添加与 JDK 的可执行程序所在的 bin 目录有关的定位内容，如图 1.12（a）所示。

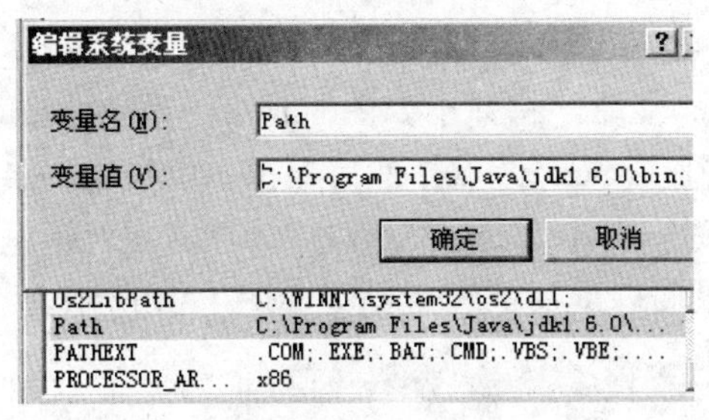

（a）Path 环境变量

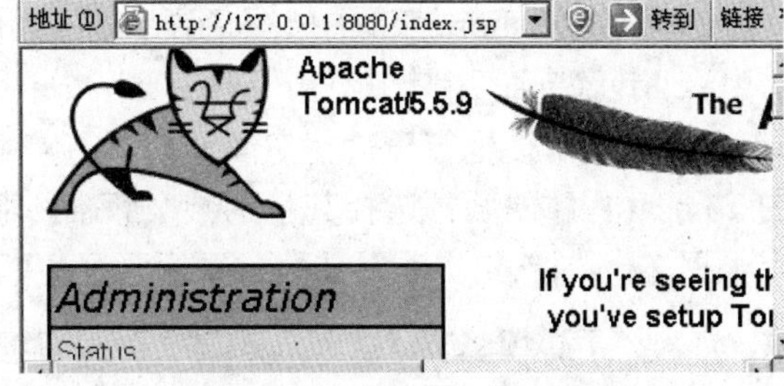

（b）Tomcat 服务器的系统首页页面信息

图 1.12　设置 Path 环境变量配置服务器

3. 测试 Tomcat 服务器配置的正确性

首先执行在 Tomcat 服务器程序根目录中的 bin 目录下的文件名为 startup.bat 的脚本程序文件（针对 Windows 操作系统），可以启动 Tomcat 服务器。然后在浏览器的 URL 地址栏中输入 http://127.0.0.1:8080/index.jsp，并观察是否出现如图 1.12（b）所示的 Tomcat 服务器的首页面信息。如果在启动 Tomcat 服务器程序时出现如下的错误提示信息，则说明 Windows 系统中的环境变量的配置不正确。

"Djava.util.logging.manager=org.apache.juli.ClassLoaderLogManager"（或它的组件之一），请确定文件名正确后再试。

4. 在 MyEclipse 工具中集成配置 Tomcat 服务器

1）在本机中安装 MyEclipse 工具程序

MyEclipse 工具程序的全称是 MyEclipse Enterprise Workbench（企业级工作平台），它是对 Eclipse IDE 的功能扩展。J2EE 系统开发人员利用它可以更好地开发基于 J2EE 平台的 J2ME，J2SE 和 J2EE 类型的应用系统，并支持多种不同类型的 J2EE 应用程序服务器以及与应用系统直接整合，能够极大地提高 Java 开发人员的开发效率。

可以在 MyEclipse 的官方网站 www.myeclipseide.com 得到 30 天的免费使用版本，然后在本机中安装该工具，安装的过程和方法与普通的 Windows 平台中的应用程序的安装方式没有什么差别，一般都选择默认安装选项。如图 1.13 所示为安装后主界面的局部截图。

图 1.13　MyEclipse 主界面的局部截图

2）在 MyEclipse 工具中集成配置 Tomcat 服务器

在 MyEclipse 工具中单击 Window→Preferences 菜单，将弹出如图 1.14 所示的 Preferences 首选项对话框窗口，在左面的树形节点中找到 Tomcat 节点，然后根据本机中所安装的 Tomcat 程序的版本选择其中的某个版本（本示例采用 Tomcat 5.X 版本），然后在对话框中根据 Tomcat 5.X 实际安装的目录输入对应的目录名。最后的设置结果如图 1.14 所示。

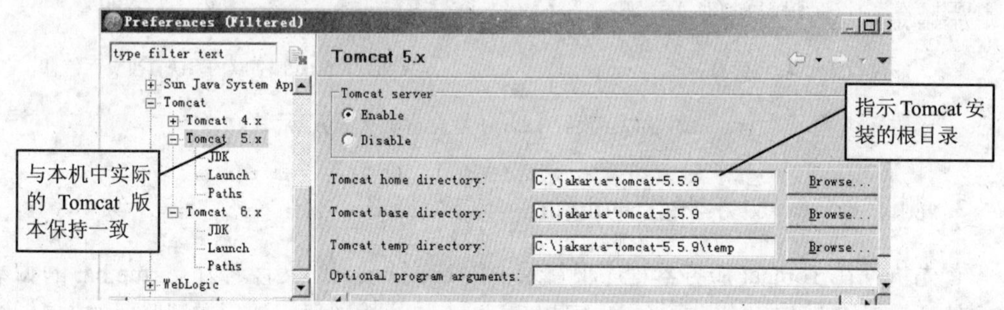

图 1.14　首选项对话框窗口中的服务器类型选项

3）在 MyEclipse 工具程序中启动和关闭 Tomcat 服务器

一旦将 Tomcat 服务器与 MyEclipse 工具相互集成后，就可以直接单击 MyEclipse 程序工具条中的【启动】或【关闭】按钮启动 Tomcat 服务器或者关闭 Tomcat 服务器。如图 1.15 所示为 Tomcat 服务器启动完毕后的状态图示。

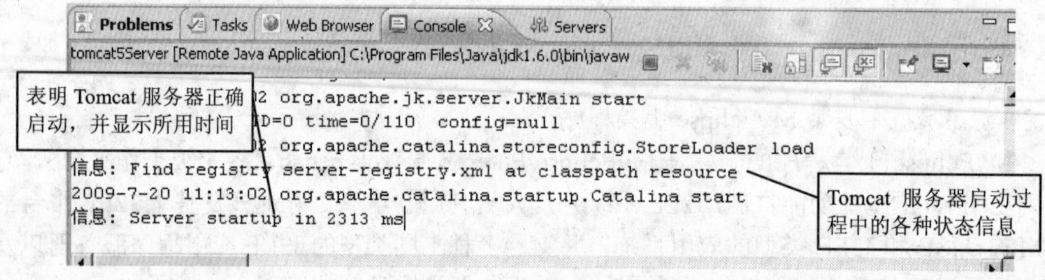

图 1.15　Tomcat 服务器启动完毕后的状态图示

1.2　J2EE Web JSP 技术及应用

1.2.1　J2EE Web JSP 技术基础

1. JSP 技术概述

1）什么是 JSP

JSP（Java Server Pages，Java 服务器端页面开发技术）是由 Sun 公司倡导、许多公司参与最终由 Sun 公司发布的一种针对 Java 技术平台下的动态网站开发技术的标准（目前为 JSP 2.4 版本），它构建在 Java Servlet 技术基础之上。因此，JSP 其实是一种 Web 服务器端的动态网站实现技术。一个 JSP 页面是由标准的 HTML 标签、CSS 样式单文件、JavaScript 脚本程序及 JSP 服务端标签和嵌入其中的 Java 程序脚本代码所组成的，并以*.jsp 作为 JSP 页面文件的扩展名。

2）JSP 的主要技术特性

① 响应速度快。因为所有的 JSP 页面中的标签和脚本源程序代码都要预编译处理转换为 Java 中的*.class 二进制文件，最终直接执行 Java 类文件中的二进制代码。

② 执行速度快。第一次响应客户的请求后，JSP 引擎（JSP Engine）将它长期驻留在服务器的内存中，在随后的请求响应中则直接执行内存中的代码；并且采用单一对象实例（单例）和多线程的工作机制，降低对 Web 服务器系统资源的消耗。

③ 可以重用 Java 中的各种资源。由于基于 Java 技术实现，在 JSP 页面中几乎可以使用全部的 J2SE API 和 J2EE Web API，大大地增强了 JSP 技术实现的广泛性。

④ 跨服务器和操作系统平台。由于 JSP 也是一种技术规范，不同的 J2EE 应用服务器都遵守这个规范和支持 JSP 技术。因此 JSP 也具有类似 Java 语言程序的跨平台特性。

2. 支持 JSP/Servlet 技术的应用服务器

由于 JSP 页面文件中的各种服务器端脚本程序和标签，必须首先被解析为标准的 HTML 标签，浏览器才能正确地显示，因此，每个 JSP 页面文件都必须要转换处理，这些工作是由 J2EE 应用服务器（Application Server）Servlet 容器承担的。

目前常用的 Servlet 容器（Servlet Container）主要有 Sun 公司的 JSAS（Java System Application Server）Java 系统应用服务器、BEA 公司（现为 Oracle 公司）的 WebLogic 平台、IBM 公司的 WebSphere Server 平台以及开源的 Apache 基金会的 Tomcat 平台。它们都提供对 JSP 和 Servlet 的运行环境的技术支持，如图 1.16 所示为 Apache 官方网站中对 Tomcat 服务器的功能及技术特性介绍的页面局部截图。

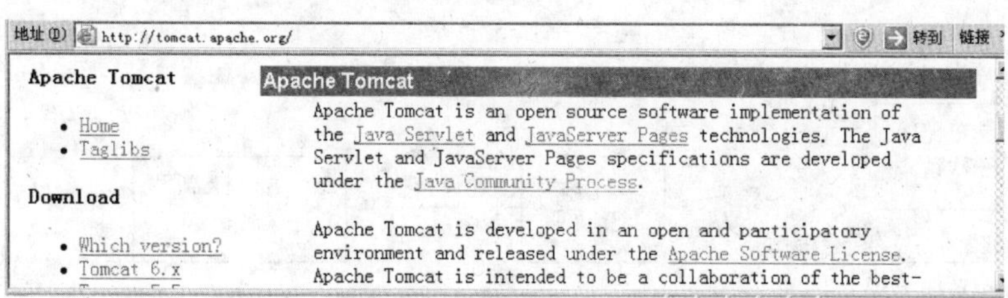

图 1.16　Apache 官方网站中对 Tomcat 服务器的介绍信息

3. JSP 的工作原理及执行过程

1）JSP 页面文件被预编译和转换为 Java 类文件的二进制代码

当一个 JSP 页面文件第一次被请求时，Servlet 容器中相关的程序（JSP 引擎）首先要将该 JSP 文件翻译转换为 Java Servlet 源程序文件，在转换过程中如果检测出 JSP 文件中存在任何的语法错误，转换过程将中断，并在服务器端和客户端输出相关的语法错误的提示信息。

如果转换成功，JSP 引擎将应用 JDK 中的 Java 编译器 javac 程序（这也就是要为 Tomcat 提供本机 JDK 程序的安装路径指示的环境变量的原因）对该 Java 源文件进行编译，并最终创建出相应的*.class 的 Java 类文件。

2）采用与 J2EE Servlet 程序相同的执行机制执行 JSP 页面代码

JSP 引擎随后就按照与 J2EE Servlet 程序相同的执行过程执行该 JSP 页面所对应的 Servlet 程序代码，包括创建 Servlet 对象实例、调用其中的 jspInit()、jspService()方法等过程。最终完成对浏览器端页面的请求处理，并向浏览器输出处理后的结果信息，操作者最后也就能够看到本次请求的结果信息。

3）一次请求长期驻留在服务器的内存中

一旦某个 JSP 页面所对应的 Servlet 程序被 Servlet 容器加载到内存中后，该 Servlet 程序就一直驻留在服务器内存中，快速响应请求，直到服务器从内存中清除和销毁它为止（将会执行其中的 jspDestroy()方法）。

4）采用单一对象实例多线程响应不同的客户请求

对每一个 HTTP 请求，JSP 引擎不会重复地创建 JSP 页面所对应的 Servlet 对象实例，在内存中对每个 JSP 页面都只有一个对应的 Servlet 对象实例，并针对不同的请求分别创建出一个新的线程来处理该请求。如果有多个客户同时请求服务器端的同一个 JSP 文件，则 JSP 引擎会创建出多个线程。

以多线程方式执行，不仅可以解决并发请求，而且也大大地降低对服务器系统的资源消耗，提高整个系统的并发访问量及响应性能。

当然，如果目标 JSP 页面被开发人员修改了，Servlet 容器将依据系统配置决定是否对该 JSP 文件重新编译，如果需要重新编译，则用编译后新的结果类文件取代内存中驻留的原来的 Servlet 程序代码，并继续重复上面所描述的各个过程。如图 1.17 所示为 JSP 页面程序工作过程。

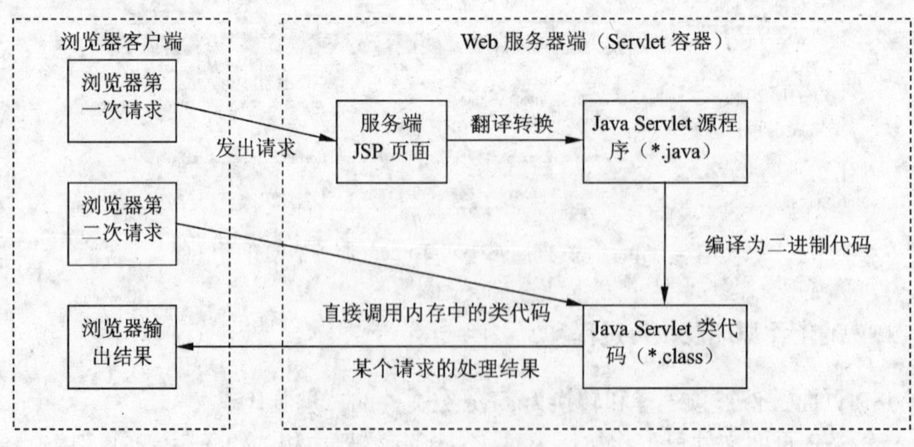

图 1.17　JSP 页面程序工作过程

4. 合理地分配 JSP 和 Servlet 各自的功能职责

1）Sun 公司为什么要提出 JSP 技术

JSP 的诞生其实是为了简化当时的 J2EE Servlet 程序在 Web 表现层中功能实现的复杂性而提出的，它使得在 Servlet 程序中不再需要通过文本打印输出的方式实现大量的数据输出操作，优化 Servlet 程序的响应输出功能实现。如下为在某个 Servlet 程序中的 doGet 方法中输出信息的代码示例，其中黑体所标识的部分为输出的语句。

例 1-2　在某个 Servlet 程序中输出信息的代码示例。

```
public void doGet(HttpServletRequest request, HttpServletResponse
response)
            throws ServletException, IOException {
    response.setContentType("text/html;charset=gb2312");
    PrintWriter out = response.getWriter();
    out.println("<html><head><title>Servlet 程序示例</title></head>
    <body>");
    out.print("这是一个 Servlet 程序示例中输出的信息");
    out.println("</body></html>");
    out.flush();
    out.close();
}
```

从例 1-2 所示的代码示例中可以明显地了解到，早期的 Servlet 程序实现处理结果的输出功能是比较复杂的，因为只能逐行输出 HTML 标签文本字符串。

2）JSP 技术其实是对 Servlet 技术“标签化”后的结果

为了简化早期的 Servlet 程序中显示输出的实现，Sun 公司在 J2EE 的技术规范中随后又发布了 JSP 技术规范，并明确地规定 JSP 属于表现层的实现技术，而不应该完成系统中的业务功能处理。当然，复杂的数据处理和业务流程控制等方面的代码则由 Servlet 程序或者 JavaBean 组件程序承担。

但在 JSP 页面也不可避免地涉及一些功能处理和数据转换，为避免内嵌太多的 Java 脚本代码，在 JSP 1.0 规范中还相应地提出了 JSP 动作标签（Action Tag）包装通用的功能（如创建对象实例、属性访问、页面转发和文件包含等）。

根据 JSP 的预编译机制，某个 JSP 文件第一次被请求时，JSP 引擎会把它转换为一个 Servlet 程序。因此，JSP 其实是标签化的 Servlet。

3）合理地分配 JSP 和 Servlet 各自的功能职责

从理论上来看 JSP 和 Servlet 技术，任何一方都可以代替另一方而独立地完成相关的功能，因为它们两者本质上是一致的。但在 Web 系统开发中两者还是应该以“互补和配合”的形式被应用，并合理地分配 JSP 页面和 Servlet 程序各自的职责。也只有职责单一，才能提高 Web 应用系统的可维护性和功能的可扩展性。

在 JSP 页面中只需要通过 JSP 脚本程序或者标签输出动态的信息，而静态固定的信息则直接采用标准的 HTML 标签表示，从而将 Java 和 HTML 相互结合。例 1-3 为一个采用 JSP 页面实现和例 1-2 中的 Servlet 程序相同输出结果的代码示例，其中黑体部分代表动态可变的信息。当然，对这些信息也可以通过变量赋值表示。

例 1-3 实现和例 1-2 中 Servlet 相同输出结果的 JSP 代码示例。

```
<html><head><title>Servlet 程序示例</title></head><body>
    <%
        out.print("这是一个 Servlet 程序示例中输出的信息");
    %>
</body></html>
```

因此，应用 JSP 技术能够大大地简化 Servlet 程序在完成页面输出方面的功能实现的复杂性，但并不能完全代替 Servlet 技术。因为在 JSP 页面中不应该包含太多的 Java 脚本代码；另外还涉及流程控制和数据预处理等功能要求，这些都不应该由 JSP 实现。

5. JSP 页面和 Servlet 程序类之间的对应关系

所谓的 JSP 是对 Servlet 技术"标签化"后的结果的基本意思是，JSP 中的所有的脚本代码、JSP 中的指令和动作标签等内容都要转变为 Servlet 程序中的对应的 Java 程序片段，最终一起构成完整的 Servlet 程序。例 1-4 所示为一个简单的 JSP 页面示例，在其中显示输出当前机器中的日期和时间。

例 1-4 一个显示当前机器日期和时间的 JSP 页面示例。

```
<%@ page import="java.util.Date" %>
<%@page contentType="text/html;charset=gb2312" %>
<html><body>现在的时间为：
<%  Date nowDateTime=new Date();
%>
<%= nowDateTime.toString()%>
</body></html>
```

而与例 1-4 JSP 页面相对应的 Servlet 程序代码片段示例如例 1-5 所示，例 1-4 中的两条<%@page>指令分别转换为 import 语句和属性设置语句；HTML 标签则在 Servlet 程序代码中通过打印输出达到相同的效果；动态的 Java 脚本和输出表达式也都转换为对应的 Java 语句。

例 1-5 与例 1-4 JSP 相对应的 Servlet 程序代码片段示例。

```
import="java.util.Date;
response.setContentType("text/html;charset=gb2312");
PrintWriter out=response.getWriter();
out.write("\r\n\r\n<html>\r\n<body>\r\n 现在的时间为：\r\n");
Date nowDateTime=new Date();
```

```
out.print(nowDateTime.toString());
out.write("\r\n</body>\r\n </html>\r\n");
```

通过对比例 1-4 和例 1-5 两个示例代码，首先可以明确 JSP 页面在本质上也是 Servlet 程序，只是把通用的功能采用标签和指令包装和转换。因此，JSP 页面更适合页面美工开发实现（编写标签），而 Servlet 仍然是 Java 程序，当然也更适合 Java 程序员编程开发。

6. 在 MyEclipse 工具中新建 Web 应用项目

在 MyEclipse 工具中单击 File→New→Web Project 菜单后，MyEclipse 程序将弹出 New Web Project 对话框。在该对话框中根据需要和提示输入与项目有关的一些信息，在 Project Name 文本框中输入项目的名称为 webcrm（表示一个客户关系信息系统），而在 Web root folder 文本框中采用默认的 WebRoot 项目，在 Context root URL 文本框中也采用 MyEclipse 工具中提供的默认值（本例为“/webcrm”，与前面的项目名自动保持一致）。

其中的 Location 项目指示 Web 项目的工作目录，一般选择采用项目中的默认的工作目录。当然，也可以指向开发者所希望的目录路径，并选择需要 JSTL 标签库的系统库文件和 J2EE 版本等选项。

最后单击对话框中的 Finish 按钮，MyEclipse 工具将自动创建出一个空的 Web 项目。同时也会自动创建出标准的 J2EE Web Application 所需要的基本目录结构以及部署描述 web.xml 等配置文件，最终的结果如图 1.18 所示。

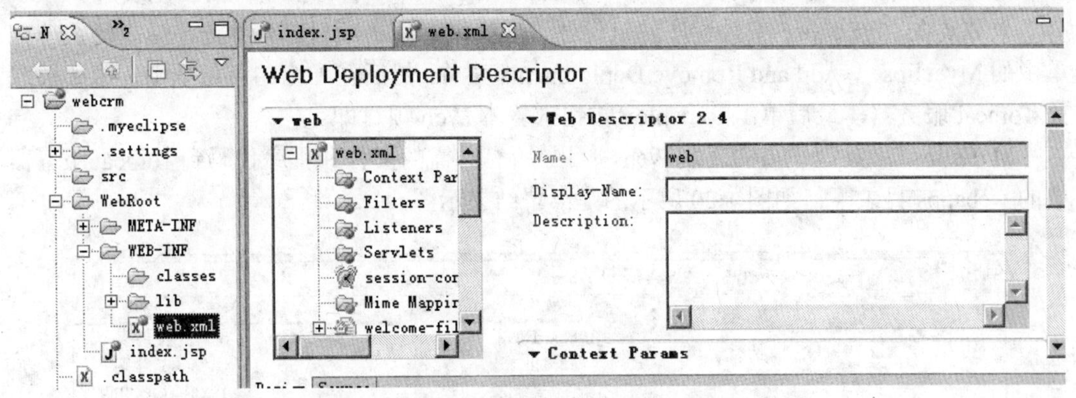

图 1.18　客户关系信息系统项目的结果文件

7. 在 Web 项目中添加系统的首页面 index.jsp 文件

在 MyEclipse 工具中单击 File→New→JSP（Advancd Templates）菜单，在弹出的对话框中输入页面所在的目录位置（本示例直接放在 Web 站点的根目录 WebRoot 下），文件名称为 index.jsp，同时选择 Default JSP template 选项。

最后单击 Finish 按钮，MyEclipse 工具将自动创建出一个空的 JSP 页面文件，并将在<%@ page>指令中的页面字符集编码改变为 gb2312 中文字符集编码，页面标题文字改变为“蓝梦集团 CRM 系统首页”，在页面<body>标签内添加一个输出信息：“这是我的第一个 JSP 页面”。最终的结果如图 1.19 所示。

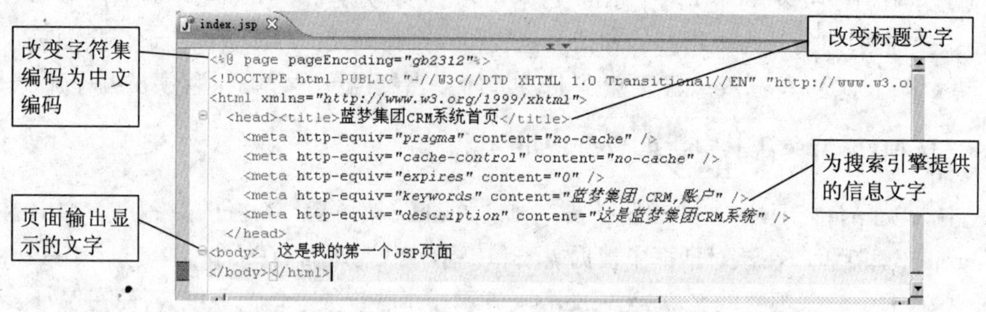

图 1.19　客户关系信息系统项目中的首页页面内容

8. 部署本 Web 项目到集成的 Tomcat 服务器中

所谓的 Web 项目部署，也就是将 Web 项目所代表的 Web 站点内的各个 Java 程序（目前还没有创建）和页面文件（*.jsp 的动态页面和*.html 的静态页面）、图像文件、JavaScript 脚本程序文件和其他资源文件等复制到 Tomcat 服务器的 webapps 目录中。

但对这些文件的复制和在 Tomcat 服务器中的 Web 应用程序的创建等复杂和琐碎的工作并不需要开发人员自己完成，MyEclipse 工具中的 Web 项目部署功能可自动实现。

只需要在 MyEclipse 工具程序的包资源管理器中，右击项目名，并选中弹出的快捷菜单中的 Myeclipse→Add and Remove Deploymcnts 菜单，然后在弹出的对话框中选中所关联的 Tomcat 服务器，最后单击 Redeploy 按钮部署本 Web 项目即可。

MyEclipse 工具程序自动复制 Web 项目中所有必需的文件和程序代码到 Tomcat 服务器中的 webapps 目录下，如图 1.20 所示的是部署结果示图。

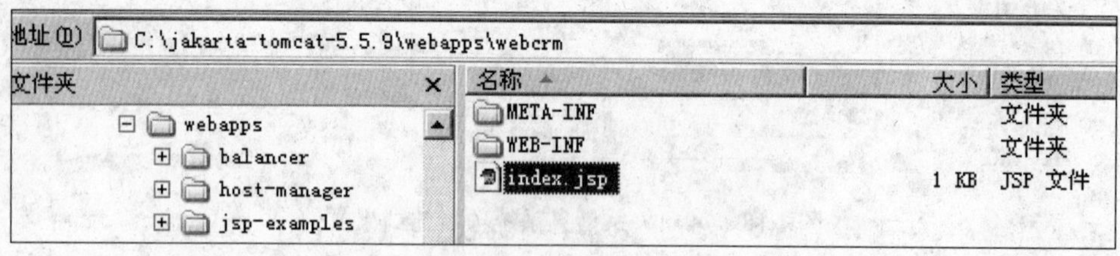

图 1.20　客户关系信息系统项目部署的结果

9. 浏览并测试本 Web 项目的结果

首先启动 Tomcat 服务器程序并观察是否正常启动成功（如图 1.15 所示），然后在浏览器中输入 URL 地址：http://127.0.0.1:8080/webcrm/index.jsp，将看到如图 1.21 所示的结果信息。由于在新建 Web 项目时，在 Context root URL 文本框中输入的 URL 信息为“/webcrm”，因此，在浏览时需要加 Web Context 名称（也就是 Web 应用程序名）。

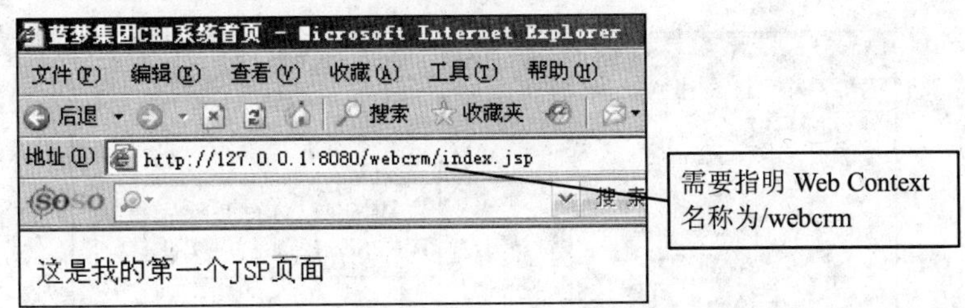

图 1.21　Web 项目的 index.jsp 页面的执行结果

10. 与 JSP 有关的各种技术特性的体验性实验

1）体验 JSP 页面的预编译特性

Web 服务器在遇到访问 JSP 页面的请求时，首先执行其中的程序段，然后将执行结果连同 JSP 页面文件中的 HTML 标签一起返回给客户端浏览器，而且返回给浏览器的内容是一个标准的 HTML 文本内容，因此客户端只要有浏览器就能浏览查看某个 JSP 页面的执行结果。

一旦执行过某个 JSP 页面文件后，可以在浏览器中单击【刷新】按钮或者直接按 F5 键，让浏览器重新加载本 JSP 页面，然后观察响应的时间是否比较短。对同一个 JSP 页面文件不再重复地编译处理，而是直接执行在内存中驻留的对应的 Servlet 程序代码，因此，JSP 具有快速响应的能力。

然后再打开另一个浏览器窗口，并在浏览器 URL 地址栏中输入和图 1.21 中相同的 URL 地址字符串，向 index.jsp 页面再次发出请求，如图 1.22 所示。观察响应的时间是否比第一次短。

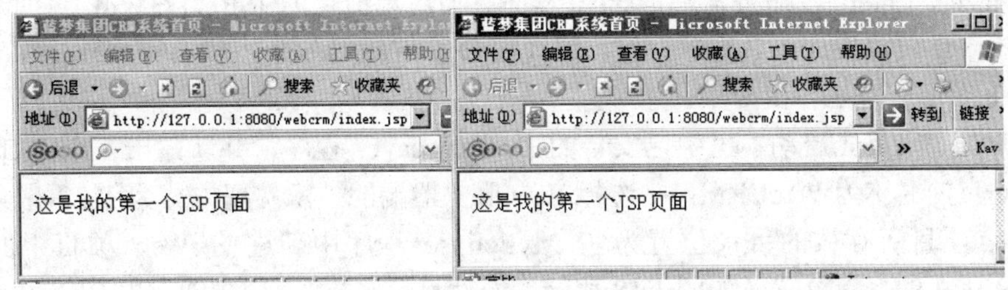

图 1.22　对同一个 index.jsp 发送两次不同的请求结果

2）理解 JSP 页面和 Servlet 程序之间的对应关系

图 1.19 所示的 index.jsp 页面在 Tomcat 服务器内执行的过程中，JSP 引擎会预先将它编译为对应的 Servlet 源程序文件，并保存在 Tomcat 服务器的 work 目录下，如图 1.23 所示的 index_jsp.java 源程序文件对应 index.jsp 页面。

在如图 1.23 所示的 index_jsp.java 源程序文件所在的目录中，直接打开 index.jsp 页面所对应的 index_jsp.java 源程序文件，将看到如图 1.24 所示的程序代码片段的局部截图。对比图 1.24 和图 1.19 的结果，能够很清楚地了解 JSP 和 Servlet 之间的对应关系。

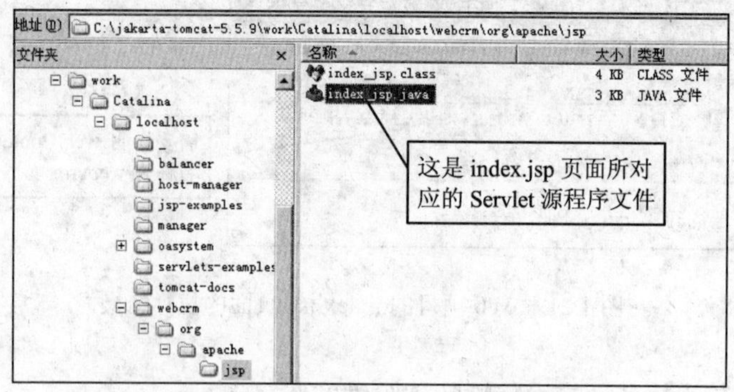

图 1.23　编译转换后的 index.jsp 页面文件

```
out.write("\r\n");
out.write("<!DOCTYPE HTML PUBLIC \"-//W3C//DTD HTML 4.01 Transitional//EN\"><html>\r\n");
out.write("  <head><title>蓝梦集团CRM系统首页</title>    \r\n");
out.write("\t<meta http-equiv=\"pragma\" content=\"no-cache\">\r\n");
out.write("\t<meta http-equiv=\"cache-control\" content=\"no-cache\">\r\n");
out.write("\t<meta http-equiv=\"expires\" content=\"0\">    \r\n");
out.write("\t<meta http-equiv=\"keywords\" content=\"蓝梦集团,CRM,账户\">\r\n");
out.write("\t<meta http-equiv=\"description\" content=\"这是蓝梦集团CRM系统\">\t\r\n");
out.write("  </head>    \r\n");
out.write("<body>\r\n");
out.write("\t这是我的第一个JSP页面     \r\n");
out.write("</body>\r\n");
```

index.jsp 页面中的各种指令和标签都转变为 Java 代码

图 1.24　index.jsp 页面所对应的 index_jsp.java 源程序文件

11. 利用 DreamWeaver 页面设计工具可视化设计项目中的各个页面

尽管在 MyEclipse 工具程序中也提供了创建、编辑 JSP 和 HTML 等页面的功能，但 MyEclipse 程序更适合开发服务器端的 Java 程序，而对于前端的 JSP 和 HTML 页面一般采用 DreamWeaver 页面设计工具程序开发，因为在 DreamWeaver 中提供有可视化的操作，能够提高 Web 页面开发工作的效率。

在开发中，首先启动本机中已安装的 DreamWeaver 程序，并新建出一个 Web 站点；命名该站点的名称为 WebCRM，并选择 Web 服务器端的技术实现方式为 JSP，最后设置本 Web 站点项目所存放的目录位置为在 MyEclipse 程序中新建的 Web 项目中的根目录 WebRoot 所在的目录位置（如图 1.18 所示的文件目录结构），最终创建出 Web 站点。

在本 Web 站点的根目录下根据项目的需要，新建出各个子目录，实现把项目中的各个文件分类存放。比如，在 CSS 目录中存放项目中的各个 CSS 样式文件、在 images 目录中存放项目中的各个图像文件、在 flash 目录中存放项目中的各个 flash 动画文件，在 java- script 目录中存放项目中的各个 JavaScript 脚本程序文件以及在 commonPage 目录中存放项目中的共用的页面和其他类型的资源文件。本项目最后的目录结构如图 1.25 所示。

经过这些操作后，成功地将 DreamWeaver 工具和 MyEclipse 工具程序相互集成在一起。随后的所有对页面的新建、编辑修改等工作都可以直接在 DreamWeaver 工具中完成，MyEclipse 会自动地更新在 DreamWeaver 工具中修改的各个页面文件，最终提高开发的效率。

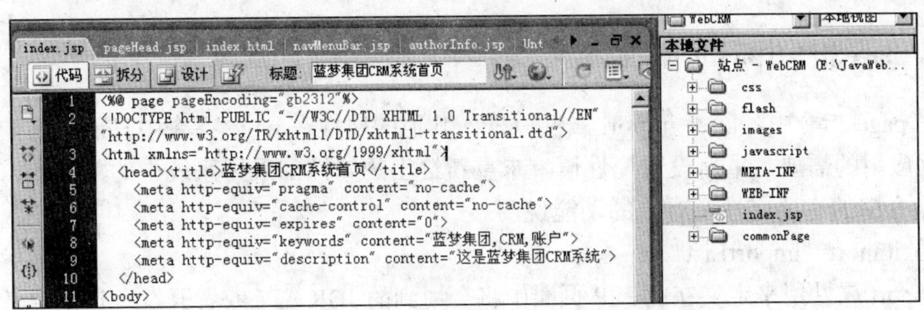

图 1.25　客户关系信息系统项目的最终目录结构

1.2.2　JSP 页面中的编译指令及应用

1. JSP 页面中的编译指令

JSP 页面中的编译指令（Directive）是为 JSP 引擎程序而设计提供的，它们并不直接产生任何可见的输出和完成特定的功能处理，而只是告诉 JSP 引擎如何转换、编译处理本 JSP 页面中的各种标签和脚本代码，以便正确地创建出对应的 Servlet 类程序代码。所有指令的基本语法如下所示：<%@ 指令名 属性名="值" %>。

其中的各个属性名是区分字母的大小写的，在目前的 JSP 技术规范中定义有 page，include 和 taglib 共 3 条指令，在每种指令中都定义有各自的属性。

2. page 指令（Page Directive）功能

page 指令其实是一种标签，它给 JSP 引擎提供用来处理本页面中的各种特殊设置要求，最终实现 JSP 页面被编译转换时的各种功能要求的选项。通过这些 page 指令可以改变该 JSP 页面所对应的 Servlet 程序的结构，以便当页面被处理和执行时能够生成所要求的 Servlet 类程序代码。page 指令应用的语法格式示例如下：

```
<%@ page{ 属性名称="值" } %>
```

如果要在一个 JSP 页面中设置同一条 page 指令的多个不同的属性，可以使用多条 page 指令语句分别单独设置每个属性，也可以使用同一条指令语句设置该指令的多个不同属性。如下示例中的两个代码片段是等效的。

```
<%@ page contentType="text/html;charset=gb2312" isErrorPage="true" %>
```

等效于：

```
<%@ page contentType="text/html;charset=gb2312" >
<%@ page isErrorPage="true"%>
```

无论 page 指令出现在 JSP 页面中的什么地方，它作用的都是整个 JSP 页面，为了保持页面的可读性和遵循良好的编程习惯，最好是将 page 指令放在整个 JSP 页面的起始位置。

3. page 指令中常用的属性

在 page 指令中，除了 import 属性以外，其他的属性在 page 指令中只能出现一次。可以根据应用的需要，重新设置属性值，未重新给出的属性都采用系统中的默认值。下面为 page 指令中的主要属性及对应的功能说明。

1）import="importList"

import 属性用来定义在此 JSP 页面中将会用到的 JDK API 或者开发者自己定义的类和接口，类似于 Java 语言程序中的引入包的 import 语句。import 属性列表用于在生成的 Servlet 程序类中创建相应的 import 导入语句。

在 Java 语言的程序中，如果要载入多个不同的包，需要用多条 import 语句分别指明。而在 JSP 中，可以用一个 import 属性指明多个包，但它们之间要用逗号隔开，如下代码：

```
<%@ page import="java.sql.*,java.util.*"%>
```

也可以用两个 page 指令分别采用 import 属性各自引入：

```
<%@ page import="java.sql.*"%>
<%@ page import="java.util.*"%>
```

但需要注意的是，对于下列包中的类默认将被载入到所有的 JSP 页面中（类似于 java 程序中的 java.lang 包的默认被导入），不需要再在页面中进行任何的特别声明，因为它们都属于 J2EE Web 核心系统软件包。

```
java.lang.*;java.servlet.*;java.servlet.jsp.* ;java.servlet.http.* ;
```

2）isErrorPage="true|false"

JSP 页面中 isErrorPage 属性的默认值为 false，如果此页面被用做处理异常错误和显示错误信息的页面，则应该要将 isErrorPage 属性设置为 true。在这种情况下，本页面要被指定为 page 指令中 errorPage 属性的值。

设置 isErrorPage="true"将使得 JSP 页面中的内置 exception 对象对此页面可用。使用 isErrorPage 属性告诉 JSP 容器这是一个异常处理页面，可以直接使用 JSP 的内置对象 exception 获得异常信息。

3）errorPage="relativeURL"

表示在某个 JSP 页面内一旦产生出异常错误，本 JSP 页面将会被重新指向一个新的 URL 页面（也就是在出现错误时自动跳转到另一个错误处理的 JSP 页面中）。但在承担错误处理的页面中必须在 page 指令元素中指定 isErrorPage="true" 。如下为 errorPage 属性的应用示例：

```
<%@ errorPage="/dealError/showErrorInfo.jsp" %>
```

4）contentType="mimeType [;charset=characterSet]"

contentType 属性用来设定服务器向浏览器响应输出的文件格式类型和字符集编码方式，

默认值为"text/html;charset=GBK"。在遇到页面出现中文乱码问题时，可以通过该属性设置正确的中文编码，如下代码示例所示：

```
<%@ page contentType="text/html;charset=gb2312" %>
```

5）pageEncoding="peinfo"

设定 JSP 页面中的字符编码，默认值是 ISO—8859—1（拉丁文），如下代码示例所示：

```
pageEncoding="gb2312"。
```

4. 应用 page 指令正确地定义页面中的中文编码避免出现中文乱码

在如图 1.19 所示的 index.jsp 页面中，除掉其中的有关中文编码设置定义的 page 指令，也就是删除下面的 page 指令语句：

```
<%@ page contentType="text/html;charset=gb2312"%>或者
<%@ page pageEncoding="gb2312"%>
```

保存修改后的 index.jsp 页面文件，再部署到 Tomcat 服务器中（注意：每次修改页面内容后都必须重新部署）。继续浏览 index.jsp 页面，将出现如图 1.26 所示的中文提示信息在显示时变为乱码的结果。

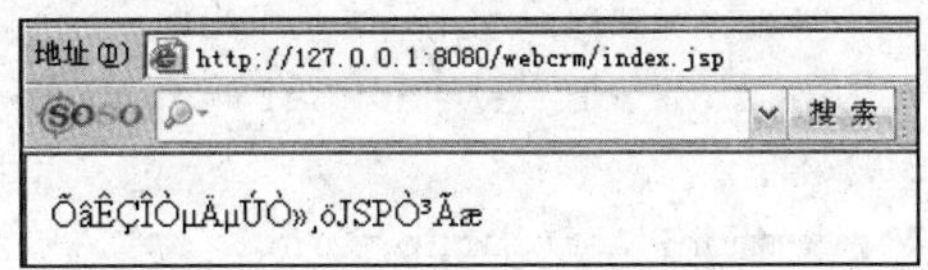

图 1.26　页面中的中文出现中文乱码

JSP 页面存在与 Servlet 程序完全相同的中文乱码问题，比如在输出响应正文时出现中文乱码、在读取浏览器传递的查询参数信息时也会出现中文乱码、JSP 引擎将 JSP 页面翻译成 Servlet 源文件时也可能导致中文乱码问题出现（因为默认采用 UTF-8 编码）。

如果在某个 JSP 文件中没有定义它所采用的字符集编码，JSP 引擎将把页面中的各种符号当作默认的 ISO 8859—1 字符集编码处理。因此，如何解决 JSP 引擎翻译为 JSP 页面时的中文乱码问题，可以采用如下方法之一：

- 设置 page 指令的 contentType 属性说明 JSP 源文件的字符集编码。
- 设置 page 指令的 pageEncoding 属性说明 JSP 源文件的字符集编码。

5. JSP 页面中的 include 指令

include 指令的主要作用是实现页面之间的文件包含，也就是通知 JSP 引擎在翻译转换当前 JSP 页面时将其中所引用的其他文件中的内容合并进当前的 JSP 页面中，共同转换为 Servlet 源文件。

由于 include 指令是在编译过程中通过“宏替换”方式插入被包含的文件内容，这种在源文件级别进行包含引入的方式称为“静态包含”（Static Include），当前 JSP 页面内容与静态包含所引入的另一个页面文件紧密结合在一起形成一个完整的 Servlet 程序。

因此，include 指令只能引用静态页面文件（HTML 或 JSP），并且所引入的目标页面文件不能是独立的 HTML 文件（而后文将要介绍的<jsp:include>动作标签可以引用动态资源）。基本的语法格式如以下示例所示：

```
<%@ include file="被包含的文件名" %>
```

利用 include 指令，Web 页面开发人员可以将页面的整体结构分割为多个不同部分，并且每一部分都由不同的页面文件表示和存储，使得每部分都可以独立地变化和更新；另一方面只要改变所包含文件的内容，就可以迅速地更新整个页面的整体内容。

6. 应用 include 指令重构项目中的首页面布局

设计客户关系信息系统项目中的页头、导航菜单条、版权和联系信息等内容页面，其中页头中的 logo、页面标题等信息都存储在 pageHead.jsp 文件中，而导航菜单条的各个超链接信息都存储在 navMenuBar.jsp 文件中，版权和联系信息的内容都存储在 authorInfo.jsp 文件中。由于这些页面中的代码内容比较多，无法全部附录出。

然后修改 index.jsp 页面中的内容，在<body>标签中添加 include 指令分别包含上面的各个页面文件。如以下代码示例片段所示：

```
<%@ include file="./commonPage/pageHead.jsp"  %>
<%@ include file="./commonPage/navMenuBar.jsp"  %>
    这是我的第一个 JSP 页面
<%@ include file="./commonPage/authorInfo.jsp"  %>
```

被包含的目标文件类型可以是 JSP 文件、HTML 文件、文本文件等形式，然后再部署到 Tomcat 服务器中，在浏览器中再次浏览 index.jsp 页面，将看到如图 1.27 所示的结果。

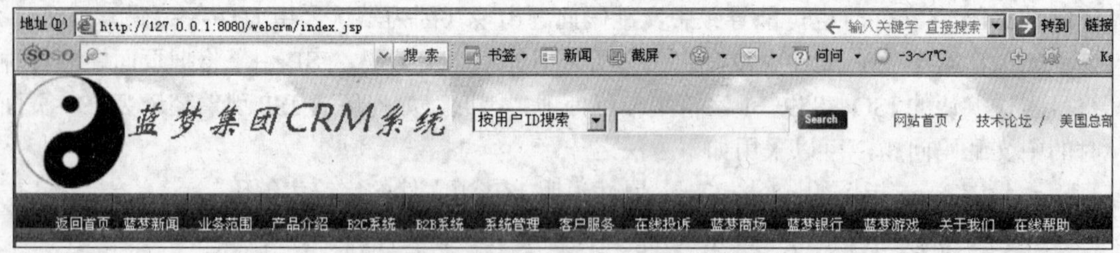

图 1.27 应用 include 指令重构项目中的首页面布局后的结果

由于页面窗口比较大，在图 1.27 中显示的只是局部截图。应用 include 指令时，要注意被包含的文件内容不能是一个“独立”的页面（也就是在其中不能有<html>标签或者<body>标签），只能是完整页面内容中的另一部分。读者也可以改变为自己的设计结果。

另外，在每个被包含的目标 JSP 页面中（pageHead.jsp、navMenuBar.jsp 和 authorInfo.jsp 文）都需要添加对中文字符编码设置的 page 指令，否则会出现中文乱码。

7. include 指令的技术特性和应用场合

1）include 指令更适用于静态包含

include 指令是在 JSP 页面文件被转换成 Servlet 源程序代码时，JSP 引擎就引入所包含的目标页面文件。由于翻译和解析转换发生在编译期间，一经编译，最终的类文件内容将不可再更改。因此，一旦改变了被包含的目标页面文件中的内容，必须重新编译所有应用该包含文件的各个 JSP 页面文件。在应用 include 指令时，需要了解这个技术特性。

基于此特性，include 指令一般只应用在被包含的目标页面文件不频繁修改的页面中。如果需要频繁地修改，则应该要应用<jsp: include>动作包含标签，因为它实现动态包含。

2）注意被包含文件的目录定位方式的不同所带来的影响

另外，如果被包含的目标页面文件的 URL 以“/”开始，则该 URL 是参照 Web 应用系统的上下文路径（Web Context 的根目录）；如果是以文件名或目录名开始，那么 URL 是以正在使用的 JSP 文件的当前目录路径作为相对目录路径。在应用时要注意目录定位方式的不同所带来的影响。否则会出现 404 找不到目标文件的错误。

3）include 指令中的 file 属性不能为 URL 变量或表达式

由于 include 指令是静态包含其他的目标文件，其中的 file 属性不能为可变的 URL 地址或表达式语句。如下所示的代码示例是错误的，并注意其中黑体所标识的内容：

```
<% String targetPageURL="pageHead.jsp"; %>
<%@ include file="<%= targetPageURL %>" %>
```

当然，同样也不可以在 file 属性值中指定的文件名后附加任何的查询参数，如下所示的代码示例也是错误的：

```
<%@ include file="pageHead.jsp?paraName=paraValue" %>
```

1.2.3　JSP 页面中的 Java 脚本

在 JSP 页面中的 Java 脚本主要为 3 种不同的形式：声明（Declaration）、表达式（Expression）和脚本代码片段（Scriptlet）。这 3 种形式的 Java 脚本的基本语法都要以一个“<%”开头，而以一个“%>”结尾。

1. JSP 页面中的数据和方法声明

JSP 页面中的声明主要用于声明一个或多个变量（对象）和方法，但并不输出任何的文本到页面 I/O 输出流中。在 JSP 页面声明中所定义的变量和方法将在该 JSP 页面初始化时完成。声明的语法格式示例如下：

```
<%!  声明表达式;  %>
```

当然，声明变量和方法的语句也可以放在脚本代码片段区中，但与在脚本区中声明的对象在应用方面是有差别的，在声明区域中的变量定义语句在本页面被编译为 Servlet 源程序时将作为 Servlet 类中的成员变量而存在，所声明的变量能够在同一个页面中的不同的方法中被应用。因此，为本页面中的全局变量。

而放在脚本区中声明的变量将在本 JSP 页面所对应的 Servlet 类的成员方法_jspService()内部被定义，成为_jspService()方法的局部变量。但在<%! … %>声明区域中不能有功能性的操作语句，只能包含数据声明或方法定义。如下所示的代码示例是错误的：

```
<%!
    int oneInteger;
    oneInteger=1;    //功能性的语句不能出现在声明区域中
%>
```

2. JSP 页面中的输出表达式

JSP 页面中的输出表达式可以被看做一种简单形式的数据输出方式，但表达式一定要有一个可以输出的具体值。语法格式示例如下：

```
<%= 待输出的表达式 %>
```

但要注意其中的“=”的位置不要写成“<% =待输出的表达式 %>”或者“<% = 待输出的表达式 %>”，也就是“=”必须要与“<%”相连。

表达式在运行后被自动转化为一个字符串值，然后插入到这个表达式在 JSP 页面文件中的对应位置处显示输出，而且在表达式的结束处不能用分号（“;”）作为表达式的结束符。如下所示的代码示例是错误的：

```
<%!
   int oneInteger=1;
%>
<%=
   oneInteger = oneInteger+1 ; //功能性的语句不能出现在表达式区域中
%>
```

JSP 页面中的表达式主要是作为其他 JSP 标签的属性值，并为该属性动态赋值。如下所示的代码示例是将在页面中所定义的名称为 userNameString 的字符串变量赋值给 JSP 动作标签<jsp:setProperty>中的 value 属性。

```
<%!
  String userNameString="yang";
%>
<jsp:setProperty property="userName" name="oneUserInfo"
                                        value="<%=userNameString %>" />
```

3. JSP 页面中的代码片段

所谓的代码片段也就是在 JSP 页面中所内嵌的 Java 程序代码段，并且这些脚本代码也要遵守 Java 语言中的各种语法规则。语法格式定义示例如下：

```
<%  脚本代码  %>
```

在脚本代码区域中也可以声明将要用到的变量或方法，并编写 JSP 表达式和语句；但这些语句必须要遵从 Java 语言的语法规则。在脚本代码区域中可以使用 JSP 中的内置对象和任何用<jsp:useBean>动作标签声明的对象实例。

任何文本、HTML 标签和 JSP 页面的标签元素都不能直接包含在代码片段区域内。如果在代码片段区域内有显示输出的代码，这些代码执行后的显示输出内容就被存放在内置的 out 对象中，然后再输出到浏览器窗口中显示输出。

4. JSP 页面中的表达式和脚本代码的应用示例

例 1-6 为一个说明 JSP 页面中的表达式和脚本代码的应用示例，在示例的声明区域中声明了一个整型的变量、Date 类的对象实例（注意其中黑体标识的语句）和一个自定义的 getTodayDate()方法。在 getTodayDate()方法中获得当前机器的时间，因此需要引入 java.util.Date 类；然后通过表达式输出对方法调用的最终结果；最后在脚本区域中通过普通的 Java 程序代码操作数据和调用方法。例 1-6 示例的执行结果如图 1.28 所示。

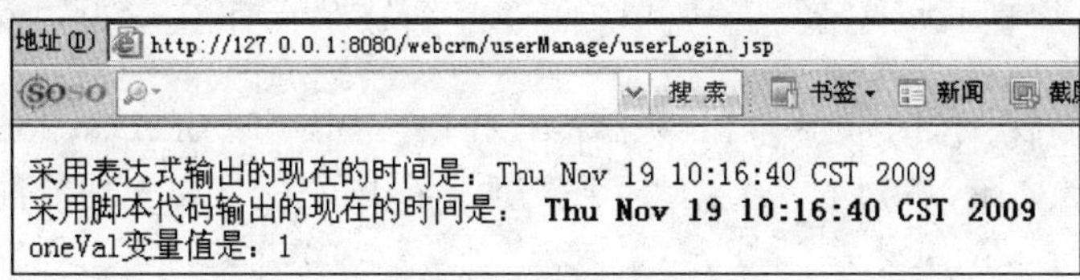

图 1.28　例 1-6 示例的执行结果

例 1-6　JSP 中的表达式和脚本代码的应用示例。

```
<%@ page pageEncoding="GB18030" %>
<%@ page import="java.util.Date" %>
<html><head><title>蓝梦集团 CRM 系统中的登录页面</title></head><body>
 <%!
    int oneVal=1;
    Date oneDate=new Date();
    public String getTodayDate(){
        return oneDate.toString();
    }
 %>
 采用表达式输出的现在的时间是：<%= getTodayDate() %><br>
 采用脚本代码输出的现在的时间是：
 <%
    String nowDateString=getTodayDate();
    out.println("<b>"+nowDateString+"</b><br>");
    out.println("oneVal 变量值是："+oneVal);
```

由于在声明区中应用了 Date 类，需要引入 JDK 中的 Java 包

在声明区中声明变量、对象和方法

利用表达式输出方法执行的结果

在脚本区内的代码就是普通的 Java 程序

```
%>
</body></html>
```

5. 深入了解 JSP 页面中的脚本语法规则

在例 1-6 的示例页面中，除掉对 Date 类引入的 page 指令语句：<%@ page import="java.util.Date" %>后，将出现如图 1.29 所示的语法错误。因此，在 JSP 页面中如果应用了 JDK API 或者开发者自定义的类和接口，一定要引入这些类或接口。

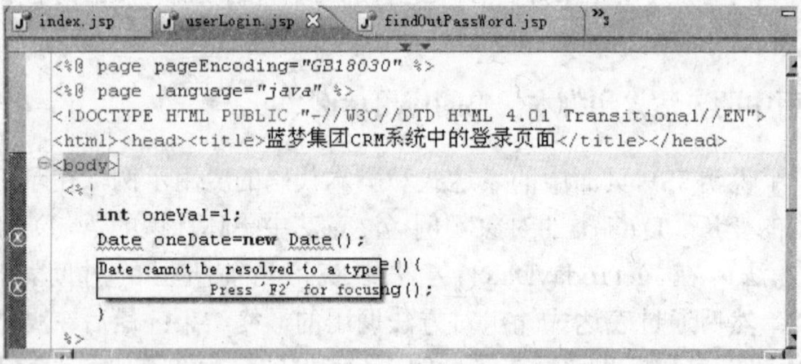

图 1.29　没有正确地引入目标类或接口后产生的语法错误

在例 1-6 的示例页面中的声明区域中添加如下一条语句：oneDate.toString();，同样也将出现语法错误，如图 1.30 所示。因此，在声明区域中不能包含“功能性的语句”。

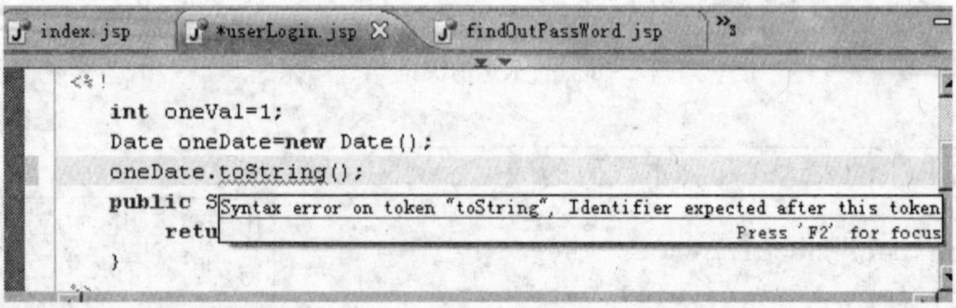

图 1.30　在声明区域中包含“功能性的语句”后产生的语法错误

JSP 表达式不能以“;”（分号）作为结束标识符，而脚本语句则必须加“;”（分号）作为结束标识符，如图 1.31 所示的错误提示。在应用开发中，一定要区分 JSP“表达式”和“脚本语句”在应用方面的本质差别。

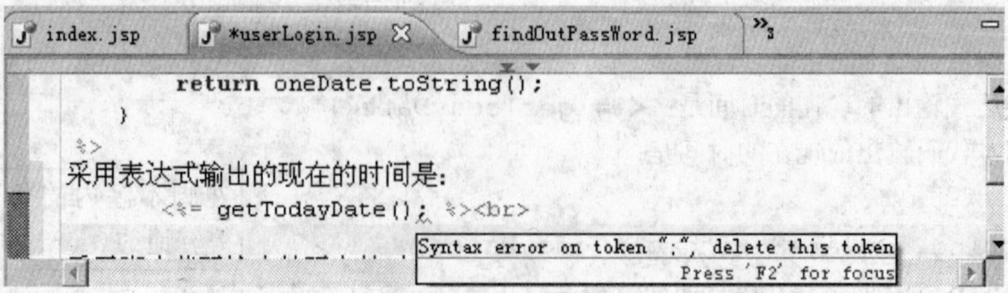

图 1.31　在表达式区域中加“;”后产生的语法错误

6. 区分在声明区域中声明的变量和在脚本区域中声明的变量之间的差别

在【例 1-7】中，分别在声明区域和脚本区域中声明了两个不同形式的变量，见黑体标识的语句。它们在该 JSP 页面所对应的 Servlet 源程序中的最终的定义方式是不同的，在声明区域中定义的变量最终成为 Servlet 源程序类中的成员变量，如图 1.32 所示。

```
import java.util.Date;
public final class userLogin_jsp extends org.apache.jasper.runtime.HttpJspBase
    implements org.apache.jasper.runtime.JspSourceDependent {
    int oneVal=1;
  private static java.util.Vector _jspx_dependants;
  public java.util.List getDependants() {
    return _jspx_dependants;
  }
```

图 1.32　声明区域中定义的变量最终成为 Servlet 源程序类中的成员变量

而在脚本区域中定义的变量，最终成为 Servlet 源程序类中的_jspService()方法的局部变量，如图 1.33 所示。

```
  public void _jspService(HttpServletRequest request, HttpServletResponse respo
        throws java.io.IOException, ServletException {
    int twoVal=1;
    JspFactory _jspxFactory = null;
    PageContext pageContext = null;
    HttpSession session = null;
    ServletContext application = null;
    ServletConfig config = null;
```

图 1.33　在脚本区域中定义的变量最终成为方法的局部变量

例 1-7　分别在声明区域和脚本区域中声明两种不同形式的变量示例。

```
<%@ page pageEncoding="GB18030" %>
<html><head><title>蓝梦集团 CRM 系统中的登录页面</title></head><body>
 <%!   int oneVal=1;  %>
 <%    int twoVal=1;   %>
<%
   oneVal=2;
   twoVal=2;
 %>
 </body></html>
```

在声明区域中声明的变量

在脚本区域中声明的变量

在 JSP 页面中的普通应用中，基本反映不出它们两者之间的差别，但系统在编译处理它们时在内部是有差别的。

7. JSP 页面中的各种形式的注释方式

在 JSP 页面中可以有两种不同形式的注释方式，其一是 HTML 方式的注释，另一种是 JSP 本身的用于描述 JSP 程序代码的 JSP 方式的注释。通过注释可以为 JSP 页面中的脚本代码提供说明性的文本，但这些注释文本对 JSP 引擎不起作用。

1）HTML 方式的注释（也称为明文注释或客户端注释）

在 JSP 页面中的 HTML 注释与一般的 HTML 页面中的 HTML 注释一样，通过查看 HTML 源代码可以看到该注释内容，一般用于描述 JSP 页面执行后的结果所产生的 HTML 的功能。语法定义的格式示例为：

```
<!--  注释文本内容  -->
```

2）JSP 方式的注释（也称为隐藏注释或服务器端注释）

采用隐藏注释标记的字符会在 JSP 编译时被忽略掉，它也不转化为 HTML 的注释，在客户端查看源码时是看不到的（因为它不会被传送到客户端）。因此，它常常用来注释不愿意被其他用户了解的注释文字（即使通过查看 HTML 源代码也无法看到）。语法定义的格式示例为：

```
<%--  注释文本内容 --%>
```

例 1-8 为说明 JSP 页面中的 HTML 方式的注释和 JSP 方式的注释在应用上的不同点的代码示例，执行该页面文件后，然后再在浏览器中查看最终所生成的 HTML 源标签代码时，能够看到 HTML 方式下的注释文本，如图 1.34 中所示的文本；但对于 JSP 方式的注释文本则无法浏览到，JSP 引擎将其隐藏没有输出到浏览器客户端。

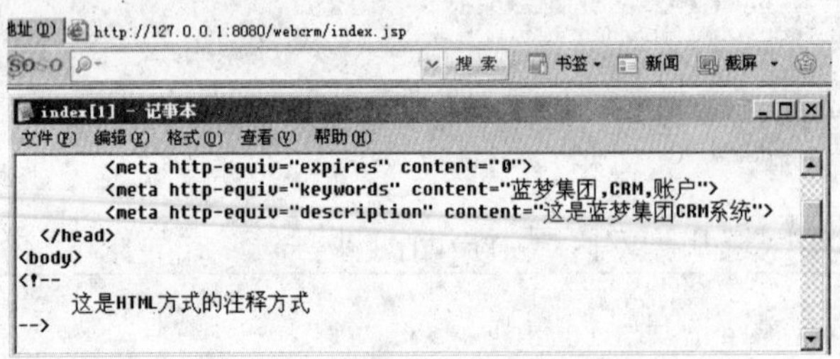

图 1.34　例 1-8 示例 JSP 页面的执行结果

例 1-8　JSP 页面中的两种不同形式的注释方式的代码示例。

```
<%@ page pageEncoding="gb2312"%>
<head><title>蓝梦集团 CRM 系统首页</title></head><body>
<!--  这是 HTML 方式的注释方式   -->
<%--  这是 JSP 方式的注释方式 --%>
<%
    /*
        这是一个脚本代码片段中的注释（完全与 Java 语言中的注释方式一致）
    */
%>
<%
    /**
        这也是一个脚本代码片段中的注释，可以用 javadoc 从生成的 Java 文件中提取出注释
    */
```

```
%>
</body></html>
```

因此，在 JSP 页面中不仅可以应用 HTML 方式的注释、JSP 方式的注释，还可以在脚本区域中应用 Java 语言中所支持的各种注释形式。

1.3　JSP 页面中的标准动作标签

1.3.1　JSP 页面中的标准动作标签概述

1. 什么是 JSP 规范中的标准动作标签

在 Web 开发中，经常需要在 JSP 页面中实现一些简单的数据处理和格式化等方面的功能，在 JSP 页面中将不可避免地需要编程 Java 脚本代码。但在应用中其实也存在许多重复和相同的功能实现要求，比如创建对象、成员属性值访问（读或写）等功能。为此，在 JSP 规范中定义了一些标准的动作标签（Action Tag），包装通用的功能实现代码，并以 XML 标签的形式调用这些通用的功能代码，最终实现处理复杂业务逻辑的专用功能。

2. 动作标签是基于 XML 标签的语法规则

JSP 页面中的动作也是以标签的形式出现，而且是基于 XML 标签的语法规则。因此，所有的动作标签都必须成对出现、属性需要用双引号包围等 XML 语法要求。可以采用如下两种格式中的一种：

```
<jsp:tagName { attribute ="value" } */>
```

或者

```
<jsp:tagName { attribute ="value" } *>…</jsp:tagName>
```

如下为创建 JavaBean 组件对象实例的<jsp:useBean>动作标签示例：

```
<jsp:useBean id="nowDate" class="java.util.Date" scope="page"/>
```

每个动作标签其实代表 Web 服务器端某种特定功能的 Java 程序代码，从而实现如创建对象实例和修改对象实例成员属性等方面的功能。

3. 动作标签的主要作用

动作标签允许开发者将通用功能实现的 Java 代码转变成 XML 格式的标签，并扩展 JSP 页面文件中的数据处理等方面的功能。避免 Web 开发中的页面美工人员直接编程，而将与程序实现等方面的工作交由程序员实现。最终实现了“表现层”与“业务层”之间的分离，减少重复编程实现相同的功能代码，同时也实现不同的人员之间的职责分离。

4. JSP 规范中的典型动作标签的功能说明

动作标签元素的标签名都以 jsp 作为前缀符，并且全部采用小写字符名，如<jsp:include>、<jsp:forward>等标签。下面介绍在实际应用开发中使用最频繁的几个 JSP 动作标签和对应的功能说明：

- <jsp:useBean>：定义和实例化 JavaBean 组件类的对象实例。
- <jsp:setProperty>：设置由<jsp:useBean>所定义的对象实例的成员属性值。
- <jsp:getProperty>：获得<jsp:useBean>所定义的对象实例的属性值。
- <jsp:forward>：转发到指定的目标页面。
- <jsp:param>：为目标对象提供参数，在目标页面中可以采用 request.getParameter ("参数名")方法来获得参数。
- <jsp:include>：实现动态文件包含，在一个文件中包含另一个文件。

1.3.2 典型动作标签及应用示例

1. <jsp:include>动作标签

1）<jsp:include>动作标签的基本语法和功能

<jsp:include>动作标签实现与 include 指令相同的文件包含功能，但两者在包含功能的实现结果方面是不同的。include 指令是在编译时将被包含的目标资源文件的内容插入到当前页面文件中，而<jsp:include>动作标签最终实现的是动态包含，也就是将被包含的目标资源文件的输出内容插入到当前 JSP 页面的输出内容之中，这种在 JSP 页面执行过程中的包含方式称为动态包含。

<jsp:include>动作标签用于在当前 JSP 页面中包含一个动态的目标资源，运行效率略低于 include 指令，但是可以动态增加页面中的内容。基本的语法代码示例如下：

```
<jsp:include page="relativeURL|<%=expression%>" flush="true|false"/>
```

其中的 page 属性用于指定被引入的目标资源的相对路径或者代表相对路径的表达式；而 flush 属性指定在插入其他资源的输出内容时，是否先将当前的 JSP 页面中已输出的内容刷新到客户端浏览器中（更新显示输出结果）。flush 属性的默认值为 false，不更新。

2）<jsp:include>动作标签的应用示例

对于采用 include 指令最终使得 index.jsp 页面文件产生出如图 1.27 所示的页面效果，其实也可以改用<jsp:include>动作标签来实现，如下为实现的代码示例：

```
<jsp:include page="/commonPage/pageHead.jsp" ></jsp:include>
<jsp:include page="/commonPage/navMenuBar.jsp" ></jsp:include>
    这是我的第一个 JSP 页面
<jsp:include page="/commonPage/authorInfo.jsp" ></jsp:include>
```

注意<jsp: include/>动作标签的包含效果是“结果的合并”而不是“内容的包含”，可以在浏览器中查看最终页面文件的 HTML 源标签代码，将能够发现在页面文件中出现多个不同的独立页面的<html>标签，如图 1.35 所示。

```
<!DOCTYPE html PUBLIC "-//W3C//DTD XHTML 1.0 Transitional//EN" "http://www.w3.org/TR/xhtml1/DTD/xhtml1-trans
<html xmlns="http://www.w3.org/1999/xhtml">
  <head><title>蓝梦集团CRM系统首页</title>
      <meta http-equiv="pragma" content="no-cache" />
      <meta http-equiv="cache-control" content="no-cache" />
      <meta http-equiv="expires" content="0" />
      <meta http-equiv="keywords" content="蓝梦集团,CRM,账户" />
      <meta http-equiv="description" content="这是蓝梦集团CRM系统" />
    <link href="/webcrm/css/indexStyle.css" rel="stylesheet" type="text/css" />
      <script language="javascript" src="/webcrm/javascript/commonJavaScript.js" type="text/javascript">
      </script>
  </head>
<body>

<!DOCTYPE HTML PUBLIC "-//W3C//DTD HTML 4.01 Transitional//EN">
<html>
  <head>
```

图 1.35　<jsp: include/>动作标签的包含效果是“结果的合并”

2. <jsp:useBean>动作标签

1）<jsp:useBean>动作标签的基本语法和功能

该动作标签创建 JavaBean 组件的对象实例，在 Web 开发中为了减少页面中的 Java 脚本代码量，可以将页面中的 Java 脚本代码封装到 JavaBean 组件类中，采用<jsp:useBean>动作标签创建出它的对象实例，从而访问其中的成员方法和操作成员属性的值。基本的语法代码示例如下：

```
<jsp:useBean  id="objectName"  scope="page|request|session|application"
              class="className" />
```

其中的 id 属性定义该对象的唯一标识名（在同一个作用域中不能出现同名）；scope 属性代表对象的作用域，可以为 page（页面作用域，当前页面从打开到关闭这段时间）、request（请求作用域，HTTP 请求开始到结束的这段时间）、session（会话作用域，HTTP 会话开始到结束的这段时间）和 application（应用程序全局作用域，应用程序启动到停止的这段时间）之一；class 属性代表对象所在的全局类名（包含包路径的类名）。

如果在<jsp:useBean>动作标签中还需要加入其他的动作标签，应该使用如下形式的语法代码示例：

```
<jsp:useBean  id="objectName"  scope="page|request|session|application"
      class="className" >
   内部子标签内容
</jsp:useBean>
```

2）正确地设置为 session 作用域对象

如果在使用<jsp:useBean>动作标签时，设定 scope 属性值为 session（会话作用域），该对象实例的作用域为整个 session（会话）生命周期。但需要在创建该对象实例的 JSP 文件中添加下面形式的 page 指令：<%@page session="true" %>开启会话作用域。

此时可以在另一个页面中使用 JSP 中内置的 session 对象获得该对象实例，比如：

```
session.getAttribute("objectName");
```

3）利用<jsp:useBean>动作标签创建 JDK API 中的某个类的对象实例

【例 1-9】所示为一个利用<jsp:useBean>动作标签（黑体所标识的语句）创建 JDK API 中的 java.util.Date 类的对象实例的代码示例，然后获得服务器主机的时间，并在浏览器中显示输出（黑体所标识的表达式语句）。

例 1-9 创建 JDK API 中的某个类的对象实例的代码。

```
<%@ page language="java" import="java.util.*" pageEncoding="GB18030"%>
<jsp:useBean id="otherDate" class="java.util.Date" scope="page" />
<html><head><title>"jsp:useBean"动作标签应用示例</title></head><body>
    采用动作标签输出的现在的时间是：<%= otherDate.toString() %><br>
</body></html>
```

4）利用<jsp:useBean>动作标签创建自定义类的对象实例

利用<jsp:useBean>动作标签不仅可以创建 JDK API 中的类的对象实例，同样也可以创建自定义类的对象实例，语法规则完全一样，只是将其中的 class 属性设置为自定义的类名称。

3. <jsp:setProperty>和<jsp:getProperty>动作标签

1）成员属性访问动作标签的主要功能

它们都可以操作由<jsp:useBean>动作标签定义的 JavaBean 类的对象实例中的成员属性，其中<jsp:setProperty>动作标签对成员属性赋值；而<jsp:getProperty>动作标签获得成员属性的值，无论原先这个属性是什么类型的，JSP 引擎都将它转换为一个字符串 String 类型的值，该值将被插入到 JSP 页面当前位置处。<jsp:setProperty>动作标签基本的语法代码示例如下：

```
<jsp:setProperty name="beanInstanceName"  { property= "*" |
                property="propertyName" [ param="parameterName" ] |
                property="propertyName" value="{string|<%= expression %>}" }/>
```

name 属性的值是一个前面已经使用<jsp:useBean>动作标签引入的 JavaBean 对象实例的名字；property 属性的值代表 JavaBean 对象实例中所包含的成员属性，并且可以采用多种不同的方式对成员属性赋值。<jsp:getProperty>动作标签基本的语法代码示例如下：

```
<jsp:getProperty name="beanInstanceName" property="propertyName" />
```

其中的 name 属性的值同样也是一个前面已经使用<jsp:useBean>动作标签引入的 JavaBean 对象实例的名字；property 属性代表需要获得的 JavaBean 对象实例中所包含的成员属性名。

2）<jsp:setProperty>和<jsp:getProperty>动作标签的应用示例

例 1-10 所示为一个自定义的 UserInfoActionForm 类的代码示例，其中声明有两个成员属性 userName 和 userPassWord，并提供对应的 get/set 属性访问方法，分别包装用户的名称和密码信息。

例 1-10　UserInfoActionForm 类代码示例。

```
package com.px1987.webcrm.actionform;
public class UserInfoActionForm {
    String userName=null;
    String userPassWord=null;
    public UserInfoActionForm() {
    }
    public String getUserName() {
        return userName;
    }
    public void setUserName(String userName) {
        this.userName = userName;
    }
    public String getUserPassWord() {
        return userPassWord;
    }
    public void setUserPassWord(String userPassWord) {
        this.userPassWord = userPassWord;
    }
}
```

声明两个成员属性变量和提供 get/set 属性访问方法

两个成员属性变量所对应的 get/set 属性访问方法

在例 1-11 的代码示例中，首先利用<jsp:useBean>动作标签创建出例 1-10 示例中的 UserInfoActionForm 类的对象实例，然后分别采用脚本代码和利用<jsp:setProperty>和<jsp:getProperty>动作标签操作访问 UserInfoActionForm 类的对象实例中的各个成员属性（黑体所标识的标签语句），目的是了解两者在应用方面的差别。

例 1-11　<jsp:setProperty>和<jsp:getProperty>动作标签的应用代码示例。

```
<%@ page language="java" import="java.util.*" pageEncoding="GB18030"%>
<jsp:useBean id="oneUserInfo" scope="page"
      class="com.px1987.webcrm.actionform.UserInfoActionForm" />
<html><head><title>成员属性访问的动作标签应用示例</title></head><body>
<%! String userNameString="yang"; %>
<%
   oneUserInfo.setUserName(userNameString);
   String userNameValue=oneUserInfo.getUserName(); //利用脚本访问属性
   out.print("采用脚本语句输出的 userName 的值是: "+userNameValue+"<br>");
%>
```

创建 UserInfoActionForm 类的对象实例

```
<jsp:setProperty property="userName" name="oneUserInfo"
                    value="<%=userNameString %>" />
采用动作标签输出的 userName 的值是:
<jsp:getProperty name="oneUserInfo" property="userName" />
</body></html>
```

利用动作标签访问成员属性

从例 1-11 的代码示例中可以了解到，利用<jsp:setProperty>和<jsp:getProperty>动作标签操作访问对象中的成员属性比直接通过 Java 脚本代码操作访问对象中的成员属性要简洁明了。但这两个动作标签中的 name 属性取值都必须与在<jsp:useBean>动作标签创建的对象实例的 id 属性名的取值保持一致。

3）<jsp:setProperty>标签中的 param 属性的应用示例

其中的 param 属性指示的目标变量应该为一个用户提交的 URL 的请求参数，而不是页面中定义的一个普通的脚本变量。修改例 1-11 中的<jsp:setProperty>标签为例 1-12 中所示的代码示例，将原来的 value 属性改变为 param 属性（黑体标识的属性语句），并除掉利用脚本代码操作对象属性的部分语句。

例 1-12　体现<jsp:setProperty>标签中的 param 属性的应用示例。

```
<%@ page language="java" import="java.util.*" pageEncoding="GB18030"%>
<jsp:useBean id="oneUserInfo" scope="page"
        class="com.px1987.webcrm.actionform.UserInfoActionForm" />
<html><head><title>成员属性访问的动作标签应用示例</title></head><body>
<jsp:setProperty property="userName"
  name="oneUserInfo" param="userNameInRequest"/>
采用 param 属性输出的 userName 的值是:
        <jsp:getProperty name="oneUserInfo" property="userName" />
</body></html>
```

userNameInRequest 为请求参数，不是页面内的变量

此时在执行该 JSP 页面时需要提供一个名称为 userNameInRequest 的请求参数，因为例 1-12 中的<jsp:setProperty>标签中的 param 属性值指定了该请求参数的名称。如果没有提供指定名称的请求参数，则其值为 null，比如采用下面形式的 URL 地址进行请求：

```
http://127.0.0.1:8080/webcrm/userManage/updateUserInfo.jsp
```

而如果采用下面形式的 URL 地址进行请求：

```
http://127.0.0.1:8080/webcrm
/userManage/updateUserInfo.jsp?userNameInRequest=admin
```

其中黑体所标识的“userNameInRequest=admin”为一个 URL 请求的参数。因此，利用动作标签<jsp:setProperty>可以动态地为 Java 程序中的某个成员属性赋值。正确执行例 1-12 中的示例后的执行结果如图 1.36 所示。当然，其中的请求参数也可以通过<form>表单提交的方式给定。

图 1.36　在执行例 1-12 时需要给定请求参数

4）<jsp:setProperty property="*">的快捷访问方式

这是一种设置 JavaBean 对象实例中成员属性值的快捷操作方式。使用该方式，在 JavaBean 对象实例中的成员属性的名称、数据类型等都必须和请求 request 对象中的参数名称和数据类型保持匹配。因此，采用 property="*"方式操作访问 Java 组件对象实例中的成员属性适用于 JavaBean 对象实例中的成员属性名与 request 对象中的参数名称一致的情况。如将例 1-12 中的<jsp:setProperty>动作标签改变为下面的形式：

```
<jsp:setProperty property="*" name="oneUserInfo" />
```

则访问该页面的 URL 地址字符串应该采用如下的形式（注意黑体标识的请求参数名）：

```
http://127.0.0.1:8080/webcrm/userManage/updateUserInfo.jsp
                                    ?userName=admin & userPassWord=1234
```

由于从 URL 请求或者 Web 表单请求传递的参数的数据类型都是字符串 String 类型，JSP 引擎会把这些参数转化成 JavaBean 对象实例中成员属性对应的数据类型。

当然，如果在 request 对象的参数中有空值，或者 JavaBean 对象实例中有一个成员属性在 request 对象中没有对应名称的参数，那么这个属性值不会被赋值修改。

4. <jsp:forward>动作标签

1）<jsp:forward>动作标签的主要功能

用于把请求转发给另外一个资源文件，所谓的请求转发是指从一个 JSP 页面跳转到另一个 JSP 页面、Servlet 或者静态资源文件中，但请求被转向到的资源必须位于发送请求的 JSP 页面相同的上下文环境之中。也就是在客户端浏览器中看到的 URL 地址是 A 页面的地址，但页面中的实际内容却是 B 页面的内容。

2）<jsp:forward>动作标签的基本语法

基本的语法代码示例：

```
<jsp:forward page="relativeURL|<%=expression%>"/>
```

其中的 page 属性既可以是一个相对路径，即所要重新转发的目标页面位置，也可以是经过表达式运算出的相对路径，它用于说明将要转向的文件或 URL，而且在<jsp:forward>动作标签内可以包含一个或多个<jsp:param >动作标签，从而能够向目标资源文件传送指定名称的参数值。如下代码示例所示：

```
<jsp:forward page={"URL" | "<%= expression %>"} >
    <jsp:param name="paramName" value="paramValue" />
</jsp:forward>
```

需要注意，当由<jsp:forward>动作标签所标识的转发动作行为已经发生时，不能提前将任何内容输出到客户端浏览器中。如果已经有文本被写入输出流中而且在页面中又没有设置缓冲，那么将会抛出一个 IllegalStateException 类型的异常。

3）<jsp:forward>动作标签的应用示例

利用<jsp:forward>动作标签所具有的请求转发技术特性，实现隐藏客户关系信息系统项目中的真正的首页面文件 index.jsp 的物理位置，提高系统首页面的安全性。比如，可以将系统中的真正的首页面文件 index.jsp 从站点根目录移动到站点内的某个子目录中。本示例为 indexContent 目录（例 1-13 中黑体所标识的目录和文件名），而在站点的根目录中放一个内容为空的 index.jsp 页面，只在该页面中加一个<jsp:forward>动作标签，最终结果的页面内容如例 1-13 示例页面内容。

例 1-13　利用<jsp:forward>动作标签实现请求转发的代码示例。

```
<%@ page language="java" import="java.util.*" pageEncoding="GB18030"%>
<html><head><title></title></head><body> 正在连接服务器，请等待...
  <jsp:forward page="/indexContent/index.jsp">
     <jsp:param value="admin" name="userNameInRequest"/>
  </jsp:forward>
</body></html>
```

在例 1-13 中还为<jsp:forward>动作标签所要转发的目标页面提供一个名称为 userNameInRequest 的请求参数，其值为 admin。对站点根目录下的 index.jsp 首页页面执行后，实际将跳转到真正的首页页面（在 indexContent 目录中的 index.jsp 文件）。

但要注意在<jsp:forward>动作标签之后的脚本程序或者标签将不会再被执行，因为 JSP 引擎每当遇到此动作标签时，就停止当前 JSP 页面的执行，转而执行被转发的目标资源文件。

5. <jsp:param>动作标签

<jsp:param>动作标签的主要功能是向目标资源文件传递指定名称的参数值，当使用<jsp:include>和<jsp:forward>等动作标签包含或将请求转发给目标资源是一个能动态执行的程序（如 Servlet 程序）或 JSP 页面时，可以使用<jsp:param>动作标签为这个目标资源程序或者页面传递指定名称的参数值，如例 1-13 示例代码所示的功能。

<jsp:param>动作标签采用一个“名称：值”对的形式为其他的动作标签提供附加的参数值，它一般与<jsp:include>、<jsp:forword>等动作标签配合使用，用于向这些动作标签传递参数。<jsp:param>动作标签的基本的语法代码示例如下：

```
<jsp:param name="parameterName" value="parameterValue|<%=expression%>"/>
```

其中的 name 属性用于指定参数名，而 value 属性用于指定该名称的参数所对应的值，而且在<jsp:include>和<jsp:forward>等动作标签中，可以使用多个<jsp:param>动作标签来传递多个不同名称的参数值。

小　结

教学重点

基于浏览器/Web 服务器模式的 Web 应用系统开发涉及多个不同领域的知识，如何为学生构建出 B/S 模式下的 Web 应用系统开发所需要的各种知识体系、三层体系架构的分层原则，JSP 页面基本的语法规则，包括指令、脚本和动作标签等方面的内容构成了本章的教学重点。

这些知识本身并不抽象和难懂，但比较“琐碎”和“庞杂”。授课教师如何能够通俗、简洁地讲解这些知识，也是需要仔细思考的教学问题。

学习难点

大型企业级 Web 应用系统的设计和开发实现都要求系统是一个有良好架构的应用系统，而基于 J2EE 技术平台的 Web 应用系统以其多层架构和系统平台无关性、便于协作开发等方面的优势，目前已经成为电子商务、电子政务应用领域中的主要解决方案。

应用系统整体性能是否良好，取决于应用系统的体系架构设计。企业应用系统之所以要应用三层体系架构设计，主要的目的是希望将应用系统中的数据访问、业务逻辑处理和数据表现各自隔离，有利于应用系统的功能扩展。

教学要点

目前 Web 开发技术平台有多种，比如微软公司早期的 ASP 以及现在的 ASP.Net，开源 PHP 和基于 Java 技术的 JSP 等。在教学中要能够让学生理解 JSP 技术的主要优点以及与其他的动态网站开发技术的本质差别，为此需要通过示例和实验说明 JSP 技术所具有的快速响应能力（如图 1.22 和图 1.23 所示的实验）和跨服务器平台的特性。比如，教师可以将同一个 Web 应用部署到不同的 Servlet 容器中，然后进行对比和观察是否修改了系统中的代码。

软件架构设计中的三层体系架构是将系统中的数据输入输出、业务规则和逻辑处理、数据访问等功能实现的代码相互分离，其目的是提高系统的可扩展性和可维护性。在教学中应该要让学生理解为什么要分层和隔离。

学习要点

正确地理解和区分 JSP 页面中的动态包含和静态包含在应用方面的不同点，include 指令只能引用静态页面文件，并且所引入的目标页面文件不能是独立的 HTML 文件。因为 include 指令是在编译时将被包含的目标资源文件的内容直接插入到当前页面文件中；而 <jsp:include>动作标签用于在当前 JSP 页面中包含一个动态的目标资源，其包含的效果是“结果的合并”而不是“内容的包含”。

在学习和应用三层架构体系时，首先要明确在系统的表现层中，不应该包含任何的商业业务逻辑功能处理代码；其次，在系统设计时应该从业务逻辑层开始，而不要从系统中的表现层开始；在系统中的数据访问层组件的设计和开发实现中，应该要尽可能达到与数据库系统无关。

练　习

1. 单选题

（1）假设在名称为 webcrm 的 Web 应用中有一个 index.jsp 页面文件，它的文件路径如下：%CATALINA_HOME%/webapps/webcrm/index.jsp，那么在浏览器中访问 index.jsp 的 URL 是什么？（　　）

（A）http://localhost:8080/index.jsp

（B）http://localhost:8080/webcrm/index.jsp

（C）http://localhost:8080/webcrm/index/index.jsp

（D）http://127.0.0.1:8080/webapps/webcrm/index.jsp

（2）someOne.jsp 页面要把请求转发给 someTwo.jsp 页面，应该在 someOne.jsp 页面中如何实现？（　　）

（A）<a href="someTwo.jsp">someTwo.jsp </a>

（B）<jsp:forward page="someTwo.jsp" />

（C）<a href="someOne.jsp">someTwo.jsp </a>

（D）<jsp:forward page="someOne.jsp" />

（3）欲从 HTTP 请求中获得用户的请求参数值，应该调用下面的哪个方法？（　　）

（A）调用 IIttpServletRequest 对象的 getAttribute()方法

（B）调用 ServletContext 对象的 getAttribute()方法

（C）调用 HttpServletRequest 对象的 getParameter()方法

（D）调用 HttpSession 对象的 getAttribute()方法

（4）下面哪一项不是 JSP 规范中的指令？（　　）

（A）import　　（B）include　　（C）page　　（D）taglib

（5）在 JSP 页面中调用 JavaBean 组件中的某个方法时不会用到的标签是哪一个？（　　）

（A）<javabean>　　（B）<jsp:useBean>

（C）<jsp:setProperty>　　（D）<jsp:getProperty>

（6）在 JSP 中引入 java.io.File 类和 java.util.Date 类，下面选项中正确的做法是哪一项？（　　）

（A）<%@ page import ="java.io.File, java.util.Date" %>

（B）<%@ page import ="java.io.File ; java.util.Date" %>

（C）import java.io.File;
import java.util.Date ;

（D）<%@ page import ="java.io.File" %>
<%@ page import="java.util.Date" %>

2. 填空题

（1）JSP 中的指令主要有 3 种形式，分别为________、________和________，完成对 JavaBean 进行对象实例化的 JSP 动作标签（Action）是________。

（2）JSP 页面文件名称也可以以 html 的文件扩展名称存储，如________页面示例；列出 page 指令中 3 个常用的属性：________、________、________。

（3）JSP 页面中的<%@ page %>指令主要是用于定义 JSP 页面文件中的各种全局编译属性，<%@ page %>指令的作用域为________，在 J2EE 平台中的开源的 Servlet 容器主要有________、________、________。

（4）JSP 两种注释方法<!-- comments -->和<%-- comment --%>的主要区别为________、________，JSP 页面文件最终被编译为________类型的 Java 程序。

（5）下面的脚本代码的含义是________。

```
<%!                        <%=
    int X=1;        和          X+5
%>                         %>
```

（6）<jsp:useBean/>动作标签的含义是________，<jsp:setProperty>动作标签的含义是________，<jsp:include/>动作标签的含义是________。

3. 问答题

（1）Java 技术主要包括哪几大部分？并解释 J2EE 的含义，简述 JSP 页面的运行过程。

（2）描述三层架构模型中的各个层，为什么要应用三层架构？

（3）阐述 JSP 技术的主要优缺点，<%@include%>和<jsp:include/>分别表示什么含义？二者有何区别？

（4）什么是应用服务器（Application Server）？它为 Web 应用程序提供哪些方面的功能支持？

（5）描述 HTTP 协议的主要特点，列出常见的 HTTP 请求方式。

（6）描述 get 和 post 请求的主要差别，如何实现 post 请求？

（7）JSP 中有哪些指令？在 JSP 的规范中为什么要提供 JSP 的动作标签？<jsp:forward/>动作标签的主要作用是什么？

（8）写出你所熟悉的 JSP 标准的动作标签（至少两个）。

4. 开发题

（1）在某个页面中存在下面的表单

```
<form method="post" action="/webapp/responseSomeRequest.jsp">
    文章标题：<input type="text" name="paperTitle"><br>
    作者姓名：<input type="text" name="paperAuthor"><br>
    <input type="submit" value="提交">
```

```
</form>
```

请编写一个获得该表单中的 paperTitle 和 paperAuthor 值并在浏览器中显示输出其值的 responseSomeRequest.jsp 页面。

（2）在某个 JSP 页面中包含如下内容的表单，响应该表单请求的目标页面为 responseUserLogin.jsp。请为 responseUserLogin.jsp 页面编写获得该表单中的各个请求参数的 JSP 脚本代码。

```
<form action="/webcrm/userManage/responseUserLogin.jsp" method="post" >
    输入右面的认证码：<input type="text"  name="verifyCodeDigit" /> <br />
    用户类型：<select name="type_User_Admin">
                <option value="1">前台用户</option>
                <option value="2">后台管理员</option>
            </select> <br />
    您的名称：<input type="text" name="userName"  /> <br />
    您的密码：<input type="password" name="userPassWord" /> <br />
    <input type="submit" value="提交" name="submitButton" />
    <input type="reset" value="取消" />
</form>
```

第 2 章　Web 表现层 JSP 技术深入

CHAPTER 2

为了减少页面中的脚本代码量和能够应用 J2EE 核心系统 API，在 JSP 的技术规范中为 JSP 页面提供了 9 个内置的对象，这些对象不需要预先声明就可以直接在脚本代码和表达式中随意使用，减少了系统中的通用功能实现的代码量。

应用系统在运行过程中出现各种形式的错误是不可避免的，在 Web 应用系统开发实现过程中，也应该正确地处理系统中的各种异常错误。如何正确地处理？应该要遵守哪些基本的原则？

EL 表达式语言的灵感来自于 ECMAScript 和 XPath 表达式语言，它不仅减少了 JSP 页面中的 Java 脚本代码量，也提高了页面的可读性。但什么是 EL 表达式？为什么要应用 EL 表达式？如何正确地应用 EL 表达式？

本章在第 1 章所介绍知识的基础之上，将更深入地介绍 Web 表现层 JSP 技术。

2.1　JSP 内置对象及编程应用

2.1.1　JSP 中的各种内置对象

1. JSP 中的各种内置对象

JSP 中的内置对象（Implicit Objects）又称为默认对象，这些对象不需要在 JSP 页面中预先定义和声明，就可以在 Java 脚本代码和表达式中应用。因为它们都是 JSP 规范中的标准对象，在每个 JSP 页面文件被编译转换为 Servlet 源程序时，JSP 引擎会自动地插入对这些内置对象的定义语句。

Web 开发人员通过这些内置对象，可以使用 J2EE 核心系统（J2EE SDK）API 中所提供的各个功能类及接口。因为，这些内置对象都是对 J2EE 核心 API 中相关类或接口的包装。

在 MyEclipse 工具中新建 Web 项目时，可以指定本项目所需要的 J2EE 核心系统库的版本，如图 2.1 所示的客户关系系统项目示例在创建时选择的 J2EE 系统的版本为 Java EE 5.0 版。在项目中可以应用这些 J2EE 核心 API 中的相关类和接口。

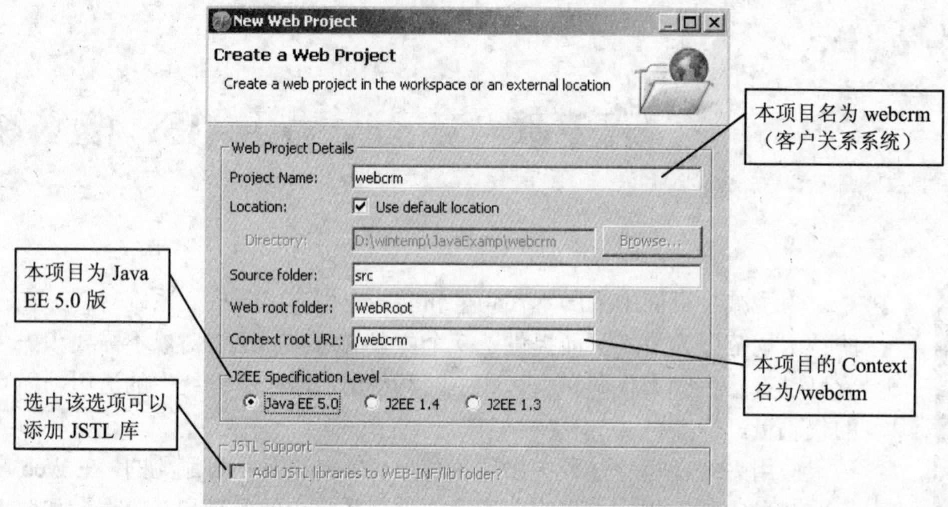

图 2.1　新建 Web 项目时可以指定项目中的 J2EE 核心系统的版本

2. JSP 2.X 规范中共定义有 9 个内置对象

在 JSP 2.X 规范中共定义了 9 个内置对象，它们的名称和所属的类型、作用域、功能描述如表 2.1 所示。其中的 out、request、response、session、config、page 和 pageContext 等内置对象都是线程安全的，可以应用在多线程的并发访问的环境中；而由于 application 内置对象在整个 Web 系统内有效，并可以被多个不同的用户所共享访问，所以不是线程安全的。在使用 application 对象时应该采用 synchronized 关键字对它进行同步控制。

表 2.1　9 个内置对象的名称和对应的功能描述

对象名	对象所属的类型	作用域	功 能 描 述
application	ServletContext	application	主要用来储存在所有的 Web 应用程序之间共享的对象及对 Servlet 容器信息的访问
config	ServletConfig	page	包含与页面 Servlet 有关的配置信息
exception	Exception	page	表示未捕获到的异常与错误信息
out	JspWriter	page	一个输出的缓冲流，向客户端浏览器输出信息
page	HttpJspBase	page	表示 JSP 页面 Servlet 类的一个对象实例，相当于 Java 中的 this 对象
pageContext	PageContext	page	在执行某一个 JSP 时，Servlet 运行时会为它初始化 pageContext 变量，这个变量可以被整个 JSP 页面访问
request	HttpServletRequest	request	表示调用 JSP 页面的 HTTP 请求
response	HttpServletResponse	page	表示返回给客户端浏览器的响应输出
session	HttpSession	session	表示客户端正在参与的 HTTP 会话

3. 9 个内置对象已经预先在_jspService()方法中定义

JSP 引擎会自动地在某个 JSP 页面所对应的 Servlet 源程序中的_jspService()方法中添加对这些内置对象的声明和实例化的语句代码，如图 2.2 所示为_jspService()方法源程序代码的局部截图。

```
public void _jspService(HttpServletRequest request, HttpServletResponse response)
      throws java.io.IOException, ServletException {
  JspFactory _jspxFactory = null;
  PageContext pageContext = null;
  HttpSession session = null;
  ServletContext application = null;
  ServletConfig config = null;
  JspWriter out = null;
  Object page = this;
  JspWriter _jspx_out = null;
  PageContext _jspx_page_context = null;
```

这些是对部分内置对象的定义

request 和 response 对象以参数的形式出现

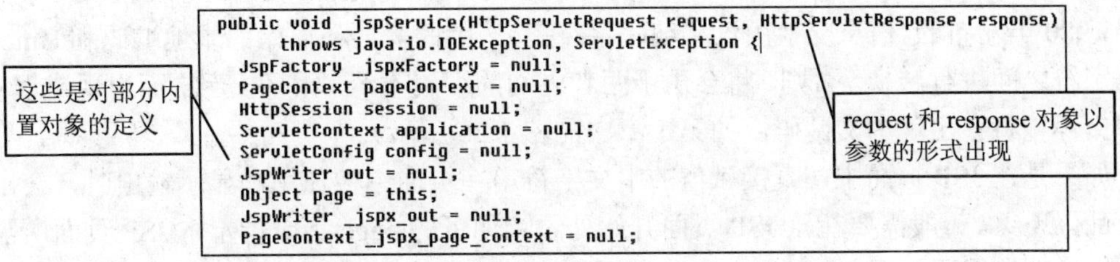

图 2.2　_jspService()方法源程序代码的局部截图

正是由于这些内置对象的定义和声明是由 JSP 引擎程序自动完成的，因此开发人员也就不再需要自己定义，这也就是为什么将它们称为默认对象的主要原因。但在应用时一定要注意，这些对象只出现在 JSP 类型的页面文件中（*.jsp），而非 JSP 页面文件（如静态 HTML 页面、Servlet 等 Java 程序中都没有提供这些内置对象）。如果在 Servlet 等 Java 程序中需要应用这些对象所对应的 J2EE 核心类或接口，必须自己定义和对象实例化。

2.1.2　out 页面输出对象及应用

1. out 对象的主要作用

利用它可以直接在 JSP 页面中向客户端浏览器窗口输出各种数据类型的信息内容，它其实是 javax.servlet.jsp.JspWriter 类的一个对象实例。

2. JspWriter 类中常用的方法及功能说明

在 javax.servlet.jsp.JspWriter 类中提供了许多与页面输出相关的各个功能方法，在 JSP 页面中可以直接利用 out 对象名称访问这些方法，主要的方法名和功能描述如下：

- newLine()：输出一个换行符号。
- flush()：输出缓冲区的数据。
- close()：关闭输出流，从而可以强制终止当前页面的剩余部分向浏览器输出。
- clearBuffer()：清除缓冲区里的数据，并把数据写到客户端浏览器中。
- clear()：清除缓冲区中的数据，但不把数据写到客户端浏览器中。
- getBufferSize()：获得缓冲区的大小，缓冲区的大小可用<%@page buffer="bufferSize"%>指令设置。
- getRemaining()：获得缓冲区没有使用的空间的大小。

- isAutoFlush()：若设置了自动刷新，则返回布尔值 true，否则返回 false。可以用<%@page isAutoFlush="true/false" %>指令设置是否需要自动刷新。

3. 利用 out 对象输出中文时的中文乱码问题的解决方法

由于在 Java 语言的字符串中使用的字符编码是 Unicode 编码（Universal Character Set，通用字符集编码），而在中文环境下的本地系统程序通常使用 GB 2312 等编码（国家标准总局 1980 年发布的《信息交换用汉字编码字符集》），因此需要在原始的本地编码和 Unicode 编码字符之间进行转换。否则，将会由于两者之间的编码不统一和不一致，而出现错误（对于中文环境将会出现中文乱码，如第 1 章中的图 1.26 所示）。

如果是在 JSP 页面中，直接赋值的中文字符串在页面中被使用和显示输出时，会出现中文乱码现象。一般需要在该 JSP 页面开始处添加如下的 page 指令指示本 JSP 页面所需要的目标字符串编码类型：%@page contentType="text/html;charset=gb2312"%这样就可正常显示了。如以下代码示例所示：

```
<%@page contentType="text/html;charset=gb2312"%>
<% out.print("中国人民"); %>
```

也可以采用 GBK 或GB18030编码

4. out 对象中的 print()和 println()方法

在 JSP 页面中，用 out.println()方法输出的结果在理论上应该会换行，但换行符是在程序片段中输出的，而不在浏览器的窗口区域中输出换行。因为 JSP 页面中的各种脚本代码被编译为 Servlet 程序时，原始 JSP 页面中的各种内容都将转换为纯文本格式输出，所以输出的内容最后并没换行，也就是 out.println()方法在浏览器窗口中并不能实现真正的换行效果，必须加
标签或者再调用 newLine()方法，才能实现回车换行效果。

5. out 对象的 print()与 write()方法之间的不同

由于 out 对象是 JspWriter 类的对象实例，而 JspWriter 类继承于 java.io.Writer 类。write()方法是在 Writer 基类中定义的，但 print()方法是在 JspWriter 子类中扩展定义出的，重载的 print()方法可以实现将各种类型的数据转换成字符串的形式输出。

而重载的 write()方法只能输出字符 / 字符数组 / 字符串等与字符相关的数据，如果使用这两种方法输出值为 null 的字符串对象，那么 print()方法输出的结果是“null”，而 write()方法则会抛出 NullPoiterException 类型的异常。

2.1.3 request 请求对象及应用

1. request 对象的主要作用

request 对象主要用于接收客户端通过 HTTP 协议发送到服务器端程序的请求数据，它其实是 javax.servlet.http.HttpServletRequest 接口的一个对象实例。

当 HTTP 请求信息从客户端浏览器传送到 Web 服务器时，首先要经过 javax.servlet.ServletRequest 接口对象的包装，放入描述客户端请求的基本信息；然后再经过 HttpServletRequest 接口对象的包装，提供有关 HTTP 请求的更加详细的描述信息。

在 HttpServletRequest 接口中已经封装了对 HTTP 请求头操作的各种方法。如数据内容类型（Content-type）、数据长度（Content-length）、代理类型（User-Agent）和主机（Host）等方面的信息。

2. HttpServletRequest 接口中常用的方法及功能说明

HttpServletRequest 接口继承了 ServletRequest 接口，在 HttpServletRequest 接口中提供了许多处理 HTTP 请求相关的各个功能方法，在 JSP 页面中可以直接利用 request 对象访问这些功能方法，主要的方法名和对应的功能描述如下：

- getCookies()：获得保存在客户端主机中的 Cookie 对象数组。
- getSession()：取得会话 session 对象，如果还没有创建出 session 会话对象实例，系统则会创建出一个新的 session 对象。
- getHeader()：获得在 HTTP 协议中定义的与请求头相关的某个指定名称的信息。如 request.getHeader("User-Agent")返回客户端浏览器的版本号、类型等信息，而采用如下的代码片段示例可以识别客户端浏览器的类型：

```
if (request.getHeader("User-Agent").indexOf("MSIE") != -1){
   //检查客户端的浏览器类型是否为微软 IE 浏览器
}
```

- getAttribute()：返回指定名称的 request 作用域中的属性值，若不存在指定名称的属性值，就返回空值 null。
- getMethod()：获得客户端向服务器端传送数据的请求方式，可以有 get、post 和 put 等类型的请求方式。
- getParameter()：获得客户端传送给服务器端的指定名称的请求参数值。
- getparameterNames()：获得客户端传送给服务器端的所有的请求参数名，返回的结果集是一个 Enumeration（枚举）类的对象实例。
- getParameterValues()：获得指定参数名的所有请求的值，一般用于获得复选框等提交的请求参数值。
- getQueryString()：获得查询字符串，该查询字符串由客户端浏览器以 get 请求方式向服务器端传送。
- getRequestURI()：获得发出请求字符串的客户端地址。

3. request 对象的应用示例

例 2-1 为客户关系信息系统示例项目中实现用户登录功能的 userLogin.jsp 页面的代码示例，在该页面中设计了一个登录表单，其中包含认证码、用户类型、用户名称和用户密码等字段，并用<form>标签的 action 属性指定处理该登录请求的服务器端程序，本示例为

responseUserLogin.jsp 页面（黑体所标识的语句）。

例 2-1　示例项目中实现用户登录功能的 userLogin.jsp 页面代码示例。

```
<%@ page pageEncoding="GB18030" %>
<html><head><title>蓝梦集团 CRM 系统中的登录页面</title></head><body>
<form method="post" action="${pageContext.request.contextPath}/userManage
                           /responseUserLogin.jsp" >
    输入右面的认证码：<input type="text"  name="verifyCodeDigit" /> <br />
    用户类型：<select name="type_User_Admin">
            <option value="1">前台用户</option>
            <option value="2">后台管理员</option>
        </select> <br />
    您的名称：<input type="text" name="userName"  /> <br />
    您的密码：<input type="password" name="userPassWord" /> <br />
    <input type="submit" value="提交" name="submitButton"
                onclick="this.value='正在提交请求，请稍候'"/>
    <input type="reset" value="取消" />
/form></body></html>
```

利用 EL 表达式动态获得 Web 根目录

处理请求的服务器端 JSP 页面

例 2-2 中的示例为获得例 2-1 用户登录表单所提交的各个 HTTP 请求参数的 responseUserLogin.jsp 页面中的代码示例。在其中利用 request 对象中的 getParameter()方法直接获得指定名称的各个请求参数（黑体所标识的语句代码）。

例 2-2　响应登录请求的 responseUserLogin.jsp 页面中的代码示例。

```
<%@ page pageEncoding="GB18030"%>
<html><head> <title>响应用户登录请求的服务器端 JSP 页面</title></head><body>
<%! String verifyCodeDigit,type_User_Admin,userName,userPassWord;  %>
 <%
   verifyCodeDigit=request.getParameter("verifyCodeDigit");
   type_User_Admin=request.getParameter("type_User_Admin");
   userName=request.getParameter("userName");
   userPassWord=request.getParameter("userPassWord");
   if(userName.equals("yang")&&userPassWord.equals("1234")){
      out.print("<center>登录成功！您的用户名为："+userName+"</center>");
   }
   else{
      out.print("<center>登录失败！您的用户名为："+userName+"</center>");
   }
 %>
</body></html>
```

插入 request.setCharacterEncoding("gb2312");语句可以解决中文请求乱码问题

利用 request 对象获得各个请求的参数

识别登录请求的参数是否为合法的参数

在当前页面中输出结果提示信息，并格式化结果信息

request 对象中的 getParameter()方法得到的请求参数最终都转换为字符串（String）类

型的值，而且可以获取以 post 或者 get 请求方式传递的各种 HTTP 请求参数值。在例 2-2 中直接识别用户登录表单中的请求参数是否为指定的值（用户名为 yang，密码为 1234），而没有利用 JDBC 访问数据库表。其主要的目的是简化功能实现，但在实际项目开发中应该要通过 JDBC 编程访问数据库系统，实现真正的数据库查询。

将本项目部署到 Tomcat 服务器中，并在浏览器中输入如下的 URL 地址可以测试用户登录功能程序是否正确：http://127.0.0.1:8080/webcrm/userManage/userLogin.jsp，如图 2.3（a）所示为执行结果。

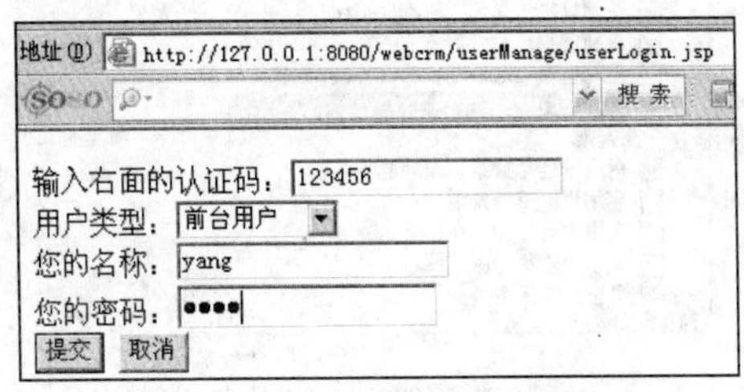

（a）以英文用户名登录系统

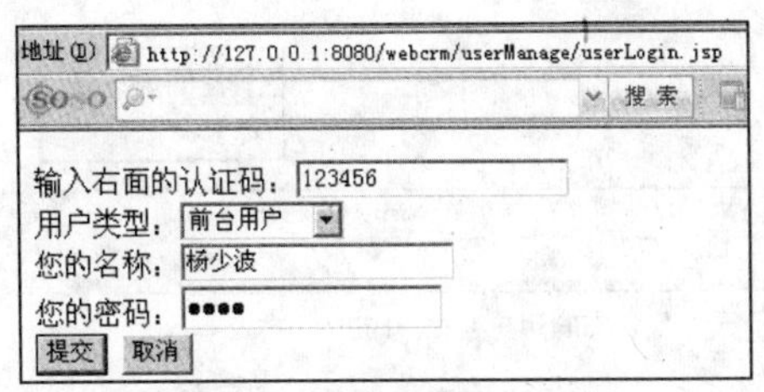

（b）以中文用户名登录系统

图 2.3　以两种语言用户名登录系统

如果在图 2.3（a）所示的登录表单中输入正确的登录请求参数，执行后的结果如图 2.4（a）所示的提示；而如果输入错误的登录请求参数（比如登录的密码不是“1234”），执行后的结果是如图 2.4（b）所示的提示。

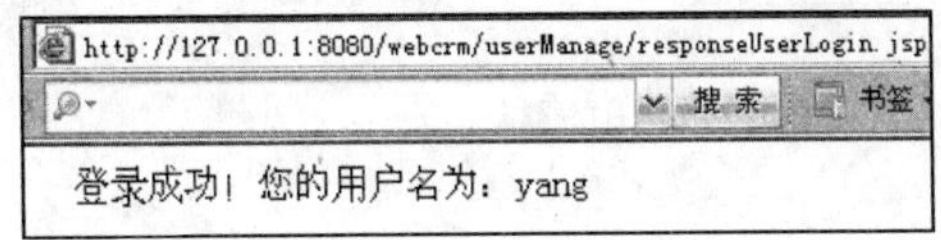

（a）登录成功时的提示信息

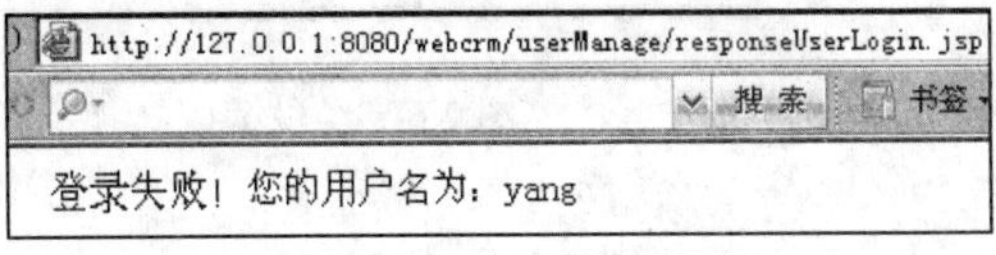

（b）登录失败时的提示信息

图 2.4　登录成功和失败时的提示信息

4. 解决 HTTP 请求中包含中文信息时的中文乱码问题

如果在图 2.3（a）所示的登录表单中的用户名采用中文名称，如图 2.3（b）所示的登录表单中的用户名输入框中输入作者本人的姓名。登录系统后，在例 2-2 响应登录请求的 responseUserLogin.jsp 页面中所获得的用户名将为中文乱码字符，如图 2.5（a）所示的结果信息。

HTTP 协议的请求或应答的头部信息都必须以 US-ASCII 编码，这是因为头部不传数据而只描述要被传输的数据的一些信息。而 HTTP 协议数据包的主体部分，可以用任何一种编码方式，默认是 ISO—8859—1 编码（如图 2.5（b）所示为微软 IE 浏览器中的请求信息的编码，默认设置为 UTF-8），具体可以用 HTTP 协议头部字段 Content-Type 指定。

解决的主要方法是在获得请求参数之前调用 request 对象中的 setCharacterEncoding()方法改变默认请求的编码为中文 gb2312 等编码类型。如在例 2-2 示例中获得请求参数之前插入下面的对 setCharacterEncoding()方法调用的语句：request.setCharacterEncoding ("gb2312");

然后再执行例 2-1 中的登录页面，并且继续采用中文的请求参数，在 response- UserLogin.jsp 页面中将正确地获得中文请求参数，如图 2.6 所示。

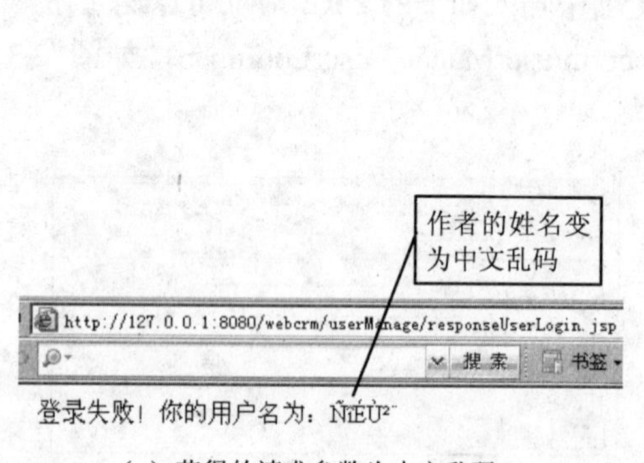

（a）获得的请求参数为中文乱码

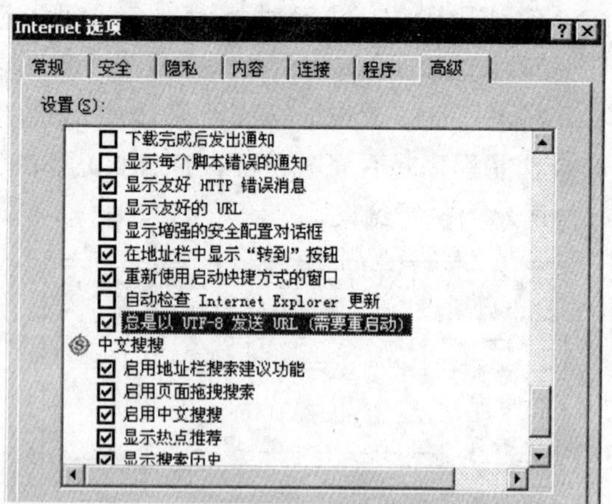

（b）IE 中的请求信息的默认编码为 UTF-8

图 2.5　中文乱码的原因

图 2.6　经过编码转换后将正确地获得中文字符串信息

5. request 对象也可以作为一个数据缓存器缓存数据

request 对象中的 setAttribute()方法最终是由 JSP 引擎把要缓存的数据放在该页面所对应的一块内存区中，当页面转发到另一个目标页面或者 Servlet 程序时，JSP 引擎会把这块内存复制到另一个页面所对应的内存区中。

然后就可以在另一个 JSP 页面或者 Servlet 程序中，利用 getAttribute()方法获得由 setAttribute()方法保存的属性参数值，最终实现在同一个请求中的多个不同的页面（或者多个不同的程序）之间传递数据。

2.1.4　response 响应对象及应用

1. response 对象的主要作用

response 对象主要用于向客户端浏览器发送二进制数据，如输出 Cookie、设置 HTTP 文件头信息等方面的功能，它其实是 javax.servlet.http.HttpServletResponse 接口的一个对象实例。

2. HttpServletResponse 接口中常用的方法及功能说明

HttpServletResponse 接口继承了 ServletResponse 接口，在 HttpServletResponse 接口中提供了许多处理 HTTP 响应相关的各个功能方法，如设置 HTTP 状态码和管理 Cookie 等方面的功能。在 JSP 页面中可以直接利用 response 对象访问这些功能方法，主要的方法名和对应的功能描述如下：

- getWriter()：获得 PrintWriter 类的对象实例，实现向浏览器输出信息。

但如果需要输出二进制数据（如图像、PDF 和 Word 文档等），则必须要通过 getOutputStream()方法取得 ServletOutputStream 类的对象实例，因为 ServletOutputStream 类中提供有既可以输出字符文本信息，也可以输出由 MIME 格式定义的二进制数据的方法。另外，如果已经利用 getWriter()方法向浏览器产生了输出信息，再使用 ServletOutputStream 类中的方法输出二进制数据，将产生和抛出 java.lang.IllegalStateException 类型的异常。

- addCookie()：在客户端计算机磁盘中创建出 Cookie 对象实例，在该 Cookie 对象实例中可以保存客户端用户的特征信息。然后可以采用 request 对象中的 getCookies()方法获得客户机器中的所有的 Cookie 对象。
- addHeader()：添加 HTTP 文件头相关的信息，该信息将会传到客户端浏览器中，改变浏览器的默认行为。
- containsHeader()：判断指定名字的 HTTP 文件头是否存在，并返回布尔值 true 和 false。
- setHeader()：设定指定名字的 HTTP 文件头的值，若该值存在，它将会被新的值所覆盖。
- sendRedirect()：重定向到由参数 targetURL 所指示的目标 JSP 页面或者 Servlet 程序中，此时不能向客户端产生输出信息。
- setContentType()：在响应中可以设置内容的文档数据类型和格式。
- setBufferSize()：设置 Web 容器的缓冲区的大小、getBufferSize()方法返回该缓冲器的大小、resetBuffer()方法清空并重置缓冲区、reset()方法清空缓冲区和状态头等信息，使用 flushBuffer()方法将缓冲区内的所有输出内容向客户端浏览器传送，isCommitted()方法可以判断响应是否已经被提交。

3. 利用 response 对象实现在客户机器中写 Cookie 信息

1）什么是 Web 应用系统中的 Cookie

Cookie 或称 Cookies，是指 Web 应用系统为了能够辨别访问者的身份而储存在客户计算机磁盘中的一个文本文件，在其中存储了特定的数据（也就是常说的 Cookie 数据，但通常经过加密转换存储）。

2）Cookie 的主要作用

在 Cookie 中可以存储访问者的用户 ID、登录密码、浏览过的历史网页、停留的时间等方面的信息。当访问者再次访问 Web 应用系统时，系统后台程序通过读取客户机器中的 Cookie 信息，并根据保存在 Cookie 中的相关信息，就可以做出相应的动作。比如登录邮箱或者网站时，可以把用户名和密码保存在客户本机中的 Cookie 内，下次就可以直接进入邮箱或者网站，而不需要再次输入用户名和密码等信息。

另外，通过让 Web 服务器读取它原来保存到客户端计算机磁盘中的 Cookie 文件信息，Web 应用系统能够为浏览者提供更人性化的功能服务。例如在线交易过程中标识用户身份，在安全要求不高的应用系统中可以避免用户重复输入身份 ID 名和密码，门户网站中的主页内容满足访问者的个性化要求和定制，商业宣传系统有针对性地投放商业广告等。

3）在 Cookie 文件中不要保存用户的隐私信息

由于在 Cookie 文件中保存的信息为文本字符串信息，因此 Cookie 不能作为程序代码执行，也不会传送病毒，并且只能由提供它的 Web 服务器读/写。在 Cookie 中保存的信息以“名称：值”对的形式储存，数据的内容一般都会经过加密转换处理。

由于 Cookie 是访问者浏览的各个网站传输到用户计算机硬盘中的文本文件，因此它在硬盘中存放的位置与所使用的操作系统和浏览器紧密相关。在 Windows NT/2000/XP 的计算机中，Cookie 文件的存放位置为 C:/Documents and Settings/用户名/Cookies，如图 2.7 所示为作者计算机中的 Cookies 文件的信息。

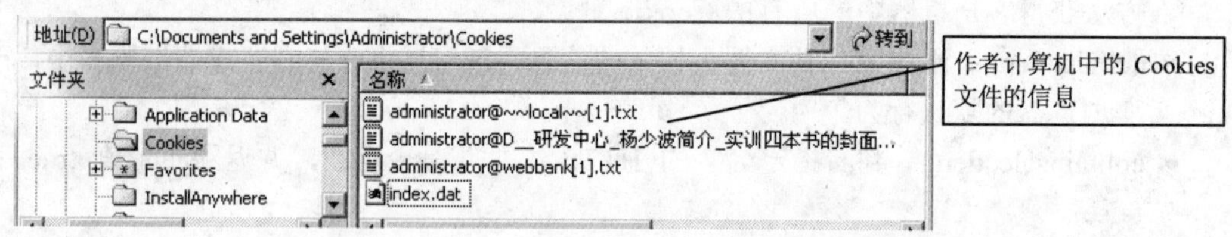

图 2.7　在本地计算机磁盘中 Cookies 文件的存放位置

这些 Cookie 文件可以被 Web 浏览器读取，它的文件名的命名格式为：用户名@网站地址[数字].txt。如下的特殊字符：空格、方括号、圆括号、等于号、逗号、双引号、斜杠、问号、@符号、冒号、分号等都不能作为 Cookie 的内容存储在 Cookie 文件中。如图 2.8 所示为作者计算机中的某个 Cookies 文件中的信息预览的局部截图，因此可以打开 Cookies 的文本文件并查看其中的 Cookie 信息内容。

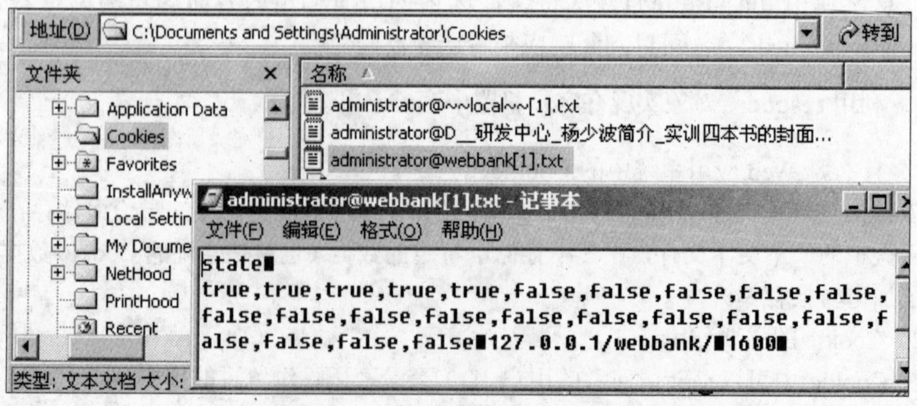

图 2.8　作者计算机中的某个 Cookies 文件中的信息

4）读写 Cookie 文件中信息的代码示例

利用 request 对象中的 getCookies()方法可以获得一个 Cookie 数组对象实例，然后再利用 Cookie 类中的 getName()和 getValue()方法返回客户端中的某一个特定 Cookie 对象名所对应的值；而利用 response 对象中的 addCookie(cookieData)方法可以写入 Cookie 对象中所包装的数据。

修改本书第 1 章中的图 1.19 所示的客户关系信息系统示例项目中的首页页面 index.jsp 文件为例 2-3 所示的代码示例，并删掉其他与读写 Cookie 信息无关的标签和代码。

例 2-3　在系统首页页面中添加读写 Cookie 信息的代码示例。

```
<%@ page pageEncoding="GB18030" %>
<%@ page import="java.util.Date" %>
<html><head><title>蓝梦集团 CRM 系统的首页页面</title></head><body>
 <%!
  String lastAccessDate=null;
  String nowAccessDate=null;
  Cookie oneCookie=null;
  Cookie[] cookies=null;
  java.util.Date nowDate=null;
%>
<%
  cookies=request.getCookies();//获得机器中所保存的所有 Cookie 信息，因此为一个数组
  nowDate=new java.util.Date();        构建访问时间信息
  if(cookies==null){  //识别在机器中是否存在有 Cookie 信息，如果为第 1 次访问，则没有
     lastAccessDate=(nowDate.getYear()+1900)+"年"+(nowDate.getMonth()+1)+
              "月"+nowDate.getDate()+"日"+ nowDate.getHours()+
              "时"+nowDate.getMinutes()+"分"+nowDate.getSeconds()+"秒" ;
   oneCookie=new Cookie("lastAccessDate",lastAccessDate);
                                        //包装到 Cookie 信息中
    oneCookie.setMaxAge(30*24*60*60);   //以秒为时间单位
    response.addCookie(oneCookie);      //写到客户机器的磁盘中
  }
  else{                                             查找目标名称的
                                                    Cookie 数据项目
     for(int index=0; index <cookies.length; index++){
        if(cookies[index].getName().equals("lastAccessDate")){
              lastAccessDate=cookies[index].getValue();
              nowDate=new java.util.Date();           重构访问时间信
              nowAccessDate=(nowDate.getYear()+1900)+"年"+  息为现在的时间
                    (nowDate.getMonth()+1)+"月"+nowDate.getDate()+"日"+
                    nowDate.getHours()+"时"+nowDate.getMinutes()+
                    "分"+nowDate.getSeconds()+"秒" ;
              oneCookie=new Cookie("lastAccessDate",nowAccessDate);
              oneCookie.setMaxAge(30*24*60*60); //以秒为时间单位
```

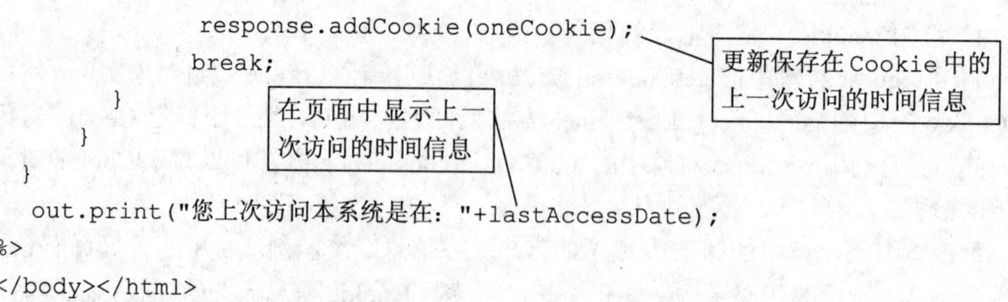

```
            response.addCookie(oneCookie);
           break;
        }
      }
    }
    out.print("您上次访问本系统是在："+lastAccessDate);
%>
</body></html>
```


部署例 2-3 中的 index.jsp 页面文件到 Tomcat 服务器中，并执行该 index.jsp 页面文件，结果如图 2.9（a）所示，并显示出上次访问系统的时间。

5）在浏览器中控制 Cookie 的读写

由于 Cookie 信息的最终写入是由浏览器完成的，浏览器基于对用户端系统的安全性考虑，提供配置选项可以让访问者设置和改变对 Cookie 的写入方式。因此，访问者可以在浏览器中控制 Cookie 的写入过程。对于微软 IE 浏览器，可以选择【工具】→【Internet 选项】子菜单，在弹出的【Internet 选项】对话框中选择【隐私】选项卡；单击其中的【高级】按钮，将出现【高级隐私策略设置】对话框，在对话框中提供了 3 种不同的控制 Cookie 的方式，默认是"接受"方式，可以改变为"提示"方式；最后再单击其中的【确定】按钮，结束设置过程。

然后再执行 index.jsp 页面文件，浏览器将弹出图 2.9（b）所示的警告提示信息。此时可以单击其中的【允许 Cookie】按钮将允许浏览器写入 Cookie 信息，而单击其中的【禁止 Cookie】按钮将"拒绝"写入 Cookie 信息，而单击其中的【详细信息】按钮可以查看要写入的 Cookie 对象中所包含的具体信息的内容。

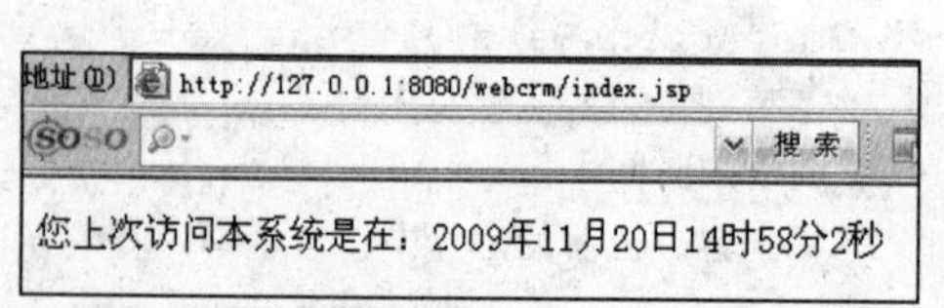

（a）修改后的 index.jsp 的执行结果

（b） 浏览器中弹出的警告提示信息

图 2.9 执行 index.jsp 的结果

4. 区分页面转发和重定向两种跳转方式之间的差别

请求转发允许把请求转发给同一个 Web 应用程序中的其他 Web 组件（如 JSP 页面、Servlet 程序等)。这种技术通常应用于 Web 应用系统中的控制层的 Servlet 程序中的流程控制，根据请求的数据或业务逻辑层组件处理后的结果，将请求转发到合适的目标组件，目标组件执行对请求的附加处理操作，并最终生成响应的结果。

请求转发过程中客户端浏览器只向服务器产生 1 次请求，而重定向则是 2 次请求；请求转发时在浏览器的 URL 地址栏中的信息不会发生改变，仍然为最初请求的 URL 信息，如图 2.10（a）和图 2.10（b）所示；而重定向时在浏览器的 URL 地址栏中的信息会改变为重定向的目标 URL 地址，如图 2.11（a）和图 2.11（b）所示。

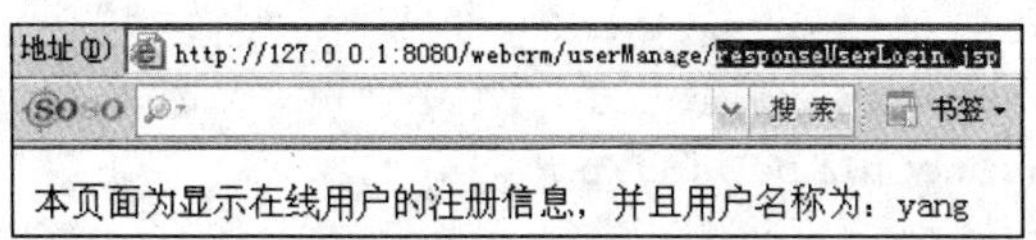

（a）登录成功时的结果信息

（b）登录失败时的结果信息

图 2.10　登录成功和失败时的结果信息

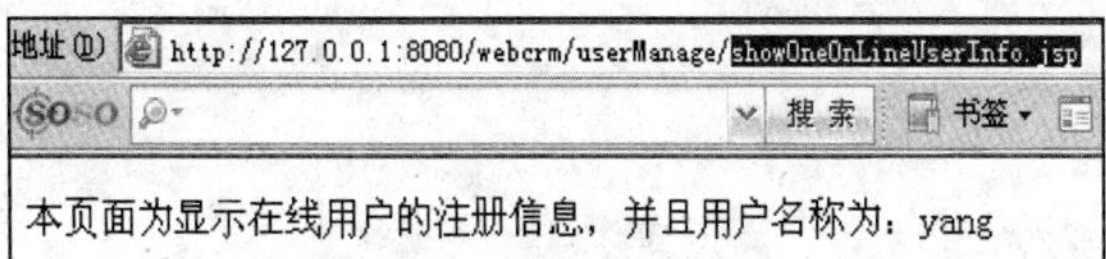

（a）登录成功时的结果信息

（b）登录失败时的结果信息

图 2.11　重定向时登录成功和失败时的结果信息

5. Http 请求转发及实现的代码示例

在 Servlet 程序中可以直接使用 java.servlet.RequestDispatcher 接口中的 forward()方法来转发它所收到的 HTTP 请求；而在 JSP 页面中，则可以利用<jsp:forward>动作标签实现对请求的转发。转发的目标组件将处理请求并最终生成响应的结果，或者将请求继续转发到另一个组件。最初请求的 ServletRequest 和 ServletResponse 对象都要再次传递给转发的目标组件，这使得目标组件可以继续访问整个 HTTP 请求的上下文和相关的信息。

例 2-4 是对例 2-2 中响应登录请求的 responseUserLogin.jsp 页面代码重构后的结果代码示例，在其中根据登录的请求参数分别转发到不同的目标页面（黑体所标识的语句）。如果登录成功，则转发到 showOneOnLineUserInfo.jsp 页面（详细代码见例 2-20）显示在线用户的信息；而如果登录失败，则转发到 showWebAppError.jsp 页面中显示错误信息（详细代码见例 2-21）。

例 2-4　HTTP 请求转发的代码实现示例。

```
<%@ page language="java" import="java.util.*" pageEncoding="GB18030"%>
<!DOCTYPE HTML PUBLIC "-//W3C//DTD HTML 4.01 Transitional//EN">
<html> <head> <title>响应页面</title> </head> <body>
  <%!
     String verifyCodeDigit,type_User_Admin,userName,userPassWord;
     String targetPage=null;
     RequestDispatcher oneRequestDispatcher=null;
  %>
  <%
```

```
        request.setCharacterEncoding("gb2312");
        verifyCodeDigit=request.getParameter("verifyCodeDigit");
        type_User_Admin=request.getParameter("type_User_Admin");
        userName=request.getParameter("userName");
        userPassWord=request.getParameter("userPassWord");
        if(userName.equals("yang")&&userPassWord.equals("1234")){
            targetPage="/userManage/showOneOnLineUserInfo.jsp";
            request.setAttribute("userNameString",userName);
        }
        else{
            targetPage="/errorDeal/showWebAppError.jsp";
            request.setAttribute("errorText","登录失败！并且你的用户名称为"+user-
            Name);
        }
        oneRequestDispatcher=request.getRequestDispatcher(targetPage);
        oneRequestDispatcher.forward(request,response);
    %>
</body></html>
```

采用以 Web 根目录作为相对定位的 URL 地址

在转发中只有一次请求，因此可以利用 request 对象传递参数

根据目标页面获得对应的请求转发器对象

getRequestDispatcher(String path)方法中的 path 参数可以是相对路径，但如果 path 以"/"开头，则转发的目标资源相对于当前 Web 应用程序上下文的根目录。

重新执行图 2.3（a）所示的登录表单（URL 地址信息仍然为 http://127.0.0.1:8080/webcrm/userManage/userLogin.jsp），如果输入正确的登录请求参数，最终的结果如图 2.10（a）所示；而如果输入错误的登录请求参数，最终的结果如图 2.10（b）所示。从图 2.10（a）和图 2.10（b）的显示结果可以了解到，在请求转发方式下，浏览器的 URL 地址栏中显示的 URL 信息为初始请求的 URL 信息（本示例为 responseUserLogin.jsp 页面文件）。

6. 区分请求转发实现中的 forward()和 include()方法的功能差别

利用 RequestDispatcher 接口中的 include()方法可以实现对目标资源的执行结果的整合和合并，类似于 JSP 页面中的<jsp:include>动作标签的功能。如下代码示例实现两个 JSP 页面的执行结果的合并，并注意其中的黑体所标识的方法名：

```
String targetPage="/userManage/showOneOnLineUserInfo.jsp";
RequestDispatcher oneRequestDispatcher =
                        request.getRequestDispatcher(targetPage);
oneRequestDispatcher.include(request,response);
```

7. HTTP 请求重定向及实现的代码示例

利用 HttpServletResponse 接口中的 sendRedirect()方法实现请求重定向，但该方法对浏览器做出的响应是重新发出对另外一个 URL 的访问请求，而且 sendRedirect()方法的调用者与被调用者使用各自的 request 和 response 对象。因此，HTTP 请求重定向是属于两个独

立的访问请求和响应过程。

例 2-5 是对例 2-2 中的响应登录请求的 responseUserLogin.jsp 页面重构后的代码示例，在其中根据登录的请求参数分别重定向到不同的目标页面（黑体所标识的语句）。如果登录成功，则重定向到 showOneOnLineUserInfo.jsp 页面显示在线用户的信息；而如果登录失败，则重定向到 showWebAppError.jsp 页面显示错误信息。

例 2-5　HTTP 请求重定向的代码实现示例。

```
<%@ page language="java" import="java.util.*" pageEncoding="GB18030"%>
<!DOCTYPE HTML PUBLIC "-//W3C//DTD HTML 4.01 Transitional//EN">
<html> <head>  <title>响应页面</title> </head> <body>
  <%!
    String verifyCodeDigit,type_User_Admin,userName,userPassWord;
    String targetPage=null;
  %>
  <%
    request.setCharacterEncoding("gb2312");
    verifyCodeDigit=request.getParameter("verifyCodeDigit");
    type_User_Admin=request.getParameter("type_User_Admin");
    userName=request.getParameter("userName");
    userPassWord=request.getParameter("userPassWord");
    if(userName.equals("yang")&&userPassWord.equals("1234")){
      targetPage="${pageContext.request.contextPath}/userManage/
                                         showOneOnLineUserInfo.jsp";
      session.setAttribute("userNameString",userName);
                                          //由于重定向是 2 次请求
    }//因此不能再利用 request 对象传递参数，而必须用会话 session 对象
    else{
      targetPage="${pageContext.request.contextPath}/errorDeal/
                                         showWebAppError.jsp";
      session.setAttribute("errorText","登录失败！并且你的用户名称为
      "+userName);
    }
    response.sendRedirect(targetPage);            //重定向跳转到目标页面中
  %>
</body> </html>
```

重定向中的目标页面应该为绝对 URL 地址

由于重定向是 2 次请求，因此不能再利用 request 对象包装和传递参数，而必须应用会话 session 对象包装和传递参数；另外，跳转的目标页面的 URL 地址也应该是绝对 URL 地址（在例 2-5 中利用 EL 表达式动态获得 Web 应用的根目录）。为此，需要修改 showOneOnLineUserInfo.jsp 页面中的相关代码，也就是需要修改其中的获得用户名信息的代码为下面的 EL 表达式语句：${sessionScope.userNameString}，从 session 会话对象中获得传递的参数；同样也需要修改 showWebAppError.jsp 页面中的相关代码，利用下面的 EL

表达式语句从 session 会话对象中获得错误信息：${sessionScope.errorText}。

重新执行图 2.3（a）所示的登录表单，但在浏览器 URL 地址中输入的 URL 地址信息仍然为 http://127.0.0.1:8080/webcrm/userManage/userLogin.jsp。如果输入正确的登录请求参数，最终的结果如图 2.11（a）所示；而如果输入错误的登录请求参数，最终的结果如图 2.11（b）所示。从图 2.11（a）和图 2.11（b）中显示的结果可以了解到，在重定向方式下，浏览器的 URL 地址栏中显示的 URL 地址信息分别为目标页面的 URL 地址信息（如图 2.11（a）和图 2.11（b）中分别显示不同的页面文件名所对应的 URL 地址信息），而不再是初始请求时的 URL 地址信息。

注意在应用重定向时所需要的目标 URL 应该是绝对 URL 地址请求，因此在 URL 地址信息中要有 Web Context 的名称（本示例为 webcrm），否则将会出现 404 编码错误。

2.1.5 session 会话对象及应用

1. 为什么要提出 Session 会话对象

Web 交互是由一系列的 HTTP 请求和响应所构成的，但 HTTP 协议却是无状态的，使得 Web 服务器无法区分客户的两次不同的请求是同一个客户产生的还是两个不同的客户产生的。为此，有必要跟踪客户的访问状态，这可以通过 session 对象保存客户的访问状况和识别来自远程客户端的众多请求中哪些是属于同一个客户端发送的。

为此，在 JSP 技术规范中提供了 HttpSession 类的对象实例，用于包装客户的会话信息，该对象实例名称为 session，而且在 session 对象中可以存储在 HTTP 会话过程中所产生的任何对象类型的数据（但不能是基本的数据类型，比如要将 int 类型的变量转换为 Integer 类型的对象，才能存储在 session 对象中）。

2. session 会话对象及 SessionID

当某个客户首次访问 Web 应用系统时，JSP 引擎自动创建出一个 session 对象，同时为它分配一个字符串 String 类型的唯一标识符 ID 号值，该值为会话 ID（也称为 Session ID）。JSP 引擎同时将这个 ID 号发送到客户端浏览器中，浏览器再将它保存在 Cookie 中。因此，session 本身的数据信息是保存在服务器端，但标识 session 的 ID 数据却保存在客户端计算机磁盘内的 Cookie 中。

浏览器在后续的每次请求访问时，Servlet 容器不再分配给客户新的 session 对象，而是从 Cookie 中获得 Session ID，并根据 Session ID 的值在容器中找到该用户的 session 对象。因此，同一个用户的多次 HTTP 请求都对应同一个 session 对象。直到客户关闭浏览器或者出现会话超时，Servlet 容器才将该客户的 session 对象取消，并且结束会话过程。

当客户重新打开浏览器再次连接到 Web 服务器时，Web 服务器将为该客户再创建出一个新的 session 对象。但是，如果客户端在浏览器中设置拒绝接受或者禁止写入 Cookie 数据，JSP 引擎将无法通过客户端浏览器取得保存在 Cookie 中的 SessionID 或者写入 SessionID，也就无法再跟踪客户的访问状态（session 对象也将无效）。但有些服务器则改用 URL 重写技术实现会话跟踪，而开发者无须关心这些技术实现的细节问题。

3. javax.servlet.http.HttpSession 接口

JSP 中的内置对象 session 其实是 javax.servlet.http.HttpSession 接口的对象实例，该接口中提供了如下的主要方法：

- getAttribute(String name)：获得指定名字的属性值，若该属性不存在，将返回 null。
- setAttribute(String name,Object value)：设定指定名字的属性值，并将其存储在 session 对象中。
- removeAttribute(String name)：删除指定的属性（包括属性名、属性值）。
- getAttributeNames()：返回 session 对象中存储的第一个属性对象，结果集是一个 Enumeration 类的实例。
- getCreationTime()：返回该 session 对象创建的时间，以毫秒计，从 1970 年 1 月 1 日起计算。
- getId()：每生成一个 session 对象，服务器都会给其一个不会重复的编号，此方法返回当前 session 的编号 ID 值。
- getLastAccessedTime()：返回当前 session 对象最后 1 次被操作的时间，返回自 1970 年 1 月 1 日起至今的毫秒数。
- getMaxInactiveInterval()：获得 session 对象的生存时间（单位：秒）。
- setMaxInactiveInterval(int interval)：设置 session 的有效时间，时间单位为秒（注意：也可以在 web.xml 文件中设置）。

JSP 规范更推荐采用 getAttribute()方法代替 getValue()方法，这不仅是因为 getAttribute()方法和 setAttribute()方法的名字更加匹配（而和 getValue()方法匹配的是 putValue()方法，而不是 setValue()方法），同时也因为 setAttribute()方法允许使用一个附属的 javax.servlet.http.HttpSessionBindingListener 会话监听器接口监视属性值的变化，而 putValue()方法则没有此功能特性。

4. session 对象的主要作用

由于 session 对象不仅提供了对 HTTP 会话控制的各种功能方法，而且也可以存储在会话过程中所产生的各种结果数据，作为一个数据缓存器使用。因此，在 Web 应用系统项目开发中，可以应用 session 对象跟踪用户的访问状态和保存用户请求的各种特征数据，也可以识别用户的身份类型、识别是否在线和系统中的在线用户总数，如图 2.12 所示。

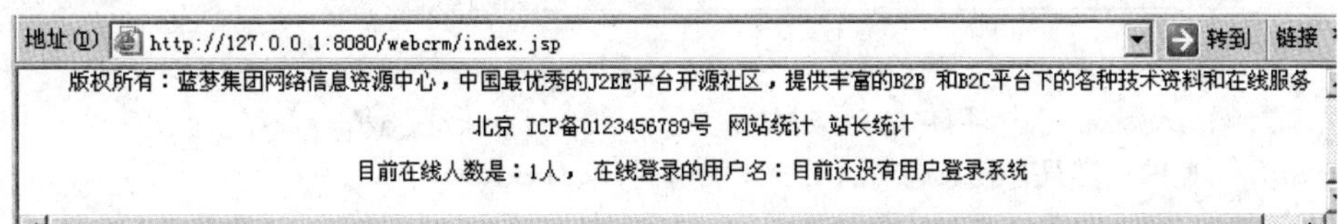

图 2.12　客户关系信息系统中的在线用户总数

当然，也可以根据用户的身份类型的不同，控制对特定页面的访问许可；而在电子商务的应用系统中，还可以应用 session 对象实现“购物车”和“订单”等功能，缓存用户选购的每个商品信息。如下代码示例为利用 session 存储由 Vector 集合所封装的购物车中的商品（图书）信息，并将用户每次选购的商品信息保存到购物车中。

```
Vector buyBookList=(Vector)session.getAttribute("buyBookCart");
if(buyBookList==null){  //识别是否为第一次使用该购物车，如果是则初始化该购物车
    buyBookList=new Vector();
    buyBookList.addElement(oneBook); //oneBook 为封装一本书的信息的实体对象
}   //不是第一次使用购物车时，则要判断用户所选择的书是否已经在该购物车中
else{
  for(int index=0; index<buyBookList.size(); index++){
    BookInfoVO oneBookInCart=
                          (BookInfoVO)buyBookList.elementAt(index);
      if(oneBookInCart.getBookID()==oneBook.getBookID()){
        oneBookInCart.setBookQuantity(oneBookInCart.getBookQuantity()+
                                   oneBook.getBookQuantity());
        buyBookList.setElementAt(oneBookInCart,index);
        sameBookInCart=true;
      }
    }
    if(!sameBookInCart){
        buyBookList.addElement(oneBook);
    }
}
session.setAttribute("buyBookCart",buyBookList);
```

BookInfoVO 包装书的信息

表示所选择的书已经在该购物车中，则将该书的数量加 1

更新 session 中缓存的商品信息，并且让用户能够继续购买

5. 应用 session 实现会话跟踪和实现安全控制和保护

JSP 规范中的 session 对象能够弥补 HTTP 协议无状态的特性，可以将客户的每次请求操作的结果保存在 session 对象中，最终实现会话跟踪。下面通过示例说明如何应用会话跟踪技术实现对客户关系信息系统添加简单的安全控制和保护功能。

1）在项目中添加一个代表修改用户信息的 updateUserInfo.jsp 页面

例 2-6 为一个代表修改用户信息的 updateUserInfo.jsp 页面，但为了简化本示例，没有添加脚本代码，而是在该页面中直接给出提示信息。

例 2-6 修改用户信息的 updateUserInfo.jsp 页面代码示例。

```
<%@ page contentType="text/html; charset=gb2312" errorPage="" %>
<html><head><title>用户信息修改功能页面</title></head>
<body>下面的内容只有登录成功的用户才能访问！</body>
</html>
```

由于到目前为止，在项目中对系统中的修改用户信息的功能页面没有保护，在浏览器的 URL 地址栏中输入 http://127.0.0.1:8080/webcrm/userManage/updateUserInfo.jsp 后就能够

直接浏览和操作访问 updateUserInfo.jsp 页面，如图 2.13 所示。

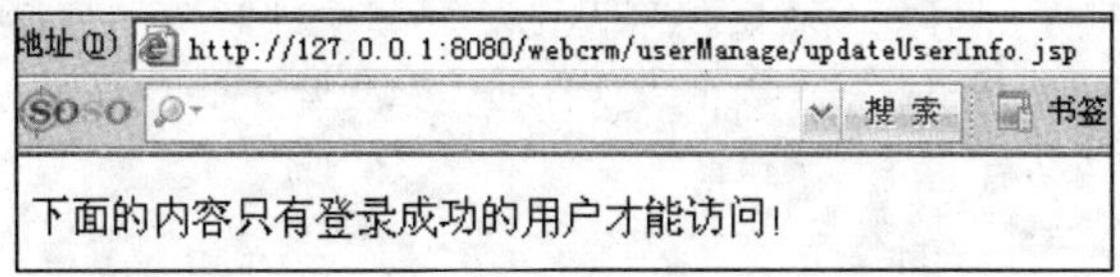

图 2.13　updateUserInfo.jsp 页面执行的结果

2）在项目中添加一个业务实体类和为每个属性提供 get/set 方法

例 2-7 中的代码为包装用户基本信息的业务实体类 UserInfoBaseVO 示例代码，在其中定义了 4 个成员属性，并为每个成员属性提供 get/set 方法。但由于该类的对象实例需要保存到 session 对象中，因此需要实现 Serializable 序列化接口。

例 2-7　包装用户基本信息的业务实体类 UserInfoBaseVO 代码示例。

```
package com.px1987.webcrm.model.vo;
import java.io. Serializable;
public class UserInfoBaseVO implements Serializable{
    private String userName=null;
    private String userPassWord=null;
    private String verifyCodeDigit=null;
    private int type_User_Admin;
    public UserInfoBaseVO() {
    }
    public String getUserName() {
        return userName;
    }
    public void setUserName(String userName) {
        this.userName = userName;
    }
    public String getUserPassWord() {
        return userPassWord;
    }
    public void setUserPassWord(String userPassWord) {
        this.userPassWord = userPassWord;
    }
    public String getVerifyCodeDigit() {
        return verifyCodeDigit;
    }
    public void setVerifyCodeDigit(String verifyCodeDigit) {
        this.verifyCodeDigit = verifyCodeDigit;
    }
    public int getType_User_Admin() {
        return type_User_Admin;
```

```
    }
    public void setType_User_Admin(int type_User_Admin) {
        this.type_User_Admin = type_User_Admin;
    }
}
```

3）修改例 2-2 中的 responseUserLogin.jsp 页面中的代码

由于需要进行会话跟踪，需要修改例 2-2 中的响应登录请求的 responseUserLogin.jsp 页面中的代码示例，最终的结果代码如例 2-8 所示。

在例 2-8 中，利用<jsp:useBean>动作标签创建出 UserInfoBaseVO 类的对象实例 oneUserInfo，并利用<jsp:setProperty>动作标签直接将登录表单中的请求参数包装到 oneUserInfo 对象中。

例 2-8 修改后的 responseUserLogin.jsp 页面中的代码示例。

```
<%@ page pageEncoding="GB18030"%>
<jsp:useBean id="oneUserInfo" scope="page"
        class="com.px1987.webcrm.model.vo.UserInfoBaseVO" />
<jsp:setProperty name="oneUserInfo" property="userName" param="userName"/>
<jsp:setProperty name="oneUserInfo" property="userPassWord"
                                            param=" userPassWord"/>
<jsp:setProperty name="oneUserInfo" property="type_User_Admin"
                                            param="type_User_Admin"/>
<html><head><title>响应用户登录功能的页面</title></head><body>
  <%!
     String targetPage=null;
     RequestDispatcher oneRequestDispatcher=null;
 %>
  <%
      request.setCharacterEncoding("gb2312");
      if(oneUserInfo.getUserName().equals("yang")&&
                 oneUserInfo.getUserPassWord().equals("1234")){
        targetPage="/userManage/showOneOnLineUserInfo.jsp";
        request.setAttribute("userNameString",userName);
        session.setAttribute("oneUserInfoVO",oneUserInfo);
      }
      else{
        targetPage="/errorDeal/showWebAppError.jsp";
        request.setAttribute("errorText","登录失败！并且你的用户名称为"+
                                  oneUserInfo.getUserName());
        session.setAttribute("oneUserInfoVO",null);
      }
      oneRequestDispatcher=request.getRequestDispatcher(targetPage);
      oneRequestDispatcher.forward(request,response);
```

登录成功后保存用户的基本信息到 session 对象中，实现会话跟踪

登录失败将销毁保存在 session 对象中的会话信息

```
%>
</body></html>
```

4）修改 updateUserInfo.jsp 页面并添加身份验证的代码

由于在例 2-6 所示的修改用户信息的 updateUserInfo.jsp 页面代码示例中，没有添加任何的身份验证的实现代码，因此每种类型的用户都可以直接访问该页面而实现对系统中的特定数据修改。

为此，需要修改 updateUserInfo.jsp 页面并添加例 2-9 所示的身份验证的代码，该段代码也称为页面“保护头”代码，监控本页面的访问状态。

例 2-9　修改 updateUserInfo.jsp 页面并添加身份验证后的代码示例。

引入自定义的类 UserInfoBaseVO
获得例 2-8 中登录成功后保存在 session 中的会话信息
没有登录系统，将转发到错误显示页面

```
<%@ page import="com.px1987.webcrm.model.vo.*" pageEncoding="gb2312"%>
<%
  UserInfoBaseVO oneUserInfoVO =
                 (UserInfoBaseVO)session.getAttribute("oneUserInfoVO");
  if(oneUserInfoVO==null){
    request.setAttribute("errorText",
      "你没有进行系统登录，不能访问本功能页面，请登录系统！");
    String targetPage="/errorDeal/showWebAppError.jsp";
    RequestDispatcher oneRequestDispatcher=
                        request.getRequestDispatcher(targetPage);
    oneRequestDispatcher.forward(request,response);
  }
%>
<html><head><title>修改用户信息</title></head>
<body>下面的内容只有登录成功的用户才能访问！</body></html>
```

5）部署本示例到服务器中并在浏览器内测试本功能的最终效果

首先不进行系统登录，而是直接访问被保护的 updateUserInfo.jsp 页面，也就是以如下的 URL 地址访问：http://127.0.0.1:8080/webcrm/userManage/updateUserInfo.jsp，将出现如图 2.14 所示的警告提示信息。

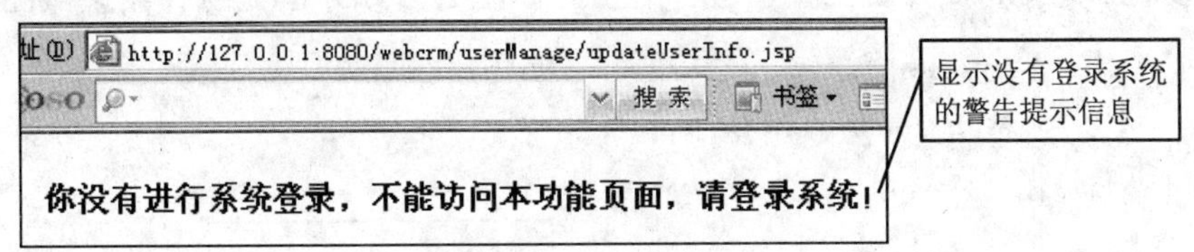
http://127.0.0.1:8080/webcrm/userManage/updateUserInfo.jsp
搜索
书签
你没有进行系统登录，不能访问本功能页面，请登录系统！
显示没有登录系统的警告提示信息

图 2.14　对非法用户进行拦截后的结果提示信息

然后在图 2.3（a）所示的登录页面中进行系统登录，并且成功登录系统后，再次访问 updateUserInfo.jsp 页面，将能够进入该页面，并且可以对相应的数据进行修改。

当然，由于例 2-9 中的访问控制代码是直接插入到 JSP 页面内，这样的访问控制实现不利于代码的功能扩展。在实际项目开发中，对于身份验证等与权限管理有关的功能实现，一般要应用 AOP（Aspect Oriented Programming，面向方面编程）技术分离业务功能实现和权限功能实现。比如，可以应用 J2EE Web 组件技术中的 Filter 过滤器组件技术实现。

6. 控制和改变 HTTP 请求的会话生命期

HTTP 请求的会话有一定的时期（也称为会话生命期），一旦会话超时，Servlet 容器系统要销毁与这个会话相对应的 session 对象。因为 Servlet 容器要保存和管理 session 对象，这会占用和消耗 Web 服务器系统的资源；另一方面，基于安全的原因，如果客户没有正常退出系统，经过一段时间后系统应该能够强制用户离线而让客户自动退出系统。

因此，session 会超时并具有生命期特性。当 session 超时后，session 对象和保存在 session 对象中的各个属性也就会被 Servlet 容器销毁。但开发人员可以控制和改变会话生命期的时间长短。

1）通过改变 web.xml 文件中的项目控制会话生命期

根据 J2EE Web 技术规范，在每个 Web 项目的部署描述文件 web.xml 中都提供与会话生命期有关的配置项目。改变这些配置项目，也就可以控制和改变会话生命期的时间长短。例 2-10 所示为客户关系信息系统示例项目中的部署描述文件 web.xml 中的会话生命期时间相关的配置项目示例，其中黑体所标识的标签为与会话生命期有关的定义标签。

例 2-10 改变 web.xml 文件中的项目控制会话生命期的代码示例。

```
<?xml version="1.0" encoding="UTF-8"?>
<web-app version="2.4" xmlns="http://java.sun.com/xml/ns/j2ee"
    xmlns:xsi="http://www.w3.org/2001/XMLSchema-instance"
    xsi:schemaLocation="http://java.sun.com/xml/ns/j2ee
    http://java.sun.com/xml/ns/j2ee/web-app_2_4.xsd">
 <session-config>
    <session-timeout>5</session-timeout>
 </session-config>
</web-app>
```

（web.xml 文件中的 XML 标签所依据的 Schema 文件）

（定义会话生命期的时间为 5 分钟）

在 MyEclipse 开发工具中也提供了对 web.xml 文件的可视化配置的支持，例 2-10 中的示例也可以在 MyEclipse 开发工具中进行配置，如图 2.15 所示的是操作结果截图。

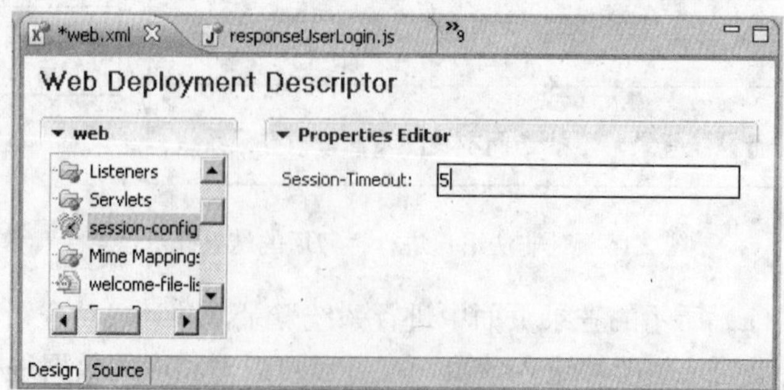

图 2.15 在 MyEclipse 开发工具中可视化配置 web.xml 文件

2）测试例 2-10 示例的配置效果

再次启动 Tomcat 服务器并进行系统登录，然后不再对系统进行操作而等待 5 分钟后，再对 updateUserInfo.jsp 页面进行访问。同样也会出现如图 2.14 所示的警告提示信息，表明本次 HTTP 会话已经自动结束。

HTTP 会话是从浏览器发出第一个 HTTP 请求后开始的，但结束的方式则可以有多种形式。比如，关闭浏览器窗口或者会话超时，但浏览器在被关闭时并不会通知 Web 服务器。因此，如果一段时间内客户端浏览器没有再次请求，Web 服务器则认为本次会话自动结束。

3）在程序代码中控制和改变会话生命期

对于会话生命期的时间，除了可以采用改变 web.xml 配置文件中的对应项目实现以外，也还可以在程序代码中控制和改变会话生命期。在 HttpSession 接口中提供了一个 setMaxInactiveInterval()方法，但该方法的参数所代表的会话生命期的时间单位为秒。

另外，如果系统想提前强制结束会话，而强制让用户离线（比如，在 BBS 论坛系统中的“踢出”用户的功能要求），可以使用 HttpSession 接口中的 invalidate()方法，用于强制结束会话。

4）理解处于会话期间的几种方式

正是由于 HTTP 会话是有生命期的，而基于会话的 session 对象在会话期间一直缓存在 Servlet 容器的内存中。因此，在实际项目开发中要尽量避免将大量的数据存储在 session 对象中。否则，在高并发访问的应用系统中将会影响系统的性能。

而 HTTP 会话有效的主要形式如下：在同一个浏览器窗口内访问系统中的各个页面，并且浏览器未与服务器断开过；在未超出指定的时间段内，再次向系统产生过 HTTP 请求；没有调用 HttpSession 接口中的 invalidate()方法强制结束会话。

2.1.6　application 应用程序对象及应用

1. 与 Servlet 容器有关的 ServletContext 类的对象实例

Servlet 容器在启动时会加载 Web 应用程序，并为每个 Web 应用程序创建唯一的 ServletContext 类的对象实例。可以把 ServletContext 看成是各个 Web 应用程序在服务器端共享的内存空间，在 ServletContext 类的对象实例中可以存放整个系统中的各个客户所需要的共享数据，它提供了 4 个读取或改变共享数据的方法：

① setAttribute(String name,Object object)：把一个对象数据和一个属性名绑定，并将这个对象数据存储在 Servlet 上下文环境中。

② getAttribute(String name)：根据指定的属性名返回所绑定的对象。

③ removeAttribute(String name)：根据给定的属性名从 Servlet 上下文环境中删除指定名称的属性。

④ getAttributeNames()：返回一个 Enumeration 类型的枚举对象实例，其中包含 ServletContext 对象实例内的所有属性名。

2. application 对象其实是 ServletContext 类的对象实例

JSP 页面中的 application 对象实现了不同客户之间数据的共享功能，在其中可存放全局性的变量，生命期直到 Web 服务器的关闭。在此期间，application 对象将一直在服务器的内存中存在。因此，在同一个用户的多次不同的请求中或不同客户的请求之间，都可以对保存在 application 对象中的数据进行操作，从而可以共享该对象中的数据。

因此，与 session 对象不同的是，所有客户操作的 application 对象其实都是同一个，即所有客户共享这个内置的 application 对象。当然，在任何一个客户的请求中，如果系统对此对象进行了修改，都将影响到其他客户对它的访问。application 对象其实是 ServletContext 类的对象实例，在 JSP 页面中利用 application 对象可以访问与 Servlet 上下文相关的资源。

3. 在同一个 JSP 页面中不可以出现两个同名的 application 对象

在 JSP 页面中使用 javax.servlet.ServletConfig 接口中的 getServletContext()方法可以间接地获取 ServletContext 类的对象实例，但这个对象实例的名称不能为 application。因为 application 是 JSP 引擎创建的默认的对象，名称 application 属于保留字，不能被覆盖和重复使用。如以下代码示例所示：

```
<%
   ServletContext application=oneServletConfig.getServletContext();//错误
   ServletContext oneServletContext=oneServletConfig.getServletContext();
%>
```

在 JSP 页面中也可以直接利用内置的 pageContcxt 对象调用 javax.servlet.jsp.PageContext 类中的 getServletContext()方法返回一个 ServletContext 接口的对象，它也是 application 对象的一个副本。如以下代码示例所示：

```
<%
   ServletContext oneServletContext=pageContext.getServletContext();
%>
```

上面所介绍的在 JSP 页面中获得 application 对象的两种形式的代码，在 JSP 页面中并没有什么应用的价值，主要是应用在 Servlet 程序中。因为在 Servlet 程序中，并没有内置的 application 对象，而必须自行获得。

4. 在引用 application 对象中的数据时必须要对它同步控制

由于 application 对象是多个客户所共享的对象，因此有可能在多个客户的请求中同时访问 application 对象，在引用 application 对象中的数据时必须对它采取同步控制，要应用线程同步的关键字 synchronized 限定 application 对象，并且还需要检测 application 对象中的目标属性是否已经存在。

例 2-11 为在客户关系信息系统的首页面 index.jsp 中添加的利用 application 对象实现系统访问总数的计数器代码示例，请注意其中黑体标识的语句。

例 2-11　利用 application 对象实现系统访问总数的计数器代码示例。

```
<%@ page pageEncoding="gb2312"%>
<%
  Integer webbankCounter=(Integer)application.getAttribute("webcrmCoun-
  ter");
  if(webbankCounter==null){
       webbankCounter=new Integer(0);
  }
  int nowTotalCounter=webbankCounter.intValue()+1;    //将计数器加 1
  synchronized(application){
       application.setAttribute("webcrmCounter",
                                 new Integer(nowTotalCounter));
  }
%>
<html><head><title>修改用户信息</title></head>
<body>本系统的总用户数：<%=nowTotalCounter %></body></html>
```

首先获得目标属性所对应的数据

更新保存在 application 对象中的访问总数值

部署客户关系信息系统项目到 Tomcat 服务器中，然后打开一个浏览器窗口模拟第一个客户访问 Web 应用系统，此时在浏览器窗口中出现的访问总数为 1；然后打开第 2 个浏览器窗口并继续对系统中的 index.jsp 页面进行请求，此时在浏览器窗口中出现的访问总数为 2；再打开第 3 个浏览器窗口，继续对 index.jsp 页面进行请求，此时在浏览器窗口中出现的访问总数为 3，如图 2.16 所示。

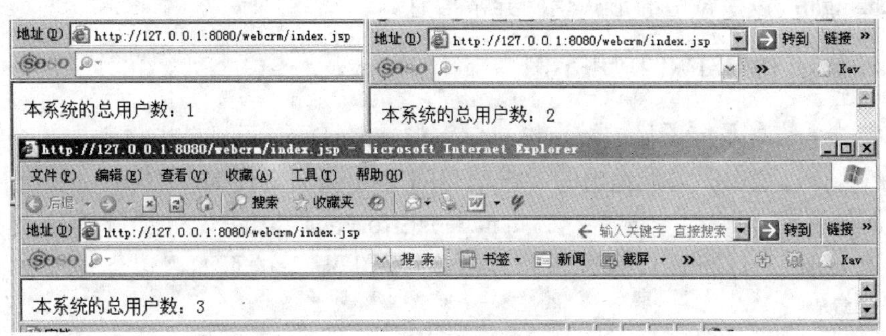

图 2.16　例 2-11 执行的结果

当然，例 2-11 中的实现系统访问总数的计数器代码示例只能是原理性的代码。在实际的项目开发中，一般要将访问总数保存到数据库系统中，提高计数的安全性。因为一旦服务重新启动，访问总数将会被自动清零；另外本示例也没有进行会话跟踪，当客户刷新浏览器（如按 F5 键）时，访问计数会不断地累加而出现重复计数的问题。

5. 体验和了解 application 对象的生命期

在执行例 2-11 示例程序的过程中，如果关闭 Tomcat 服务器，然后再启动 Tomcat 服务器（目的是释放 application 对象）；然后再次访问 index.jsp 页面文件，将会发现在浏览器窗口内的计数器又从 0 开始计数。

2.2 Web 应用中的异常处理技术

2.2.1 exception 异常信息对象及应用

1. exception 对象包装 JSP 文件在执行时所有发生的异常错误信息

exception 对象是 java.lang.Exception 类的对象实例，包装 JSP 文件中的脚本代码在执行时所有发生的异常错误信息。但此时需要在 JSP 页面中应用 page 指令，并设置它的 isErrorPage 属性值为 true（<%@ page isErrorPage="true" %>），JSP 引擎才会在该 JSP 页面中创建出 exception 对象。

2. exception 对象中主要的方法及功能说明

exception 对象中主要的方法其实也就是 java.lang.Exception 异常类中的成员方法，如下为 exception 对象中主要的方法及功能说明：

- getMessage()：返回异常错误信息。
- printStackTrace()：以标准错误的形式输出一个错误和错误的堆栈。
- toString()：以字符串的形式返回异常信息。

3. exception 内置对象的应用示例

在客户关系信息系统项目的站点根目录下的 errorDeal 子目录内再添加一个显示各个 JSP 页面在执行过程中所可能抛出的异常信息的 JSP 页面文件 showSystemError.jsp，在该页面中添加如下的 page 指令设置：<%@ page isErrorPage="true"%>（如例 2-12 中黑体所标识的标签语句所示），将该页面设置为异常错误信息显示的页面，以便能够使用内置的 exception 对象。

例 2-12 exception 对象的应用示例。

```
<%@ page pageEncoding="GB18030"%>
<%@ page isErrorPage="true"%>
<html><head><title>客户关系信息系统项目中异常错误信息显示的页面</title></head>
<body><table width="100%"  border="0">
    <tr><td><div align="center"><div >您的 JSP 页面发生了异常错误。
        <% out.print("错误信息如下: "+exception.getMessage()); %>
    <br/>Stack Trace is :
        <%
          java.io.CharArrayWriter cw = new java.io.CharArrayWriter();
```

表示本页面为异常错误信息显示的页面

获得具体的异常错误信息

```
            java.io.PrintWriter pw = new java.io.PrintWriter(cw,true);
            exception.printStackTrace(pw);
            out.println(cw.toString());
        %>
    </div></div></td></tr>
</table></body></html>
```

在浏览器窗口中打印输出详细的异常跟踪信息

然后在客户关系信息系统项目中的各个功能页面中利用 page 指令设置错误页面文件为 showSystemError.jsp，图 2.17 为项目中的 responseUserLogin.jsp 页面示图。示例代码如下：

```
<%@ page errorPage="/errorDeal/showSystemError.jsp" %>
```

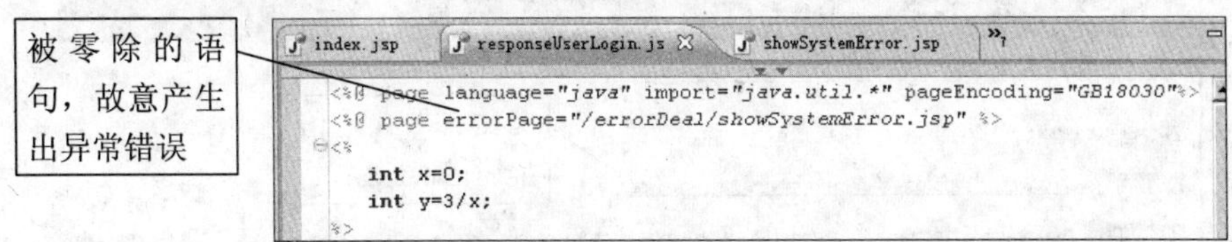

图 2.17　在 responseUserLogin.jsp 页面中指示显示错误信息的目标页面

在某个功能页面（如图 2.17 所示的 responseUserLogin.jsp 页面）中添加如图 2.17 所示的语句，该语句被零除而故意产生出异常错误。再执行客户关系信息系统项目中的用户登录功能页面时（如图 2.3（a）所示），将出现如图 2.18 所示的错误状态和抛出异常错误信息。

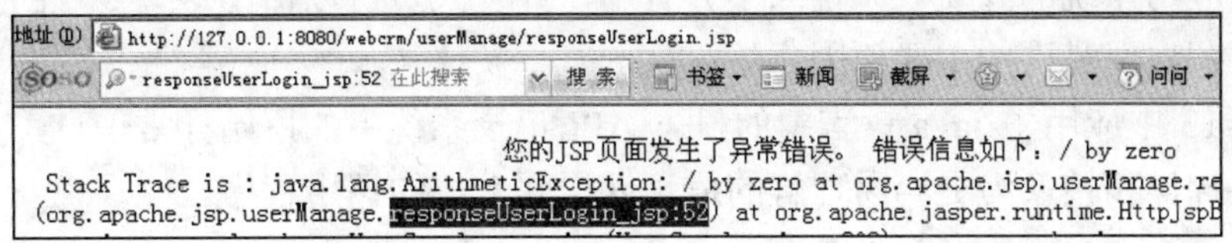

图 2.18　系统转发到 showSystemError.jsp 页面中显示错误信息

注意在图 2.18 所示的浏览器 URL 地址栏中的目标 JSP 文件仍然为 responseUserLogin.jsp 页面，但所显示的错误信息却是由 showSystemError.jsp 页面输出的信息，这表明 Servlet 容器实现此功能时是采用请求转发形式实现的。

另外，由于在例 2-12 代码中实现了在浏览器窗口中打印输出详细的异常跟踪信息的功能。因此，在图 2.18 中能够看到具体出现错误的语句行号，为错误定位和排除提供了参考信息。

2.2.2　Web 应用中的异常处理技术及应用

1. Web 应用中异常处理的基本原则

应用系统在运行过程中出现各种形式的错误是不可避免的，在 Java 语言中提供有功能强大的异常处理的支持，并且分别针对系统级异常（与应用系统中的业务逻辑无关的系统平台程序所产生的错误）和应用级异常（由于用户违背了商业业务逻辑而导致的异常错误，这种错误一般不是致命的错误）提供了技术支持。

在 Web 应用系统开发实现过程中，也应该正确地处理系统中的各种异常。一般应该要遵守如下基本原则。

首先，要注意不要让用户看到原始的 Java 异常信息，而应该要将原始的系统抛出的异常信息转换或者翻译为中文。因为原始的 Java 异常信息一般都是用英文描述的，而且其中也会出现大量的专业术语。应用系统的普通用户并不能准确地理解这些错误信息的真正含义，如图 2.19 所示的错误信息。

图 2.19 原始的 Java 异常信息一般都是用英文描述的

其次，可以将原始的 Java 异常信息记录到日志文件中，这有助于以后系统在维护和功能扩展时的错误定位。尽管原始的 Java 异常信息对于普通的用户来说没有什么实际的意义，但对于应用系统的开发者来说却十分有用，开发人员可以借助这些专业的信息理解错误所在和了解出现错误的主要原因。

在例 2-13 中应用了 Java 语言中的日志 API 记录系统中的原始异常信息，并将原始的异常信息再翻译和转换为更容易理解的信息返送回上层的调用程序。

例 2-13 利用日志技术保存原始的 Java 异常信息的代码示例。

```
package com.px1987.webcrm.dao.imple;
import com.px1987.webcrm.exception.WebCRMException;
import java.util.logging.Level;
import java.util.logging.Logger;
public class MySQLConnectDBBean implements ConnectDBInterface {
    String JDBC_DBDriver_ClassName="com.mysql.jdbc.Driver";
    private Logger logger = Logger.getLogger(this.getClass().getName());
    public MySQLConnectDBBean() throws WebCRMException{
        try {
            Class.forName(JDBC_DBDriver_ClassName);
        } catch (ClassNotFoundException e) {
            logger.log(Level.INFO, e.getMessage());
            throw new WebCRMException("不能正确地加载 JDBC 驱动程序");
        }
    }
    // 其他的功能代码在此省略
}
```

创建一个 Logger 日志类的对象实例

以日志的形式保存原始的异常信息

对原始的异常信息进行翻译和转换为更容易理解的信息

最后，在控制层或者表现层的组件中捕获用户自定义的异常，并转发到错误信息显示页面中显示错误信息，如图 2.20 所示。

图 2.20　在错误信息显示页面中显示系统中的异常信息

2. Web 应用系统中的错误信息显示的基本要求

在 JSP 页面中的错误信息的处理方法类似于 Java 程序中的异常错误信息的处理方法，只是应该将输出的错误信息发送到浏览器窗口中显示输出，如例 2-12 所示；而不是发送到服务器主机的系统控制台中，也就是不应该再使用 System.out.println()方法输出错误信息。

3. 在 Web 应用系统中异常处理的方式

1）采用编程方式在程序中直接进行异常处理

对于系统在运行过程中所可能抛出的异常，可以在程序中直接应用 try/catch 语句块捕获异常；然后定制出个性化的比较详细的错误信息，并保存到 request 请求对象中；最后在特定的页面中把错误信息反馈给用户并在错误信息显示页中显示输出。采用编程方式在程序中直接进行异常处理，具有一定的灵活性，并可以显示输出指定的错误信息。

2）以配置的方式处理异常

在 J2EE Web 技术规范中定义了可配置形式的异常错误显示的支持，不同的应用服务器都对此规范提供了技术实现的支持，而且可以指定错误编码或者异常的具体类型，但可配置的异常处理方式一般只应用于特定类型的异常错误处理。

4. 以配置的方式进行异常处理的示例

在客户关系信息系统项目站点根目录下的 errorDeal 子目录内再添加一个显示指定错误编码形式的错误信息的 JSP 页面文件 showIECodeError.jsp，该页面的内容如例 2-14 所示。在该示例页面中设计了一个表格，在其中显示指定的错误信息（黑体所标识的标签）。

例 2-14　showIECodeError.jsp 页面文件中的代码示例。

```
<%@ page pageEncoding="GB18030"%>
<html> <head><title>显示指定错误编码形式的错误信息的 JSP 页面文件</title></head>
<body><table width="100%" border="0">
  <tr><td ><div align="center" class="gray"><p> </p>
    <p><strong>您的系统出现了 404 或者 500 等类型的错误 ！ <br />
    </strong></p>
</div></td></tr></table></body></html>
```

在系统的部署描述文件 web.xml 中进行配置定义，针对每个错误类型添加一个<error-page>标签，如例 2-15 中的各个<error-page>标签所示。在该示例中，分别针对 HTTP 状态码 404、500 和 505 所代表的错误以配置的方式进行异常处理，并指明显示异常错误信息的 JSP 页面（本示例为 showIECodeError.jsp 文件）。

例 2-15　在部署描述文件 web.xml 中以配置的方式进行异常处理的示例。

```
<error-page>
  <error-code>404</error-code>
  <location>/errorDeal/showIECodeError.jsp</location>
 </error-page>
 <error-page>
  <error-code>500</error-code>
  <location>/errorDeal/showIECodeError.jsp</location>
 </error-page>
 <error-page>
  <error-code>505</error-code>
  <location>/errorDeal/showIECodeError.jsp</location>
 </error-page
```

定义显示错误信息的页面文件名和目录位置

为指定的错误编码定义错误信息显示页面

在 web.xml 文件中，不仅可以指定 HTTP 状态码所对应的错误信息，而且也可以针对指定异常类型配置出错误信息显示的 JSP 页面。在例 2-16 中，为 ArithmeticException 算术异常和 NullPointerException 空指针异常指定了错误信息页面。

例 2-16　针对指定异常类型配置出错误信息显示的 JSP 页面示例代码。

```
<error-page>
  <exception-type>java.lang.ArithmeticException</exception-type>
  <location>/errorDeal/showSystemError.jsp</location>
 </error-page>
 <error-page>
  <exception-type>java.lang.NullPointerException</exception-type>
  <location>/errorDeal/showSystemError.jsp</location>
 </error-page>
```

为指定的异常类型定义错误信息显示页面

MyEclipse 工具也提供有对 web.xml 文件可视化编辑修改的支持，如图 2.21 所示。

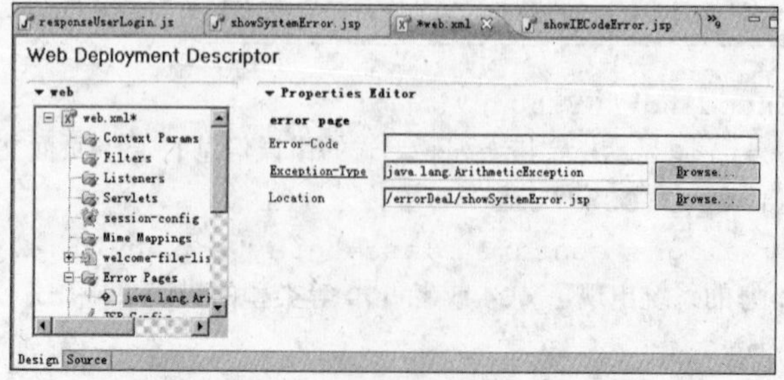

图 2.21　MyEclipse 工具对 web.xml 文件可视化编辑修改的支持

测试以配置的方式进行异常处理的效果，如图 2.20 所示的错误显示结果。而未在 web.xml 文件中加以配置定义之前，会出现如图 2.22 所示的 HTTP 状态码 500 的错误。

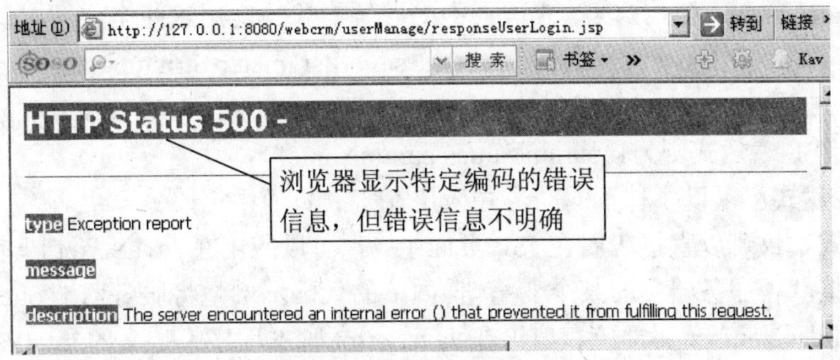

图 2.22 未在 web.xml 文件中加以配置定义之前的错误显示

2.3 EL 表达式在 JSP 页面中的应用

2.3.1 EL 表达式语言

1. EL 表达式语言

1）EL 表达式语言是什么

EL 全名为 Expression Language，中文称为 EL 表达式语言。表达式语言的灵感来自于 ECMAScript 和 XPath 表达式语言，它减少了 JSP 页面中的 Java 脚本代码，提高了页面的可读性。在 EL 表达式中可以包含文字、操作符、变量（对象引用）和函数调用。

2）应用 EL 表达式的主要优点

在 J2EE Web 表现层组件开发中，使用 JSP 动作标签和 EL 表达式的主要目的是避免在 JSP 页面中出现过多的“<% %>”脚本语句，使表现层中的 JSP 页面与后台的 Java 程序代码相互分离，提高 JSP 页面的可扩展性和减少重复功能实现的 Java 脚本代码。

3）EL 表达式语言已经成为 JSP 2.0 的标准规范

在 JSP 页面中可以直接应用 EL 表达式语言，而不需要在系统中引入任何其他的系统库文件，而只需要支持 Servlet 2.4/JSP 2.0 的 Servlet 容器，就可以直接在 JSP 页面文件中使用 EL 表达式。但 EL 表达式常与 JSTL 标签相互配合使用。

2. EL 表达式中的${}定义符

1）param 和 paramValues 为 EL 表达式语言中的内置对象

${}是构成 EL 表达式的定义符，它可以用在所有的 JSP 标签中，并且 EL 表达式可操作常量、变量和 JSP 中的各种内置对象。具体用法为${param}和${paramValues}。

其中的${param}表示返回请求参数中单个字符串的值，而${paramValues}表示返回请求参数所对应的一组值（常用于获得表单中的一组复选框所请求提交的参数值）。其中的 param 和 paramValues 为 EL 表达式语言中的内置对象，应用这两个内置对象可以简化对 HTTP 请求参数有关的 Java 脚本代码。如 request.getParameter(String paramName) 脚本代码改用 EL 表达式则为${param.paramName}；而 request.getParameterValues(String paramName) 脚本代码改用 EL 表达式则为${paramValues.paramName}。

2）EL 表达式可以以多种不同的形式应用在 JSP 页面中

EL 表达式不仅可以直接应用在 JSP 页面中，也可以应用在 JavaScript 脚本程序中的变量定义中，直接获得服务器端的某个变量值。如下的代码示例是将服务器端 onePageStateVO 对象内的 lastPageNumber 属性值赋值给在 JavaScript 脚本程序中定义的 totalPages 变量：

```
var totalPages;
totalPages=${onePageStateVO.lastPageNumber};
```

如下的代码片段示例是直接显示输出服务器端 currentPageNumber 变量的值：

```
当前是第${currentPageNumber}页
```

如下的代码片段示例是将 EL 表达式应用在表单输入框中，将服务器端指定名称的对象内的属性赋值给表单输入框中的 value 属性，并动态显示输出：

```
<input type="text" value="${onePageStateVO.thisPageNumber}" />
```

也可以将 EL 表达式应用在超链接的查询参数中，如下代码示例获得服务器端 userType 的值，并将它作为查询参数：

```
<a href="gotoIndex.action?userType=${userType}">首页</a>
```

3. 在 EL 中提供有获得某个对象或集合中的属性值的操作符

在 EL 表达式语言中提供有“.”和“[ ]”两种操作符来存取数据，当要存取的对象属性名称中包含特殊字符，如“.”或“?”等并非字母或数字的符号时，要应用“[ ]”操作符。

1）使用“.”操作符获得对象中指定名字的成员属性值

如表达式${oneUserInfoVO.userName}表示获得 oneUserInfoVO 对象中的 userName 属性的值，其中的“.”操作符获得对象中指定名字的成员属性值。

2）使用“[]”操作符获得对象中指定名字或按序号排列的属性值

如表达式${oneUserInfoVO["userName"]}和表达式${oneUserInfoVO.userName}的最终作用是相同的，而表达式${row[0]}表示获得 row 集合对象中的第一个元素项目。

4. EL 表达式中的 empty 空值检查操作符

使用 empty 操作符可以检测对象、集合或字符串变量是否为空或 null，如示例代码：${empty oneUserInfoVO}识别其中的 oneUserInfoVO 对象是否为空对象（未进行对象实例化），而示例${empty oneUserInfoVO.userName}识别 oneUserInfoVO 对象内的 userName 成员属性的值是否为空字符串。如果 request 对象中的 oneUserInfoVO 对象或者 oneUserInfoVO 对象中的 userName 成员属性值为 null，则表达式的最终结果值为 true。

当然，在应用 EL 表达式时，也可以直接使用比较操作符与 null（空对象）进行比较。如以下代码示例所示：

```
${oneUserInfoVO.userName==null}
```

5. EL 表达式中的各种形式的操作符

在 EL 表达式语言中，提供有关系操作符（==或 eq、!=或 ne、<或 lt、>或 gt、<=或 le、>=或 ge）、算术运算符（+、–、*、/或 div、%或 mod）与逻辑运算符（&&或 and、||或 or、!或 not）。但这些操作符均与 Java 语言中对应的操作符的功能相同，使用方式也相同，在此不再重复地介绍。

6. 在 EL 表达式中指定变量定义的范围

EL 表达式中的变量搜索范围分别是 page（当前页面）、request（请求对象）、session（HTTP 会话对象）和 application（Web 应用程序全局）。其中 pageScope 表示页面作用域内的变量，requestScope 表示 HTTP 请求作用域内的对象变量，sessionScope 表示 HTTP 会话作用域内的变量，applicationScope 表示 Web 应用程序全局作用域内的变量。

如下代码示例所指定的变量所在的搜索范围为 request（HTTP 请求对象作用域）：${requestScope.errorText}和${requestScope.oneUserInfoVO.userName}。因此，应用作用域内的变量可以简化如下的 Java 脚本代码：session.getAttribute("paramName")改用 EL 表达式则为${sessionScope.paramName}。

7. 设置在当前 JSP 页面中是否禁用 EL 表达式

在 JSP 2.0 版的技术规范中默认是启用 EL 表达式语言，但可以允许开发人员在 JSP 页面中通过设置 page 指令中的 isELIgnored 属性的值为 true（如<%@ page isELIgnored="true" %>），将可以在当前 JSP 页面中禁用 EL 表达式。其中的“true”表示将禁止 EL 表达式，而“false”表示启用 EL 表达式。

8. EL 表达式的综合应用示例

例 2-17 所示为一个体现 EL 表达式技术特性的综合应用的代码示例，在其中定义出 4 个变量，它们分别为页面作用域、请求作用域、会话作用域和应用程序作用域，然后再利用 EL 表达式获得它们的值，并在页面中显示输出。

例 2-17　体现 EL 表达式技术特性的综合应用代码示例。

```
<%
    pageContext.setAttribute("pageParameter", "这是页面作用域变量");
    request.setAttribute("requestParameter", "这是请求作用域变量");
```

```
    session.setAttribute("sessionParameter", new Date());
    application.setAttribute("applicationParameter", new Integer(1));
    request.getParameter("userName");
    request.getParameterValues("userFavorites");
    String emptyString = "";
    String emptyStringObject = null;
    List someOneList = new ArrayList();
    UserInfoVO oneUserInfo=
        new UserInfoVO ("张三","0000",new Addr("北京","科学院南路","100086"
        ));
    request.setAttribute("oneUserInfoKey" oneUserInfo);
%>
    ${pageScope.pageParameter}                    <br />
    ${requestScope.requestParameter}              <br />
    ${sessionScope.sessionParameter}              <br />
    ${applicationScope.applicationParameter}      <br />
    ${param.userName}            <br />
    ${paramValues.userFavorites[0]}<br />
    ${empty emptyString} ${empty emptyStringObject} ${empty someOneList}
    ${oneUserInfoKey.userName}
    ${oneUserInfoKey.passWord }
    ${oneUserInfoKey.homeAddress.cityName }
    ${oneUserInfoKey.homeAddress.streetName }
    ${oneUserInfoKey.homeAddress.zipcode }
```

定义 4 种不同作用域的变量，并且为不同的数据类型

将实体对象保存在 request 对象中，形成请求作用域对象

识别指定的对象是否为空对象

获得实体对象中指定名称的属性值

9. EL 语言中的各种内置对象及应用

1）在 EL 语言中定义了 11 个内置对象

在 JSP 页面中可以直接应用 9 个内置的对象，而在 EL 语言中同样也定义了 11 个内置对象。主要分为 3 个不同类型，它们分别是：

① 与作用域范围有关的 4 个内置对象，它们分别是 pageScope、requestScope、sessionScope 和 applicationScope。

② 与获得请求参数有关的 2 个内置对象，它们分别是 param 和 paramValues。

③ 其他 5 个内置对象，它们分别是 cookie、header、headerValues、initParam 和 pageContext。

2）EL 中与获得请求参数有关的 param 和 paramValues 内置对象

在 JSP 页面中获得客户端浏览器的请求参数，可以采用 request 对象中的 getParameter() 和 getParameterValues()（获得同名的一组参数值，比如复选框）方法获得指定名称的参数。而在 EL 表达式中，可以直接使用 EL 语言中的内置对象 param 和 paramValues 获得请求参数。

比如用户在表单中的用户名称（名称为 userName）输入框中输入了用户名称信息，则可以直接使用如下代码示例：${param.userName}获得用户所输入的用户名称值。其中的内

置对象 param 的功能和 request.getParameter(String name)方法相同，内置对象 paramValues 则和 request.getParameterValues(String name)方法的功能相同。

3）EL 语言中的其他内置对象的功能说明

① cookie 对象：如果在 cookie 中设定一个名称为 userInfo 的值，那么可以使用${cookie.userInfo}来取得它。

② header 和 headerValues：header 储存用户浏览器和 Web 服务器之间通信设置的数据，如下代码示例：${header["user-agent"]}获得 HTTP 请求头中的"User-Agent"属性项目的值（本示例为浏览器的类型），相当于 request.getHeader("user-agent")的 Java 脚本代码。而 EL 表达式${headerValues.paramName} 相当于 request.getHeaderValues("paramName")。

③ initParam：利用 initParam 内置对象可以获得在 web.xml 文件中利用<context-param>标签所声明的 ServletContext 参数。

如在下面的 web.xml 文件中定义了一个名称为 contextConfigLocation 的参数：

```
<context-param>
    <param-name>contextConfigLocation</param-name>
    <param-value>/WEB-INF/classes/webcrmIoCConfig.xml</param-value>
</context-param>
```

而在某个 JSP 页面中，可以利用下面所示的 EL 代码获得对应的参数值：

```
${initParam.contextConfigLocation}
```

4）pageContext 内置对象的功能说明

pageContext 内置对象其实是 JSP 页面中的 pageContext 内置对象，因此可以使用${pageContext}获得在当前 JSP 页面中定义的各种信息，如请求、响应、会话、输出等。表 2.2 所示为 pageContext 内置对象的各种形式的应用所对应的功能说明。

表 2.2　pageContext 内置对象的各种形式的应用所对应的功能说明

EL 表达式示例	功 能 说 明
${pageContext.request.queryString}	取得 HTTP 请求的查询参数字符串
${pageContext.request.requestURL}	取得请求的 URL，但不包括请求的查询参数字符串
${pageContext.request.contextPath}	获得 Web 应用程序上下文名称
${pageContext.request.method}	取得请求的方法（get、post 等）
${pageContext.request.protocol}	取得使用的协议（HTTP/1.1、HTTP/1.0）
${pageContext.request.remoteUser}	取得用户的名称
${pageContext.request.remoteAddr}	取得用户的 IP 地址
${pageContext.session.new}	判断 session 是否为新建立的，所谓新的 session 表示刚由服务器产生而客户端尚未使用
${pageContext.session.id}	取得 session 的 ID 值
${pageContext.servletContext.serverInfo}	取得服务器的特征信息

2.3.2 EL 表达式在项目中的应用

在 JSP 页面中，一般是将 EL 表达式和 JSTL 标签相互配合使用，利用 EL 表达式动态获得指定对象变量的值。下面介绍 EL 表达式在项目中的各种典型的应用及示例代码。

1. 利用 EL 表达式直接输出查询结果的实体对象中的各个属性值

例 2-18 为某个银行账号管理系统中显示查询储户的各个账号信息的结果页面中的部分 HTML 标签，其中利用 EL 表达式直接输出查询结果的实体对象中的各个属性值，并在 HTML 表格中显示代码。

例 2-18 直接输出查询结果的实体对象中的各个属性值的代码示例。

```
<table width="100%" border="1">
  <tr><td colspan="8"><div align="center">您的各个账户信息如下</div></td>
   </tr>
  <tr>
    <td width="10%"><div align="center">账号</div></td>
      <td width="10%"><div align="center">姓名;</div></td>
    <td width="13%"><div align="center">开户时间</div></td>
    <td width="15%"><div align="center">存期（月）</div></td>
    <td width="16%"><div align="center">身份证 ID</div></td>
    <td width="10%"><div align="center">账户余额（元）</div></td>
    <td width="14%"><div align="center">状态</div></td>
    <td width="12%"><div align="center">系统注册 ID</div></td>
  </tr>
<c:forEach var="oneAccountInfoVO"  items="${allAccountInfoVOArrayList}">
      <tr>
         <td>${oneAccountInfoVO.accountID}</td>
         <td>${oneAccountInfoVO.userName}</td>
         <td>${oneAccountInfoVO.startTimeString}</td>
         <td>${oneAccountInfoVO.savingMonth}</td>
         <td>${oneAccountInfoVO.idCard}</td>
         <td>${oneAccountInfoVO.balance}</td>
         <td>${oneAccountInfoVO.userID}</td>
         <td> </td>
      </tr>
</c:forEach>
</table>
```

代表查询结果的实体对象集

显示输出查询结果的实体对象集合中的各个对象成员属性值

在例 2-18 中应用了 JSTL 标签库中的<c:forEach>循环标签输出查询结果的实体对象集合中的各个对象成员属性值，该示例页面代码最终的执行结果如图 2.23 所示。

您的各个账户信息如下							
账号	姓名:	开户时间	存期（月）	身份证ID	账户余额（元）	状态	系统注册
1426300328	admin	2008年4月16日	12	123456789012345678	2001.0	定期	1
562264511	admin	2008年4月16日	12	123456789012345678	3001.0	定期	1
563604011	admin	2008年4月6日	12	123456789012345678	2001.0	??	1
563638730	admin	2008年4月6日	12	123456789012345678	2001.0	??	1

图 2.23　例 2-18 页面中的 EL 表达式最终的执行结果

2. 利用 EL 表达式获得当前 Web 应用程序的上下文根路径

例 2-19 中黑体所标识的代码动态获得当前 Web 应用程序上下文根路径，使得表单的请求更加灵活，并与部署在服务器中的最终路径无关。

例 2-19　获得当前 Web 应用程序上下文根路径的代码示例。

```
<%@ page contentType="text/html; charset=GB2312" %>
<html><head> <title>用户登录功能页面</title></head><body>
 <form method="post"
        action="${pageContext.request.contextPath}/userLogin.action">
    输入右面的认证码：<input type="text"  name="oneUserInfo.verifyCode-
    Digit"/>
    <br />用户类型：<select name="oneUserInfo.type_User_Admin">
                      <option value="1">前台用户</option>
                      <option value="2">后台管理员</option></select><br/>
    您的名称：<input type="text" name="oneUserInfo.userName"  /> <br/>
    您的密码：<input type="password" name="oneUserInfo.userPassWord" />
    <br/>
    <input type="submit" value="提交" name="submitButton"
                              onclick="this.value='正在提交请求，请稍候'"/>
     <input type="reset" value="取消" />
 </form></body></html>
```

在浏览器中执行例 2-19 中的 JSP 页面时，右击查看该页面的 HTML 标签源代码，如图 2.24 所示，可看到最终转换后的 Web 应用程序上下文根路径。

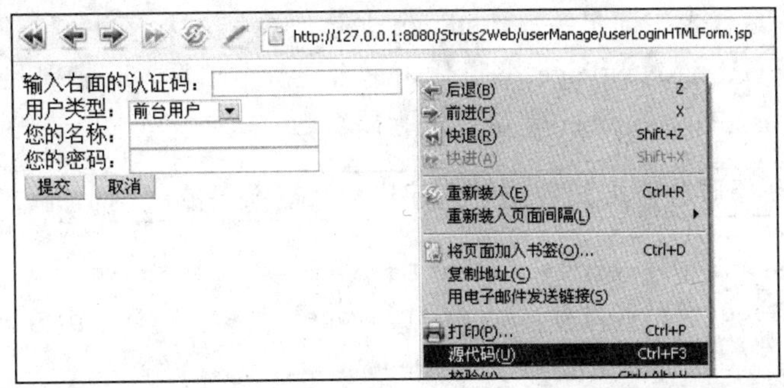

图 2.24　查看 JSP 页面的 HTML 标签源代码

3. 利用 EL 表达式动态获得 HttpServletRequest 对象中的数据

在 Web 应用系统开发实现中，经常需要在 Servlet 程序中将业务功能方法处理后的结果数据转发到 JSP 页面中显示输出。在 Servlet 程序中，一般是将数据保存到 HTTP 请求对象中，然后在目标 JSP 页面中利用 EL 表达式动态获得 HttpServletRequest 对象中的数据，并在页面中显示输出。

例 2-20 所示为例 2-4 示例中用户登录成功后的 showOneOnLineUserInfo.jsp 页面，在其中利用 EL 表达式（黑体标识的语句）动态获得保存在 HttpServletRequest 请求对象中的用户身份信息。

例 2-20 用户登录成功后的页面代码示例。

```
<%@ page pageEncoding="gb2312"%>
<html><head><title>蓝梦集团 CRM 系统中在线用户信息显示页面</title></head>
    <body>本页面为显示在线用户的注册信息，并且用户名称为：
                    ${requestScope.userNameString} </body>
</html>
```

例 2-21 所示为例 2-4 示例中用户登录失败后的 showWebAppError.jsp 页面，在其中利用 EL 表达式（黑体标识的语句）动态获得保存在 HttpServletRequest 请求对象中的错误信息。

例 2-21 用户登录失败后的页面代码示例。

```
<%@ page pageEncoding="gb2312"%>
<html><head><title>蓝梦集团 CRM 系统在线错误信息显示页面</title></head>
    <body> 系统出现了如下错误：${requestScope.errorText} </body>
</html>
```

4. 利用 EL 表达式动态获得服务器端的数据构建分页导航条

在例 2-22 所示的代码中，利用 EL 表达式动态获得服务器端的各种形式的数据并最终构建出数据查询结果的分页导航条。其中的 lastPageNumber 变量代表总页数、thisPageNumber 变量代表当前页数、firstPage 变量代表是否为首页、hasPreviousPage 变量代表是否还有前一页、hasNextPage 变量代表是否还有下一页，nextPageNumber 变量代表是否为最后一页、lastPageNumber 变量代表为尾页数。

例 2-22 动态获得服务器端的数据并构建出分页导航条的代码示例。

```
共${onePageStateVO_Prototype.lastPageNumber}页  
当前是第${onePageStateVO_Prototype.thisPageNumber }页  快速跳转到：
<input type="text" name="someOnePage"
    value='${onePageStateVO_Prototype.thisPageNumber}'  size="4"/>页
<img  style="CURSOR: hand" onclick="fastGoTOTargetPage();"
```

```
    src="${pageContext.request.contextPath}/images/go.jpg"/>  
  <c:if test="${onePageStateVO_Prototype.firstPage==false}">
      <a href="${pageContext.request.contextPath}/
          accountInfoManage.action?action=forwardTargetPage_ShowMeAccount&
          targetPage=1" >首页</A>  
  </c:if>
  <c:if test="${onePageStateVO_Prototype.hasPreviousPage==true}">
      <a href="${pageContext.request.contextPath}/
          accountInfoManage.action?action=forwardTargetPage_ShowMeAccount&
          targetPage=${onePageStateVO_Prototype.previousPageNumber}">前一页
      </a>  
  </c:if>
  <c:if test="${onePageStateVO_Prototype.hasNextPage==true}">
      <a href="${pageContext.request.contextPath}/
          accountInfoManage.action?action=forwardTargetPage_ShowMeAccount&
          targetPage=${onePageStateVO_Prototype.nextPageNumber}">下一页
      </a>  
  </c:if>
  <c:if test="${onePageStateVO_Prototype.lastPage==false}">
      <a href="${pageContext.request.contextPath}/
          accountInfoManage.action?action=forwardTargetPage_ShowMeAccount&
          targetPage=${onePageStateVO_Prototype.lastPageNumber}">尾页
      </a>  
  </c:if>
```

在例 2-22 中应用了 JSTL 中的<c:if >条件标签识别数据的值，该示例所在的 JSP 页面的最终执行结果如图 2.25 所示。

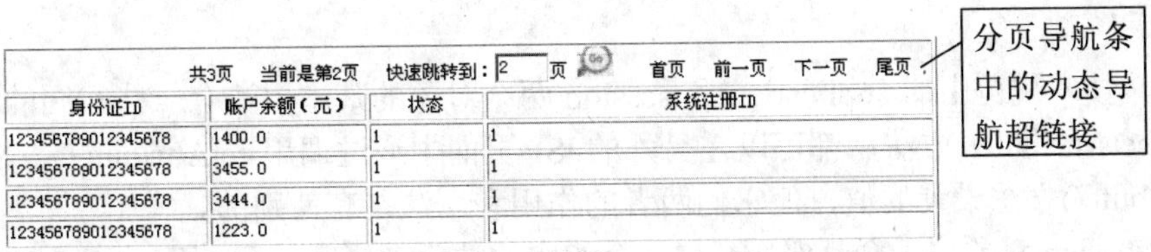

共3页　当前是第2页　快速跳转到：2　页　　首页　前一页　下一页　尾页

身份证ID	账户余额（元）	状态	系统注册ID
123456789012345678	1400.0	1	1
123456789012345678	3455.0	1	1
123456789012345678	3444.0	1	1
123456789012345678	1223.0	1	1

分页导航条中的动态导航超链接

图 2.25　例 2-22 示例所在的 JSP 页面的最终执行结果

小　结

教学重点

本章系统和深入地介绍了 J2EE Web 核心组件 JSP 有关的内容，主要涉及 JSP 内置对象及编程应用，exception 异常信息对象及应用，EL 表达式在 JSP 页面中的应用 3 部分内容。在 JSP 内置对象的教学中，重点介绍了其中的 out、request、response、session 和 application 等内置对象的编程应用。

学习难点

本章中的学习难点之一是要正确地区分页面转发和重定向两种跳转方式之间的差别，请求转发过程中客户端浏览器只向服务器产生 1 次请求，而重定向则是 2 次请求；请求转发时在浏览器的 URL 地址栏中的信息不会发生改变，仍然为最初请求的 URL 信息；而重定向时在浏览器的 URL 地址栏中的信息会改变为重定向的目标 URL 地址。

而另一个学习难点是在引用 application 对象中的数据时必须要对它同步控制，由于 application 对象是多个客户所共享的对象，因此有可能在多个客户的请求中会同时访问 application 对象，在引用 application 对象中的数据时必须对它采取同步控制，要应用线程同步的关键字 synchronized 限定 application 对象。

教学要点

HTTP 会话跟踪是一种灵活、轻便的机制，它使得在 Web 页面上的状态编程变为可能。HTTP 也是一种无状态协议，每当客户端浏览器发出 HTTP 请求时，Web 服务器就做出响应。因此，客户端与服务器之间的联系是离散的、非连续的。当用户在同一 Web 应用系统中的多个不同页面之间转换时，根本无法知道是否是同一个客户发送的，而 HTTP 会话跟踪可以解决这个问题。

在 JSP 的技术规范中尽管为 JSP 页面提供了 9 个内置的对象，并且这些对象不需要预先声明就可以直接在脚本代码和表达式中随意使用，最终减少了系统中的通用功能实现的代码量。但 JSP 最终应该作为系统中的表现层组件，而不应该在 JSP 页面中出现太多的脚本代码。因此，基于此原则，在 JSP 页面中尽可能不要直接应用内置对象，而应该要将 JSP 页面中与业务逻辑处理有关的功能实现代码移到 Servlet 组件中，最终使得 JSP 页面只承担系统中的表现层组件。

学习要点

在 JSP 技术规范中的 application 和 session 两个对象的基本用法有一些共同的特点，比如在调用 setAttribute()方法后都可以在另外的 JSP 页面中通过调用 getAttribute()方法获得之前 setAttribute()方法设置的值，但它们两者的作用和用法是有差别的。

其中 session 对象属于会话级别，与某个特定的访问者紧密关联；而 application 对象属于应用程序级别，只与应用系统本身的生命周期有关。request 请求、session 会话和 application 应用程序对象都可以作为一个 Map 集合应用，并在其中缓存不同生命周期的数据。

另外，本章中的例 2-4、例 2-5 等示例页面其实都不是良好的 JSP 页面，因为在这些 JSP 页面中都包含大量的 Java 脚本代码。更正确的编程实现方式应该是将其中的 Java 脚本代码从 JSP 页面中分离出，并放入在第 3 章中将要介绍的 Servlet 组件程序中。

练　习

1. 单选题

(1) 欲从 HTTP 请求中获得用户的请求参数值，应该调用下面的哪个方法？(　　)

（A）调用 HttpServletRequest 对象的 getAttribute()方法

（B）调用 ServletContext 对象的 getAttribute()方法

（C）调用 HttpServletRequest 对象的 getParameter()方法

（D）调用 HttpSession 对象的 getAttribute()方法

（2）下面哪个说法是正确的？（　　）

（A）对于每个要求访问 userLogin.jsp 的 HTTP 请求，Servlet 容器都会创建一个 HttpSession 对象

（B）每个 HttpSession 对象都有唯一的 ID

（C）JavaWeb 应用程序必须负责为 HttpSession 分配唯一的 ID

（D）每个 HttpSession 对象不需要分配唯一的 ID

（3）如果不希望 JSP 网页支持 session，应该如何办？（　　）

（A）调用 HttpSession 的 invalidate()方法　　（B）<%@ page session="false" %>

（C）<%@ page session="true" %>　　（D）调用 HttpSession 的 validate()方法

（4）HttpSession 对象可以通过以下哪种类型对象直接访问到？（　　）

（A）HttpServlet　　（B）ServletRequest

（C）ServletConfig　　（D）ServletResponse

（5）下列哪个对象类型用来调用方法 encodeURL(String url)？（　　）

（A）HttpServletRequest　　（B）HttpServletResponse

（C）HttpSession　　（D）ServletRequest

2. 填空题

（1）在 JSP 技术规范中的主要内置对象分别有_________、_________、_________、_________、_________、_________、_________。

（2）Java Bean 所存放的数据要求为某个 Web 应用所有的 JSP 和 Servlet 所共享，这个 Java Bean 的范围应该定义成 _________。

（3）application 对象其实是_________类的对象实例，它的生命期直到_________的关闭。在引用 application 对象中的数据时必须要对它同步控制，同步关键字为_________。

（4）exception 对象是_________类的对象实例，它的主要作用是_________，其中的 getMessage()方法的功能是_________，而 toString()方法的功能是_________。

（5）EL 表达式${pageContext.response.characterEncoding}的含义是_________，${header["user-agent"]} 的含义是_________，${param.username}的含义是_________。

3. 问答题

（1）在 JSP 页面中如何读取客户端的请求？如何确定某个 JSP 文件的真实（物理）目录路径？

（2）解释 EL 的含义，为什么要提出 EL？解释${sessionScope.userName}、${userName}的含义。

（3）什么是 JSP 中的内置对象？为什么要提出 JSP 中的内置对象？

（4）描述内置对象 request、session 和 application 的作用域。什么是 Web 应用系统中的 Cookie？它的主要作用有哪些？通过代码示例说明如何读写 Cookie 文件中的信息。

（5）在 Web 应用系统开发中，对异常处理的功能实现应该要遵守哪些基本的原则？为什么要遵守这些原则？有哪些异常处理的方式？

4. 开发题

（1）如图 2.26 所示是利用 JSP 中的 out 内置对象显示输出的信息，请写出实现该功能要求的 JSP 脚本语句。

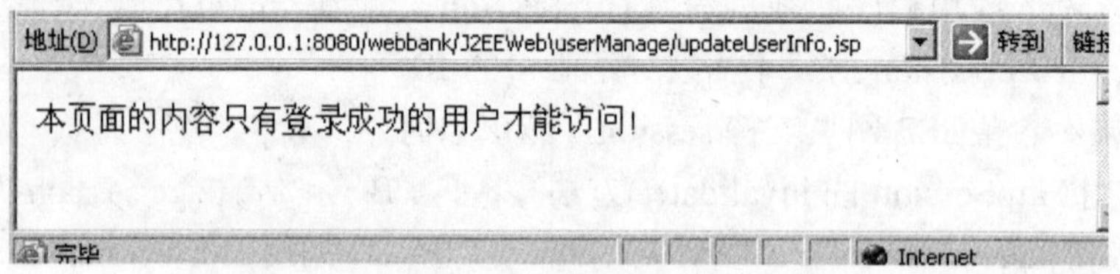

图 2.26　利用 out 内置对象显示输出的信息

（2）如图 2.27 所示为一个代表用户登录功能的表单，其中的“用户名称”文本框的 name 属性为 userName、“用户密码”文本框的 name 属性为 userPassWord。

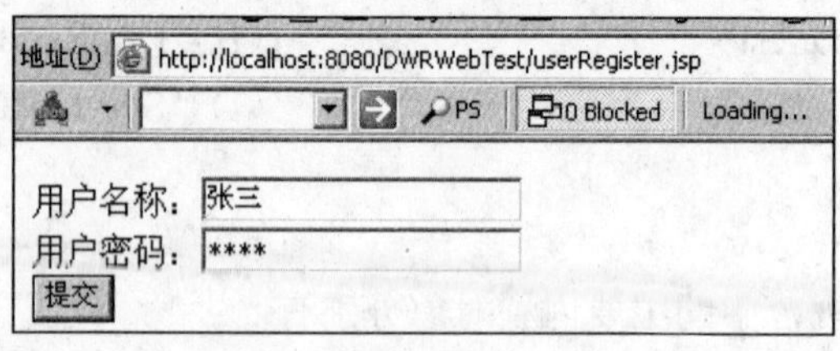

图 2.27　用户登录功能的表单

请为图 2.27 所示的用户登录功能的表单设计一个响应表单请求的 JSP 页面文件 responseUserRegister.jsp，并在其中利用 JSP 脚本代码识别用户输入的用户名称和密码是否为指定的值（自己规定），然后再分别显示登录成功或失败的提示信息。

第3章　Web控制层Servlet组件技术

C H A P T E R 3

Java 平台中有两种不同形式的“小应用程序”，其一为内嵌在 HTML 页面中并由浏览器解析的客户端 Applet 小程序，其二为运行在 Web 容器中的服务器端 Servlet 程序。Servlet 程序能够处理 HTTP 请求，然后再返回一系列处理后的结果，并动态地生成新的 Web 页面，然后再向浏览器返送。

什么是 Servlet 组件技术？Sun 公司为什么要提出该技术？Servlet 组件技术到底有哪些技术特性？如何在 Servlet 程序中向浏览器输出二进制数据？如何开发线程安全的 Servlet 组件程序？所有这些问题是学习 J2EE Web 组件技术的基础知识，本章将系统地介绍 Servlet 组件技术及在项目中的具体应用。

3.1　Servlet 技术特点及核心 API

3.1.1　Java Servlet 组件技术及应用

1. Java Servlet 组件技术

1）什么是 Servlet 组件技术

Servlet 是使用 Java Servlet 应用程序编程接口及相关类和方法所构成的 Java 程序，它在服务器端的 Servlet 容器（如 Tomcat 服务器环境）中运行并遵守 Sun 公司发布的 Servlet 组件技术规范。而 Servlet 组件技术详细地规范和定义了容器的基本功能和 Servlet 的程序结构和编程实现的接口。

2）Servlet 程序与普通的 Java 应用程序的差别

Servlet 程序与传统的从命令行启动的 Java 应用程序的不同点在于 Servlet 是由 J2EE 中的 Servlet 容器程序加载并执行的，它不能直接在命令行方式中执行。Servlet 程序能够处理 HTTP 请求，然后再返回一系列处理后的结果，并动态地生成新的 Web 页面。

因此，可以将 Servlet 程序称为 J2EE 服务器端中的“小服务程序”。

2. Servlet 组件技术的主要作用

1）Servlet 技术最大的优势在于它的高性能

首先，Servlet 程序在第一次请求时将被 Servlet 容器装载并驻留在服务器的内存中，以后如果再对该 Servlet 程序继续发送请求，Servlet 容器将直接从内存中运行该 Servlet 组件。因此，Servlet 程序能够快速响应客户端的请求。

其次，在默认情况下 Servlet 程序是以单一对象实例多线程的方式工作，一个新的 HTTP 请求到达后，Servlet 实例开启一个新的线程来服务于这个 HTTP 请求。因此，Servlet 程序能够减少对服务器主机的性能消耗。

2）Servlet 技术的主要作用

应用 Servlet 技术最终能够达到服务器端的“插件”效果，并可以根据应用系统的具体要求，扩展和增强 Web 服务器端应用系统的功能。

3. JSP 页面和 Servlet 程序两者在应用方面的不同点

1）JSP 页面是 Web 表现层组件

在 JSP 页面文件中应该仅仅包含与 Web 表现层有关的标签元素，而所有的数据计算、数据分析、数据库连接等功能处理和业务逻辑的实现代码，都应该放在 JavaBean 组件中或者 Servlet 程序中。

尽管 JSP 页面是可以包含 Java 脚本代码的 HTML 网页，但不应该在 JSP 页面中加入太多的 Java 脚本程序代码。第 2 章中的例 2-4、例 2-5 等示例页面其实都不是良好的 JSP 页面，因为在这些 JSP 页面中都包含大量的 Java 脚本代码。

2）Servlet 程序是 Web 业务控制调度组件

尽管在 Servlet 程序中可以通过文本打印输出的方式输出 HTML 标签，但不应该在 Servlet 组件的 Java 代码中加入太多的输出 HTML 标签的程序代码。图 3.1 所示的程序代码为一个不良好的 Servlet 程序代码，在该示例中通过文本打印输出的方式直接输出 HTML 标签。这样的 Servlet 程序不仅难于维护修改，程序代码的可读性也比较低。

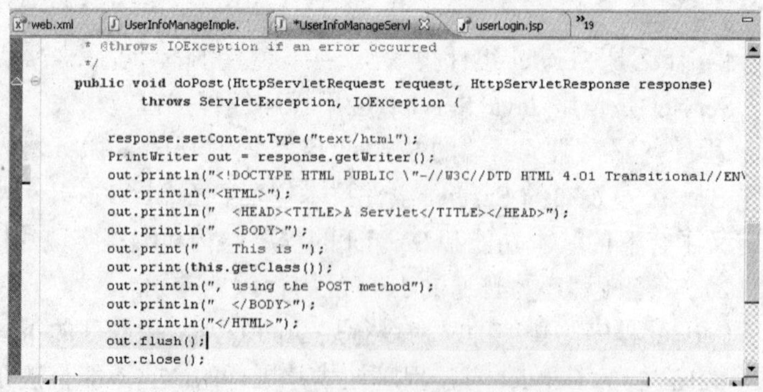

图 3.1　不良好的 Servlet 程序代码示例

尽管 JSP 和 Servlet 两者都是一种非常有效的 J2EE Web 表现层组件技术，但如果开发者对它们的应用不恰当时，反而会造成低效和代码不可维护修改。

4. JSP 和 Servlet 需要相互配合应用

由于 Sun 公司在推出 Servlet 组件技术时的主要目的是优化 CGI（Common Gateway Interface，公共网关编程接口）的多对象、多进程的动态网站开发技术，但 Servlet 程序并没有把 Web 应用中的逻辑处理（MVC 模式中的模型层组件）的功能实现代码和页面的显示输出（MVC 模式中的表现层组件）的标签相互分离。

因此，Sun 公司推出“JSP + JavaBean”组件技术架构 Web 项目，其中应用 JSP 页面技术实现表示层，而用 JavaBean 组件技术实现商业业务处理层。但 JSP 页面技术又在 Servlet 组件技术的基础上有所创新，新增了标签技术和允许在页面中直接内嵌 Java 脚本代码。

JSP 和 Servlet 两者之间可以互相协作，互相补充对方的不足。

5. 在 MyEclipse 工具中以可视化方式创建 Servlet 程序

1）在项目中添加一个实现对用户信息的请求处理的 Servlet 类

在 MyEclipse 工具程序中右击项目名，在弹出的快捷菜单中选择 New→Servlet 项目，如图 3.2 所示。

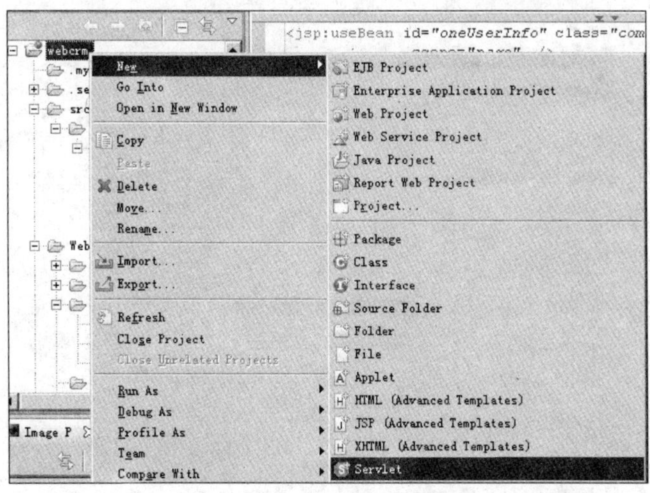

图 3.2　MyEclipse 工具中创建 Servlet 程序的菜单项目

然后在弹出的 Create a new Servlet 对话框中按照要求输入相关的信息，如图 3.3 所示。在 Name 文本框中输入类名称 UserInfoManageServlet，在 Package 文本框中输入包名称 com.px1987.webcrm.servlet，其他项目都采用 MyEclipse 工具程序中提供的默认值。

在图 3.3 所示的对话框中单击 Next 按钮，将出现如图 3.4 所示的对话框。在该对话框中的 Servlet/JSP Mapping URL 文本框中设置该 Servlet 程序的 URL 地址为/userInfoManageAction.action，其他项目都采用默认值。

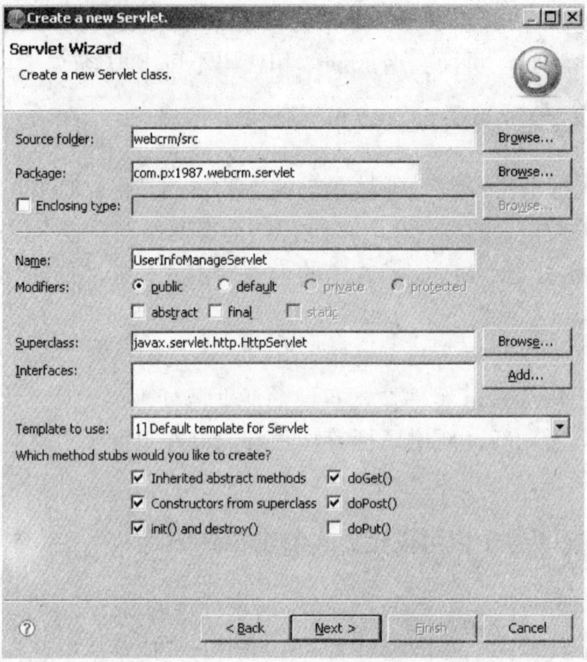

图 3.3　设置 Servlet 程序的类名和包名

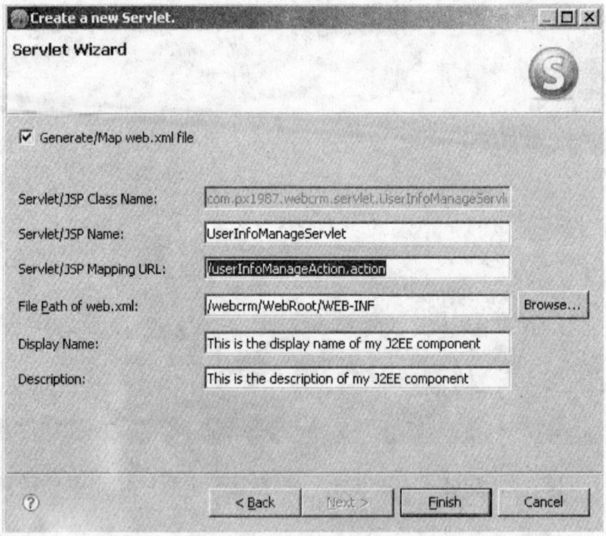

图 3.4　设置 Servlet 程序的 URL 地址

在图 3.4 所示的对话框中单击 Finish 按钮后，MyEclipse 工具将自动创建出一个标准模板格式的 Servlet 程序，并添加基本的功能代码，如图 3.5 所示。

由于Servlet程序最终是由Servlet容器加载执行的，因此需要在项目的部署描述文件web.xml中部署定义该 Servlet 程序。Servlet 容器通过这个配置文件获取 Servlet 程序的相关信息，从而管理 Servlet 程序类的对象实例。而与 Servlet 配置有关的工作都可以由 MyEclipse 工具程序自动完成，最终的部署配置定义的结果信息如图 3.6 所示。

```
UserInfoManageServle  showTime.jsp  BankCardDAOImple.jav  TestBankCardDAOImple  »47
package com.px1987.webcrm.servlet;
import java.io.FileWriter;
public class UserInfoManageServlet extends HttpServlet {
    public UserInfoManageServlet() {
        super();
    }
    public void destroy() {
    }
    public void init(ServletConfig oneServletConfig) throws ServletException{
    }
    public void doGet(HttpServletRequest request, HttpServletResponse response) tl
    }
    public void doPost(HttpServletRequest request, HttpServletResponse response) t
    }
```

图 3.5　MyEclipse 工具创建出的一个标准模板格式的 Servlet 程序

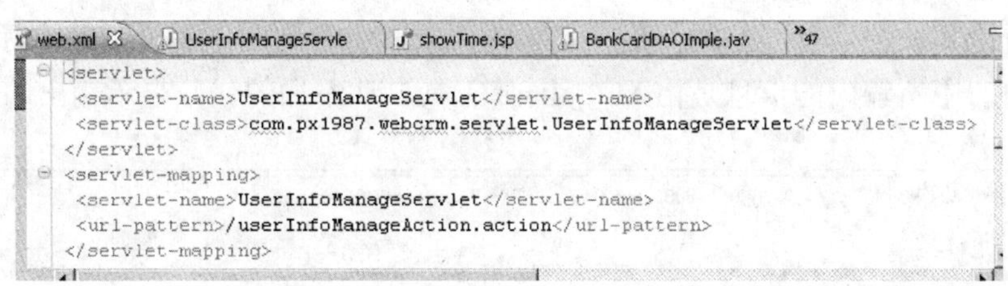

图 3.6　MyEclipse 工具自动完成对 Servlet 程序的部署定义

对于 Servlet 在部署时，可以通过在 web.xml 中应用<load-on-startup>标签设置 Servlet 程序在 Servlet 容器启动时的加载次序，数字小者首先加载。因为在正常情况下的 Servlet 程序，只在客户端浏览器发送请求时才会被加载。但如果 Servlet 程序提供系统级的服务功能（如许多 MVC 框架如 Struts 框架中的 ActionServlet 等程序），则需要在 Servlet 容器启动时就要被加载和启动。如下代码示例说明如何将图 3.5 所示的 UserInfoManageServlet 程序部署为系统级的 Servlet 程序，注意其中黑体所标识的标签。

```
<web-app>
  ...
<servlet><servlet-name>UserInfoManageServlet</servlet-name>
        <servlet-class>com.px1987.webcrm.servlet.UserInfoManageServlet
        </servlet-class> <load-on-startup>1</load-on-startup>
        </servlet>
<servlet-mapping>
  <servlet-name>UserInfoManageServlet</servlet-name>
  <url-pattern>/userInfoManageAction.action</url-pattern>
 </servlet-mapping>
   ...
<web-app>
```

设置 Servlet 程序在 Web 容器启动时的加载次序

相对于 Web 应用程序 webcrm 的 URL 模式

2）在 userLogin.jsp 页面中向该 Servlet 程序发送请求

为了能够让 Servlet 容器加载和执行图 3.5 所示的 Servlet 程序，需要修改第 2 章例 2-1

中的用户登录功能页面内的表单<form>标签内的 action 属性为如下黑体标识的值，其中利用 EL 表达式动态获得 Web 应用的 Context 名称（Web 应用上下文名），并向 Servlet 程序发送 HTTP 请求：

```
<form  method="post"
    action="${pageContext.request.contextPath}/userInfoManageAction.
    action">
    ... 其他标签，在此省略
</form>
```

3）测试 Servlet 程序是否能够接受请求

将本示例中的各个 JSP 页面和 Servlet 程序等部署到 Tomcat 服务器中，并在浏览器中执行 userLogin.jsp 页面，如第 2 章中的图 2.3（a）所示。然后在图 2.3（a）所示的表单中输入用户登录相关的信息，并最终提交表单的请求，将看到图 3.7 所示的执行结果。其中在浏览器窗口中所输出的信息是由 MyEclipse 工具自动添加的代码显示输出的。

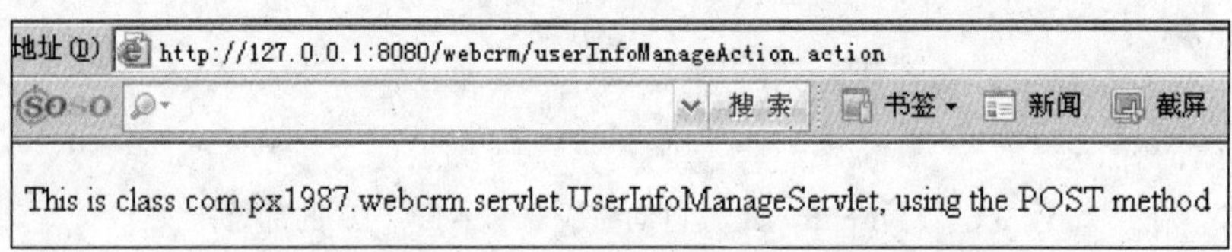

图 3.7　在浏览器中显示 Servlet 程序的输出信息

同时要注意对 Servlet 程序发送请求时的 HTML 页面中的 URL 地址的格式要求，应该是绝对 URL 地址（在 URL 地址中要包含 Web 应用程序的上下文路径）。本示例<form>标签中的${pageContext.request.contextPath}的 EL 表达式就是动态获得 Web 应用程序的上下文路径，如果将<form>标签改变为下面的形式：

```
<form  method="post"  action="/userInfoManageAction.action">
    其他标签，在此省略
</form>
```

再执行图 2.3（a）所示的用户登录页面 userLogin.jsp，并在表单中产生请求提交，将会出现如图 3.8 所示的 HTTP Status 404 编码错误，错误的主要原因是 Servlet 容器没有找到目标 Servlet 程序的类文件。

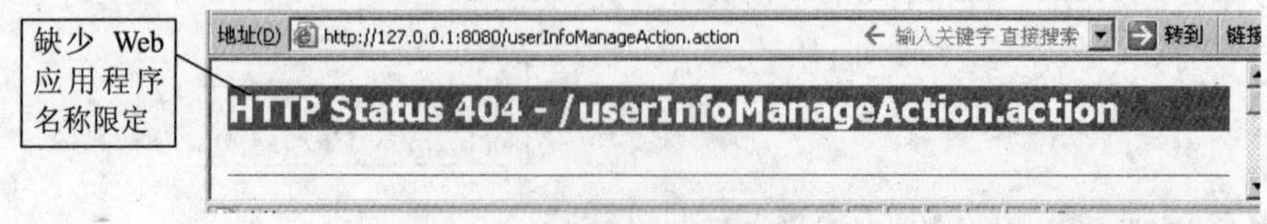

图 3.8　出现 HTTP Status 404 编码错误

3.1.2　Servlet 对象生命周期及程序结构

1. Servlet 对象的生命周期

所谓的 Servlet 程序类的对象实例生命周期是指 Servlet 容器加载 Servlet 程序类直到从内存中销毁该 Servlet 程序类的对象实例的完整过程。由于 Servlet 程序在运行过程中的状态是会转换的，并且在状态转换的过程中，Servlet 容器也会自动地调用 Servlet 程序对象中的特定功能方法。

Servlet 程序类的对象实例的生命周期主要分为创建对象实例、初始化、服务和销毁 4 个不同的阶段，了解 Servlet 程序类的对象实例的生命周期的主要意义在于能够更好地理解 Servlet 程序类的程序结构和对 HTTP 请求和响应的工作过程。如图 3.9 所示为 Servlet 程序类的对象实例生命周期的 UML 状态图。

尽管每个不同的 Servlet 容器在对 Servlet 的具体支持方面可能会采用不同的实现策略，但都遵守标准的 Servlet 生命周期的规范。

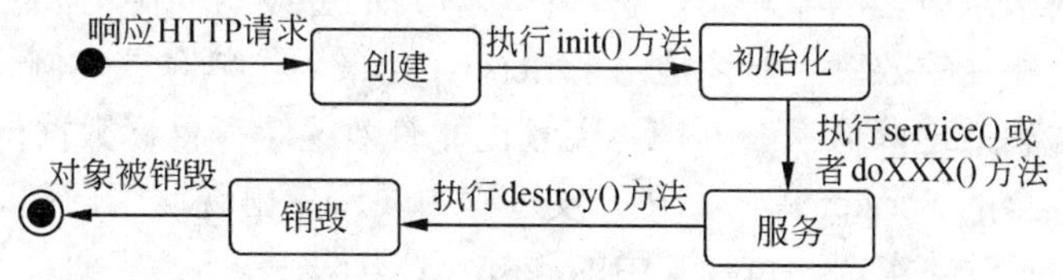

图 3.9　Servlet 对象生命周期的 UML 状态图

2. Servlet 对象的工作过程

1）加载 Servlet 程序类文件和创建 Servlet 对象实例

每当客户端浏览器第一次向 Web 服务器中运行的某个 Servlet 程序类的对象实例发送 HTTP 请求时，Servlet 容器首先解析 Web 客户的 HTTP 请求和创建出一个 ServletRequest 对象（在这个对象中封装了 HTTP 请求信息）和一个 ServletResponse 对象。

然后，Servlet 容器再搜索 Web 应用程序的根目录下的 WEB-INF 目录内的 lib（其中存放了与 Web 应用程序有关的所有系统 jar 包文件）和 classes（其中存放了 Web 应用程序中的各个 Java 程序类文件）子目录，并基于 web.xml 配置文件中部署定义的 Servlet 配置信息，在 classes 目录中搜索目标 Servlet 程序的*.class 程序类文件。

最后，通过 Java 语言中的反射技术（采用如下的代码示例：Class.forName("Servlet 实现类的类名");）创建出 Servlet 类的对象实例，并缓存在 Servlet 容器中的对象缓存池中。

2）初始化 Servlet 对象并自动执行 Servlet 对象中的 init()方法

一旦创建出 Servlet 类的对象实例后，Servlet 容器将会自动地执行 Servlet 对象中的 init()方法。以后客户端浏览器再向该 Servlet 对象实例发送请求时，Servlet 容器将不会重复地创建出 Servlet 类的对象实例和调用其中的 init()初始化方法，也就是说，init()方法只会被调用一次。

当然，如果 Servlet 对象初始化失败，也就是执行 init()方法时抛出 ServletException 类型的异常，Servlet 对象将会被 Servlet 容器销毁。开发人员也可以在自己的 Servlet 程序类中重写 init()方法并完成相关的功能操作代码。

3）Servlet 对象根据客户端的请求执行 service()方法完成服务功能

Servlet 对象实例初始化完成后，Servlet 容器将自动地执行 Servlet 对象实例中的 service()方法或者基于 get/post 等请求方式所对应的 doGet()、doPost()等方法，并向这些方法传递 ServletRequest 和 ServletResponse 对象参数，完成特定的服务功能。

当有多个不同的客户端浏览器并发访问同一个 Servlet 对象实例时，Servlet 容器将为该 Servlet 对象实例创建出多个不同的线程（也可以采用线程池技术降低创建线程的系统消耗）处理不同的客户请求，但在服务器主机内存中只有一个 Servlet 类的对象实例。因此，service()方法将会被多次执行，在每个请求的线程中都会对应一个 service()方法。

开发人员在 service()方法中获得关于 HTTP 请求对象的信息，并处理请求和访问其他的系统资源，获得所需要的目标信息。当然，在 service()方法中也可以激活其他方法以处理请求，如 doGet()或 doPost()或开发人员自己开发的功能方法。最后，再通过响应对象 HttpServletResponse 中的方法，将响应结果输出到客户端浏览器中。

采用多线程的请求响应的策略可以解决在多客户的并发访问中，降低 Web 服务器主机的资源消耗，提高处理的效率。但正是由于 Servlet 是采用“单对象实例、多线程”的工作机制，一方面能够有效地降低系统开销，而且也能有效地缓存目标数据；但另一方面也会容易产生线程不安全的 Servlet 程序，在开发过程中要避免出现这个问题。

4）销毁 Servlet 对象实例和执行其中的 destroy()方法

当 Servlet 容器关闭或重新加载 Web 应用程序时，Servlet 容器要销毁在对象池中缓存的 Servlet 对象实例，并执行其中的 destroy()销毁方法。因此，destroy()销毁方法也只会被执行一次，但不同的 Servlet 容器的销毁机制和对 Servlet 对象管理的策略不同。

3. 与 Servlet 程序编程实现有关的系统 API

编写 Servlet 程序时，主要涉及如下两个 J2EE Web 核心系统包：javax.servlet 和 javax.servlet.http。其中在 javax.servlet 包中的接口和类的命名主要是以“Servlet”开头，其中的各个类和接口基本上都为父类或者父接口，如图 3.10（a）所示；而在 javax.servlet.http 包中的接口和类的命名主要是以“Http”开头的，其中的各个类和接口基本上都为子类或者子接口，专门处理 HTTP 请求和响应，如图 3.10（b）所示。

4. HttpServlet 子类及编程应用

1）HttpServlet 类的主要功能

它是 GenericServlet 类的一个子类，而 GenericServlet 基类又实现了 Servlet 接口，并提供对 Servlet 接口的基本实现。HttpServlet 子类为基于 HTTP 协议的 Servlet 组件提供了基本的技术支持，因为它能够根据客户端浏览器发出的 HTTP 请求，生成相应的 HTTP 响应结果。从设计模式的角度来看 HttpServlet 类，其实它是一个适配器（Adaptor）类，它把对接口的实现转换为对适配器类的继承。

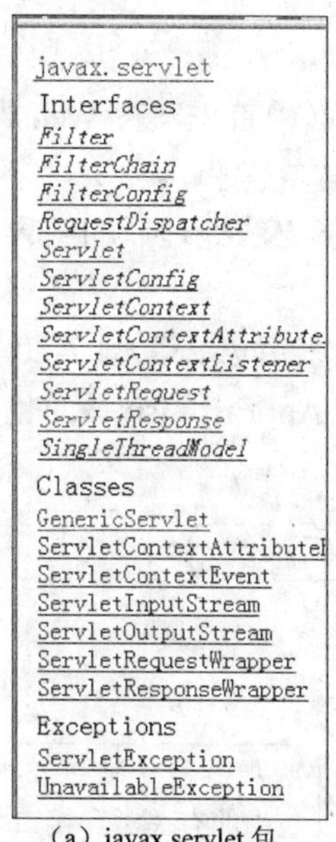

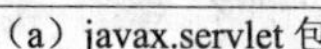
（a）javax.servlet 包

（b）javax.servlet.http 包

图 3.10　J2EE Web 核心系统包

因此，如果需要创建基于 HTTP 协议的 Servlet 程序，需要继承 HttpServlet 基类并重写指定的目标方法。HttpServlet 类是一个抽象类，并且实现了 java.io.Serializable 接口，Servlet 容器可以序列化和反序列化对象池中的 Servlet 对象实例。

2）HttpServlet 类中的 doXXX()方法和调用规则

当 Servlet 容器获得浏览器发送的 Http 请求时，会自动地调用其中的 service()方法。而 service()方法又根据 HTTP 请求的具体类型（如 get 或者 post）把请求分发给相应的处理方法，如 doGet()方法响应 get 请求，而 doPost()方法响应 post 请求。因此，为了响应特定类型的 HTTP 请求，必须重写相应的 doXXXX()响应方法，并且可以把要响应输出给浏览器的数据封装到 HttpServletResponse 响应对象中。

如下为 doXXXX()方法的原型定义，其中的 HttpServletRequest 类的对象实例包装原始的请求参数，并可以获取 HTTP 的请求参数；而 HttpServletResponse 类的对象实例包装 Web 服务器向浏览器的响应输出数据。

```
public void doXXXX(HttpServletRequest request, HttpServletResponse respo-
nse)
                throws ServletException, IOException {
}
```

5. Servlet 程序开发实现的基本方法及代码示例

1）编程开发 Servlet 程序的基本要求

开发人员自定义的 Servlet 程序都需要派生于 HttpServlet 基类，并在子类中重写 doXXX()方法以保证具有合适的方法处理 HTTP 操作。在基于 HTTP 协议的 Servlet 程序中必须引入

javax.servlet 基础包和 javax.servlet.http 扩展包。

例 3-1 为图 3.5 所示的 Servlet 程序的代码示例；在其中首先获得 Web 表单的请求参数，然后再调用业务功能类 UserInfoManage（详细代码参考例 4-3）中的业务处理方法 doUserLogin()处理用户登录的请求，最后根据业务功能方法处理后的结果分别转发到指定的目标页面中，并显示输出对应的状态和结果信息。

其中的 showOneOnLineUserInfo.jsp 页面代码继续采用第 2 章例 2-20 所示的动态获得 HttpServletRequest 对象中的数据代码示例，而 showWebAppError.jsp 页面也继续采用例 2-21 示例代码。

例 3-1 实现用户登录功能处理的 Servlet 程序类代码示例。

```
package com.px1987.webcrm.servlet;
import java.io.IOException;
import java.io.PrintWriter;
import javax.servlet.RequestDispatcher;
import javax.servlet.ServletException;
import javax.servlet.http.HttpServlet;
import javax.servlet.http.HttpServletRequest;
import javax.servlet.http.HttpServletResponse;
import javax.servlet.http.HttpSession;
import com.px1987.webcrm.model.vo.UserInfoBaseVO;
public class UserInfoManageServlet extends HttpServlet {
    public UserInfoManageServlet() {
        super();
    }
    public void destroy() {
        super.destroy();
    }
    public void doGet(HttpServletRequest request, HttpServletResponse
    response)
                throws ServletException, IOException {
    }
    public void doPost(HttpServletRequest request, HttpServletResponse
                response) throws ServletException, IOException {
        String targetPage=null;
        RequestDispatcher oneRequestDispatcher=null;
        request.setCharacterEncoding("gb2312");
        String verifyCodeDigit=request.getParameter("verifyCodeDigit");
        String type_User_Admin=request.getParameter("type_User_Admin");
        String userName=request.getParameter("userName");
        String userPassWord=request.getParameter("userPassWord");
        UserInfoBaseVO oneUserInfo=new UserInfoBaseVO();
        oneUserInfo.setUserName(userName);
```

需要引入基础包和扩展包中的有关类和接口

继承 HttpServlet 类，并重写目标方法

获取各个 HTTP 请求数据

将请求参数包装到实体对象中

```
        oneUserInfo.setUserPassWord(userPassWord);
        oneUserInfo.setType_User_Admin(Integer.parseInt(type_User_
        Admin));
        HttpSession session=request.getSession();
        UserInfoManage userInfoManageBean=new UserInfoManage();
        boolean okOrNot=                      创建业务类的对象实例
                    userInfoManageBean.doUserLogin(oneUserInfo);
        if(okOrNot){                                                  对业务
            targetPage="/userManage/showOneOnLineUserInfo.jsp";       类中的
            request.setAttribute("userNameString",userName);          业务方
            session.setAttribute("oneUserInfoVO",oneUserInfo);        法调用
         }
         else{                 登录成功，则进行会话跟踪
            targetPage="/errorDeal/showWebAppError.jsp";
            request.setAttribute("errorText",
                    "登录失败！并且你的用户名称为"+userName);         根据处理的结
            session.setAttribute("oneUserInfoVO",null);               果请求转发
         }
         oneRequestDispatcher=request.getRequestDispatcher(targetPage);
         oneRequestDispatcher.forward(request,response);
    }
    public void init(ServletConfig oneServletConfig) throws ServletEx-
    ception{
    }
}
```

采用继承抽象类 HttpServlet 创建 Servlet 程序有如下方面的优点：由 Servlet 容器自动区分客户端的 get 和 post 请求方式，并在 service()方法中分别调用不同的请求处理方法；在子类中可以“有选择”地重写所需要的基类中的方法，简化子类的编程实现；在子类中可以利用 HttpServletRequest 和 HttpServletResponse 等功能类中的方法访问与 HTTP 协议相关的参数（如保存在 Cookie、session 内的数据等）。

2）doXXX 方法编程的基本框架

首先获取 HTTP 请求数据，并且根据应用的需要改写响应标题的类型和获得输出流对象；其次，对业务功能组件进行调用，并根据业务功能组件方法的执行状态转发到某个目标页面中，最终显示出处理后的结果，如例 3-1 中的 doPost()方法的代码示例。

3）在 web.xml 文件中部署定位和命名 Servlet 程序

由于 Servlet 程序是由 Servlet 容器加载并执行的，按照 Servlet 规范需要在项目的 web.xml 部署描述文件中部署定位和命名 Servlet 程序。例 3-2 为图 3.5 所示的 Servlet 程序在 web.xml 文件中的部署标签。

例 3-2　在 web.xml 文件中部署定位和命名 Servlet 程序的代码示例。

```
<servlet>
```

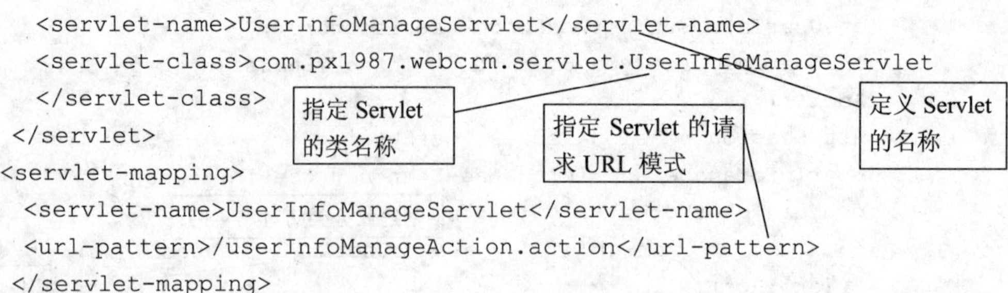

```
    <servlet-name>UserInfoManageServlet</servlet-name>
    <servlet-class>com.px1987.webcrm.servlet.UserInfoManageServlet
    </servlet-class>
  </servlet>
<servlet-mapping>
   <servlet-name>UserInfoManageServlet</servlet-name>
   <url-pattern>/userInfoManageAction.action</url-pattern>
  </servlet-mapping>
```


在 Eclipse 工具中提供了对 web.xml 可视化方式编辑和修改的功能支持，可以帮助开发人员完成配置定义，如图 3.11 所示。

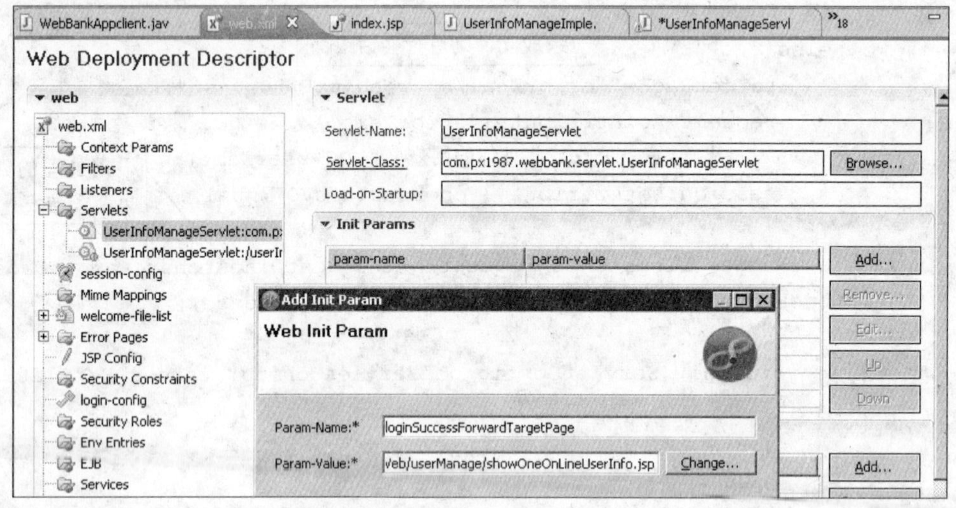

图 3.11　Eclipse 工具中提供对 web.xml 可视化方式编辑和修改的功能支持

6. 明确 Servlet 接口和 HttpServlet 类各自的应用

在 javax.servlet 基础包中提供了 Servlet 接口，所有的用户自定义的 Servlet 程序功能类都应该直接或间接地实现这个接口，该接口定义了 Servlet 容器管理 Servlet 对象实例的生命周期的方法。因此，可以通过实现 Servlet 接口创建 Servlet 程序，并使得 Servlet 程序具有跨 J2EE 应用服务器平台的特性。当然，如果采用实现 Servlet 接口的方式创建 Servlet 程序，则必须在 Servlet 程序中实现它的 5 个成员方法，如下为这些成员方法的功能说明：

- init()方法：一旦对 Servlet 对象实例化后，Servlet 容器就调用此方法，并传入一个 ServletConfig 对象。因此，在 Servlet 程序中就可以获得与容器相关的各种配置数据。为了提高性能，在 init()方法中一般缓存静态数据或完成要在初始化期间完成的代价昂贵的初始化功能操作。
- service()方法：只有成功初始化后此方法才能被调用处理用户请求，第一个参数提供访问初始请求数据的方法，第二个参数提供 Servlet 构造响应输出的方法。而其异常 ServletException 主要是在 Servlet 对象实例出现错误时抛出，而 IOException 异常是在发生 I/O 类型的错误时被抛出。

- destroy()方法：容器可以在任何时候终止 Servlet 的服务，此时将要调用其中的 destroy()方法。
- getServletConfig()方法：在 Servlet 初始化时，Servlet 容器传递一个 ServletConfig 对象并保存在 Servlet 对象实例中，该对象允许访问 Servlet 的初始化参数和 ServletContext 对象实例。
- getServletInfo()方法：此方法返回一个字符串 String 对象，其中包含与 Servlet 有关的各种描述性的信息，例如开发者签名、创建的日期、特征描述信息等。该方法由开发者自己扩展定义。

因此，也可以将例 3-1 中的 UserInfoManageServlet 程序的 Servlet 程序类实现 javax.servlet.Servlet 接口，修改后的最终的程序代码如例 3-3 所示。

例 3-3 通过实现 Servlet 接口创建 Servlet 程序的代码示例。

```
public class UserInfoManageServlet implements Servlet{
public UserInfoManageServlet() {
        super();
    }
    public ServletConfig getServletConfig() {
        return null;
    }
    public String getServletInfo() {
        return null;
    }
    public void init(ServletConfig oneServletConfig) throws ServletExcep-
    tion{
    }
    public void service(ServletRequest servletRequest,
            ServletResponse servletResponse) throws ServletException,
                                    IOException {
            doPost((HttpServletRequest)servletRequest,
                    (HttpServletResponse)servletResponse);
    }
public void doGet(HttpServletRequest request, HttpServletResponse respo-
nse)
                    throws ServletException, IOException {
        //其中的代码省略，可以参考例 3-1 中的 doGet()方法
    }
    public void doPost(HttpServletRequest request,
                    HttpServletResponse response)
                    throws ServletException, IOException {
        //其中的代码省略，可以参考例 3-1 中的 doPost()方法
    }
```

```
}
```

从例 3-3 和例 3-1 的两个程序示例中可以了解到，实现 Servlet 接口和继承 HttpServlet 类在 Servlet 程序的功能实现方面是相同的；但采用继承 HttpServlet 类的方法能够使代码更简单，并可以有选择性地覆盖（Overriding）基类中的方法，简化了子类的编程实现；而通过实现 Servlet 接口，则必须在 Servlet 实现类中重写该接口中的所有成员方法。

3.1.3 Servlet 的初始化参数的应用

1. Servlet 初始化参数的应用背景

在 Servlet 开发中可以将一些工作参数（如请求转发后的目标页面文件位置信息）放在部署描述文件 web.xml 中，并通过<init-param>标签元素（其中包含<param-name>和<param-value>两个子标签元素）为 Servlet 程序提供初始化参数，然后在 Servlet 程序中获得它们。

应用 Servlet 初始化参数的主要目的是提高 Servlet 程序的灵活性，避免将工作参数以硬编码的方式写在 Servlet 程序中，不利于程序的维护和功能扩展。

2. 应用 Servlet 初始化参数降低系统控制层和表现层之间的耦合度

1）在 web.xml 文件中的<servlet>标签中定义出对应的初始化参数

根据 J2EE Web 技术规范，在配置 Servlet 程序时，可以为它提供初始化参数，如例 3-4 中的配置示例所示。该示例是例 3-1 中实现用户登录功能处理的 Servlet 程序类 UserInfoManageServlet 的初始化参数代码示例。

例 3-4 配置定义 Servlet 初始化参数的示例代码。

```
<servlet-class>com.px1987.webcrm.servlet.UserInfoManageServlet
</servlet-class>
  <init-param>
   <param-name>loginSuccessForwardTargetPage</param-name>
   <param-value>/userManage/showOneOnLineUserInfo.jsp</param-value>
  </init-param>
  <init-param>
   <param-name>forwardShowErrorInfoTargetPage</param-name>
   <param-value>/errorDeal/showWebAppError.jsp</param-value>
  </init-param>
  <init-param>
   <param-name>registerSuccessForwardTargetPage</param-name>
   <param-value>/userManage/userLogin.jsp</param-value>
```

（注释：初始化参数的名称；初始化参数的值；可以为同一个 Servlet 提供多个不同名称的初始化参数值）

```
  </init-param>
 </servlet>
```

例 3-4 为例 3-1 中的用户登录的 UserInfoManageServlet 程序类设计了两个不同名称的初始化参数，分别保存用户登录成功或者失败后系统跳转的目标页面文件名。

2）在 Servlet 程序中获得所配置的初始化参数

由于 Servlet 容器在 Servlet 对象初始化的过程中将创建出 ServletConfig 接口的对象实例并传递给 Servlet 对象实例。因此，根据 Servlet API 规范，在 Servlet 程序中获得所配置的初始化参数可以采用实现 ServletConfig 接口的 GenericServlet 类中的 getInitParameter()方法或者直接应用 ServletConfig 接口中的 getInitParameter()方法。

但要注意的是，getInitParameter()方法的返回值为字符串 String 类型的值。所以对于整数类型的初始化参数，可以使用 Integer.parseInt()方法获得对应的整数值；如果传给 getInitParameter()方法的参数名与在<init-param>标签声明中的参数名称不相同，该方法将返回空对象值 null。

例 3-5 的代码示例是在例 3-1 所示的 UserInfoManageServlet 类程序的基础上修改后的结果代码，在 doPost()方法中获得所配置的两个初始化参数。

例 3-5　在 doPost()方法中获得所配置的两个初始化参数的代码示例。

```
public void doPost(HttpServletRequest request, HttpServletResponse
response) throws ServletException, IOException {
// … 其他的代码请见例 3-1 中对应部分的代码，在此省略
if(userName.equals("yang")&&userPassWord.equals("1234")){
    targetPage=this.getInitParameter("loginSuccessForwardTarget
    Page");
    request.setAttribute("userNameString",userName);
    session.setAttribute("oneUserInfoVO",oneUserInfo);
}
else{
    targetPage=this.getInitParameter("forwardShowErrorInfoTarget
    Page");
    request.setAttribute("errorText",
                          "登录失败！并且你的用户名称为"+userName);
     session.setAttribute("oneUserInfoVO",null);
}
oneRequestDispatcher=request.getRequestDispatcher(targetPage);
oneRequestDispatcher.forward(request,response);
}
```

由于在例 3-5 的示例代码中，是在 doPost()方法中获得所配置的两个初始化参数，因此直接采用 ServletConfig 接口的实现类 GenericServlet 类中的 getInitParameter()方法，见其中黑体所标识的代码。而如果是在 init()方法中，则可以直接通过方法的参数 ServletConfig 对象中的 getInitParameter()方法获得所配置的两个初始化参数，具体可参考如下代码示例：

```
public void init(ServletConfig oneServletConfig) throws ServletException{
    targetPage= oneServletConfig.
                    getInitParameter("forwardShowErrorInfoTargetPage");
}
```

通过应用 Servlet 初始化参数最终实现将与 Servlet 有关的各种工作参数从程序代码中分离，提高了 Servlet 程序的灵活性，并实现了系统中的控制层和表现层之间的解耦。

3. 可配置化的 Servlet 提高了系统中的 JSP 页面的可维护性

例 3-5 示例代码所反映出的设计思想其实是目前许多 MVC 框架（如 Struts 和 Struts2）所采用的设计思想，它有效地降低了系统中的控制层 Action 和表现层 JSP 页面之间的耦合度。当 JSP 页面发生变化时，不需要修改控制层 Servlet 程序中的代码。

例如，将本示例项目中的用户登录成功后信息显示页面 showOneOnLineUserInfo.jsp 从原来的 userManage 目录（如图 3.12（a）所示）移动到另一个 errorDeal 目录中（如图 3.12（b）所示），模拟系统的表现层组件将发生变化。

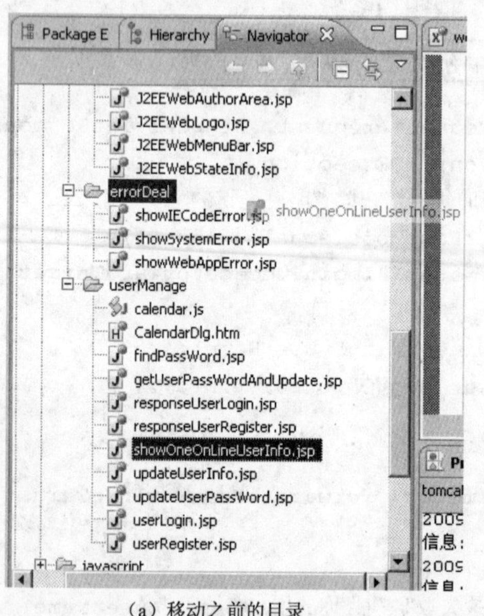

（a）移动之前的目录

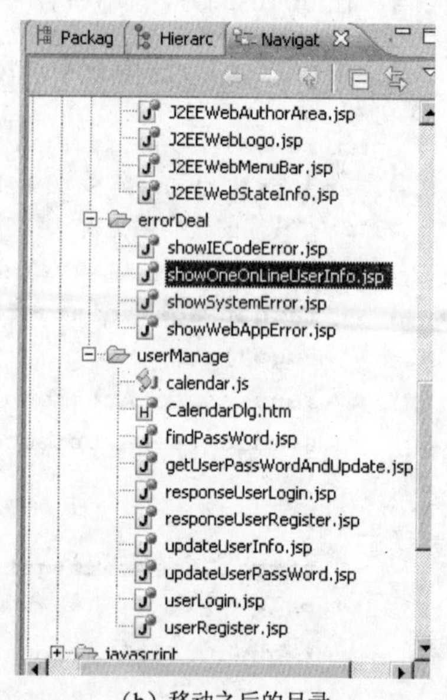

（b）移动之后的目录

图 3.12　移动前后的目录变化

现在只需要修改 web.xml 文件中有关的配置项目，也就是将如下的项目：

```
<param-value>/userManage/showOneOnLineUserInfo.jsp</param-value>
```

改变为如下的项目（将原来的 userManage 目录改变为 errorDeal），如图 3.13 所示：

```
<param-value>/errorDeal/showOneOnLineUserInfo.jsp</param-value>
```

图 3.13　调整 web.xml 文件中有关的目录配置

而不需要修改 Servlet 程序中任何部分的代码，就可以满足表现层的变化。

3.2　ServletContext 接口及应用

3.2.1　缓存 Web 应用中的各种全局参数

1. ServletContext 接口的主要功能

1）ServletContext 是定义在 javax.servlet 包中的接口

它定义了用于 Web 应用中的服务器端组件关联 Servlet 容器的方法集合，它也经常被用于作为对象存储的数据缓存区，这些对象在 Web 应用系统中的组件中都可以被使用。因为缓存在 ServletContext 的存储区域中的对象为整个 Web 应用系统的全局共享对象。它存在于 Web 应用的整个生命周期中，除非它被明确地删除或替换。

2）ServletContext 接口的主要功能

Servlet 程序如果需要与 Servlet 容器进行“交互”时，都需要使用 javax.servlet 包中的 ServletContext 接口内的有关方法。比如利用 getInitParameter()方法可以从运行环境中得到 Servlet 的配置信息、利用 getResource()和 getResourceAsStream()方法可以得到 Servlet 容器提供的各种资源、利用 log()方法可以通过 Servlet 容器创建日志记录，ServletContext 接口的对象实例在 JSP 页面中为 application 对象。

因此，应用 ServletContex 接口不仅可以获得与 Servlet 有关的各种信息，而且也可以在 ServletContext 容器内的数据存储区中存储本 Web 应用中的各种全局参数。

3）Web 应用程序和 ServletContext 接口对象之间的关系

ServletContext 接口对象在 Web 应用程序中充当一个容器的角色，而且在 Web 应用程序中只有一个 ServletContext 接口对象的实例，Servlet 规范指定 ServletContext 接口对象的实例作为所有 Servlet（也包括 JSP 页面）的容器。

2. 在 web.xml 文件中可以为 ServletContext 提供可配置化的参数

在应用开发中，如果需要为 Web 系统中的各个 Servlet 程序和多个 JSP 页面提供全局性的工作参数，则不能采用 Servlet 初始化参数的方式实现。因为 Servlet 初始化参数只能为某个 Servlet 提供可配置化的参数，因此必须采用 ServletContext 的可配置化的参数。

比如，在例 3-4 所示的 Servlet 初始化参数配置示例中，对于登录失败后跳转的目标页面 showWebAppError.jsp 应该要改用 ServletContext 的可配置化的参数，而不应该设计为 Servlet 程序的初始化参数。因为，错误信息显示页面不仅在登录失败时需要，在其他功能中也可能需要。因此，应该将参数名 forwardShowErrorInfoTargetPage 配置为 Web 应用的全局参数，也就是 ServletContext 的可配置化的参数。

在 web.xml 文件中，可以通过<context-param>标签为 ServletContext 提供可配置化的参数，参见如下的配置标签示例和如图 3.14 所示的配置结果的局部截图：

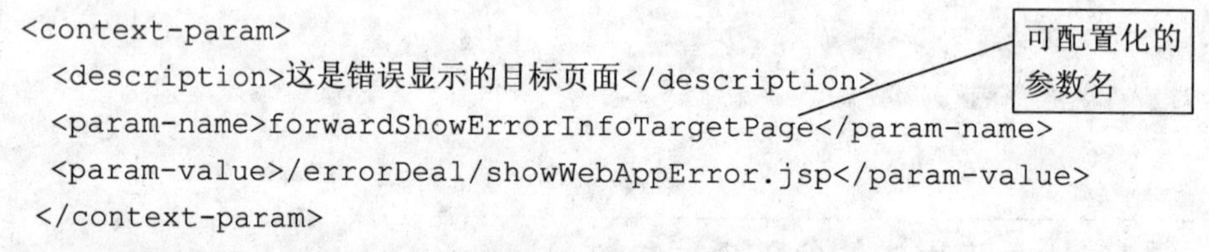

```
<context-param>
  <description>这是错误显示的目标页面</description>
  <param-name>forwardShowErrorInfoTargetPage</param-name>
  <param-value>/errorDeal/showWebAppError.jsp</param-value>
</context-param>
```


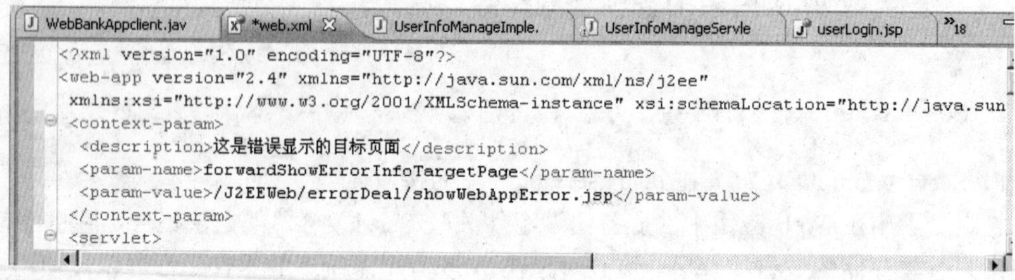


```
<?xml version="1.0" encoding="UTF-8"?>
<web-app version="2.4" xmlns="http://java.sun.com/xml/ns/j2ee"
 xmlns:xsi="http://www.w3.org/2001/XMLSchema-instance" xsi:schemaLocation="http://java.sun
 <context-param>
  <description>这是错误显示的目标页面</description>
  <param-name>forwardShowErrorInfoTargetPage</param-name>
  <param-value>/J2EEWeb/errorDeal/showWebAppError.jsp</param-value>
 </context-param>
 <servlet>
```

图 3.14　在 web.xml 文件中配置 Web 应用的全局参数

而在 UserInfoManageServlet 类程序代码中，可以通过如下的示例程序代码获得保存在 ServletContext 环境中的名称为 forwardShowErrorInfoTargetPage 的配置参数值：

```
String targetPage=getServletContext().
                    getInitParameter("forwardShowErrorInfoTargetPage");
```

3. 采用编程方式操作 ServletContext 容器中的数据缓存区

ServletContext 容器中的数据缓存区不仅可以通过配置方式存储数据，而且也可以直接采用编程方式操作 ServletContext 容器中的数据缓存区。在 ServletContext 接口中定义了 4 个主要的功能方法操作数据存储区中的共享数据。如下为这些方法的主要功能说明：

- setAttribute(String name,Object obj)：通过一个属性名称绑定一个对象，并将该对象存储到当前的 ServletContext 容器中的数据缓存区中。如果指定的属性名称已经存在，该方法会删除旧对象而绑定为新的对象。
- getAttribute(String name)：返回指定属性名称的对象数据，如果属性名不存在，则返回 null。
- removeAttribute(String name)：从 ServletContext 容器中的数据缓存区中删除指定属

性名的对象数据。

- getAttributeNames()：返回在 ServletContext 容器中的数据缓存区中所有的属性名。

如下黑体所标识的代码示例最终实现将属性名为 userNameStringInContext 的参数（其值为变量 userName 的值）存储在 ServletContext 容器中的数据缓存区中。

```
if(okOrNot){
    getServletContext().
            setAttribute("userNameStringInContext",userName);
}
```

数据缓存区中的属性名

由于 ServletContext 容器中的数据缓存区为 Web 应用的全局数据缓存，可以在另一个 Servlet 程序或者 JSP 页面中获得其中所保存的数据。如图 3.15 所示代码示例是在用户登录成功的 showOneOnLineUserInfo.jsp 页面（详细代码见例 2-20）中利用 EL 表达式：${applicationScope. userNameStringInContext}获得保存在 ServletContext 容器内的数据缓存区中的对象数据。

图 3.15　利用 EL 表达式获得保存在 ServletContext 容器数据缓存区中的对象数据

3.2.2　ServletContext 接口的应用示例

1. 利用 ServletContext 接口中的功能方法获得与 Servlet 有关的各种信息

扩展例 3-1 中的 doGet()方法的代码为例 3-6 所示代码，其中黑体所标识的代码是利用 ServletContext 接口中的 getServerInfo()获得服务器的类型信息，getMajorVersion()方法获得 Servlet 的主版本号，getMinorVersion()方法获得次版本号，getServletContextName()方法获得 Web 应用程序的 Context（上下文）名称，getRealPath("/")方法获得 Web 应用的根路径所对应的物理目录路径。

例 3-6　获得与 Servlet 有关的各种信息的代码示例。

```
public void doGet(HttpServletRequest request, HttpServletResponse respo-
nse)
    throws ServletException, IOException {
```

```
        ServletContext application=this.getServletContext();
        String serverInfoText=application.getServerInfo();
        int majorVersionInteger=application.getMajorVersion();
        int minorVersionInteger=application.getMinorVersion();
        String servletContextNameText=application.getServletContext
        Name();
        String realPath=getServletContext().getRealPath("/");
        PrintWriter out=response.getWriter();
        out.print("Servlet 的主版本号为："+majorVersionInteger+"<br>");
        out.print("Servlet 的次版本号为："+minorVersionInteger+"<br>");
        out.print("serverInfo="+serverInfoText+"<br>");
        out.print("servletContextName="+servletContextNameText+"<br>");
        out.print("realPath="+realPath+"<br>");
        out.flush();
        out.close();
    }
```

在浏览器中以 get 方式向处理用户登录功能的 Servlet 程序发送 HTTP 请求，也就是直接在浏览器的 URL 地址栏中输入如下形式的 get 请求方式的 URL 地址：http://127.0.0.1:8080/webcrm/userInfoManageAction.action，例 3-6 最终的执行结果如图 3.16 所示。

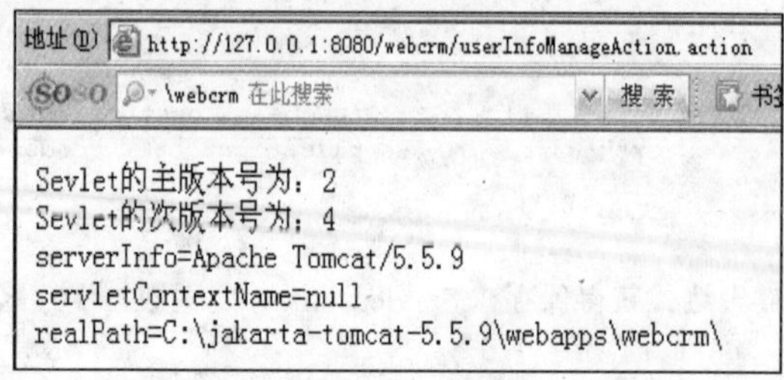

图 3.16　例 3-6 执行结果

如果在 Servlet 程序中需要向浏览器输出中文信息，则必须设置输出信息的文档类型和其中的字符编码，如例 3-7 中的黑体所标识的语句。否则将会出现中文乱码的现象，如图 3.17（a）所示，这是由于浏览器采用默认编码输出信息而造成的。

例 3-7　在 Servlet 程序中正确地输出中文信息的代码示例。

```
public void doGet(HttpServletRequest request, HttpServletResponse respo-
nse)
    throws ServletException, IOException {
        ServletContext application=this.getServletContext();
        String serverInfoText=application.getServerInfo();
        int majorVersionInteger=application.getMajorVersion();
        int minorVersionInteger=application.getMinorVersion();
        String servletContextNameText=application.getServletContext
```

性名的对象数据。

- getAttributeNames()：返回在 ServletContext 容器中的数据缓存区中所有的属性名。

如下黑体所标识的代码示例最终实现将属性名为 userNameStringInContext 的参数（其值为变量 userName 的值）存储在 ServletContext 容器中的数据缓存区中。

```
if(okOrNot){
    getServletContext().
            setAttribute("userNameStringInContext",userName);
}
```


由于 ServletContext 容器中的数据缓存区为 Web 应用的全局数据缓存，可以在另一个 Servlet 程序或者 JSP 页面中获得其中所保存的数据。如图 3.15 所示代码示例是在用户登录成功的 showOneOnLineUserInfo.jsp 页面（详细代码见例 2-20）中利用 EL 表达式：${applicationScope. userNameStringInContext}获得保存在 ServletContext 容器内的数据缓存区中的对象数据。

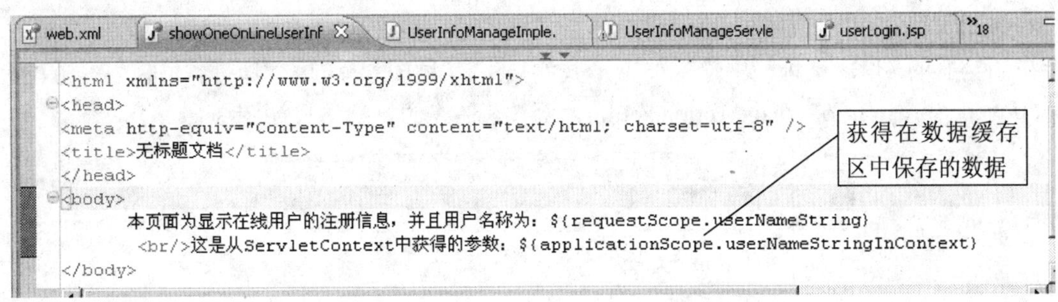

图 3.15　利用 EL 表达式获得保存在 ServletContext 容器数据缓存区中的对象数据

3.2.2　ServletContext 接口的应用示例

1. 利用 ServletContext 接口中的功能方法获得与 Servlet 有关的各种信息

扩展例 3-1 中的 doGet()方法的代码为例 3-6 所示代码，其中黑体所标识的代码是利用 ServletContext 接口中的 getServerInfo()获得服务器的类型信息，getMajorVersion()方法获得 Servlet 的主版本号，getMinorVersion()方法获得次版本号，getServletContextName()方法获得 Web 应用程序的 Context（上下文）名称，getRealPath("/")方法获得 Web 应用的根路径所对应的物理目录路径。

例 3-6　获得与 Servlet 有关的各种信息的代码示例。

```
public void doGet(HttpServletRequest request, HttpServletResponse respo-
nse)
    throws ServletException, IOException {
```

```
        ServletContext application=this.getServletContext();
        String serverInfoText=application.getServerInfo();
        int majorVersionInteger=application.getMajorVersion();
        int minorVersionInteger=application.getMinorVersion();
        String servletContextNameText=application.getServletContext
        Name();
        String realPath=getServletContext().getRealPath("/");
        PrintWriter out=response.getWriter();
        out.print("Servlet 的主版本号为: "+majorVersionInteger+"<br>");
        out.print("Servlet 的次版本号为: "+minorVersionInteger+"<br>");
        out.print("serverInfo="+serverInfoText+"<br>");
        out.print("servletContextName="+servletContextNameText+"<br>");
        out.print("realPath="+realPath+"<br>");
        out.flush();
        out.close();
    }
```

在浏览器中以 get 方式向处理用户登录功能的 Servlet 程序发送 HTTP 请求，也就是直接在浏览器的 URL 地址栏中输入如下形式的 get 请求方式的 URL 地址：http://127.0.0.1:8080/webcrm/userInfoManageAction.action，例 3-6 最终的执行结果如图 3.16 所示。

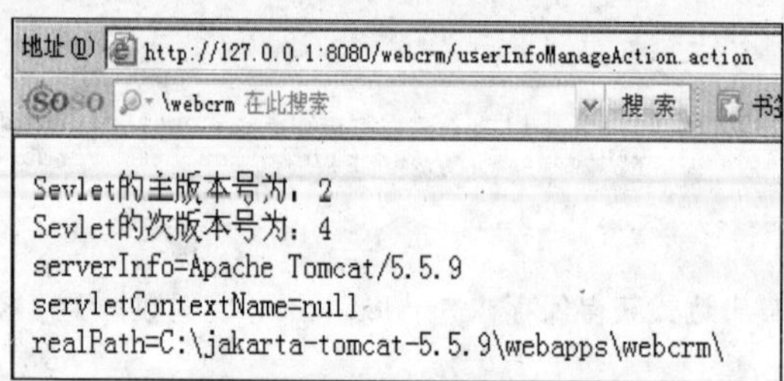

图 3.16　例 3-6 执行结果

如果在 Servlet 程序中需要向浏览器输出中文信息，则必须设置输出信息的文档类型和其中的字符编码，如例 3-7 中的黑体所标识的语句。否则将会出现中文乱码的现象，如图 3.17（a）所示，这是由于浏览器采用默认编码输出信息而造成的。

例 3-7　在 Servlet 程序中正确地输出中文信息的代码示例。

```
public void doGet(HttpServletRequest request, HttpServletResponse respo-
nse)
    throws ServletException, IOException {
        ServletContext application=this.getServletContext();
        String serverInfoText=application.getServerInfo();
        int majorVersionInteger=application.getMajorVersion();
        int minorVersionInteger=application.getMinorVersion();
        String servletContextNameText=application.getServletContext
```

```
    Name();
    String realPath=getServletContext().getRealPath("/");
    response.setContentType("text/html;charset=gb2312"); //设置响应头
    PrintWriter out=response.getWriter();                //获得输出对象
    out.print("Servlet 的主版本号为: "+majorVersionInteger+"<br>");
    out.print("Servlet 的次版本号为: "+minorVersionInteger+"<br>");
    out.print("serverInfo="+serverInfoText+"<br>");
    out.print("servletContextName="+servletContextNameText+"<br>");
    out.print("realPath="+realPath+"<br>");
    out.flush();  //向 Servlet 容器提交输出
    out.close();  //关闭输出流对象
}
```

构造响应输出结果信息

例 3-7 中由黑体所标识的语句等同于在 JSP 中的如下的 page 指令的功能效果：<%@ page contentType="text/html;charset=gb2312" %>，而且还需要放在 PrintWriter out=response.getWriter();语句之前，否则中文编码的设置无效。例 3-7 中的示例代码最终的执行结果如图 3.17（b）所示。

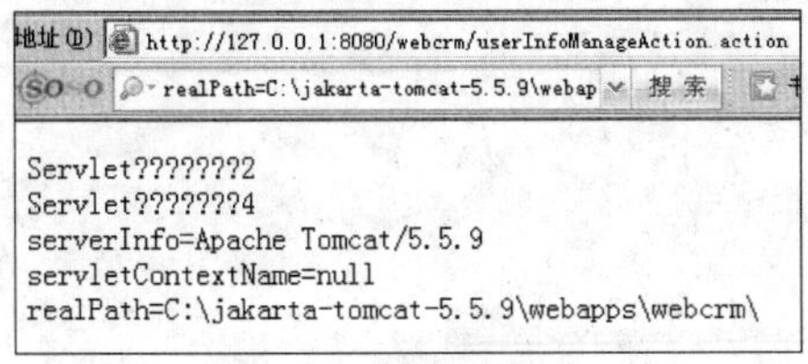

（a）产生中文乱码的输出结果

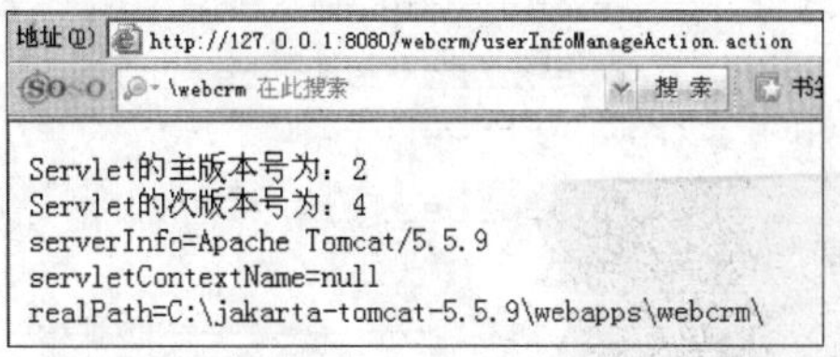

（b）在 Servlet 中正确地输出中文

图 3.17　利用 Servlet 正确地输出中文

2. 在 Servlet 程序中读写服务器端磁盘文件中的数据

在 Web 应用系统的开发实现中，经常需要在 Servlet 程序中读写服务器端磁盘文件中的数据，比如日志记录等方面的功能。可以应用 ServletContext 接口中的 getRealPath()方法获得某个相对目录所对应的绝对目录，然后再利用 Java 中的 I/O 功能类读写磁盘文件。

例 3-8 所示为 UserInfoManageServlet 程序类中的 doGet()方法的代码，该代码实现对服务器端磁盘文件的写操作，其中的文件为站点内的 WEB-INF 目录中的 webcrm.txt，如黑体所标识的代码所示。例 3-8 中的示例代码最终的执行结果如图 3.18 所示。

图 3.18　例 3-8 执行结果

例 3-8 在 Servlet 程序中实现对服务器端磁盘文件写操作的代码示例。

```
public void doGet(HttpServletRequest request, HttpServletResponse respo-
nse)
    throws ServletException, IOException {
        ServletContext application=this.getServletContext();
        response.setContentType("text/html;charset=gb2312");
        PrintWriter out=response.getWriter();
    String fileTargetPath=application.getRealPath("/")+"/WEB-INF/webcrm.
    txt";
        FileOutputStream oneInputStream=new FileOutputStream(fileTarget-
        Path);
        OutputStreamWriter oneOutputStreamWriter=
                                new OutputStreamWriter(oneInputStream);
        BufferedWriter oneBufferedWriter=
                                new BufferedWriter(oneOutputStreamWriter);
        String outText="这是在 webcrm.txt 中存放的测试信息文字！";
        oneBufferedWriter.write(outText);
        oneBufferedWriter.close();
        out.flush();
        out.close();
    }
```

例 3-9 中的 Servlet 代码示例读出由例 3-8 示例所创建的 webcrm.txt 文件中的数据，其中黑体所标识的代码是根据文件名创建出对应的 I/O 输入流对象。然后再将二进制流转换为缓冲文本字符流，并读出文件中的数据，最终在浏览器中显示输出。例 3-9 中的示例代码最终的执行结果如图 3.19 所示。

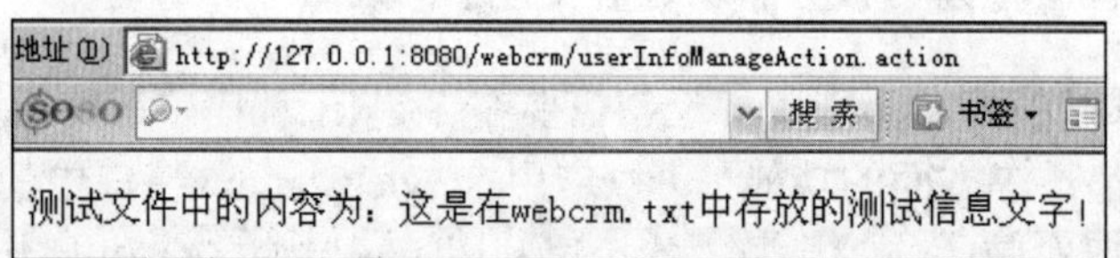

图 3.19 例 3-9 执行结果

例 3-9 在 Servlet 程序中读出 webcrm.txt 文件中的数据的代码示例。

```
public void doGet(HttpServletRequest request, HttpServletResponse respo-
nse)
    throws ServletException, IOException {
        ServletContext application=this.getServletContext();
        response.setContentType("text/html;charset=gb2312");
        PrintWriter out=response.getWriter();
        String fileTargetPath=
```

```
            application.getRealPath("/")+"/WEB-INF/webcrm.txt";
        FileInputStream oneInputStream=new FileInputStream(fileTarget-
        Path);
        InputStreamReader oneInputStreamReader=
                          new InputStreamReader(oneInputStream);
        BufferedReader oneBufferedReader=
                          new BufferedReader(oneInputStreamReader);
        String contentString=null;
        while((contentString=oneBufferedReader.readLine())!=null){
            out.print("测试文件中的内容为: "+contentString+"<br>");
        }
        oneBufferedReader.close();
        out.flush();
        out.close();
    }
```

3. 在 Servlet 中定位服务器磁盘文件的两种方式

1）以站点的根目录作为相对定位

利用 ServletContext 接口中的 getResourceAsStream()方法可以获得以站点的根目录作为相对定位的目标文件所对应的 I/O 输入流对象。例 3-10 为一个以站点的根目录作为相对定位的代码示例，请注意其中黑体所标识的文件目录表示方式。

例 3-10　以站点的根目录作为相对定位的代码示例。

```
public void doGet(HttpServletRequest request, HttpServletResponse
response)
    throws ServletException, IOException {
        ServletContext application=this.getServletContext();
        response.setContentType("text/html;charset=gb2312");
        PrintWriter out=response.getWriter();
        String fileTargetPath="/WEB-INF/webcrm.txt";
        InputStream oneInputStream=
                        application.getResourceAsStream(fileTargetPath);
        InputStreamReader oneInputStreamReader=
                        new InputStreamReader(oneInputStream);
        BufferedReader oneBufferedReader=
                        new BufferedReader(oneInputStreamReader);
        String contentString=null;
        while((contentString=oneBufferedReader.readLine())!=null){
            out.print("测试文件中的内容为: "+contentString+"<br>");
        }
        oneBufferedReader.close();
        out.flush();
```

其中的“/”代表站点根目录

```
        out.close();
    }
```

2）以项目的 classPath 类路径作为相对定位

对于 Web 应用系统而言，项目的 classPath 类路径也就是 WEB-INF/classes 目录。例 3-11 为一个以项目的 classPath 类路径作为相对定位的代码示例，请注意其中黑体所标识的文件目录表示方式和与例 3-10 中的文件目录表示方式的差别。

例 3-11 以项目的 classPath 类路径作为相对定位的代码示例。

```
public void doGet(HttpServletRequest request, HttpServletResponse respo-
nse)
                                throws ServletException, IOException {
        ServletContext application=this.getServletContext();
        response.setContentType("text/html;charset=gb2312");
        PrintWriter out=response.getWriter();
        String fileTargetPath="/webCRMClassPath.txt";
        InputStream oneInputStream=this.getClass().
                                getResourceAsStream(fileTargetPath);
        InputStreamReader oneInputStreamReader=
                                new InputStreamReader(oneInputStream);
        BufferedReader oneBufferedReader=
                                new BufferedReader(oneInputStreamRea-
                                der);
        String contentString=null;
        while((contentString=oneBufferedReader.readLine())!=null){
            out.print("测试文件中的内容为："+contentString+"<br>");
        }
        oneBufferedReader.close();
        out.flush();
        out.close();
    }
```

其中的“/”代表类的根目录

由于例 3-11 中的 webCRMClassPath.txt 文件是以项目的 classPath 类路径作为相对定位，因此该文件实际存放的目录位置应该为 Web 应用系统中的 WEB-INF/classes 目录中。

3）在 Web 应用系统中的各种资源文件尽可能采用类路径定位

根据 J2EE 的部署规范，对于在打包为 WAR（Web Archive）包的 Web 应用系统程序中，采用 ServletContext 接口中的 getRealPath("/")方法返回的文件路径为 null。如果再通过 java.io 包中的 IO 流功能类读写目标资源文件就会出现找不到文件的异常错误。

因为对于一个打包的 Web 应用系统来说，它没有真实目录路径（RealPath）的概念，不存在目录结构关系（虽然包中仍然有目录结构，但这不等同于普通的文件系统中的磁盘文件中的目录结构关系）。因此，调用 ServletContext 接口中的 getRealPath()方法只会简单地返回 null。

那么，如何读写 WAR 包中的目标资源文件呢？一般是采用 ServletContext 接口中的 getResourceAsStream() 方法（如例 3-10 所示的代码）或者当前程序类中所封装的 getResourceAsStream()方法（如例 3-11 所示的代码）获得目标资源文件所对应的一个 InputStream 流对象。

3.3　读写 Cookie 和输出非文本数据

3.3.1　在 Servlet 中读写 Cookie 数据

1. 在 Servlet 程序中读写 Cookie 中的数据示例

在 JSP 页面和 Servlet 程序中都可以利用 HttpServletRequest 对象中的 getCookies()方法获得 Web 应用系统中的所有 Cookie 数据项目，利用 HttpServletResponse 对象中的 addCookie()方法可以将数据保存到 Cookie 项目中。例 3-12 为一个在 Servlet 程序中读写 Cookie 中数据的代码示例。

例 3-12　在 Servlet 程序中读写 Cookie 的代码示例。

```
public void doGet(HttpServletRequest request, HttpServletResponse respo-
nse)
                              throws ServletException, IOException {
        response.setContentType("text/html;charset=gb2312");
        PrintWriter out=response.getWriter();
        String lastAccessDate=null;
        String nowAccessDate=null;
        Cookie oneCookie=null;
        Cookie[] cookies=null;
        java.util.Date nowDate=null;
        cookies=request.getCookies();
        nowDate=new java.util.Date();
        if(cookies==null){
            lastAccessDate=(nowDate.getYear()+1900)+"年"+
                    (nowDate.getMonth()+1)+"月"+nowDate.getDate()+"日"+
            nowDate.getHours()+"时"+nowDate.getMinutes()+"分"+
                    nowDate.getSeconds()+"秒" ;
            oneCookie=new Cookie("lastAccessDate",lastAccessDate);
            oneCookie.setMaxAge(30*24*60*60);
            response.addCookie(oneCookie);
        }
        else{
```

其中的时间是以秒为时间单位

```
            for(int index=0; index <cookies.length; index++){
                if(cookies[index].getName().equals("lastAccessDate")){
                    lastAccessDate=cookies[index].getValue();
                    nowDate=new java.util.Date();
                    nowAccessDate=(nowDate.getYear()+1900)+"年"+
                      (nowDate.getMonth()+1)+"月"+nowDate.getDate()+"日"+
                    nowDate.getHours()+"时"+nowDate.getMinutes()+
                      "分"+nowDate.getSeconds()+"秒" ;
                    oneCookie=new Cookie("lastAccessDate",nowAccess-
                    Date);
                    oneCookie.setMaxAge(30*24*60*60);
                    response.addCookie(oneCookie);
                    break;
                }
            }
        }
        out.print("您上次访问本系统是在: "+lastAccessDate);
        out.flush();
        out.close();
    }
```

其中的时间是以秒为时间单位

以如下形式的 URL 地址执行例 3-12 所示的读写 Cookie 对象中的数据的示例代码：http://127.0.0.1:8080/webcrm/userInfoManageAction.action，最终的执行结果如图 3.20 所示。

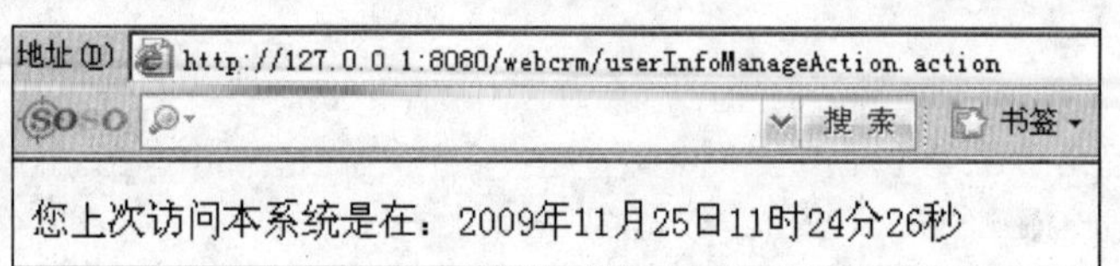

图 3.20 例 3-12 执行结果

2. 查看 Cookie 文件中的 Cookie 数据

由于 Cookie 是访问者浏览 Web 应用系统时浏览器写入到用户计算机硬盘中的文本文件，在 Windows NT/2000/XP 的计算机中，Cookie 文件的存放位置为 C:/Documents and Settings/用户名/Cookies。因此，可以直接打开例 3-12 所创建的 Cookie 文件，如图 3.21 所示为作者计算机中的 Cookies 文件的信息。

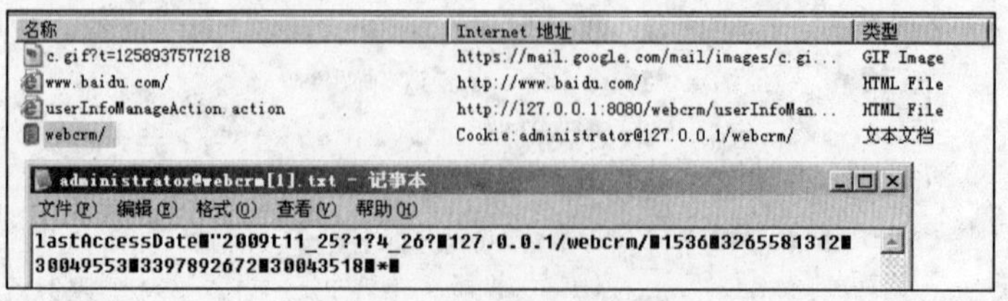

图 3.21 查看 Cookie 文件中的 Cookie 数据

3.3.2　设置 MIME 类型输出非文本数据

1. 熟悉和了解 Internet 网络方式下的文件关联

1）MIME 是一种多用途网际邮件扩充协议

MIME 类型就是设定某种扩展名的文件用一种应用程序来打开的方式类型，当该扩展名文件被访问时，浏览器会自动使用指定应用程序来打开。多用于指定一些客户端自定义的文件名，以及一些媒体文件打开方式。

MIME 的英文全称是：Multipurpose Internet Mail Extensions（多功能 Internet 邮件扩充服务），它是一种多用途网际邮件扩充协议，说明了如何安排消息格式使消息在不同的邮件系统内进行交换，在 1992 年最早应用于电子邮件系统，但后来也应用到浏览器中。

MIME 的格式灵活，允许邮件中包含任意类型的文件，而且 MIME 消息可以包含文本、图像、声音、视频及其他应用程序的特定数据。在 Web 服务器端的程序中如 J2EE Web Servlet 程序中利用 response.setContentType()方法将它们要发送到浏览器中的多媒体数据的 MIME 类型告诉浏览器，从而让浏览器获知所接收到的数据类型，并正确地显示输出。

Web 服务器依据 MIME 协议的规范，将 MIME 标识符打包在传送的数据中，并告诉浏览器使用哪种插件程序读取和解析服务器发送的数据。

2）了解常见的 MIME 类型

在 Web 应用系统开发中，经常需要向浏览器直接输出图像文件或者 PDF 文件等非文本字符数据。为此，首先需要了解常见的数据类型所对应的 MIME 类型描述字符串，如下为常见的 MIME 类型的说明：

- 超文本标记语言文本：text/html。
- 普通文本：text/plain。
- RTF 文本：application/rtf。
- GIF 图形：image/gif。
- JPEG 图形：image/jpeg。
- au 声音文件：audio/basic。
- MIDI 音乐文件：audio/midi，audio/x-midi。
- RealAudio：audio/x-pn-realaudio。
- MPEG 文件：ideo/mpeg。
- AVI 文件：video/x-msvideo。
- GZIP 文件：application/x-gzip。
- TAR 文件：application/x-tar。
- PDF 格式的 MIME：application/pdf。
- Word 格式的 MIME：application/msword。

另外，还要注意在微软 IE 浏览器和其他厂商的浏览器如 FireFox 在描述图像文件的 MIME 类型上是有差别的：

- FireFox 浏览器对图像文件的 MIME 类型定义为：image/jpeg，image/bmp，image/gif，image/png。
- IE6、IE7 和 IE8 浏览器对图像文件的 MIME 类型定义为：image/pjpeg，image/bmp，image/gif，image/x-png。

可以直接打开 Tomcat 服务器的安装目录如 C:\jakarta-tomcat-5.5.9\conf\web.xml 文件，在其中的 web.xml 文件中提供了常见的 MIME 类型的定义示例，可以参考其中的示例，如图 3.22 所示的 Tomcat 服务器的安装目录。

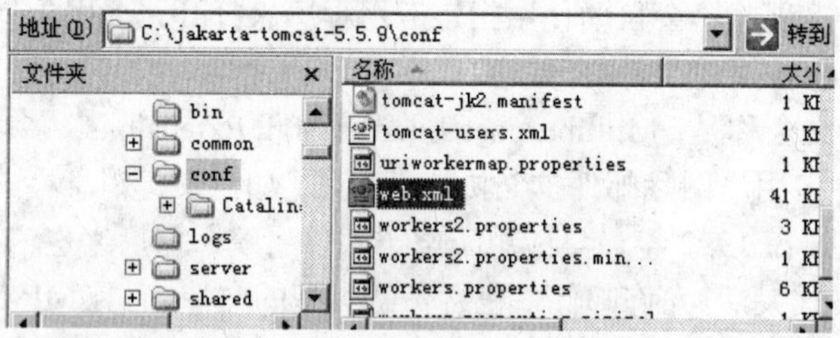

图 3.22　Tomcat 中的 web.xml 提供的 MIME 类型的定义示例

2. 向浏览器直接输出 XML 文档数据的代码示例

在 Servlet 程序中利用 setContentType 方法可以改变向浏览器的输出流的数据类型，例 3-13 为一个向浏览器直接输出 XML 文档数据的代码示例，其中黑体所标识的语句设置响应输出的数据类型为 XML，并且字符编码为中文 gb2312 编码。

例 3-13　向 Web 浏览器直接输出 XML 文档数据。

```
public void doGet(HttpServletRequest request, HttpServletResponse respo-
nse)
    throws ServletException, IOException {
        response.setContentType("text/xml;charset=gb2312");
        PrintWriter out=response.getWriter();
        StringBuffer oneStringBuffer=new StringBuffer();
        oneStringBuffer.append("<?xml version=\"1.0\"
                               encoding=\"gb2312\"?>");
        oneStringBuffer.append("<imsystemconfig>");
        oneStringBuffer.append("<serverSocketListenerHostName>");
        oneStringBuffer.append("127.0.0.1");
        oneStringBuffer.append("</serverSocketListenerHostName>");
        oneStringBuffer.append("</imsystemconfig>");
        String xmlFileContent=oneStringBuffer.toString();
        out.print(xmlFileContent);
        out.flush();
        out.close();
    }
```

构建出 XML 文件中的标签和数据

例 3-13 中的示例代码最终实现在程序代码中动态地构建出 XML 文件中的标签和数据，并向浏览器输出。以如下的 URL 地址执行例 3-13 中的代码示例后的最终结果如图 3.23 所示：http://127.0.0.1:8080/webcrm/userInfoManageAction.action。

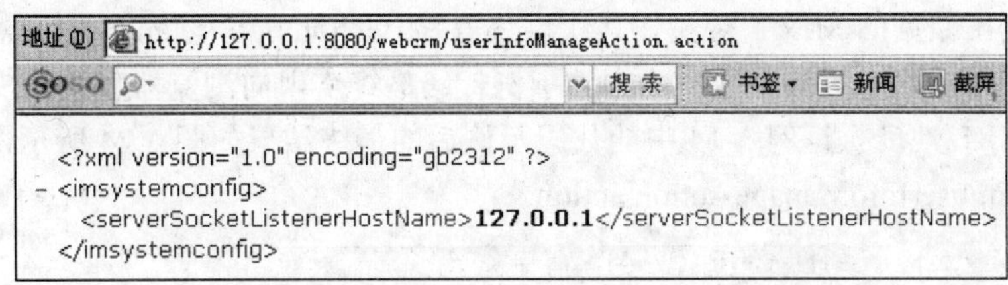

图 3.23　例 3-13 执行结果

如果在浏览器端动态地解析由例 3-13 所创建出的 XML 文档中的数据，并根据 XML 文件中的配置信息改变页面中的内容，这样的技术实现其实是 AJAX 技术的原型。

3. 向浏览器直接输出图像文件的代码示例

1）在 Servlet 程序中向浏览器直接输出指定图像文件

在企业应用系统的开发实现中，经常需要动态地生成图像，如在线图表和报表等系统。当在 Servlet 程序中将图像数据以"image/jpeg"（或者其他的图像格式）的 MIME 类型发送到浏览器时，浏览器会将该数据看做图像文件，然后浏览器按照 MIME 类型显示出该图像。例 3-14 为一个在 Servlet 程序中向浏览器直接输出图像文件的代码示例，注意其中黑体所标识的语句。

例 3-14　在 Servlet 程序中向浏览器直接输出图像文件的代码示例。

```
public void doGet(HttpServletRequest request, HttpServletResponse respo-
nse)
                    throws ServletException, IOException {
        response.setContentType("image/jpeg");
      ServletContext application=this.getServletContext();
        String fileTargetPath=
                  application.getRealPath("/")+"/images/logoImage.jpg";
        FileInputStream oneInputStream=new FileInputStream(fileTarget
        Path);
        File oneInputFile=new File(fileTargetPath);
        ServletOutputStream oneServletOutputStream=
                                 response.getOutputStream();
        byte buffer[]=new byte[(int)oneInputFile.length()];
        int bytesPerRead=0;
        while((bytesPerRead=oneInputStream.read(buffer))!=-1){
            oneServletOutputStream.write(buffer, 0, bytesPerRead);
        }
        oneInputStream.close();
```

对于微软 IE 浏览器为 image/pjpeg

```
        oneServletOutputStream.close();
    }
```

因此，在 Servlet 程序中需要向浏览器直接输出非 HTML 格式的其他类型的数据，首先要设置输出数据的 MIME 类型，其次再获得 ServletOutputStream 输出流对象（它代表向浏览器客户端的输出流）。例 3-14 中的示例代码最终实现向浏览器直接输出图像文件，并以如下的 URL 地址执行例 3-14 中的代码示例后的最终结果如图 3.24 所示：http://127.0.0.1:8080/webcrm/userInfoManageAction.action。

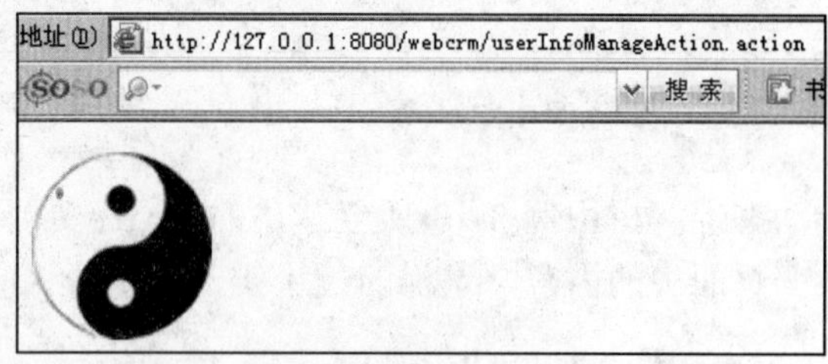

图 3.24　例 3-14 执行结果

2）在 Servlet 程序中动态创建图像并向浏览器输出

在 Web 应用系统的表单输入中经常应用验证码以避免暴力破解程序登录系统和对应用系统进行攻击。而表单验证码的实现原理也很简单，首先获得随机颜色（随机数的算法可以自己设计），并将所获得的随机颜色作为验证码图像的背景和字符的颜色，这可以产生变化的背景和字符的颜色。

其次还要产生出许多干扰线以避免破解程序自动识别，利用随机字符和 Java 图形 API 中的 Graphics 类中的 drawLine()方法画出干扰线，干扰线的数量可以根据需要自行规定。另外，还需要产生出 6 个或者更多随机字符（可以是数字和字母的组合），最后用一个字符串保存产生的验证码随机字符串，并把这个验证码字符串保存到会话 session 对象中。

而在验证用户输入的验证码时，只需将用户输入的验证码和系统存放在会话 session 对象中的验证码进行比对，识别是否一致。例 3-15 为一个将图像工具类程序所创建出的验证码图像输出到浏览器中的代码示例，其中的图像工具类 VerifyCodeImageBean 为开发人员根据验证码的实现原理自行编程实现，在此没有附录出源代码。

例 3-15　将图像工具类所创建出的验证码图像输出到浏览器中的代码示例。

```
package com.px1987.webcrm.servlet;
import java.io.IOException;
import javax.servlet.ServletException;
import javax.servlet.http.HttpServlet;
import javax.servlet.http.HttpServletRequest;
import javax.servlet.http.HttpServletResponse;
import javax.servlet.http.HttpSession;
import com.px1987.webcrm.util.VerifyCodeImageBean;
public class ShowVerifyCodeImage extends HttpServlet {
```

该类为创建验证码的图像工具类

```
    private static final long serialVersionUID = 1415443436612172280L;
    public void doGet(HttpServletRequest request, HttpServletResponse
    response)
    throws ServletException, IOException   {
        VerifyCodeImageBean verifyCodeBeanID=new VerifyCodeImageBean();
        java.awt.image.BufferedImage image=
                verifyCodeBeanID.getCreateVerifyImage();
        HttpSession session=request.getSession();
        String verifyCodeInSession=verifyCodeBeanID.getVerifyCode();
        session.setAttribute("verifyCode",verifyCodeInSession);
        response.setContentType("image/jpeg");
        response.setHeader("Pragma","No-cache");
        response.setHeader("Cache-Control","no-cache");
        response.setDateHeader("Expires", 0);
        javax.imageio.ImageIO.write(image, "JPEG",
                            response.getOutputStream());
    }
}
```

获得由工具类动态创建的验证码图像

将由工具类创建的验证码存入 session 对象中

向浏览器输出 JPEG 格式的验证码图像

由于验证码图像需要内嵌在 Web 表单中，因此不能直接由例 3-15 所示 Servlet 输出图像，而应该采用 HTML 图像<img>标签间接地向例 3-15 所示 Servlet 发送请求。因此，需要在第 2 章的例 2-1 中的实现用户登录功能的 userLogin.jsp 页面中添加如下形式的<img>标签：

```
<img src="${pageContext.request.contextPath}/showVerifyCodeImage" />
```

然后再执行例 2-1 中的 userLogin.jsp 页面，此时在登录表单中出现由后台程序创建出的验证码图像（验证码为数字和字母组合的 6 个字符），如图 3.25 所示。

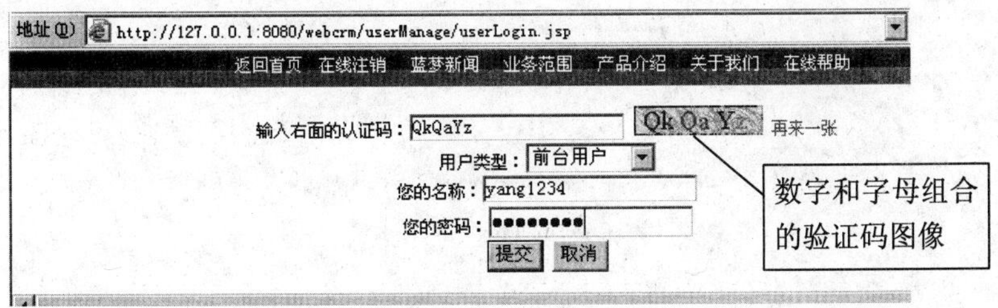

图 3.25　带有验证码图像的登录表单

4. 向浏览器直接输出 PDF 文件的代码示例

在企业应用系统的开发实现中，也还经常需要动态地生成 Adobe 公司发明的 PDF 格式的文档文件。例如，在线访问企业经营中的各种报表、电子商务系统中的各种格式的配送单、在线电子图书等。

例 3-16 为一个在 Servlet 程序中向浏览器直接输出 PDF 文件的代码示例，同样请注意其中黑体所标识的语句。首先设置向浏览器输出数据的 MIME 类型，对于 PDF 文件格式为“application/pdf”，其次再获得需要输出的 PDF 文件（采用相对目录路径表示），最后通过所获得的 ServletOutputStream 输出流对象，向浏览器输出 PDF 文件。

例 3-16 在 Servlet 程序中向浏览器直接输出 PDF 文件的代码示例。

```
public void doGet(HttpServletRequest request, HttpServletResponse respo-
nse)
    throws ServletException, IOException {
        response.setContentType("application/pdf");
        ServletContext application=this.getServletContext();
        String fileTargetPath=
                    application.getRealPath("/")+"/pdf/someTwoPDF.pdf";
        FileInputStream oneInputStream=new FileInputStream(fileTarget-
        Path);
        File oneInputFile=new File(fileTargetPath);
        ServletOutputStream oneServletOutputStream=
                                            response.getOutputStream();
        byte buffer[]=new byte[(int)oneInputFile.length()];
        int bytesPerRead=0;
        while((bytesPerRead=oneInputStream.read(buffer))!=-1){
            oneServletOutputStream.write(buffer, 0, bytesPerRead);
        }
        oneInputStream.close();
        oneServletOutputStream.close();
    }
```

例 3-16 中的示例代码最终实现向浏览器直接输出 PDF 文件，并在浏览器中显示输出。以如下的 URL 地址执行例 3-16 中的代码示例后的最终结果如图 3.26 所示：http://127.0.0.1:8080/webcrm/userInfoManageAction.action。

图 3.26 例 3-16 执行结果

3.4 编程实现线程安全的 Servlet

3.4.1 Web 应用系统中的线程安全

1. 多线程技术的主要优点

并发访问是企业应用系统的基本要求，在 Java 语言中提供对线程及多线程技术的内置支持，使得开发人员能够在应用系统的开发过程中实现并发访问的功能，并可以在项目开发中充分应用多线程技术，达到以下的开发效果：

（1）可以减轻应用系统性能方面的瓶颈

因为多线程技术可以使项目中的程序代码并行地执行和操作，从而能够在一定程度上提高系统程序的执行速度。例如，目前比较流行的利用多线程技术实现程序的下载。

（2）能够提高 CPU 处理器的效率

因为在多线程技术中，Java 虚拟机 JVM 通过优先级的管理机制，可以使重要的线程程序代码优先执行。这一方面可以提高项目中任务管理的灵活性；另一方面，在多 CPU 的计算机系统中，开发人员可以把不同的线程分配在不同的 CPU 中执行，真正做到同时处理多任务的并发执行的效果。

2. 正确地应用多线程技术和灵活地控制它并不简单

在项目开发中，开发人员正确地应用多线程技术和灵活地控制它其实也不是一件简单的事情。首先，由多线程所带来的系统性能的改善是以应用系统本身的可靠性为代价的；其次，不正确的多线程功能实现的程序代码还有可能导致系统出现线程死锁等方面的技术问题。因此，在应用系统开发中需要合理地考虑和应用多线程技术，主要的原因如下：

- 频繁地创建出多个线程会消耗系统资源。此时，应该要考虑能否应用线程池（Thread Pool）技术优化线程对象的创建效率。
- 对多个线程的生命周期的管理和线程调度控制相当困难。这涉及多线程之间的通信、同步互斥和同步协调执行等方面的技术实现问题。如果不能正确地解决则会影响到系统运行的可靠性和稳定性。
- 对多线程之间共享的资源进行合理调配和处理，可以完全避免死锁的产生。

因此，当允许多个线程能够同时访问某个共享对象中的属性和方法时，对这些调用的程序代码进行同步处理是非常重要的。否则，一个线程程序代码可能会中断另一个线程正在执行的任务或者改变另一个线程对共享对象中的属性修改，使该共享对象处于一种无效的访问状态，并影响到应用系统的业务逻辑和业务流程的正确完成。

3. 多线程之间的死锁问题

1）什么是多线程之间的死锁问题

当两个或两个以上的线程同时执行时，如果每个线程都占有一个共享的系统资源并还要请求另一个对方正在使用的共享资源，这时就会出现死锁的可能性。也就是两个对象都在调用对方的同步代码，都在等待对方释放同步锁；或者如果一个线程已经持有一个同步锁，并还试图再次获取同步锁时，就会出现线程死锁的危险。

2）为什么会产生多线程之间的死锁问题

导致死锁的根源在于开发人员不适当地运用 synchronized 关键词来管理线程对特定对象的访问。因为 synchronized 关键词的主要作用是确保在某个时刻只有一个线程被允许执行特定的代码块，但当线程访问某个“同步方法”（由 synchronized 关键词限定的方法）时，Java 虚拟机 JVM 会给该对象加同步锁；而这个同步锁定程序会导致其他也想访问同一对象的其他线程程序被阻塞，直至第一个线程释放它加在对象上的同步锁为止。此时将产生彼此相互等待的状况，也就是死锁的现象。

3）在多线程的开发实现中应该尽可能避免出现死锁

多线程的死锁问题或其他多线程方面的错误可能只在某些特殊的应用场合下才会反映出来，因此具有一定的随机性；同时在不同的 Java 虚拟机 JVM 中运行时，其错误的表现也可能是不同的，这给开发人员对错误的定位和排除带来了一定的复杂性。

4. 什么是多线程安全和不安全的代码

如果某段功能实现代码是可重入的（ReEentrant）或者通过某种形式的同步互斥技术手段而实现对并发访问的共享资源的保护，此种代码可以被认为是线程安全的代码，否则将是线程不安全的代码。

由于各种程序语言中的局部变量处在程序内的局部作用域内，其完整生命周期都处在同一个线程内，因此对局部变量的使用是线程安全的；而由于全局变量涉及多个不同的代码块的共享访问，而如果这些程序代码块是被多个不同的线程程序访问，而线程是有可能处在并发执行的状态。因此，全局变量在多线程的读写访问状况下则有可能是不安全的，应该要尽可能避免出现。

因此，开发人员有必要充分地应用面向对象编程技术中的“封装”机制，对共享数据的访问需要实施一定的隔离和保护措施。必须编程实现线程安全的代码以保证应用系统中的业务数据的处理是满足业务逻辑的要求，在开发过程中则需要明确所要共享访问的数据所处的状态和特性而分别采取不同的处理措施。

关于多线程安全和不安全的代码及应用示例，作者在《J2EE 课程设计——项目开发指导》一书（见参考文献）的第 9 章“编程开发多线程安全的项目代码”中有详细介绍。

3.4.2 编程实现线程安全的 Servlet

1. Web 应用开发中的 Servlet 程序是线程不安全的代码

在 Web 应用系统的开发中，控制器 Servlet 组件（也包括 Struts 框架中的 Action 组件）类的对象实例都是线程不安全的。因为，它们都采用单一对象实例多线程的工作机制响应客户端的 HTTP 请求。在 Servlet 容器中只有一个 Servlet 程序类的对象实例，但创建出多个不同的线程处理每个 HTTP 请求。

因此，在编程开发实现 Servlet 组件程序时，必须要保证它是线程安全的功能实现代码，否则会给整个应用系统带来一定的安全隐患。

2. 如何保证 Servlet 类的对象实例是线程安全的

当客户端浏览器同时向同一个 Servlet 程序类对象实例发出 HTTP 请求时，将会出现两个或多个线程同时访问同一个 Servlet 类的对象实例。而在 Servlet 程序中又可能有多个线程同时访问同一个资源，Servlet 程序类对象实例中的全局共享数据就有可能变得不一致。

所以，开发人员必须要注意对 Servlet 类的编程实现中的并发访问等方面的问题。

如果不注意线程安全的技术问题，会使得所编程实现的 Servlet 类程序存在有难以发现的并发访问的错误，而且这些错误只在 Web 应用系统处在高并发访问的状况下才会出现，因此这些错误是比较隐蔽的和在开发和维护中不容易发现和排除的。

3. 线程不安全的 Web Servlet 类的程序代码示例

下面的例 3-17 中的 OnLineUserInfoServlet 程序类实现访问计数的功能，但该 Servlet 程序的代码是线程不安全的代码，因为其中的 doPost()方法有可能会被不同的线程（此时也就是不同的客户端的请求）调用，而它们都访问全局共享数据 accessTotalCounter 所代表的计数器，并注意其中黑体所标识的代码可能会被两个不同的线程执行。

例 3-17　线程不安全的 Servlet 程序代码示例。

```
package com.px1987.webcrm.servlet;
import java.io.IOException;
import java.io.PrintWriter;
import javax.servlet.ServletException;
import javax.servlet.http.HttpServlet;
import javax.servlet.http.HttpServletRequest;
import javax.servlet.http.HttpServletResponse;
public class OnLineUserInfoServlet extends HttpServlet {
    private static int accessTotalCounter=0;
    public OnLineUserInfoServlet() {
        super();
    }
    public void doPost(HttpServletRequest request,
        HttpServletResponse response) throws ServletException, IOExce-
        ption {
        OnLineUserInfoServlet.accessTotalCounter++;            计数器加 1
        response.setContentType("text/html;charset=gb2312");
        PrintWriter out = response.getWriter();
        out.print("当前计数为："+OnLineUserInfoServlet.accessTotal
        Counter);                                              显示计数器的值
        out.flush();
        out.close();
    }
}
```

由于线程存在重入的可能性，如果 doPost()方法处于两个不同的线程中，将可能导致计数器加 1 和显示计数器的值这两部分的功能代码没有完整地执行，而使得计数和显示的逻辑不匹配。因此，必须保证这两部分的功能代码在执行过程中不被分割。

4. 如何编程实现 Servlet 程序是线程安全的代码

1）尽可能不要声明类中的全局数据而应用方法内的局部数据

由于局部变量（也包括类方法的参数变量）是在每个方法的执行过程中，在独立的内存空间中被创建出的，它不是共享的资源，因此是线程安全的。例 3-16 中的 FileInputStream 类型的对象实例 oneInputStream、File 类型的对象实例 oneInputFile 和 ServletOutputStream 类型的对象实例 oneServletOutputStream 都为 doGet()方法的局部对象，因此它们都是线程安全的代码。

同样例 3-12、例 3-13 和例 3-14 示例代码也都是线程安全的代码。

2）应用 synchronized 同步方法或者同步语句块

在某些应用环境下，可能不能应用局部对象，而必须设计为全局共享对象，如例 3-17 中的计数变量 accessTotalCounter。此时，可以应用同步代码块。

在 Java 语言中，由 synchronized 关键字所限定的代码为同步互斥代码块，只有某一个线程的 synchronized 关键字标识的程序代码执行完毕后其他线程的 synchronized 关键字标识的代码块才能被执行，从而达到对不同的线程程序相互隔离的目标。

例 3-18 中的示例是对例 3-17 示例代码优化后的程序代码，在其中应用同步语句块实现线程安全的 Servlet 程序代码。将计数器加 1 和显示计数器值放入同步语句块中，保证它们在同一个线程中被完整地执行，请注意其中黑体所标识的语句块。

例 3-18 利用同步语句块实现线程安全的 Servlet 程序代码。

```
package com.px1987.webcrm.servlet;
import java.io.IOException;
import java.io.PrintWriter;
import javax.servlet.ServletException;
import javax.servlet.http.HttpServlet;
import javax.servlet.http.HttpServletRequest;
import javax.servlet.http.HttpServletResponse;
public class OnLineUserInfoServlet extends HttpServlet {
    private static int accessTotalCounter=0;
    public OnLineUserInfoServlet() {
        super();
    }
    public void doPost(HttpServletRequest request,
        HttpServletResponse response) throws ServletException, IOExcept-
        ion{
        response.setContentType("text/html;charset=gb2312");
        PrintWriter out = response.getWriter();
        synchronized(this){
            OnLineUserInfoServlet.accessTotalCounter++;
            out.print("当前计数为："+
                    OnLineUserInfoServlet.accessTotalCounter);
            out.flush();
            out.close();
        }
    }
```

```
}
```

3）将 Servlet 设计为单线程模式的 Servlet

尽管 JSP 和 Servlet 程序在默认的方式下为单一对象实例多线程的工作方式，但如果 Servlet 程序实现 javax.servlet.SingleThreadModel 接口，则为单线程模式，如下程序代码示例为单线程模式的 Servlet 类定义的示例代码。

```
public class MyServlet  extends HttpServlet implements SingleThreadM-
odel {
    ... //其中的成员方法的代码在此省略
}
```

如果 Servlet 程序处于单线程的工作方式下，各个请求也就相互隔离，单线程模式的 Servlet 程序当然也就是线程安全的 Servlet 代码，但运行的效率相对比较低。

3.5 应用页面静态化技术提高响应性能

3.5.1 页面静态化技术及实现原理

1. 什么是 Web 页面静态化技术

将 JSP 动态页面按照某种模板格式生成对应的*.html 纯静态页面的过程，称为 Web 页面静态化技术。当有些企业应用系统中的页面信息在一段时间内不发生变化时（比如内容管理系统中的新闻和论坛系统、网上商城中的商品信息等），可以应用 Web 页面静态化技术，这样可以提高整个系统的响应效率。因为无须再访问后台的数据库系统，也不需要再次编译处理 JSP 页面文件中的各个脚本代码，因此能够减少对系统的消耗和性能影响。

2. 为什么要应用 Web 页面静态化技术

目前的 B/S 架构的企业应用系统基本上都是由动态页面所构成的，正因为是动态化的页面才能满足不同的浏览者的个性化的访问需要，并且能够与访问者产生相互交互。但为了能够产生出动态的交互效果，用户每一次对目标 JSP 页面的请求都会在 Web 服务器端对页面进行编译处理或者动态访问数据库而重新构造内容信息，而这些操作和内容的重新构建其实都是很消耗系统资源的。

如果目标页面文件的内容信息在一定的时间内不会发生改变，那么就没有必要为每一次对它的请求访问进行一次“新”的编译或处理过程。此时可以把它在这段没有发生改变的时间内的处理结果保存到一个静态的页面文件中（*.html），然后用户每次访问这个页面时，后台系统程序就直接采用转换后的静态页面内容进行响应。

因此，经过静态化技术转换处理后的结果页面能够快速地响应用户的请求，而且还能够大大地减少对系统资源的消耗。

3.5.2 利用 Servlet 技术实现页面静态化

1. 在 Servlet 程序中动态创建静态 HTML 页面示例

Web 页面静态化的实现原理是在第一次请求时，将 JSP 页面中的动态信息和静态信息按照某种模板相互组合在一起，并保存到 HTML 格式的静态页面文件中。以后再次请求该 JSP 页面时系统自动地加载转换后的静态 HTML 页面。

例 3-19 所示为一个原理性的 Web 页面静态化示例，在其中动态创建出一个静态的 HTML 页面文件，在该 HTML 页面中包含动态变化的信息，并以时间作为页面文件名。

例 3-19 动态创建 HTML 页面并动态执行该 HTML 页面的代码示例。

```
public void doGet (HttpServletRequest request,HttpServletResponse respo-
nse)
                                    throws ServletException, IOException{
                StringBuffer oneStringBuffer=new StringBuffer();
    oneStringBuffer.append("<html><head>");
    oneStringBuffer.append("<title>动态创建出的 HTML 页面</title>");
    oneStringBuffer.append("<meta http-equiv=\"Content-Type\"
                content=\"text/html; charset=gb18030\" />");
    oneStringBuffer.append("</head><body>");
    String userRequestParameter=request.getParameter("someOnePara");
    userRequestParameter=
                new String(userRequestParameter.getBytes("ISO8859-1"));
    oneStringBuffer.append("用户请求的参数是: "+userRequestParameter);
    oneStringBuffer.append("</body></html>");
    ServletContext application=this.getServletContext();
    String webContextRootDirectory=application.getRealPath("/");
    String targetHTMLFileName="/"+new Date().getTime()+".html";
    String targetHTMLFilePathAndName=
                webContextRootDirectory+targetHTMLFileName;
    FileWriter oneFileWriter = new FileWriter(targetHTMLFilePathAndName);
    oneFileWriter.write(oneStringBuffer.toString());
    oneFileWriter.close();
    RequestDispatcher oneRequestDispatcher=null;
    oneRequestDispatcher=request.getRequestDispatcher(targetHTMLFileNam
    e);oneRequestDispatcher.forward(request,response);
}
```

它代表页面中的动态变化的信息

利用时间作为文件名

通过转发到动态创建出的 HTML 页面执行它

2. 动态执行创建出的静态 HTML 页面文件

对于例 3-19 所示的 Servlet 程序示例，以如下的 URL 地址向该 Servlet 程序发送请求：

http://127.0.0.1:8080/webcrm/userInfoManageAction.action?someOnePara=杨少波，并且在请求的 URL 地址中携带一个名称为 someOnePara 的查询参数，如图 3.27 所示。

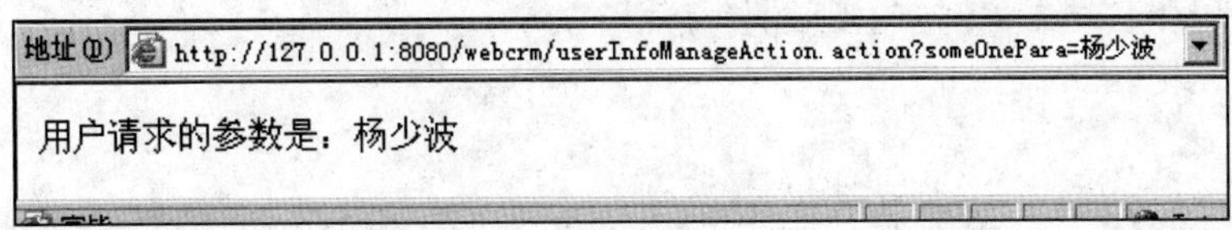

图 3.27　向例 3-19 所示的 Servlet 程序发送请求

例 3-19 所示 Servlet 程序在处理请求的过程中，将动态信息和静态信息相互组合，最终写入到一个由时间值作为文件名的 HTML 页面文件中；然后通过转发到所创建出的静态 HTML 页面文件，动态加载并最终执行该 HTML 页面。执行的结果信息如图 3.27 所示，在执行过程中所动态创建出的 HTML 页面文件如图 3.28 所示。

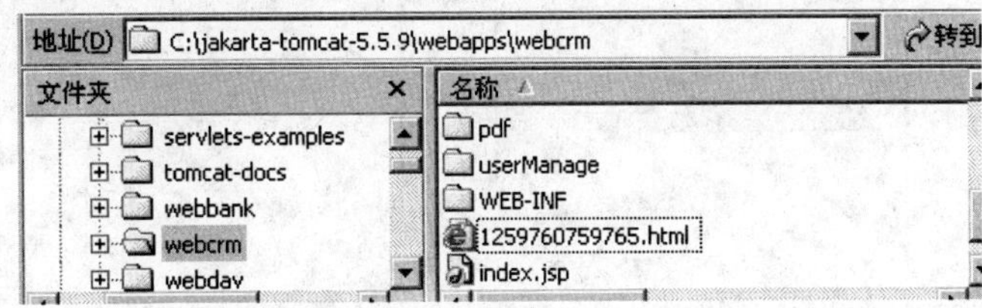

图 3.28　由例 3-19 所示 Servlet 程序创建出的静态 HTML 页面文件

小　结

教学重点

本章详细地介绍了 Web 控制层 Servlet 组件技术，主要的内容涉及 Servlet 技术特点及核心 API，ServletContext 接口及应用，读写 Cookie 和输出非文本数据，编程实现线程安全的 Servlet 程序。最后还介绍了如何应用页面静态化技术提高系统的整体响应的性能。

因此，本章的教学重点主要放在 Servlet 组件核心 API，ServletContext 接口及应用，读写 Cookie 和输出非文本数据，编程实现线程安全的 Servlet 程序等方面，因为这些知识是 J2EE Web 开发中的基础知识。

学习难点

本章的学习难点主要在两个方面：其一是正确地区分 JSP 和 Servlet 程序两者在应用方面的不同。由于 JSP 页面是 Web 表现层组件，在 JSP 页面文件中仅仅包含与 Web 表现层有关的各种形式的标签元素，而不应该包含太多的脚本程序代码；Servlet 程序是 Web 业务控制调度组件，因此也不应该在 Servlet 组件的 Java 代码中加入太多的输出 HTML 标签的代码。

另一个学习难点主要是如何保证和编程实现线程安全的 Servlet 程序，由于 Servlet 程序采用单一对象实例多线程的工作机制响应客户端的 HTTP 请求。在编程开发实现 Servlet

组件程序时，必须保证它是线程安全的功能实现代码，否则会给整个应用系统带来一定的安全隐患。仔细阅读第 3.4.2 节中的编程实现线程安全的 Servlet 程序等有关内容，同时也应深入地理解例 3-17 和例 3-18 示例程序代码。

教学要点

在本章的教学中，首先要让学生区分 Servlet 容器和 Web 服务器（Web Server）之间的差别。在 Tomcat 服务器系统中同时包含 Web 服务器和 Servlet 容器两部分程序，其中的 Web 服务器也称为 WWW（World Wide Web）服务器，提供网上信息浏览服务等方面的功能。如图 3.29 所示为 Web 服务器和 Servlet 容器之间关系的示意图。

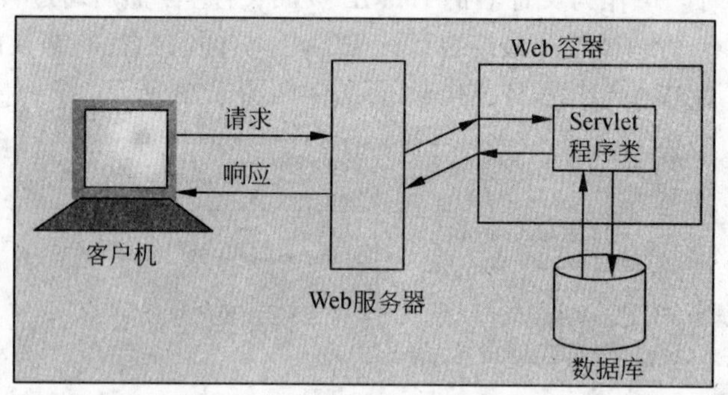

图 3.29　Web 服务器和 Servlet 容器之间关系的示意图

Servlet 容器是 J2EE 应用服务器（Application Server）中管理 Servlet 对象实例生命周期的系统平台程序，在 J2EE 技术平台中，Servlet 容器也称为 Web 容器（Web Container）。

Servlet 容器的主要功能为：创建 Servlet 对象实例，管理 Servlet 对象实例的生命周期，并为 Servlet 对象实例提供运行环境；充当 Web 服务器和 Servlet 对象实例之间的桥梁，将 HTTP 请求从 Web 服务器转发到 Servlet 对象实例中，最后再将 HTTP 响应从 Servlet 对象实例中转发到 Web 服务器，并最终输出到浏览器中。

其次，明确 Servlet 组件是由 Servlet 容器管理和控制其生命周期的。因此，Servlet 程序的结构及运行的环境都与 Servlet 容器紧密相关，它与普通的 Java 程序类的对象实例有很大的差别。

最后，还要熟悉 Servlet 程序在 Servlet 容器中是以单一对象实例、多线程的工作方式响应客户端的 HTTP 请求。这样一方面提高了响应的性能，另一方面也为线程安全带来隐患。

学习要点

对于编程实现 Servlet 程序，可以采用两种不同的实现方式。其一是继承 HttpServlet 基类，并重写其中的 init()、destroy()、doGet()和 doPost()方法，如例 3-1 所示；另一种实现方式是实现 Servlet 接口，当然此时就必须重写 Servlet 接口中的所有方法，如例 3-3 所示。

实现 Servlet 接口和继承 HttpServlet 类在 Servlet 程序的功能实现方面是相同的，但采用继承 HttpServlet 类的方法能够使得代码更简单，并可以有选择性地覆盖基类中的方法，简化了子类的编程实现。因此，在项目开发中一般都选择采用继承 HttpServlet 类的编程开发实现方式。

由于 Servlet 程序完全是由 Servlet 容器控制和管理的，因此还必须在项目的部署描述文件中配置定义 Servlet 程序类，如例 3-2 所示。Servlet 容器根据请求的 URL 地址从 web.xml 文件中定位到目标 Servlet 程序类，并加载到服务器内存中，最终创建出 Servlet 程序类的对象实例。

练　习

1. 单选题

（1）假设在 WebBBS 应用中有一个 UserInfoServlet 类，它位于 edu.bjtu.webbbs 程序包中，那么这个类的 class 类文件应该要放在什么目录下？（　　）

（A）`WebBBS/UserInfoServlet.class`
（B）`WebBBS/WEB-INF/UserInfoServlet.class`
（C）`WebBBS/WEB-INF/classes/UserInfoServlet.class`
（D）`WebBBS/WEB-INF/classes/edu/bjtu/webbbs/UserInfoServlet.class`

（2）假设在 helloapp 应用中有一个 HelloServlet 类，它在 web.xml 文件中的配置如下：

```
<servlet><servlet-name>HelloServlet</servlet-name>
  <servlet-class>com.px1987.servlet.HelloServlet</servlet-class>
</servlet>
<servlet-mapping><servlet-name>HelloServlet</servlet-name>
  <url-pattern>/helloservlet</url-pattern>
</servlet-mapping>
```

那么在浏览器端请求访问 HelloServlet 程序的 URL 是什么？（　　）

（A）`http://localhost:8080/HelloServlet`
（B）`http://localhost:8080/helloapp/HelloServlet`
（C）`http://localhost:8080/helloapp/com/px1987/servlet/helloservlet`
（D）`http://localhost:8080/helloapp/helloservlet`

（3）如下项目是说明 HttpServletRequest 对象的创建者方面的问题，哪一个项目是正确的描述？（　　）

（A）由 Servlet 容器负责创建，对于每个 HTTP 请求，Servlet 容器都会创建一个 HttpServletRequest 对象

（B）由 JavaWeb 应用的 Servlet 或 JSP 组件负责创建，当 Servlet 或 JSP 组件响应 HTTP 请求时，先创建 HttpServletRequest 对象

（C）由浏览器负责创建，对于每个 HTTP 请求，浏览器都会创建一个 HttpServletRequest 对象

（D）由 JavaWeb 应用程序本身负责创建，对于每个 HTTP 请求，浏览器都会创建一个 HttpServletRequest 对象

（4）如下项目是说明 ServletContext 对象的创建者方面的问题，哪一个项目是正确的描述？（ ）

（A）由 Servlet 容器负责创建，对于每个 HTTP 请求，Servlet 容器都会创建一个 ServletContext 对象

（B）由 JavaWeb 应用本身负责为自己创建一个 ServletContext 对象

（C）由 Servlet 容器负责创建，对于每个 JavaWeb 应用，在启动时，Servlet 容器都会创建一个 ServletContext 对象

（D）由浏览器负责创建，对于每个 JavaWeb 应用，在用户启动浏览器程序时，浏览器都会创建一个 ServletContext 对象

（5）每个 Servlet 类在容器中会存在多少个对象？（ ）

（A）不确定　　（B）1 个　　（C）无数个　　（D）取决于配置文件

2. 填空题

（1）Servlet 程序类的对象实例的生命周期主要分为如下阶段：_________、_________、_________、_________。

（2）Servlet 程序类的对象实例中的 doGet()方法的作用是_________，doPost()方法的主要作用是_________。

（3）JSP 页面中通过超链接方式访问某 Servlet 组件，在该 Servlet 组件程序类中应该要覆盖的方法是_________。

（4）在 Servlet 程序类中，一般包含有如下的成员方法：_________、_________、_________、_________。

（5）在浏览器的 URL 地址栏中如果以如下形式的 URL 地址向某个 Servlet 程序发送请求：http://localhost:8080/someOneServlet?userName=yang，那么会调用该 Servlet 程序中的_________方法。

3. 问答题

（1）简述 Servlet 技术和 CGI 技术的主要区别。简述 Servlet 程序类的对象实例的生命周期。

（2）描述 JSP 和 Servlet 两者在应用方面的主要区别，以及它们各自应用的范围。通过具体的程序代码示例描述 Web Servlet 程序的基本结构。

（3）描述 web.xml 文件的作用。为什么要提供它？什么是 Web 容器（Servlet 容器）？主要的作用？

（4）Servlet 程序为何具有高性能？在什么情况下会调用 Servlet 类中的 doGet()和 doPost()方法？

（5）请描述 ServletContext 对象的主要作用。如何编写线程安全的 Servlet 程序？

（6）为了能够在浏览器中访问 Servlet 程序，必须要在 web.xml 文件中配置哪些标签元

素？在什么应用场合下需要将 Servlet 组件设计为多对象实例单线程的工作方式?

4. 开发题

（1）某个 JSP 页面中包含如图 3.30 所示的用户登录表单，编写一个响应该表单请求的 Servlet 程序。

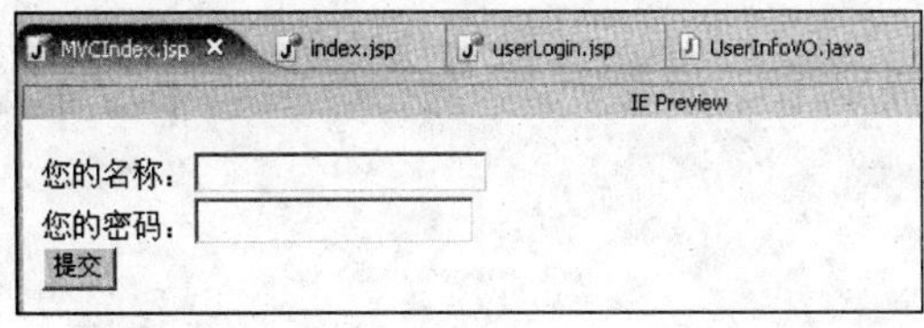

图 3.30　某个系统中的用户登录表单

（2）在某个页面中存在有如下形式的超链接：

```
<a href="/webapp/someRequest.do?userID=1&userType=1">产生请求</a>
```

编写一个获得请求参数中的 userID 和 userType 值并在 Tomcat 服务器的控制台上显示输出其值的 Servlet 类程序。

（3）现有类名称为 edu.bjtu.rjxy.webbank.servlet.UserInfoServlet 的程序类，该 UserInfoServlet 类的 URL-Pattern 为/userInfoServlet，请完善下面的 web.xml 中的该 UserInfoServlet 类的部署定义标签中的①、②、③、④所标识的配置内容。

```
<servlet>
    <servlet-name>          ①                   </servlet-name>
    <servlet-class>         ②                   </servlet-class>
</servlet>
<servlet-mapping>
    <servlet-name>          ③                   </servlet-name>
    <url-pattern>           ④                   </url-pattern>
</servlet-mapping>
```

第 4 章　Web 系统架构设计及 MVC 模式

在早期的软件开发实现中，人们把软件设计的重点放在数据结构和算法的选择上，如 Knuth 提出了数据结构+算法=程序。而对于大规模的复杂软件系统来说，软件系统本身的体系架构设计比起对程序的算法和数据结构的选择和设计已经变得明显更重要得多。因此，人们逐渐认识到软件体系架构设计的重要性，但什么是好的软件体系架构设计呢？

“高内聚、低耦合”是系统设计的主要目标，但如何能够达到这样的设计目标？本章将系统地介绍 Web 系统架构设计、MVC 模式及在项目中的应用；另外，也将介绍几种常见的分离系统中的类之间关系的设计方法，如利用 JSTL 标签封装业务处理逻辑代码，利用 JavaBean 组件分离表现逻辑和业务处理逻辑的代码，利用 AOP 分离系统中的核心和横切关注点实现代码。

4.1　Web 系统架构设计及 MVC 架构模式

4.1.1　以页面为中心的 Web 系统架构

1. 直接使用 JSP 页面构建 Web 系统

对于小型的 Web 应用系统，在设计和开发实现中，可以直接使用 JSP 页面实现技术构建，这样的设计方案也称为以页面为中心（Page Centric）的设计方案。

因为在小型的 Web 应用系统中，动态功能实现比较简单，因此可以将所有的动态处理和功能实现都由 JSP 页面中的 Java 脚本代码（Scriptlet）实现，如图 4.1 所示为其工作原理示图。

2. 该架构设计方案的优缺点

以页面为中心的设计方案的主要优点就是技术实现比较简单，对开发人员的技术能力的要求比较低，不需要系统地掌握 J2EE Web 开发技术就能够开发实现。

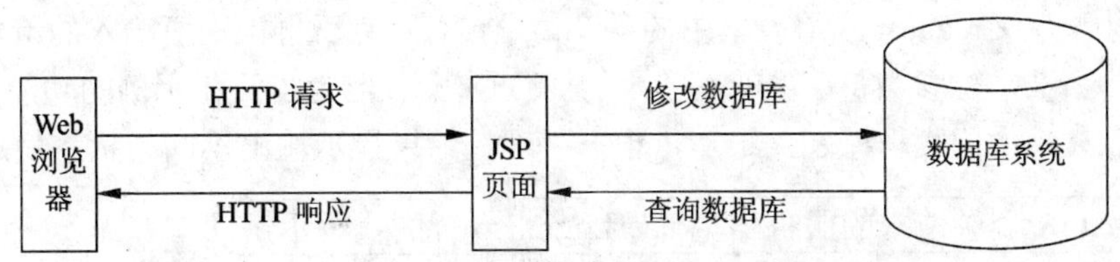

图 4.1　以页面为中心的 Web 系统架构示图

但其缺点也是比较明显的，各个 JSP 页面中的 HTML 标签和 Java 脚本代码强耦合在一起。这样的设计方案将导致 JSP 文件的实现者不仅要熟悉 Web 页面设计和相关的实现技术，也还要熟悉与 JSP 及 Java 相关的编程技术；直接在页面中内嵌与业务处理逻辑有关的功能实现代码，不利于 JSP 页面及系统的整体维护和功能扩展。开发人员因为要理解应用系统的整体流程，必须要浏览相关的各个 JSP 页面文件；各个页面之间紧密相关，更改业务逻辑或数据处理相关的 Java 脚本代码，可能就需要修改相关的多个不同的 JSP 页面文件。

另外，系统的整体调试也非常困难，Java 脚本代码难以阅读也无法重用，将原本由 Servlet 组件处理的业务流程逻辑都由 JSP 页面文件承担。

3. 该设计方案的主要应用场合

以页面为中心的设计方案主要适用于小型的以静态页面为主的 Web 应用系统。第 2 章中的各个示例基本上都是基于这样的设计思想实现的，如例 2-2 中的响应登录请求的 responseUserLogin.jsp 页面中的代码示例、例 2-3 中的读写 Cookie 信息的代码示例、例 2-11 中的利用 application 对象实现系统访问总数的计数器代码示例等。

4. 以页面为中心的 Web 系统架构实现示例

下面以一个 Web 应用系统中的用户登录功能实现为例，说明如何直接使用 JSP 页面实现技术构建 Web 应用系统。

1）实现用户登录功能的请求页面

例 4-1 为本示例中的用户登录请求的 JSP 页面代码示例，其中设计有一个登录表单，该表单向服务器端的 userLogin.jsp 页面发送 HTTP 请求（黑体标识的属性）。

例 4-1　用户登录请求的 JSP 页面代码示例。

处理请求的目标仍然为 JSP 页面

```
<%@ page pageEncoding="gb2312"%>
<html><head><title>用户登录功能的请求页面</title></head><body>
 <form method="post" name="userLoginForm" action="userLogin.jsp">
  您的名称：<input type="text" name="userName"><br>
  您的密码：<input type="password" name="userPassWord"><br>
  <input type="submit" value="提交">
</form></body></html>
```

2）构建响应请求的服务器端 userLogin.jsp 页面

例 4-2 所示为响应登录请求的服务器端 userLogin.jsp 页面中的代码示例，在其中利用

JSP 中的内置对象 request 获得表单中的各个请求参数；然后再识别所输入的请求参数是否满足系统中所要求的参数值（也就是登录的业务逻辑），但为了简化示例的功能实现，没有利用 JDBC 技术访问数据库表；最后，根据处理的结果显示输出不同的状态信息。

例 4-2　响应登录请求的服务器端 userLogin.jsp 页面代码示例。

```
<%@ page pageEncoding="GB18030"%>
<%
 String userName= request.getParameter("userName");
 String userPassWord= request.getParameter("userPassWord");
  boolean okOrNot=userName.equals("admin")&&userPassWord.equals("1234");
  if(okOrNot){
     out.print("您登录成功！");
  }
  else{
     out.print("您登录失败！)";
   }
%>
<html><head><title>响应请求的服务器端 userLogin.jsp 页面</title></head>
<body></body></html>
```

获得表单中的各个请求参数

识别请求参数是否满足要求

直接在 JSP 页面中显示输出请求的结果

从例 4-2 中可以明显地了解到在以页面为中心的 Web 系统架构实现中，请求和响应处理都采用 JSP 页面组件实现，并且直接将处理的 Java 脚本代码内嵌到 JSP 页面中。

3）测试本示例的功能实现效果

在浏览器中输入 http://127.0.0.1:8080/J2EEWebApp/index.jsp 的请求 URL 地址，如图 4.2（a）所示。在表单中输入登录的请求参数，用户名为 admin、密码为 1234，并提交表单后，将出现如图 4.2（b）所示的结果信息。

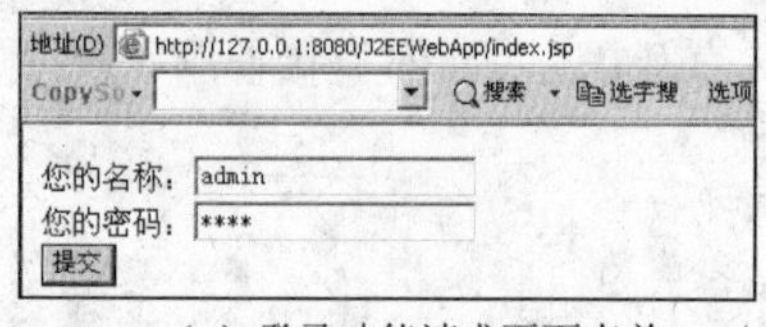

（a）登录功能请求页面表单

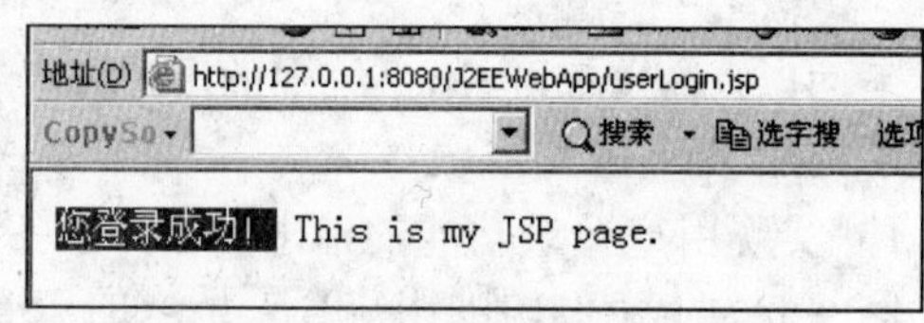

（b）响应请求的结果信息

图 4.2　成功登录效果

如果在登录表单中输入错误的身份信息，如错误的密码登录系统，如图 4.3（a）所示。提交登录表单后，将出现如图 4.3（b）所示的处理结果信息。

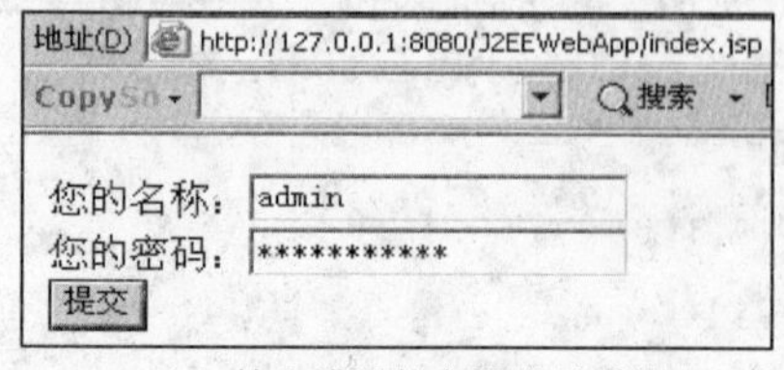

（a）输入错误的密码登录系统

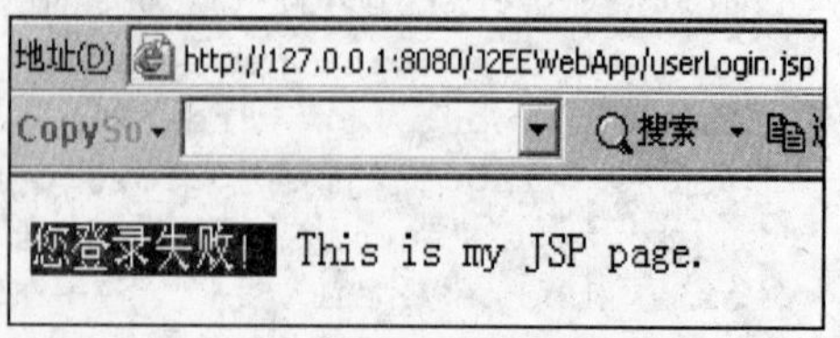

（b）响应登录失败请求的结果信息

图 4.3　错误登录效果

4.1.2　JSP Model One Web 系统架构

1. 利用 JSP Model One 模式架构 Web 应用系统

该架构模式的主要实现方式是利用“JSP + JavaBeans”（或者“JSP+Servlet”）等标准的 J2EE Web 组件技术构建出 Web 应用系统，其核心思想是将完成业务功能处理的 Java 脚本程序代码从表现层中的各个 JSP 页面分离出，并包装到 Java 组件（JavaBean）类程序中。

在JSP 页面中通过<jsp:userBean>动作标签创建Java 组件的对象实例，并利用<jsp:setProperty />和<jsp:getProperty />标签操作对象中的属性。但仍然还需要应用 Java 脚本对业务组件中的方法进行调用和根据处理的结果转发到不同的目标页面中。

2. JSP Model One 模式的工作原理

图 4.4 所示为 JSP Model One 模式系统架构的工作原理图，用户在浏览器端的请求页面中发出 HTTP 请求，该 HTTP 请求一般是向应用服务器端的某个 JSP 页面发出；JSP 页面再调用具体完成业务功能的 JavaBean 组件程序中的业务功能方法，由该业务功能方法实现最终的业务功能操作（如访问数据库表中的数据等）；然后业务功能组件再将处理后的结果数据返回到某个显示结果的 JSP 页面中，响应请求的 JSP 页面则将处理后的结果发送到显示结果的 JSP 页面中以实现结果的显示输出。

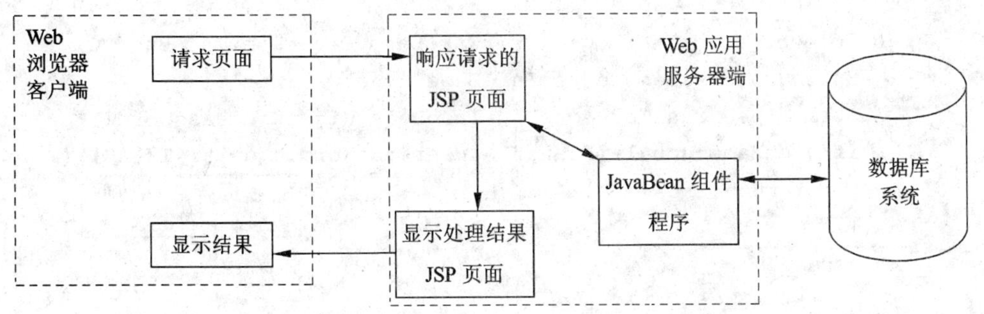

图 4.4　JSP Model One 模式系统架构的工作原理

3. 该架构模式的主要技术特性

在此架构设计中的各个 JSP 页面不仅要承担系统中的各种数据输入和输出等视图（View）表现部分的功能，也还要承担系统中的请求和响应的控制调度（Control）的职责。因此，在职责分配方面体现为多重！不符合面向对象类设计中的单一职责原则。

另外，该设计方案也还会导致在 JSP 页面中出现大量的 Java 脚本代码，因为在 JSP 页面中还需要对业务功能组件中的业务方法进行调用，这可以参考例 4-3 中所示的利用 JSP

Model One 模式架构的 Web 站点中的某个功能页面的代码示例。

4. 该设计方案的主要应用场合

该架构模式一般适用于中型 Web 应用系统，其中的业务逻辑处理和数据访问功能实现代码并不复杂。

5. JSP Model One Web 系统架构实现示例

第 2 章中的例 2-1 和例 2-2 其实是以页面为中心的 Web 系统架构实现示例，现对该示例进行重构（Refactor）和扩展为采用 JSP Model One 的 Web 系统架构实现。

1）在项目中添加业务功能处理 UserInfoManageImple 类

例 4-3 所示为实现用户登录业务功能处理的 UserInfoManageImple 类代码示例，其中利用 UserInfoBaseVO 实体类（该类中的详细代码请参考例 2-7）包装用户登录的基本信息，并在 doUserLogin()方法中识别登录的请求参数是否为指定的值（用户名为 yang、密码为 1234），请注意其中黑体所标识的语句。

例 例 4-3 实现用户登录业务功能处理的 UserInfoManageImple 类代码示例。

```
package com.px1987.webcrm.model.imple;
import com.px1987.webcrm.model.vo.UserInfoBaseVO;
public class UserInfoManageImple {
    public UserInfoManageImple() {
    }
    public boolean doUserLogin(UserInfoBaseVO oneUserInfoBaseVO) {
        String userName=oneUserInfoBaseVO.getUserName();
        String userPassWord=oneUserInfoBaseVO.getUserPassWord();
        if(userName.equals("yang")&&userPassWord.equals("1234")){
            return true;
        }
        else{
            return false;
        }
    }
}
```

UserInfoBaseVO 包装登录请求参数

实际应该通过访问数据库获得数据

2）修改例 2-2 响应登录请求的 responseUserLogin.jsp 页面代码

在例 4-4 所示的 responseUserLogin.jsp 页面中创建业务实体类及业务类的对象实例，并利用<jsp:setProperty/>标签直接将表单中的请求参数包装到业务实体对象中；然后再调用业务功能方法处理登录的请求，并获得和识别登录后的处理结果；如果登录成功，则保存用户的身份信息到会话 HttpSession 对象中，实现会话跟踪。如果登录失败，则构建错误信息并保存到 request 请求对象中；最后分别转发跳转到不同的目标 JSP 页面中显示登录结果的状态信息，修改后的最终页面代码如例 4-4 所示。

例 4-4　修改后的响应登录请求的 responseUserLogin.jsp 页面代码示例。

```
<%@ page pageEncoding="GB18030"%>
<jsp:useBean  class="com.px1987.webcrm.model.vo.UserInfoBaseVO"
                        id="oneUserInfo" scope="page" />
<jsp:useBean class="com.px1987.webcrm.model.imple.UserInfoManageImple"
                        id="oneUserInfoBean" scope="page"  />
<jsp:setProperty name="oneUserInfo" property="userName" param=
"userName"/>
<jsp:setProperty name="oneUserInfo" property="userPassWord"
                        param="userPassWord"/>
<jsp:setProperty name="oneUserInfo" property="type_User_Admin"
                        param="type_User_Admin"/>
<html> <head> <title>响应登录请求的页面</title></head> <body>
 <%
     request.setCharacterEncoding("gb2312");
     boolean checkResult=false;
     checkResult=oneUserInfoBean.doUserLogin
     (oneUserInfo);
     if(checkResult){
        request.setAttribute("userNameString",oneUserInfo.getUserName());
        session.setAttribute("oneUserInfoVO",oneUserInfo);
%>
     <jsp:forward page="/userManage/showOneOnLineUserInfo.jsp" />
<%
     }
     else{
        request.setAttribute("errorText","登录失败！并且你的用户名称为"+
                                        oneUserInfo.getUserName());
        session.setAttribute("oneUserInfoVO",null);
%>
 <jsp:forward page="/errorDeal/showWebAppError.jsp" />
<%
     }
%>
</body></html>
```

创建业务实体类及业务类的对象实例

将表单的请求参数直接包装到业务实体对象实例中

对表单的请求参数进行中文编码转换

对业务功能类中的业务处理方法调用

保存用户的身份信息实现会话跟踪

登录成功转发到目标页面中显示状态信息

登录失败转发到目标页面中显示错误信息

对比例 4-4 和例 4-2 两个示例页面中的代码，可以了解到 JSP Model One Web 系统架构是对以页面为中心的 Web 系统架构的设计方案的优化，但在例 4-4 的示例中仍然会出现 Java 脚本代码，只是比例 4-2 中的 Java 脚本代码量相对减少了，并将业务功能处理和逻辑判断等方面的代码分离到业务功能类中。

3）测试本示例的最终实现效果是否正确

部署本示例中的各个页面和业务功能程序类到Tomcat 服务器中，然后在浏览器中按照图 4.5 所示的 URL 地址执行用户登录的功能页面 userLogin.jsp，并在登录表单中输入有效的身份信息，如图 4.5 所示。

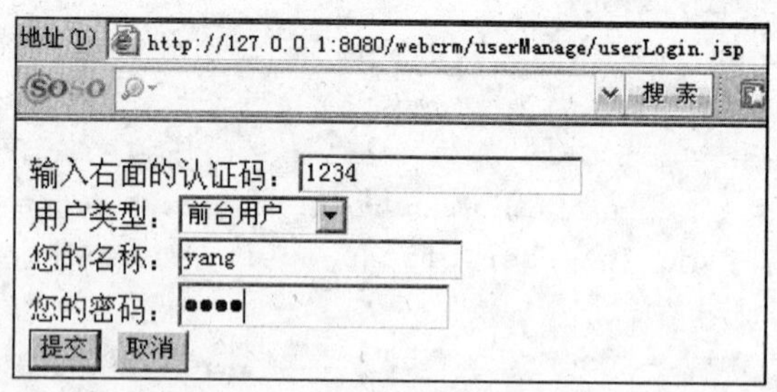

图 4.5　在登录表单中输入有效的身份信息

单击表单中的【提交】按钮后，将出现如图 4.6（a）所示的响应结果信息。而如果在图 4.5 所示的登录表单中输入错误的信息，将出现如图 4.6（b）所示的响应结果信息。

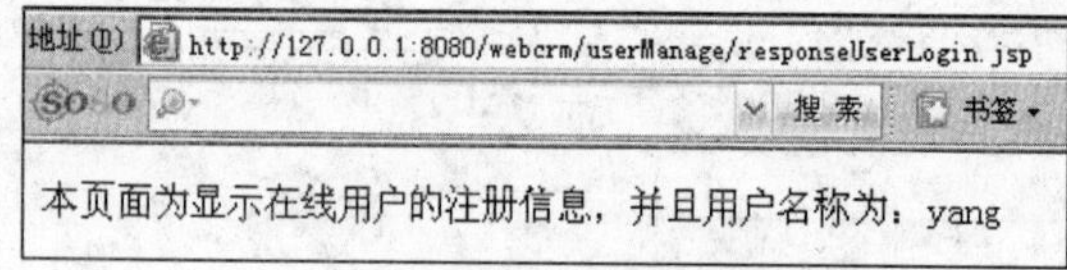

（a）响应登录成功请求的结果信息

（b）响应登录失败请求的结果信息

图 4.6　响应登录成功和失败请求的结果信息

4.1.3　JSP Model Two Web 系统架构

1. 利用 JSP Model Two 模式架构 Web 应用系统

JSP Model Two Web 系统架构虽然已经具备了使用 MVC 模式实现 Web 应用系统架构的雏形，但并非严格意义上的 MVC 架构，该架构模式其实是 MVC 架构模式在 J2EE Web 组件技术上的具体应用，也称为 Web MVC 架构。

在 JSP Model Two Web 系统架构模式中，仍然应用 MVC 架构模式中的模型（M）-视图（V）-控制器（C）3 种不同形式的组件来构建 Web 应用系统。其中的模型层组件（Model）由 JavaBean 组件承担，并完成业务功能和数据处理等方面的功能；而视图（View）层组件由 JSP 页面承担，并实现人机交互的前台界面和处理后的结果的显示输出；而控制(Control)调度方面的功能则由系统中的 Servlet 组件承担，主要实现调度 JSP 页面和 JavaBean 组件和转发目标页面等方面的功能。

2. JSP Model Two 模式的工作原理

如图 4.7 所示为 JSP Model Two 模式的系统架构的工作原理图，用户在浏览器端的请求页面中发出 HTTP 请求，该 HTTP 请求向应用服务器端的某个控制器 Servlet 组件发出；该 Servlet 组件将根据请求的类型相应地再调用具体完成业务功能的 JavaBean 组件类中的业务功能方法，由该业务功能方法实现最终的业务功能操作和数据访问（如访问数据库表中的数据等）；然后业务功能组件再将处理后的结果数据返回到该控制器 Servlet 组件中，控制器 Servlet 组件将根据处理后的结果状态的不同分别转发到对应的目标页面中显示结果，其中对处理结果的显示输出和请求采用两个不同的 JSP 页面。

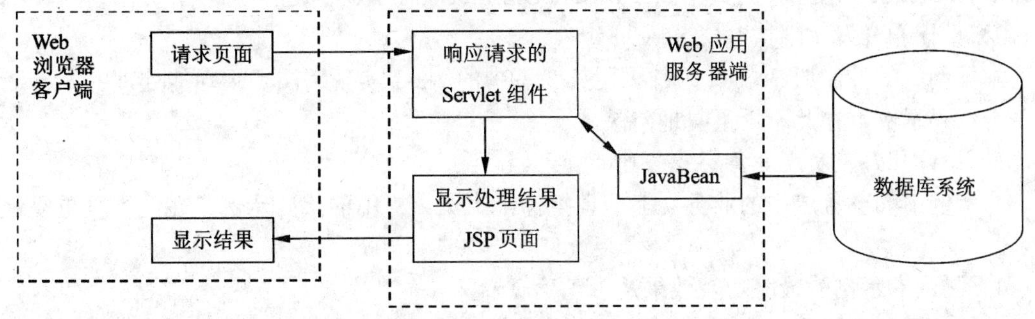

图 4.7　JSP Model Two 模式系统架构的工作原理

3. 该架构模式的主要技术特性

在此架构设计中，将系统中的表现层中的功能组件和业务逻辑处理功能组件彻底地分离，JSP 页面只承担输入和输出方面的功能，而业务逻辑处理和数据访问都由 JavaBean 组件程序承担。因此，各自的职责相互分离；而表现层和业务层之间的通信，则由控制层 Servlet 组件承担。整个系统中的表现、业务和控制调度三者的程序代码彻底分离，各自职责单一，但又相互配合。

4. 该设计方案的主要应用场合

该架构模式可以应用于复杂的大型 Web 应用系统的开发实现中，同时也是 J2EE 技术平台中的许多 MVC 框架如 Struts/Struts2 框架的基础架构。

5. JSP Model Two Web 系统架构实现示例

下面对例 4-3 和例 4-4 所示的 JSP Model One Web 系统架构实现的示例进一步完善，并重构和扩展为 JSP Model Two Web 系统架构实现。

1）修改 userLogin.jsp 页面向控制层 Servlet 组件发送 HTTP 请求

在 JSP Model Two Web 系统架构实现中，所有的页面请求（通过表单或者超链接）都应该要向控制层 Servlet 组件程序发送，而不再向 JSP 页面发送。因此，需要修改第 2 章例 2-1 中的 userLogin.jsp 页面内的表单<form>标签内的 action 属性为如下黑体标识的值，其中利用 EL 表达式动态获得 Web 应用系统的 Context 名称（Web 应用上下文名），并向控制层 Servlet 程序发送 HTTP 请求：

```
<form method="post"
    action="${pageContext.request.contextPath}/userInfoManageAction.
    action">
    ... 其他标签，在此省略
</form>
```

对于显示登录成功后的状态信息继续采用第 2 章例 2-20 所示的动态获得 HttpServletRequest 对象中的数据的 showOneOnLineUserInfo.jsp 页面代码示例。

2）设计和开发实现控制层 Servlet 组件

本示例中的控制层 Servlet 组件采用第 3 章中的例3-1 实现用户登录功能处理的 Servlet 程序类代码示例，在此不再重复地附录。

3）设计和开发实现业务层业务功能处理组件

本示例中的业务层中的业务功能处理组件采用例 4-3 中的代码示例，在此不再重复地附录。

4）测试本示例的最终功能效果是否正确

部署本示例中的各个页面文件和业务功能类、控制层 Servlet 组件到 Tomcat 服务器中，然后在浏览器中继续按照图 4.5 所示的 URL 地址执行项目中的用户登录的功能页面 userLogin.jsp，并在登录表单中输入有效的身份信息，如图 4.5 所示。

单击表单中的【提交】按钮后，将出现如图 4.8（a）所示的响应结果信息。而如果在图 4.5 所示的登录表单中输入错误的信息，将出现如图 4.8（b）所示的响应结果信息。

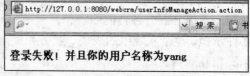

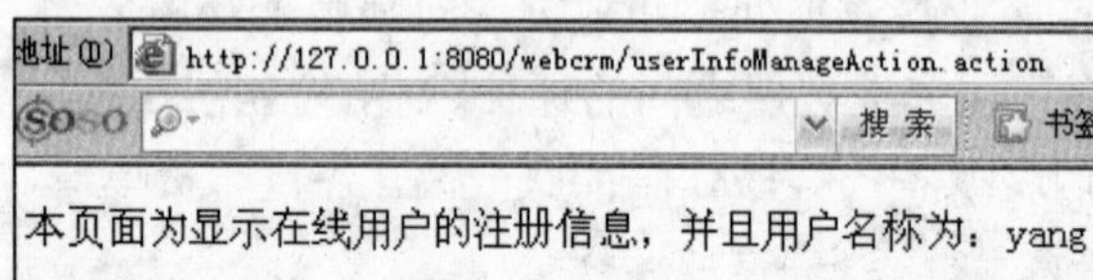

（a）响应登录成功请求的结果信息

http://127.0.0.1:8080/webcrm/userInfoManageAction.action

登录失败！并且你的用户名称为yang

（b）响应登录失败请求的结果信息

图 4.8　响应登录成功和失败请求的结果信息

对比图 4.8（a）和图 4.6（a）中的浏览器 URL 地址栏中的信息，在图 4.8（a）所示图中的 URL 地址为请求的目标 Servlet 程序的 URL 地址，但在浏览器窗口中所显示的信息来自于例 2-20 所示的 showOneOnLineUserInfo.jsp 页面文件，因为在 Servlet 程序中采用请求转发的方式跳转到目标页面中。而在图 4.6（a）示图中的 URL 地址为请求的目标 JSP 页面的 URL 地址，没有经过 Servlet 程序的处理。

6. 理解 MVC 架构模式中所倡导的“表现”与“业务”分离的思想

在 JSP Model Two Web 系统架构实现的示例中，在其中的请求页面 userLogin.jsp 中并没有包含任何的“Java 脚本”程序代码，如图 4.9 所示的页面标签。

同样在该示例的响应输出页面中也没有包含任何的“Java 脚本”程序代码，如图 4.10 所示的页面标签。

图 4.9　在请求页面中没有包含任何的脚本代码

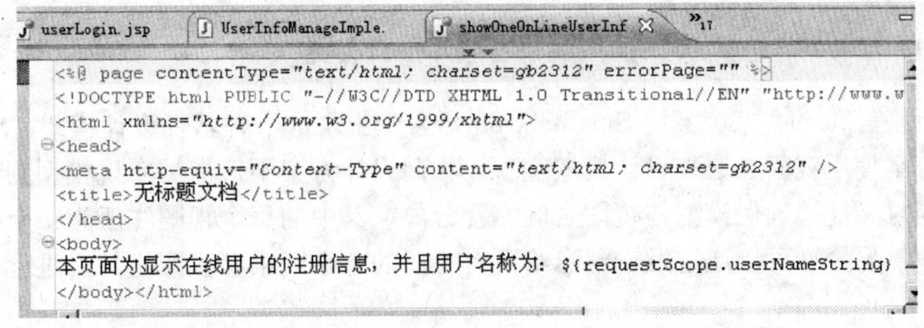

图 4.10　在响应输出页面中也没有包含任何的脚本代码

因此，在 JSP Model Two Web 系统架构实现中，所有与业务功能处理和请求/响应等调度方面的功能程序都由对应的 JavaBean 组件和 Servlet 组件承担。页面设计者美工和程序开发者程序员分工明确，Java 程序员可以集中精力创建可重用的代码，而 HTML 设计者可以集中精力于页面内容的表现实现。

4.1.4　MVC 模式及在 Web 系统中的应用

1. 模型/视图/控制器（MVC）是软件系统的通用体系架构

经典的三层架构的软件系统自底向上依次是数据访问层、业务逻辑层和表示层，而 MVC 架构模式是对它的进一步完善，在表现层和业务逻辑层之间加入了一个控制调度层，关联前端的表现（数据的输入和输出）和后台的业务功能处理。

MVC 架构模式强调将一个复杂的应用系统分解为模型、视图和控制器 3 部分，它们分别对应于应用系统中的业务逻辑和数据、用户界面、用户请求处理和数据显示的同步。MVC 与标准的三层体系架构同样都是架构级别的，相同之处在于都有表现层，但不同之处在于其他的两个层。

在三层架构中没有定义控制器（Controller），而 MVC 也没有把业务的逻辑访问看成两个不同的层，这是采用三层架构或 MVC 搭建程序最主要的区别。

2. MVC 是帮助控制应用系统中变化的一种设计模式

MVC设计理念认为，在一个软件应用系统中，用户界面发生变动的可能性最大，控制部分变动次之，而业务逻辑是最稳定的。因为，软件系统在功能、环境、性能等方面都会发生改变。比如经常改变的政策、业务级别、业务重点、合作伙伴关系、行业地位以及其他与业务有关的因素，这些因素甚至会影响业务的性质。

因此，应用系统在设计时希望能够达到在系统发生最大的变化时，系统开发者做到最小的改动。为此，应用系统中的业务逻辑的实现代码不应和反映用户界面的代码混杂在一起，而是要尽可能地独立和分离，并由控制器程序担当两者交互的“门面（Façade）”。

目前，MVC 架构模式被广泛地应用在 C/S 和 B/S 的二层和三层的应用系统的开发实现中，并很好地实现了业务处理层与表现层的分离。

3. Smalltalk-80 MVC 方案使用观察者通知模式实现

MVC 是在 20 世纪 80 年代 Smalltalk-80 语言中出现的一种软件设计模式，Smalltalk-80 MVC 方案使用观察者通知设计模式实现，如此设计方案不仅能够实现模型到视图的通知机制，同时又能够确保模型与视图之间相互分离。其中的每个视图注册为一个模型数据的观察者，然后模型可以通过发送消息给所有注册的各个观察者视图组件，进行自身调整和改变。

图 4.11 所示为 Smalltalk-80 MVC（也称为标准的 MVC）工作的机制和工作原理图，它是通知/订阅者（Notify/Subscribe）协议和观察者（Observer）模式的具体应用。在很多场合下交互使用 JSP Model Two 和 MVC 这两个词已经很平常了，没有应用观察者设计模式中“通知”技术的 MVC 在 J2EE 平台中称为 Web MVC（也就是 JSP Model Two Web 架构）。

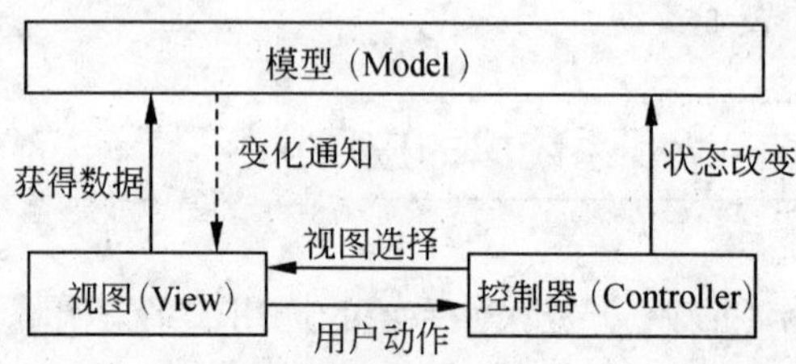

图 4.11　MVC 工作的机制和工作原理图

在 Smalltalk-80 MVC 设计模式中的模型组件代表应用系统程序的主体部分，模型组件表示业务数据或者业务逻辑功能实现，而 MVC 设计模式中的视图组件是应用程序中用户界面相关的部分，是用户看到并与之交互的操作界面；当然，MVC 设计模式中的控制器组件主要是根据用户的输入，控制用户界面数据显示和更新模型组件对象的状态。

4. Web MVC 架构及在 J2EE Web 系统中的应用

Web MVC 是对 Smalltalk-80 中的标准 MVC 的改进，于 1999 年 2 月的 JavaWorld 大会上，由 Govind Seshadri 博士提出。

Web MVC 架构区别于 Smalltalk-80 MVC 的一个主要原因是，观察者/通知模式不能应用在基于 HTTP 协议的 Web 环境中。由于 HTTP 协议是无状态的，因此基于 HTTP 协议的 MVC 中的模型组件和视图组件之间不能直接应用观察者设计模式进行状态改变的通知。因为 HTTP 是一个“拉模式”的协议：只有客户发送请求后，服务器才有响应输出；没有客户的请求也就没有服务器端的响应输出。而观察者设计模式需要的是一种“推”协议来进行通知，以便服务器能在模型改变时将信息推送到客户端。

因此，MVC 在 Web 方式下将改由控制器 Servlet 组件实现模型和视图之间的“代理”，控制和调度模型组件和通知视图更新显示，通过转发（Forward）或重定向（Redirect）形式实现响应输出。图 4.12 所示为一个基于 MVC 架构的 Web 应用系统中的各个层中组件之间的交互情况，由于在此架构中没有应用观察者设计模式中的“通知（Notify）”来通知各个视图组件，因此属于 Web MVC 架构。

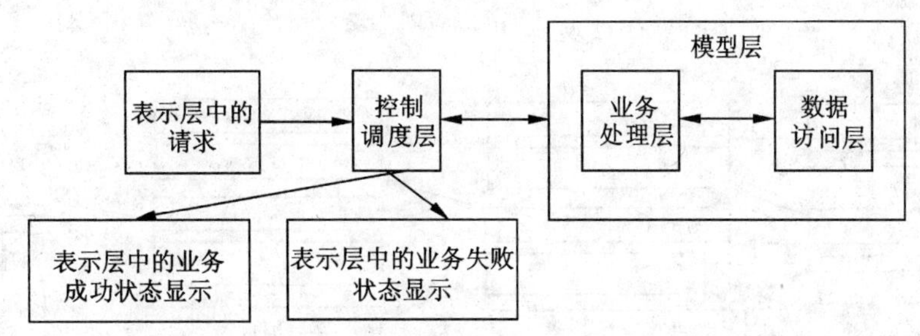

图 4.12 基于 Web MVC 架构的系统中的各个层组件之间的交互

在 Web MVC 架构中同样倡导要将应用系统中的“表现”和系统中的“模型”彻底地分离，而两者通过控制器进行相互关联。因此为应用系统中的业务逻辑功能编写的功能实现代码不应该和反映用户界面的功能实现代码相互混杂在一起，而应该是彼此尽可能地独立和分离，并由控制器来担当两者交互的中介。

5. Web MVC 模式和标准的 Smalltalk MVC 模式之间的异同

Web MVC 模式和标准的 Smalltalk-80 MVC 模式之间的每个组件的主要职责并没有改变，但控制流程有轻微改变，即查询状态和改变通知都必须通过控制器组件实现；另一个改变是，当视图，或者表现层需要渲染动态页面时，它使用从控制器传递的数据而不是直接来自于模型层。这种改变能够真正地分离“表现”和“模型”之间的耦合，允许控制器选择数据和显示这些数据的视图。

Web MVC 模式是为同样的数据需要提供多个不同的视图的应用系统而设计的，它很好地实现了数据层与表示层的分离，如图 4.13 所示。

6. Web MVC 在项目设计和开发等方面存在许多不足

1）Web MVC 模式中的控制层结构不清晰

在应用 Web MVC 模式构建 J2EE Web 应用系统时，各层组件的分配和职责的定义完全取决于系统开发者的技术水平和设计经验，并且其中的控制层结构不清晰，在职责的分配方面易与业务层组件相互混淆。图 4.14 所示为 Web MVC 的实现方式中的控制层和表示层以及业务层之间的关系，从该图中可以明显地看出，控制层与业务层之间的关系不仅为“多对多”的关系，而且控制层与表示层之间的关系也为“多对多”的关系。

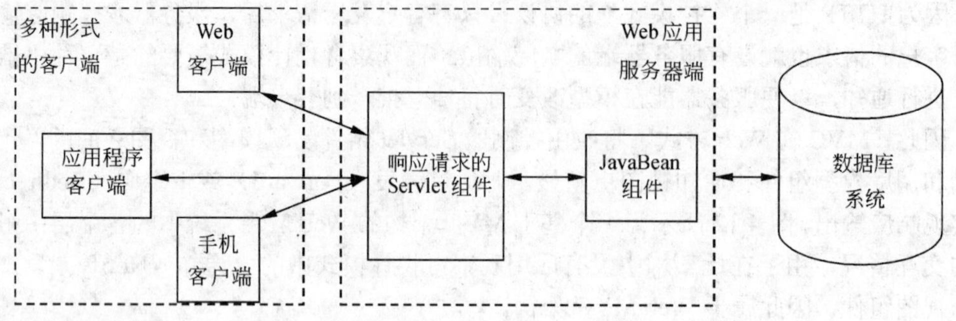

图 4.13　Web MVC 可以应用于多客户端的系统

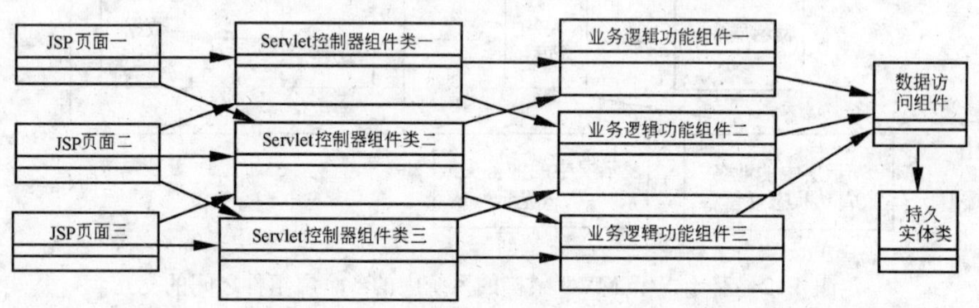

图 4.14　Web MVC 中的控制层结构不清晰并且易与业务层混淆

因此，基于这样的系统架构设计出的应用系统，从系统的总体全局的角度来看时，整个应用系统中的表示层、控制层和业务处理层三者之间的关系是非常复杂的。

2）应用单一控制器或应用多控制器设计方案都会导致复杂性

所谓的使用多个 Servlet 作为控制器，如图 4.14 所示，也就是针对每一个请求处理流程都定义一个 Servlet 程序，并借助 URL 映射匹配到目标 Servlet 组件中。因此，需要在 web.xml 文件中配置出每一个 Servlet 组件和定义 URL 映射，这将导致 web.xml 文件复杂和庞大。另外，整个系统的请求处理的流程各自分散管理，不利于整个系统的功能扩展和维护。

而应用单一 Servlet 组件作为集中控制器，如图 4.15 所示，也就是将所有的 Web 请求全部经由一个 Servlet 控制器集中处理（该控制器其实为中央控制器）。当然，此时的 web.xml 文件的内容肯定会比较小，但会导致 Servlet 控制器类程序代码变得冗杂。

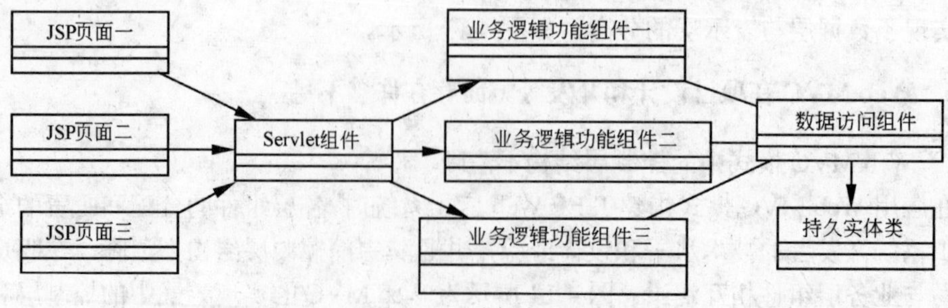

图 4.15　应用单一 Servlet 组件作为集中控制器

更合理的设计方案则是应用 J2EE 核心架构模式中的前端控制器系统架构模式，在整个系统的控制层中应用两种类型的控制器组件，一个前端控制器和多个不同的业务请求处理器组件，如图 4.16 所示的 Apache Struts 框架的系统架构示图。

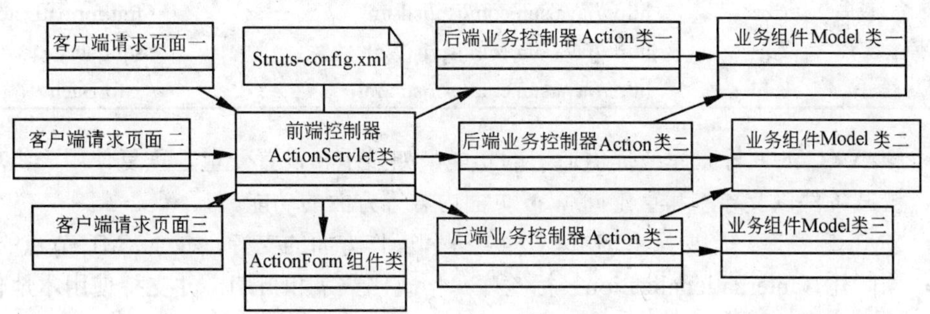

图 4.16　Struts 框架的系统架构示图

这样的系统架构广泛地应用在 J2EE 系统平台中的各种 MVC 框架的系统设计中，如 Struts/Struts2、Spring MVC 和 WebWork 等框架的体系设计中。

在项目开发中应用 MVC 框架如 Struts2 框架，可以让开发者只需要关注特定于每一个应用的逻辑开发工作，而不需要重复地设计和实现通用的功能逻辑代码，提高开发效率。

7. J2EE 平台中的 MVC 模型层组件技术实现

模型层组件是应用系统的主体，它表示业务数据或者业务逻辑处理的功能代码。在 J2EE 平台中模型层组件可以采用如下两种方式来实现：

① 采用 JavaBean 组件技术实现：封装系统中的各种业务数据的实体 JavaBean 组件类和业务逻辑型的业务功能 JavaBean 组件类。

② 用 EJB 组件技术来实现：利用会话 Bean 处理业务逻辑，实体 Bean 实现数据存取。

4.2　利用 JSTL 标签封装业务处理逻辑代码

4.2.1　应用 JSTL 标准标签库封装业务功能代码

1. JSTL 的主要功能简介

在 Java Community Process（JSR 52）的赞助下提出了 JSTL（JSP Standard Tag Library，JSP 标准标签库），为 J2EE Web 表现层开发中的通用功能实现提供了标准的解决方案。JSTL 通过使用标签（Tags）封装业务功能代码内嵌到 JSP 页面中，从而减少了页面中的 Java 脚本代码量，但 JSTL 只能运行在支持 JSP 1.2 和 Servlet 2.3 规范的 Servlet 容器中。

在 JSTL 中包括如下 4 类标签库，每一类都涵盖了一个特定的功能领域，表 4.1 为 JSTL 标签库中的 4 类不同的标签库的前置名称和 URI 的对照表。

表 4.1　JSTL 中的 4 类标签库的前置名称和 URI

JSTL 标签	前置名称	URI	示例
核心标签库	c	http://java.sun.com/jsp/jstl/core	<c:out>
国际化标签库	fmt	http://java.sun.com/jsp/jstl/fmt	<fmt:formatDate>
数据库标签库	sql	http://java.sun.com/jsp/jstl/sql	<sql:query>
XML 标签库	xml	http://java.sun.com/jsp/jstl/xml	<x:forBach>

- 核心（Core）标签库：提供通用的功能，如显示和设置变量、重复使用一组项目、测试条件以及导入和重定向 Web 页面内容等方面的功能。
- XML 标签库：提供了对 XML 文档处理和操作方面的支持，如对 XML 节点的解析。
- 国际化（Internationalization）标签库：格式化数字和日期，并支持使用本地化资源实现 JSP 页面的国际化。
- 数据库（Database）标签库：提供对数据库表数据的访问和修改方面的支持。

2. 应用 JSTL 标签可以减少页面中的脚本量

下面通过两个具体的示例说明应用 JSTL 标签可以减少页面中的脚本量，其一是基于 Java 脚本实现，而另一种则是采用 JSTL 标签实现相同的功能。如下为采用 Java 脚本实现打印输出 10 个数字的页面代码示例：

```
<html><head><title>采用 Java 脚本打印输出 10 个数字</title></head><body>
<%
  for(int index=1; index<=10;index++){
%>
<%=index %><br/>
<%
    }
%>
</body></html>
```

在页面中内嵌 Java 脚本代码将导致 HTML 标签和脚本语句相互混合，降低了 JSP 页面的可读性。如下为采用 JSTL 标签实现相同功能的页面代码示例，简洁明了：

```
<%@ taglib uri="http://java.sun.com/jstl/core" prefix="c" %>
<html><head><title>采用 JSTL 标签打印输出 10 个数字</title></head><body>
    <c:forEach var="index" begin="1" end="10" step="1">
      <c:out value="${index}" />
      <br />
    </c:forEach>
  </body>
</html>
```

3. JSP 页面中的 taglib 指令

taglib 指令为 JSP 页面引入外部标签库，以提高页面的可维护性。taglib 指令的语法格式为：

```
<%@ taglib uri="tablibURI" prefix="tagPrefix"%>
```

其中，uri 属性指定标签库描述文件的地址，prefix 属性定义在 JSP 页面中引用外部标签的前缀符，但这些前缀符不能为 jsp、jspx、java、javax、sun、servlet 和 sunw 等。

4. 在项目中添加 JSTL 的系统库

在项目中如果要使用 JSTL 标签，则必须将与 JSTL 有关的系统库 jstl.jar 和 standard.jar 文件放到项目的 classPath 路径中。对于 Web 应用系统，则应该放在项目中的 WEB-INF/lib 目录中。可以在 Sun 公司提供的与 Java 技术有关的官方网站 http://java.sun.com/products/jsp/jstl/或者在 Apache 开源社区的官方网站 http://jakarta.apache.org 中下载 JSTL 的系统库。在 MyEclipse 工具中，可以通过可视化方式添加 JSTL 的系统库，如图 4.17 所示的菜单项目。

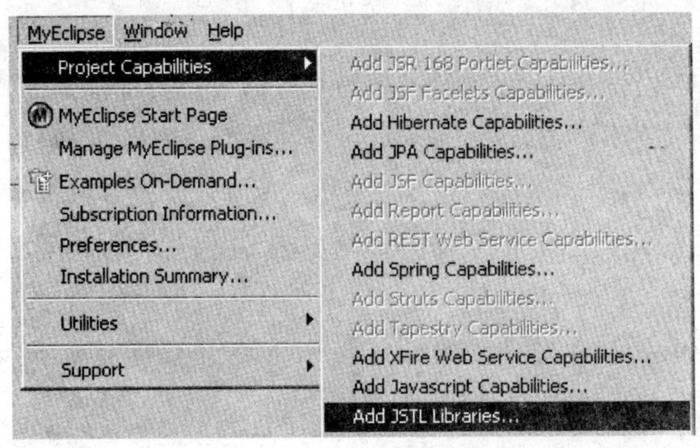

图 4.17　MyEclipse 工具提供对 JSTL 的技术支持

在项目中应用 JSTL 能够提高 Web 应用系统在各种应用服务器之间的可移植性，因为 JSTL 在应用程序服务器之间提供了一致的接口，并且减少了 JSP 中的脚本代码的数量。

4.2.2　JSTL 核心标签库中的基本输入输出标签及应用

1. <c:out>标签

<c:out>标签主要用于在 JSP 页面中显示输出数据，它有如下的属性：

- value：表示待输出的信息（可以是 EL 表达式或常量），为必备的属性项目。
- default：value 属性为空时的显示信息。
- escapeXml：为 true 则避开特殊的 XML 字符集。

如下为应用示例：

```
<c:out value="正常的值" default=" value为空时显示的信息" />
```

而示例：<c:out value="${sessionScope.oneUserInfoVO.userName }" />表示从 session 对象中获取 oneUserInfoVO 对象中的 userName 成员属性的值并显示输出。默认取值的顺序是首先从 page 作用域中获得，依次为 request、session 和 application，如果没有取到任何的值则不显示输出。

2. <c:set>标签

<c:set>标签主要用于保存数据，它有如下属性：

- value：表示要保存的信息（可以是 EL 表达式或常量）。
- target：代表需要修改属性的变量名（一般为 JavaBean 组件的对象实例）。
- property：需要修改的 JavaBean 组件对象实例中的属性。
- var：需要保存信息的变量。
- scope：保存信息的变量的范围。

如果在<c:set>标签中指定了 target 属性，那么 property 属性也必须指定。如示例：

```
<c:set value="oneUserInfoVO.userName" var="userName" scope="session" />
```

实现将 oneUserInfoVO.userName 的值保存到 session 的 userName 中，其中 oneUserInfoVO 是一个 JavaBean 组件对象的实例，而 userName 是 oneUserInfoVO 对象实例中的成员属性。

而示例：

```
<c:set target="userName" property="userName"
                    value="oneUserInfoVO.userName"/>
```

实现将对象 oneUserInfoVO.userName 的 userName 属性值保存到变量 userName 中。

3. <c:remove>标签

<c:remove>标签用于删除数据，它有如下属性：

- var：表示要删除的变量。
- scope：被删除变量的范围（包括 page、request、session、application 等）。

如示例：<c:remove var="userName" scope="session"/>表示从 session 对象中删除 userName 变量的值。

4. <c:catch>标签

<c:catch>主要用来捕获其中的 Java 脚本代码所可能产生的异常错误信息，并且将错误信息储存起来。例 4-5 中的示例为基本输入输出标签综合应用的示例：

例 4-5 基本输入输出标签综合应用示例。

```
<%
```

```
    request.setAttribute("param1","张三");
    request.setAttribute("testHTML","<b>格式化标签</b>");
%>
   <c:out value="${param1}"></c:out>
   <c:out value="${testHTML}" default="this is default html" ></c:out>
   <!-- escapeXml="fasle"按 html 解析默认为 true -->
   <c:out value="${testHTML}" default="这是默认页面的内容"
                                       escapeXml="fasle"></c:out>
   <c:set var="cParam" value="1" scope="request"></c:set>
   <c:remove var="param1" scope="request"/>
   ${cParam }
   ${param1 }
   <c:catch var="error_Message"> // 功能语句在此省略</c:catch>
   $ (error_Message)
```

4.2.3　JSTL 核心标签库中的流程控制标签及应用

1. <c:if>标签

<c:if>标签表示单一条件关系，有如下属性：

- test：需要判断的条件。
- var：要求保存条件结果的变量名。
- scope：指定变量或者对象的范围。

其中的 var 属性用来测定结果的变量名，并用来保存条件判断表达式的结果。应用该标签的主要目的，是避免在页面中多次进行相同的条件判断。

如下为应用示例：

```
<c:if test="${empty userInfoVO}">登录失败</c:if>
```

而在如下的示例中，应用复合条件。其一是识别 listSiz 对象是否大于 pageSize，另一个则是识别 pageEnd 是否小于 listSize：

```
<c:if test="${(listSize gt pageSize) and (pageEnd lt listSize)}">
  …
</c:if>
```

但如果需要应用多种形式的条件表达式则需要使用<c:choose>标签。

2. <c:choose>标签

由于在 JSTL 标签中没有如下的条件语句：if (){…} else {…}，而对于这种形式的应用要求只能使用<c:choose>、<c:when>和<c:otherwise>标签共同来完成。这个标签不接受任何的属性，其中的<c:when>代表条件，并且<c:when>标签有 test 属性，而其中的<c:otherwise>

标签不接受任何属性。如下为应用示例：

```
<c:choose>
    <c:when test="${empty userInfoVO}"> userInfoVO 对象为空</c:when>
    <c:otherwise> userInfoVO 对象不为空</c:otherwise>
</c:choose>
```

而如下的标签示例是识别某个实体对象中的 userType 属性的值是否为指定值，然后再显示输出不同的信息内容：

```
<c:choose>
    <c:when test="${requestScope.oneUserInfoVO.userType==3}">
            其他类型的注册用户
    </c:when>
    <c:otherwise>为目前未定义的用户类型</c:otherwise>
</c:choose>
```

例 4-6 为客户关系信息系统中的导航菜单条中的动态菜单的实现，其中应用了 JSTL 标签库中的条件控制标签根据实体对象中的 type_User_Admin 属性值（代表用户的类型）的不同显示出不同内容的导航菜单条。

例 4-6　JSTL 条件控制标签综合应用示例。

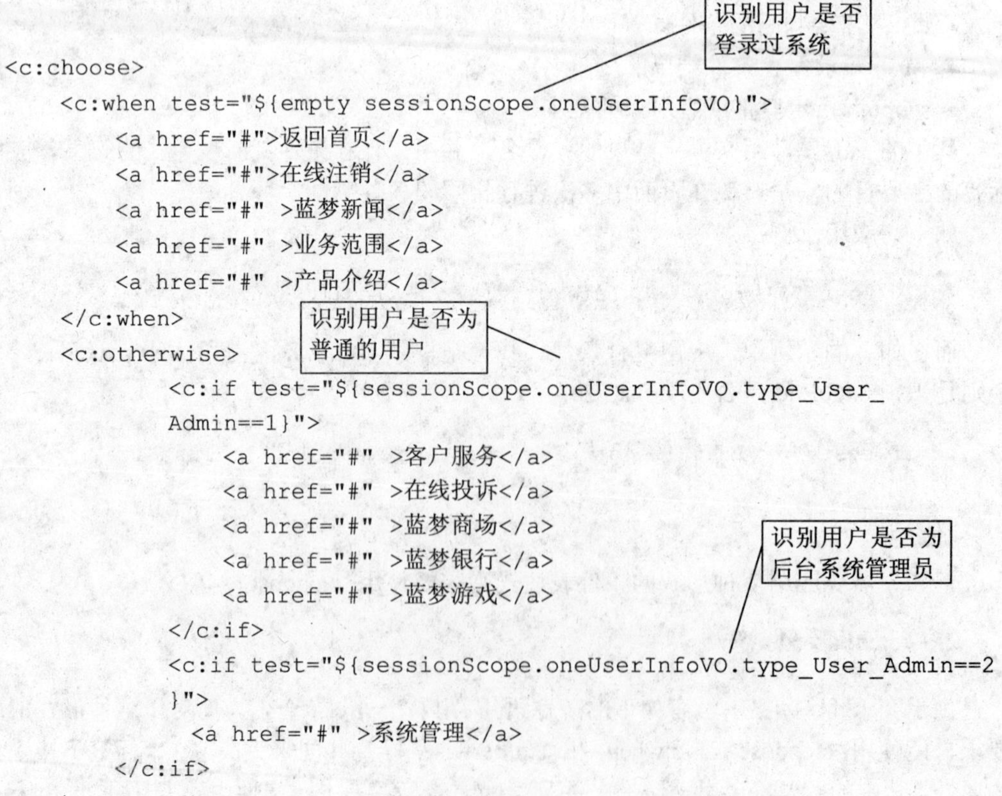

```
<c:choose>
    <c:when test="${empty sessionScope.oneUserInfoVO}">
        <a href="#">返回首页</a>
        <a href="#">在线注销</a>
        <a href="#" >蓝梦新闻</a>
        <a href="#" >业务范围</a>
        <a href="#" >产品介绍</a>
    </c:when>
    <c:otherwise>
            <c:if test="${sessionScope.oneUserInfoVO.type_User_
            Admin==1}">
                <a href="#" >客户服务</a>
                <a href="#" >在线投诉</a>
                <a href="#" >蓝梦商场</a>
                <a href="#" >蓝梦银行</a>
                <a href="#" >蓝梦游戏</a>
            </c:if>
            <c:if test="${sessionScope.oneUserInfoVO.type_User_Admin==2
            }">
              <a href="#" >系统管理</a>
        </c:if>
   </c:otherwise>
```

```
</c:choose>
    <a href="#" >关于我们</a>
    <a href="#" >在线帮助</a>
```

例 4-6 的执行结果如图 4.18、图 4.19 和图 4.20 所示，其中图 4.18 为用户没有登录系统时的菜单条中的项目，而图4.19 为普通用户登录系统后的菜单条中的项目，图 4.20 则是管理员用户登录系统后的菜单条中的项目，其中增加有“系统管理”菜单项。为了节省本书的篇幅，在例 4-6 中没有附录出 CSS 样式表单文件的内容。

图 4.18　用户没有登录系统时的菜单条中的项目

图 4.19　普通用户登录系统后的菜单条中的项目

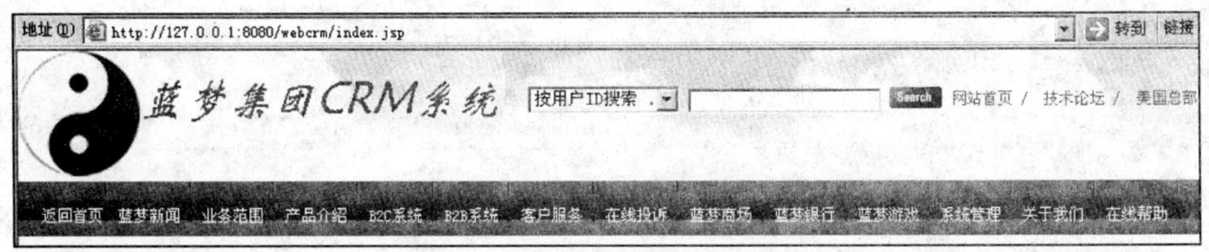

图 4.20　管理员用户登录系统后的菜单条中的项目（增加了“系统管理”菜单项）

3. <c:forEach>循环控制标签

在 Web 开发中，迭代是经常要使用到的操作，例如在页面中逐行显示出查询的结果等。通过 JSTL 中的迭代标签可以简化迭代操作，在 JSTL 中提供有两种形式的迭代标签，分别为：<c:forEach>和<c:forTokens>。

其中<c:forEach>标签用于通用数据，其作用就是迭代输出标签内部的内容。它既可以进行固定次数的迭代输出，也可以依据集合中对象的个数决定迭代的次数。它有以下属性：

- items：要进行迭代的集合。
- begin：开始条件。

- end：结束条件。
- step：步长。
- var：代表当前项目的变量名（在迭代体中可以使用的变量的名称，用来表示每一个迭代变量，类型为 String）。
- varStatus：显示循环状态的变量（迭代变量的名称，用来表示迭代的状态，可以访问到迭代自身的信息）。

由 varStatus 属性命名的变量并不存储当前索引值或当前元素，而是赋予 javax.servlet.jsp.jstl.core.LoopTagStatus 类的实例。该类包含了一系列的特性，它们描述了迭代的当前状态，如下为这些属性的含义：

- current：当前这次迭代的（集合中的）项。
- index：当前这次迭代从 0 开始的迭代索引。
- count：当前这次迭代从 1 开始的迭代计数。
- first：用来表明当前这轮迭代是否为第一次迭代，该属性为 boolean 类型。
- last：用来表明当前这轮迭代是否为最后一次迭代，该属性为 boolean 类型。
- begin：begin 属性的值。
- end：end 属性的值。
- step：step 属性的值。

例 4-7 为一个利用循环控制标签迭代获得查询结果对象集中的各个成员属性的代码示例，并将各个成员属性在 HTML 表格中显示输出，该示例执行后的结果如图 4.21 所示。

您的各个账户信息如下							
账号	姓名:	开户时间	存期（月）	身份证ID	账户余额（元）	状态	系统注册
1426300328	admin	2008年4月16日	12	123456789012345678	2001.0	定期	1
562264511	admin	2008年4月16日	12	123456789012345678	3001.0	定期	1
563604011	admin	2008年4月6日	12	123456789012345678	2001.0	??	1
563638730	admin	2008年4月6日	12	123456789012345678	2001.0	??	1

图 4.21　例 4-7 所示的页面代码执行后的结果

例 4-7　利用循环控制标签迭代获得对象集中的各个成员属性代码示例。

```
<table width="100%" border="1">
  <tr><td colspan="8"><div align="center">您的各个账户信息如下</div></td>
  </tr>                                                    表格中的表头
  <tr>                                                     中的各个列
    <td width="10%"><div align="center">账号</div></td>
     <td width="10%"><div align="center">姓名;</div></td>
    <td width="13%"><div align="center">开户时间</div></td>
    <td width="15%"><div align="center">存期（月）</div></td>
    <td width="16%"><div align="center">身份证 ID</div></td>
    <td width="10%"><div align="center">账户余额（元）</div></td>
```

```
    <td width="14%"><div align="center">状态</div></td>
    <td width="12%"><div align="center">系统注册 ID</div></td>
  </tr>
<c:forEach var="oneAccountInfoVO"  items="${allAccountInfoVOArrayList}">
      <tr>
        <td><c:out value="${ oneAccountInfoVO.accountID}"/></td>
        <td><c:out value="${ oneAccountInfoVO.userName}"/></td>
        <td><c:out value="${ oneAccountInfoVO.startTimeString}"/></td>
        <td><c:out value="${ oneAccountInfoVO.savingMonth}"/></td>
        <td><c:out value="${ oneAccountInfoVO.idCard}"/></td>
        <td><c:out value="${ oneAccountInfoVO.balance}"/></td>
        <td><c:out value="${ oneAccountInfoVO.userID}"/></td>
        <td> </td>
      </tr>
</c:forEach>
</table>
```

代表查询结果的对象集合对象

集合对象在迭代过程中的某个成员

实体对象中的成员属性值

4.3 利用 JavaBean 组件分离表现逻辑和业务处理代码

4.3.1 MVC 模型层中的 JavaBean 组件技术

1. JavaBean 组件是什么?

JavaBean 组件是一个特殊的 Java 类，这个类必须符合 Sun 公司的 JavaBean 组件的技术规范。当时 Sun 公司提出 JavaBean 组件的技术规范的主要目的是为了在一个可视化的集成开发环境（IDE）中实现可视化、模块化地利用 Java 组件技术开发应用程序而设计的，类似于 Windows 系统平台中早期的 ActiveX 组件技术。

2. JavaBean 组件的分类

1）可视化软件组件（也称为 Java 控件）

在运行过程中能够看到其图形界面的各种组件，它可以是简单的 GUI 元素，如按钮或滚动条；也可以是复杂的可视化软件组件，如实现数据库视图功能的组件。在 J2SE 中的 Swing GUI 组件其实就是 Java 控件。

2）非可视化软件组件（也称为业务功能组件）

在系统运行过程中不能够看到其图形界面的各种组件，如 Java Swing 中的 Timer（定时器）组件或者 J2EE Web 应用系统中的业务功能组件都属于这类非可视化软件组件。

3. J2EE Web 应用中所使用的 JavaBean 组件

在 J2EE Web 应用系统中的 JavaBean 组件一般为不可视化的软件组件，主要封装系统中的业务逻辑处理及业务数据代码，即业务功能组件和业务实体组件而非控件类型的组件。图 4.22（a）为客户关系信息系统项目中的持久层中的功能类、接口和实体的包结构图，而图 4.22（b）为项目中的业务服务层中的功能类、接口和实体的包结构图。

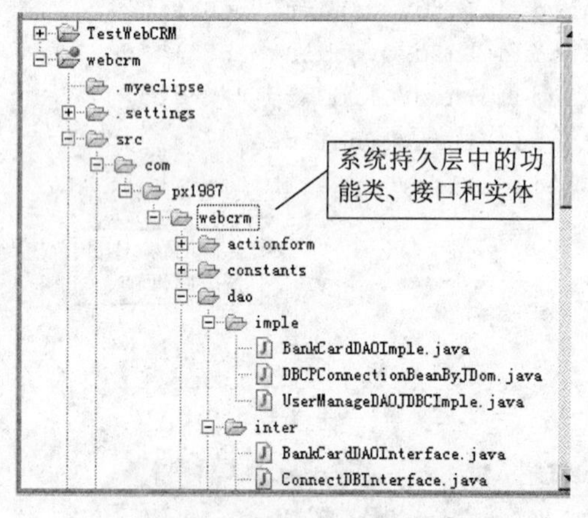

（a）持久层中的功能类、接口和实体

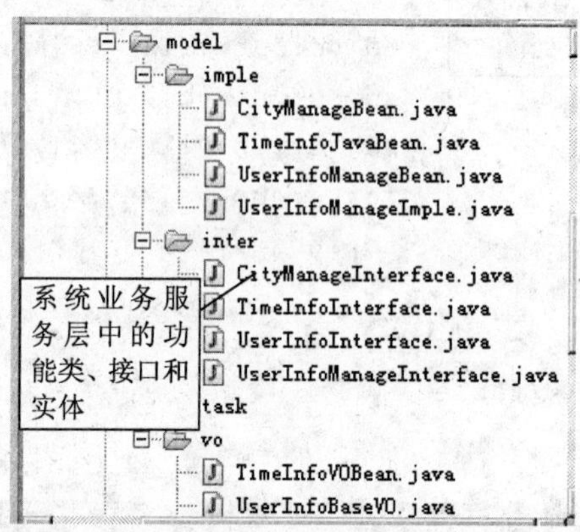

（b）业务服务层中的功能类、接口和实体

图 4.22　持久层和业务服务层的包结构图

4. J2EE Web 应用中所使用的 JavaBean 组件程序结构

J2EE Web 应用系统中所使用的 JavaBean 组件其实就是一般的 Java 程序类，但需要在该类中提供一个不带参数的默认构造函数，如例 2-7 所示的包装用户基本信息的业务实体类 UserInfoBaseVO 代码示例；如果该组件类为实体类，需要为其中的各个成员变量提供 setXXX()和 getXXX()属性访问方法。

其中的 XXX 代表大写字母开头的变量名，而 setXXX()方法修改属性值、getXXX()方法获得属性值。如果有一个属性访问方法为 isX()，则通常暗指其中的"X"是一个布尔类型的成员属性（即 X 的值为 true 或 false）。

5. 在 JSP 页面中如何使用 JavaBean 组件

在 JSP 规范中与 JavaBean 组件有关的各个动作标签为<jsp:useBean>标签定义 JavaBean 组件的对象实例，<jsp:setProperty>标签设置该 JavaBean 组件对象中的成员属性值，而<jsp:getProperty>标签获得该 JavaBean 组件对象中的某一个成员属性的值。这些标签的具体应用示例，可以参考例 1-8、例 1-10 和例 1-11 等示例代码。

6. 应用接口分离 MVC 模型层中的各个组件之间的关系

从 MVC 的角度来看，应用系统中的业务功能类、业务实体类和数据访问功能类、持久实体类等都属于模型层组件。如何设计并决定出模型层中的各个组件之间的关系、分配各个组件各自的职责？如何保证整个应用系统最终能够达到“高内聚、低耦合”的设计效果？

为此，需要将模型层中的各个功能类的接口定义和对这些接口的具体实现相互分离，并以接口作为类之间的“连接器”。该设计方案也称为“面向接口设计和实现”，其基本的设计思想是在两个类之间定义出一个抽象的接口，上层类（服务的使用者，也称为服务请求者）调用这个抽象接口中定义的方法，而下层类（服务的实现者，也称为服务提供者）具体地实现该接口中定义的各个方法。如例 4-8、例 4-9 所示的代码示例。

因为接口能够体现出对问题的抽象，同时由于抽象一般是相对稳定的或者相对变化不频繁的，而具体则是易变的。图 4.23 为客户关系信息系统持久层中实现用户信息数据库表功能操作的 DAO 组件接口 UserManageDAOInterface 和该 DAO 接口的功能实现类 User ManageDAOJDBCImple 之间关系的 UML 类图，而业务服务层中的 UserInfoManageImple 类应用 UserManageDAOInterface 接口。

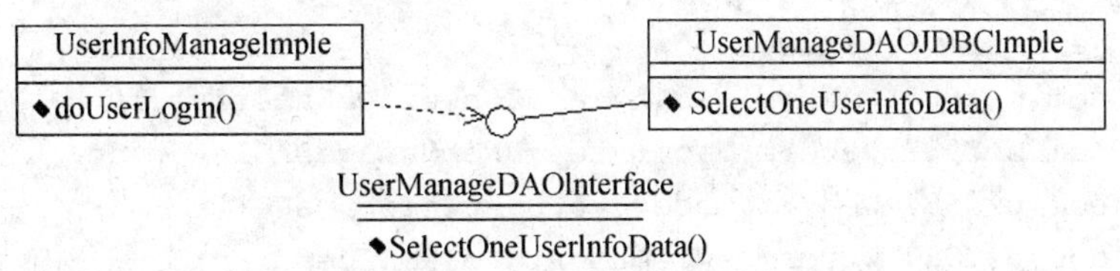

图 4.23　面向接口设计和实现设计思想在项目中的具体应用

4.3.2　JavaBean 组件技术在项目中的应用

在例 4-3 所示的实现用户登录业务功能处理的 UserInfoManageImple 类中并没有通过查询数据库表验证用户登录数据的合法性，下文通过代码示例介绍 JavaBean 组件技术在项目中的应用，同时也对例 4-3 进一步完善，最终达到访问数据库表中的数据的目的。

1. 访问用户信息数据库表中数据的 DAO 接口

例 4-8 所示为对用户信息数据库表中数据操作的数据访问服务接口的代码示例，为了节省本书的篇幅，在该接口中只定义一个数据查询方法，见黑体所标识的方法定义。

例 4-8　对用户信息数据库表中数据操作的数据访问服务接口代码示例。

```
package com.px1987.webcrm.dao.inter;
import java.util.ArrayList;
import java.util.List;
import com.px1987.webcrm.model.vo.UserInfoPO;
import com.px1987.webcrm.exception.WebCRMException;
public interface UserManageDAOInterface {
```

```
    public UserInfoBaseVO selectOneUserInfoData(String userName,
                          String userPassWord) throws WebCRMException;
}
```

2. UserManageDAOInterface 接口的实现类

例 4-9 所示为数据访问服务接口 UserManageDAOInterface 的实现类的代码示例，在其中声明数据库连接 ConnectDBInterface 接口的对象实例，见黑体所标识的语句；并利用 JDBC API 编程实现对目标数据库表中的数据进行查询，返回查询的结果对象。

例 4-9 数据访问服务接口的实现类的代码示例。

```
package com.px1987.webcrm.dao.imple;
import java.sql.Connection;
import java.sql.PreparedStatement;
import java.sql.ResultSet;
import java.sql.SQLException;
import com.px1987.webcrm.dao.inter.ConnectDBInterface;
import com.px1987.webcrm.dao.inter.UserManageDAOInterface;
import com.px1987.webcrm.model.vo.UserInfoBaseVO;
import com.px1987.webcrm.exception.WebCRMException;
public class UserManageDAOJDBCImple  implements UserManageDAOInterface {
    private ConnectDBInterface oneConnectDBBean=null;
    private Connection oneJDBCConnection=null;
    public UserManageDAOJDBCImple() throws WebCRMException {
        oneConnectDBBean=new ConnectDBBean();  //创建数据库连接对象实例
    }
    public UserInfoBaseVO selectOneUserInfoData(String userName,
                    String userPassWord)throws WebCRMException {
        PreparedStatement pstmt=null;
        ResultSet  oneResultSet=null;
        UserInfoBaseVO oneUserInfoVO=null;
        oneJDBCConnection=oneConnectDBBean.connectTODataBase();
        String sqlSelectStatement="select * from userInfo where userName=?
        " +"and userPassWord=?";
        try{
            try {
                stmt=oneJDBCConnection.prepareStatement(sqlSelectS-
                tatement);
            } catch (SQLException e) {
                throw new WebCRMException("不能正常地构建 SQL 语句对象");
            }
            try {
```

获得 JDBC 数据库连接对象实例

根据 SQL 语句构建出 JDBC 语句对象

```
            pstmt.setString(1,userName);
            pstmt.setString(2,userPassWord);      设置 JDBC 语句对象中的两个参数
        } catch (SQLException e1) {
        throw new WebCRMException("不能正常地对带参数的 SQL 语句对象进行赋值
        ");
        }
        try {
            oneResultSet=pstmt.executeQuery();  //执行数据库查询
            if(!oneResultSet.next()){           识别结果集中是否有结果数据
                oneUserInfoVO =null;
                return oneUserInfoVO;
            }
        } catch (SQLException e) {
        throw new WebCRMException("不能正常地对带参数的 SQL 语句实现查询功能
        ");
        }
        oneUserInfoVO =new UserInfoBaseVO();   从结果集中获得目标字段数据，并保存到实体对象中
        try {
        oneUserInfoVO.setUserName(oneResultSet.getString
        ("userName"));
    oneUserInfoVO.setUserPassWord(oneResultSet.getString
    ("userPassWord"));
        } catch (SQLException e) {
            throw new WebCRMException("不能正常地从结果集中获得字段的值");
        }
    }
    finally{
        oneConnectDBBean.closeDataBaseConnection(); //关闭数据库连接
    }
    return oneUserInfoVO;    //返回查询出的结果对象
  }
}
```

3. 数据库连接的接口

例 4-10 所示为项目中的数据库连接接口的代码示例，其中声明有连接数据库和关闭数据库连接的两个方法。

例 4-10　定义数据库连接的接口代码示例。

```
package com.px1987.webcrm.dao.inter;
import java.sql.Connection;
import com.px1987.webcrm.exception.WebCRMException;
public interface ConnectDBInterface {
    public Connection connectTODataBase();
    public void closeDataBaseConnection()throws WebCRMException;
```

```
    public boolean isConnectionValid();
}
```

4. 数据库连接接口的实现类

例 4-11 所示为数据库连接接口 ConnectDBInterface 的实现类的代码示例，通过其中的 initDBConnection()方法连接 MySQL 数据库文件 webcrm。但为了简化本示例代码，将与数据库连接有关的数据直接写在代码中，见黑体所标识的语句，在实际项目开发中应该写入 XML 配置文件中。

例 4-11 数据库连接接口的实现类的代码示例。

```
package com.px1987.webcrm.dao.imple;
import java.sql.Connection;
import java.sql.DriverManager;
import java.sql.SQLException;
import java.util.logging.Level;
import java.util.logging.Logger;
import com.px1987.webcrm.dao.inter.ConnectDBInterface;
import com.px1987.webcrm.exception.WebCRMException;
public class ConnectDBBean implements ConnectDBInterface {
    static String JDBC_DBDriver_ClassName = "com.mysql.jdbc.Driver";
    String JDBC_DSN_URL = "jdbc:mysql://localhost:3306/webcrm";
    String JDBC_dbUserName="root";
    String JDBC_dbUserPassWord="root";
    private java.sql.Connection con = null;
    private static Logger logger =
                        Logger.getLogger(ConnectDBBean.class.getName());
```

获得基于当前类的日志记录器对象实例

```
    static{
        try{
            Class.forName(JDBC_DBDriver_ClassName);
        }
```

请注意为什么要将此语句放在 static 语句块中

```
        catch (java.lang.ClassNotFoundException e){
            logger.log(Level.INFO, "不能正确地加载 JDBC 驱动程序
            "+e.getMessage());
        }
    }
    public ConnectDBBean() throws WebCRMException{
    }
    public void initDBConnection() throws WebCRMException{
        try{
            con = DriverManager.getConnection(JDBC_DSN_URL,
                                JDBC_dbUserName,JDBC_dbUserPassWord);
        }
```

根据连接参数完成最终的数据库连接

```
        catch (java.sql.SQLException e){
            logger.log(Level.INFO, e.getMessage());
            throw new WebCRMException("不能正确地连接数据库并且出现 SQLExce-
                                      ption");
        }
        catch (NullPointerException e){
            logger.log(Level.INFO, e.getMessage());
            throw new WebCRMException("不能正确地连接数据库并且出现"+
                                      "NullPointerException");
        }
    }
    public void closeDBCon() throws WebCRMException{
        if(con==null){        请注意为什么要
            return;           加此条件判断?
        }
        try {
        con.close(); //注意：要识别是否为重复调用，否则会出现数据库连接已经关闭的
                       状况
        con = null;
        }
        catch (SQLException e){
            logger.log(Level.INFO, e.getMessage());
            throw new WebCRMException("不能正确地关闭数据库连接");
        }
    }
    public Connection getConnection() throws WebCRMException{
        initDBConnection();
        return con;      //返回已创建出的数据库连接 Connection 类的对象实例
    }
    public boolean isDBConnectionClose(){ //识别当前数据库连接是否处于有效状态
        return (con==null)?true:false;
    }
}
```

5. 修改例 4-3 中的示例代码

例 4-12 所示为修改后的例 4-3 中的示例代码，在其中的 doUserLogin()方法内（黑体所标识的语句）创建出 UserManageDAOInterface 接口的对象实例，然后再利用 DAO 接口的实现类中的 selectOneUserInfoData()方法查询数据库表，验证是否存在有指定的目标数据。

例 4-12　修改后的例 4-3 中的示例代码。

```
package com.px1987.webcrm.model.imple;
import com.px1987.webcrm.model.vo.UserInfoBaseVO;
```

```
public class UserInfoManageImple {
    public UserInfoManageImple() {
    }
    public boolean doUserLogin(UserInfoBaseVO oneUserInfoBaseVO) {
        String userName=oneUserInfoBaseVO.getUserName();
        String userPassWord=oneUserInfoBaseVO.getUserPassWord();
        UserManageDAOInterface oneUserManageDAOBean=
                              new UserManageDAOJDBCImple();
        UserInfoBaseVO oneReturnUserInfoVO=
        oneUserManageDAOBean.selectOneUserInfoData(userName,
        userPassWord);
        if(oneReturnUserInfoVO!=null){
            return true;
        }
        else{
            return false;
        }
    }
}
```

查询目标数据库表并获得查询结果对象

如果返回的查询结果对象为 null，表明没有合法的数据

当然，为了能够真正地连通目标数据库，在项目中还必须要添加 MySQL 的 JDBC 驱动程序类。

4.4 利用 AOP 分离系统中的核心和横切关注点

4.4.1 面向切面的系统架构设计

1. 面向切面架构设计方法擅长解决系统中的“横跨”关系的问题

面向切面编程（Aspect Oriented Programming，AOP）技术可以解决传统的面向对象编程 OOP 中不能够很好地解决的横切（CrossCut）方面的问题，比如在应用系统中所经常需要解决的如事务、安全、日志、缓存和并发访问中的锁定等问题都属于应用系统中的“横切”关注方面的问题。

关于 AOP 的具体编程及应用技术，作者在《J2EE 项目实训——Spring 框架技术》一书（见本书的参考文献）的第 6 章“AOP 和 Spring AOP 技术”和第 7 章“Spring AOP 中的 Advice 通知”中做了比较详细的介绍。

2. 面向切面设计思想在 J2EE Web 过滤器组件中的应用

Web 过滤器是一种 J2EE Web 组件，它拦截用户通过浏览器发出的请求输入和后台服

务器程序的响应输出。因此，可以在过滤器组件中查看、提取或以某种方式操作正在客户机和服务器主机之间交换的 HTTP 请求数据。

应用 Web 过滤器组件技术同样也能够达到 AOP 所倡导的分离“技术问题实现”和“业务问题实现”的设计效果。因此，在 Web 应用系统的开发实现中可以将系统中的日志记录、安全验证和会话处理、对象缓存、表单数据验证等有关应用系统中的“技术问题实现”的功能代码放在过滤器组件程序中。

这样的设计方案，不仅使得在业务层中将不需要再重复地编写这些功能实现代码，也使得核心业务功能实现的代码和附加技术功能实现的代码相互分离，有利于系统的功能扩展和维护修改。

3. 面向切面设计思想在 J2EE Web 监听器组件中的应用

在 Web 应用系统的开发中，还可以部署一些特殊的 Servlet 组件类，通过它们从而实现对 Web 应用中的上下文信息、会话信息等的监听，最终实现在服务器后台自动地完成某些特定的应用功能。

比如，实现 ServletContextListener 接口的监听器组件可以在 Web 应用系统的启动和关闭时插入附加的功能行为实现，同样实现 HttpSessionListener 接口的监听器组件可以监控用户的会话状态，在会话开始或者结束时插入附加的功能行为实现。

而这些附加的功能实现代码并不需要直接包含在各个业务功能处理代码中，同样也达到将系统中的核心业务功能实现的代码和附加技术功能实现的代码相互分离的设计目标，并且监听器组件可以动态地配置改变，也提高了项目的灵活性。

4.4.2　在项目中应用 Web 过滤器组件技术

1. Web 过滤器组件的主要作用

Web 应用中的过滤器组件（Filter）可以截取从客户端浏览器发出的 HTTP 请求，并对 HTTP 请求进行转换和处理，实现前端控制器的作用；同时还可以实现项目中的日志记录、安全身份认证、会话处理等方面的功能。多个不同的过滤器组件还可以相互串接形成过滤器链；过滤器组件不仅可以对客户端浏览器发出的 HTTP 请求进行过滤处理，同时也可以对服务器端向客户端浏览器发送的 HTTP 响应结果进行过滤处理。

因为在 filterChain.doFilter(request,response);代码之前的功能代码为过滤请求的代码，而以下的功能代码则为过滤响应的功能代码。因此，可以在处理 HTTP 请求之前或之后，通过过滤器组件增加一些附加的通用功能。比如：拦截 HTTP 请求，实现安全认证和日志记录；对 HTTP 请求的数据转换，实现解密 HTTP 请求，然后再将响应的结果数据加密输出到客户端。

而且多个不同的过滤器组件可以组合在一起形成过滤器链，但调用的先后顺序取决于 web.xml 中对过滤器注册的顺序。关于 Web 过滤器组件的具体编程及应用技术，作者在《J2EE 课程设计——技术应用指导》一书（见本书的参考文献）的第 8 章“Web 监听器和过滤器技术及应用”中做了比较详细的介绍。

2. 正确地设置 Web 过滤器组件拦截的 URL 地址

由于 Web 过滤器组件最终是由 Servlet 容器加载和执行的，而 Servlet 容器的加载策略是依据开发人员在 web.xml 部署描述文件中对 Web 过滤器组件部署时所设置的<url-pattern>标签（代表 URL 模式）内的 URL 地址。因此，有必要熟悉和正确地设置 Web 过滤器组件拦截的 URL 地址。表 4.2 为不同形式的 URL 模式所对应的目标资源的含义。

表 4.2　不同形式的 URL 模式所对应的目标资源的含义

URL 模式	含　义
/*	Web 应用系统的根目录下的所有目标资源
/filter/*	根目录内的/filter 目录下的所有目标资源
/filter/*.jsp	根目录内的/filter 目录下的所有的 JSP 页面文件
/filter/someOne/*	根目录内的/filter/someOne/目录下的所有资源

3. 应用 Web 过滤器组件保护系统中的 JSP 页面资源

客户关系信息系统目前所存在的安全漏洞之一，主要表现在用户如果直接在浏览器的 URL 地址栏中输入 http://127.0.0.1:8080/webcrm/userManage/deleteUserInfo.jsp 后，将直接进入到系统中的删除客户信息的功能页面。当然，如果输入其他敏感的 URL 地址也都能够直接进入系统，并完成敏感操作。这将给系统带来一定的安全隐患，应该禁止这样的 HTTP 请求而只允许以*.action 的形式进行访问。

为此，需要在项目中添加一个过滤器组件。类名称为 TransferJSPPage，包名称为 com.px1987.webcrm.filter，并且实现 javax.servlet.Filter 接口。例 4-13 所示为满足此功能需求的代码示例，但除掉了无关的代码没有给出。

例 4-13　保护系统中的 JSP 页面资源的过滤器组件代码示例。

```
package com.px1987.webcrm.filter;
import java.io.IOException;
import java.util.Observable;
import javax.servlet.*;
import javax.servlet.http.*;
public class TransferJSPPage implements Filter {
    public void doFilter(ServletRequest request,ServletResponse response,
            FilterChain chain) throws IOException, ServletException {
        RequestDispatcher oneRequestDispatcher=null;
        HttpServletRequest httprequest = (HttpServletRequest)request;
        oneRequestDispatcher=request.getRequestDispatcher("/index.jsp");
        oneRequestDispatcher.forward(request, response);
        return;
    }
}
```

注意过滤器组件必须实现 Filter 接口

非法的 HTTP 请求都进行拦截并自动转发到系统的首页

在例 4-13 中识别是否为非法的 HTTP 请求（也就是直接对系统中的 JSP 页面的访问），并自动地将请求转发到系统的首页。当然，也可以改变为其他的目标程序，并且为了提高过滤器组件的灵活性，可以将转发的目标页面（如本示例中的 index.jsp）文件名放到 XML 配置文件中，然后在过滤器组件中动态获得。

在 web.xml 文件中部署例 4-13 中的过滤器组件，并正确地设置其中的<url-pattern>为需要保护的目标资源（可以为多组），最终的结果如例 4-14 所示。

例 4-14　部署例 4-13 中的过滤器组件的代码示例。

```
<filter>
    <filter-name>transferjsppage</filter-name>
    <filter-class>com.px1987.webcrm.filter.TransferJSPPage
    </filter-class>
</filter>
<filter-mapping>
    <filter-name>transferjsppage</filter-name>
    <url-pattern>*.jsp</url-pattern>
</filter-mapping>
<filter-mapping>
    <filter-name>transferjsppage</filter-name>
    <url-pattern>/webResource/*</url-pattern>
</filter-mapping>
```

对系统中的所有 JSP 页面进行监控和保护

对系统中的另一个敏感目录中的所有资源进行监控和保护

测试例 4-13 中的过滤器组件 TransferJSPPage 类的功能效果，在浏览器中输入 http:// 127.0.0.1: 8080/webcrm/userManage/deleteUserInfo.jsp 后，系统将自动地跳转到系统的首页，如图 4.24 所示的局部截图。

图 4.24　系统对非法的 HTTP 请求将自动地转发到目标页面中

当然，一旦在系统中采用该过滤器组件拦截直接对 JSP 页面的请求方式以后，页面中的所有超链接形式的页面跳转将应该采用“*.action”的方式实现，也就是在浏览器的 URL 地址栏中将不再出现*.jsp 形式的 URL 地址，如图 4.24 所示。

4.4.3　在项目中应用 Web 监听器组件技术

1. Web 监听器组件技术

J2EE Web 组件在 Servlet 容器中运行时存在生命周期，并且在生命周期中的不同阶段，

Servlet 容器也将触发不同的事件。在 J2EE Web 技术规范中定义了这些事件相关的各个接口，开发人员可以根据项目中的功能需要，实现有关的事件接口，并重写事件接口中的特定事件响应方法而最终形成 Web 监听器组件。

当 Servlet 容器触发上下文信息（ServletContext）、会话信息（HttpSession）等特定的事件时，相关的 Web 监听器组件中的事件处理方法的程序代码将会被自动地调用。因此，开发者所实现的 Web 监听器组件最终能够实现在服务器后台系统中自动地执行某个特定功能的程序，从而完成某些“自动化”的应用功能。比如，定时备份系统中的各种关键性数据、数据汇总和创建报表等。

关于 Web 监听器组件的具体编程及应用技术，作者在《J2EE 课程设计——技术应用指导》一书（见本书的参考文献）的第 8 章“Web 监听器和过滤器技术及应用”中做了比较详细的介绍。

2. 利用监听器组件技术加载系统中的全局工作参数

1）功能需求的应用背景及代码示例

在 Web 应用系统中一般都会存在许多全局工作参数，比如连接数据库的各种连接参数等，如例 4-15 中黑体标识的代码语句。为了减少对这些全局工作参数的重复解析，可以在 Web 应用系统启动时一次性加载这些配置参数并缓存起来，在后台的 Servlet 程序及业务功能的 JavaBean 组件中获得这些工作参数，然后再改变自身的工作状态。

为此，可以在项目中添加一个监听器组件，并且实现 ServletContextListener 接口，最终的 LoadAllParametersListener 类的代码示例如例 4-15 所示。

例 4-15 加载系统中全局工作参数的监听器组件代码示例。

```
package com.px1987.webcrm.listener;
import java.util.HashMap;
import java.util.Map;
import javax.servlet.ServletContextEvent;
import javax.servlet.ServletContextListener;
public class LoadAllParametersListener implements ServletContextListener{
   private Map<String,String> allCommonParameterHashMap=null;
   public LoadAllParametersListener() {
   }
   @Override
   public void contextDestroyed(ServletContextEvent event) {
       allCommonParameterHashMap.clear();
       allCommonParameterHashMap=null;
   }
   @Override
   public void contextInitialized(ServletContextEvent event){
       allCommonParameterHashMap=new HashMap<String,String>();
```

利用 Map 集合包装所有的工作参数

当 Servlet 容器关闭时卸载内存中缓存的工作参数

```
        allCommonParameterHashMap.put("JDBC_DBDriver_ClassName",
                                  "com.mysql.jdbc.Driver");
        allCommonParameterHashMap.put("JDBC_DSN_URL",
                                 "jdbc:mysql://localhost:3306/webcrm");
        allCommonParameterHashMap.put("JDBC_dbUserName","root");
        allCommonParameterHashMap.put("JDBC_dbUserPassWord","root");
        event.getServletContext().setAttribute("allCommonParameter",
                                  allCommonParameterHashMap);
    }
}
```

为了减少代码的复杂度，省掉了对 XML 解析的代码

将包装工作参数的集合对象缓存在 ServletContext 中

2）部署该监听器组件类程序

在 web.xml 部署描述文件中部署该 LoadAllParametersListener 监听器组件类程序，如下为最终的部署标签：

```
<listener>
    <listener-class>com.px1987.webcrm.listener.LoadAllParametersL-
    istener
    </listener-class>
</listener>
```

3）在某个 Servlet 组件中获得由监听器解析和缓存的工作参数

例 4-16 所示为在某个 Servlet 组件中获得由监听器解析和缓存的工作参数的代码示例，但除掉了无关的代码没有给出。

例 4-16　获得由监听器解析和缓存的工作参数的代码示例。

```
public void getCommonParameter(){
    Map<String,String> allCommonParameterHashMap=null;
    ServletContext application=this.getServletContext();
    allCommonParameterHashMap=(HashMap<String,String>)
            application.getAttribute("allCommonParameter");
    String JDBC_DBDriver_ClassName=
            allCommonParameterHashMap.get("JDBC_DBDriver_ClassName");
    String JDBC_DSN_URL=
            allCommonParameterHashMap.get("JDBC_DSN_URL");
    String JDBC_dbUserName=
            allCommonParameterHashMap.get("JDBC_dbUserName");
    String JDBC_dbUserPassWord=
            allCommonParameterHashMap.get("JDBC_dbUserPassWord");
    System.out.println("JDBC_DBDriver_ClassName="+
                        JDBC_DBDriver_ClassName);
    System.out.println("JDBC_DSN_URL="+JDBC_DSN_URL);
    System.out.println("JDBC_dbUserName="+JDBC_dbUserName);
    System.out.println("JDBC_dbUserPassWord="+
```

获得 ServletContext 对象，然后再获得其中缓存的集合

从集合中获得指定名称的参数

在系统控制台中显示输出所获得的各个参数值

```
                    JDBC_dbUserPassWord);
    }
```

4）测试本示例的功能效果

将系统中的连接数据库的各个工作参数保存在一个 XML 文件中，然后启动 Tomcat 服务器并进入系统登录功能页面，正常进行系统登录。由于在登录功能处理的 Servlet 程序中调用例 4-16 所示的 getCommonParameter()方法获得工作参数，因此在控制台中打印输出所获得的参数值，如图 4.25 所示。

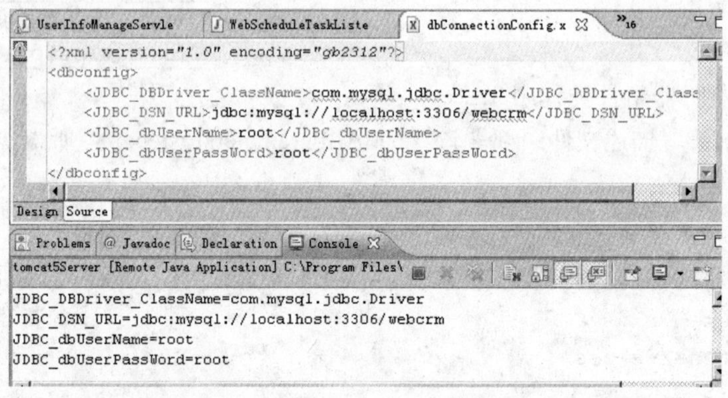

图 4.25　在系统控制台中打印输出所获得的参数值

3. 监听 Servlet 容器启动和关闭并实现日志记录

1）功能需求的应用背景

通过监听 Servlet 容器启动和关闭的事件，在事件发生时记录 Servlet 容器程序启动和关闭的系统日志，以便系统管理员通过这个日志查看 Servlet 容器在启动和关闭时可能出现的错误情况。

2）满足此功能需求的原理性的代码示例

例 4-17 所示为监听 Servlet 容器启动和关闭并实现日志记录的原理性代码示例，在其中利用 JDK 中的 Logger 日志类中的 log()方法记录 Servlet 容器启动和关闭时的状态信息，注意其中黑体所标识的代码。为了节省本书的篇幅，在代码中只简单地打印输出普通的提示信息。

例 4-17　监听 Servlet 容器启动和关闭并实现日志记录的代码示例。

```
package com.px1987.webcrm.listener;
import java.util.logging.Level;
import java.util.logging.Logger;
public class ListenerServerState implements ServletContextListener{
    private Logger logger = Logger.getLogger(this.getClass().getName());
    public void contextInitialized(ServletContextEvent sce){
        logger.log(Level.INFO, "Servlet 容器已经启动...");
```

```
    }
    public void contextDestroyed(ServletContextEvent event) {
        logger.log(Level.INFO, " Servlet 容器已经关闭...");
    }
}
```

小　结

教学重点

软件系统架构设计师不仅要考虑软件系统的整体结构方面的设计工作以及软件系统所应该具有的功能，还要关注整个软件系统的可用性、可重用性和可扩展性以及可靠性、安全性等相关方面的技术实现问题，以期望能够达到“高内聚、低耦合”的系统架构设计目标。

为此，首先要增强学生对应用系统的总体架构设计的重要性的意识，“高内聚、低耦合”是系统设计的主要目标，而 JSP Model One 和 Model Two Web 系统架构是具体的实现形式。

本章的第 2 个教学重点是对 MVC 架构模式及在 Web 系统中的具体应用，MVC 架构模式广泛地被应用于应用系统的开发实现中，并很好地实现了业务处理层与表现层的分离。

最后一个教学重点则是面向切面架构设计在 J2EE 平台中的具体实现和应用，面向切面编程技术可以解决传统的面向对象编程中不能够很好地解决的横切（CrossCut）方面的问题。比如在应用系统中所经常需要解决的如事务、安全、日志、缓存和并发访问中的锁定等问题都属于应用系统中的“横切”关注方面的问题。

学习难点

大型企业级 Web 应用系统的开发通常要求有一个良好的软件架构、便于协作开发和扩展升级，面向方面的设计思想弥补了面向对象设计思想在实际软件系统开发应用中所存在的缺陷。因为面向对象的编程技术不能实现软件系统中的核心关注点与横切关注点的相互分离，而面向方面的编程思想正是为了解决这个问题而提出的。

因此，在软件系统的开发实现中应该要综合应用面向对象的编程技术和面向方面的编程技术。另外，还要理解为什么要提出标签技术。JSTL 标签可以封装业务处理逻辑代码，从而减少页面中的 Java 脚本代码量。

教学要点

面向对象的架构设计能够适应不断变化的软件系统的需求，而面向切面架构设计是对面向对象架构设计的进一步扩展和完善，但面向对象的架构设计和面向切面架构设计都是针对单一的软件系统设计的方法。

采用面向对象的软件系统体系架构设计方法设计软件系统可以使得软件系统的功能实现代码能够更容易扩展、具有更好的可重用性。

但普通的学生在学习本章的内容时，会存在对面向切面架构设计方法可能比较陌生或者不了解的情况。面向对象的架构设计方法更擅长解决“纵向”和“核心和外围”关系的问题，而面向切面架构设计方法擅长解决有“横跨”关系的问题。

另一个教学要点是要让学生熟悉 JavaBean 组件规范，JavaBean 组件是一个特殊的 Java 类。在 J2EE Web 应用系统中的 JavaBean 组件一般为不可视化的软件组件，主要封装系统中的业务逻辑处理及业务数据代码。

学习要点

面向方面编程的基本思想是要求开发人员尽可能分离“技术问题实现”和“业务问题实现”的功能代码，将应用系统中的通用功能从各个业务功能类中分离出来，这样将能够更好地遵守“单一职责”的类设计原则；同时，也能够实现代码的重用和提高系统功能实现程序的可扩展性。

当某个通用的功能实现的行为发生变化时，不必修改和维护许多程序类，而只需要修改这些共享的功能程序类。为此，应仔细阅读和理解例 4-13、例 4-15 和例 4-16 等示例程序。

练　习

1. 单选题

（1）Service（响应请求的服务）是下面哪个 J2EE 应用组件生命周期中的一个阶段？(　　)

（A）JSP　（B）JavaBean　（C）JavaClass　（D）Servlet

（2）在 Servlet 程序类对象实例中如何得到 HttpSession 对象的引用？(　　)

（A）调用 ServletContext 对象的 getSession()获取

（B）调用 HttpServletRequest 对象的 getSession()获取

（C）new Session()

（D）使用固定变量 session

（3）选出关于 J2EE 和 Java EE 的正确描述是哪一项？(　　)

（A）J2EE 和 Java EE 都是 Java 企业应用平台　（B）JavaEE 是 J2EE 的下一个版本

（C）JavaEE 和 J2EE 都支持 JSP　（D）JavaEE 和 J2EE 都支持 JSF

（4）选出可以从 JSP 默认的内置对象 request 中获取的信息。(　　)

（A）cookie　（B）content type　（C）session　（D）Servlet Name

（5）JSTL 标签库中的<c:forEach>标签的主要作用是哪一项？(　　)

（A）条件判断　（B）赋值　（C）循环　（D）跳转

2. 填空题

（1）JSP Model One 架构模式的主要实现方式是利用________或者________等标准的 J2EE Web 组件技术构建出 Web 应用系统。

（2）MVC 架构模式中的模型层组件由________组件承担，并完成业务功能和数据处理等方面的功能；视图层组件由________承担；控制层组件协调表现层组件和模型层组件，主要由________承担。

（3）JSTL 中的<c:out>标签的主要作用是________，<c:if>标签的主要作用是________，<c:choose>标签的主要作用是________，<c:forEach>标签的主要作用是________。

（4）JavaBean 组件其实就是一般的 Java 程序类，但需要在该类中提供一个________，如果该组件类为实体类，需要为其中的各个成员变量提供________和________属性访问方法。

（5）应用 Web 过滤器组件技术同样也能够达到 AOP 所倡导的分离________和________的设计效果，实现 ServletContextListener 接口的监听器组件可以监听 Web 应用系统的________和________等状态。

3. 问答题

（1）为了能够在 JSP 页面中应用某种标签库的标签，应该采用 JSP 中的什么指令进行引用说明？写出 JSTL 中的一个标签及其使用方法。

（2）请描述 MVC 的基本含义。为什么要应用 MVC？J2EE Web 网站有哪几种形式的系统设计方案？什么是 J2EE Web MVC 的系统设计方案？

（3）什么是 JavaBean 组件程序中的属性？如果类中的某个成员变量名称为 X，则应该为它提供什么属性访问方法？解释<c:out value="${requestScope.userName }">标签的含义。

（4）请解释 JSTL 的含义。Sun 公司为什么要提出 JSTL 标签？请解释<c:out value="${sessionScope.oneUserInfoVO.userName }" />的含义。

（5）在项目中如何正确地应用 JSTL 标签库？解释下面的<c:forEach>标签能够完成什么方面的功能。其中的 var 和 items 属性的含义是什么？

```
<c:forEach var="oneAccountInfoVO" items="${allAccountInfoVOArrayList}">
</c:forEach>
```

（6）简述 Web 应用架构中的 Model One 和 Model Two 之间的主要差别。解释 MVC 系统架构模式的基本含义。

（7）在基于 JSP 开发的 Web 应用系统中，建议将数据和业务逻辑封装在 Java Bean 中，请简述这样选择的理由。

4. 开发题

（1）现有如图 4.26 所示的某个系统中的用户注册表单，应用 JSP Model One Web 系统架构实现系统中的注册功能。

（2）现有如图 4.27 所示的名称为 ComeFrom 的数据库表，其中包含了 comeFromID、stateName 和 cityName 3 个字段。利用 MVC 架构模式为该数据库表编写一个管理系统，实现对数据库表中的数据进行增、删、改、查。

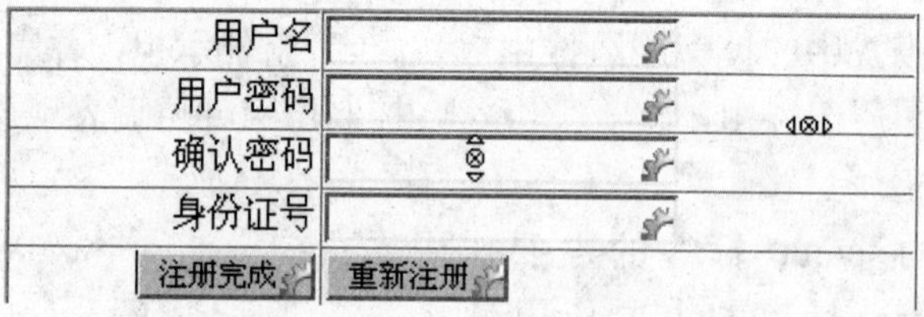

用户名	
用户密码	
确认密码	
身份证号	
注册完成	重新注册

图 4.26　某个系统中的用户注册表单

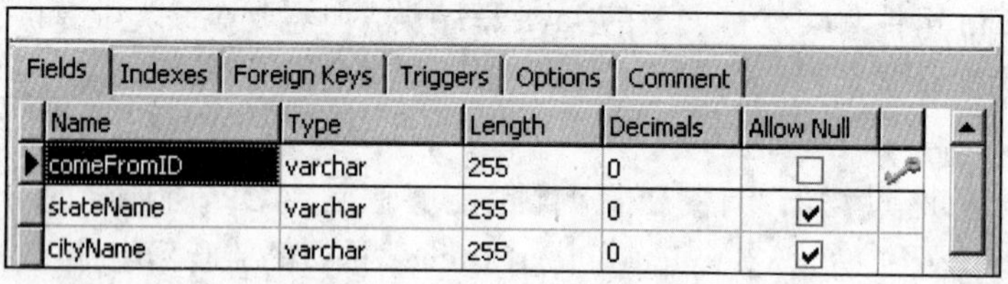

Fields | Indexes | Foreign Keys | Triggers | Options | Comment

Name	Type	Length	Decimals	Allow Null
comeFromID	varchar	255	0	☐
stateName	varchar	255	0	☑
cityName	varchar	255	0	☑

图 4.27　名称为 ComeFrom 的数据库表

第 5 章　Web 表示层 Struts2 框架及应用

CHAPTER 5

目前的 Web 开发框架主要有请求驱动的 Web 框架（Request Driven Framework）和事件驱动的 Web 框架（Event Driven Web Framework）两种不同的类型，前者基于 HTTP 请求/响应处理模型而构建，如早期的 Struts 框架、基于 AOP 设计思想改进后的 Struts2 框架和优雅轻便的 WebWork 框架、Spring MVC 框架等都属于此类。

而事件驱动的 Web 开发框架采用类似于 J2SE Swing 等图形界面的应用程序开发的思想，将 Web 视图组件化并根据用户的操作触发不同的事件，服务器端后台系统程序响应这些事件进而驱动整个系统的处理流程。如 Apache 开源社区中的 Tapestry 框架以及 Sun 公司的 JSF 框架等都属于这一类。

本章主要介绍 MVC Struts2 框架及系统架构，环境搭建和系统核心配置文件及 Action 类的具体编程及应用等方面的内容。

5.1　MVC Struts2 框架及系统架构

5.1.1　Struts2 框架系统架构及处理流程

1. Struts2 框架是对 WebWork 框架升级的结果

Struts2 框架是 Apache 开源社区原有的 Struts 框架和 Open Symphony 社区 WebWork2 框架的合并版本，它集成了这两大流行的 MVC 框架各自的优点。因此，Struts2 框架是对 WebWork 框架的升级，而不只是对 Struts 1.X 版架构的早期的 Struts 框架的系统升级。

Struts2 框架提供了更灵活的控制层和 ActionForm 表单包装组件实现技术，而与 Struts2 框架有关的功能组件主要有 Action 组件、拦截器组件、国际化本地资源包 ResourceBundle、本地语言环境识别 Locale 和 XML 配置文件等。

Struts2 框架是在 WebWork2 框架基础上扩展而产生的，与原有的 Struts

框架相比，它的 MVC 结构设计更完整，并且可以与 FreeMaker 等表现层模板工具很好地集成。

2. Struts2 框架的 MVC 结构设计更完整

Struts2 框架在功能实现方面的最大特点便是不再拘泥于 ActionForm 组件类和 Action 组件类，允许开发人员对带有表单的 JSP 页面，自由地决定是否选择对应的 ActionForm 组件类；而且 Action 组件类也不再强制性地要求应用继承方式实现，也不再在 Action 组件类中耦合有多种与 HTTP 请求和响应有关的参数对象。

Struts2 框架提供有拦截器组件技术，而该技术其实是对面向切面编程 AOP 的具体应用。应用拦截器组件技术可以实现运行时表单数据验证、表单数据类型转换等功能。这样的设计实现方案不仅简化了 Web 应用系统的开发过程，更重要的是完善了系统的体系结构，也更方便地对 Web 应用系统中的控制层组件实施单元测试。

3. Struts2 框架的系统架构

图 5.1 所示为摘录于 Struts2 框架系统帮助文档中所附带的 Struts2 的系统架构图，此架构图主要分为 5 个部分，在图 5.1 中分别以数字标识出。如果读者熟悉 OpenSymphony 组织开发的 WebWork 框架，应该能够发现图 5.1 所示的 Struts2 框架系统架构图，其实就是 WebWork2 框架的系统架构图。

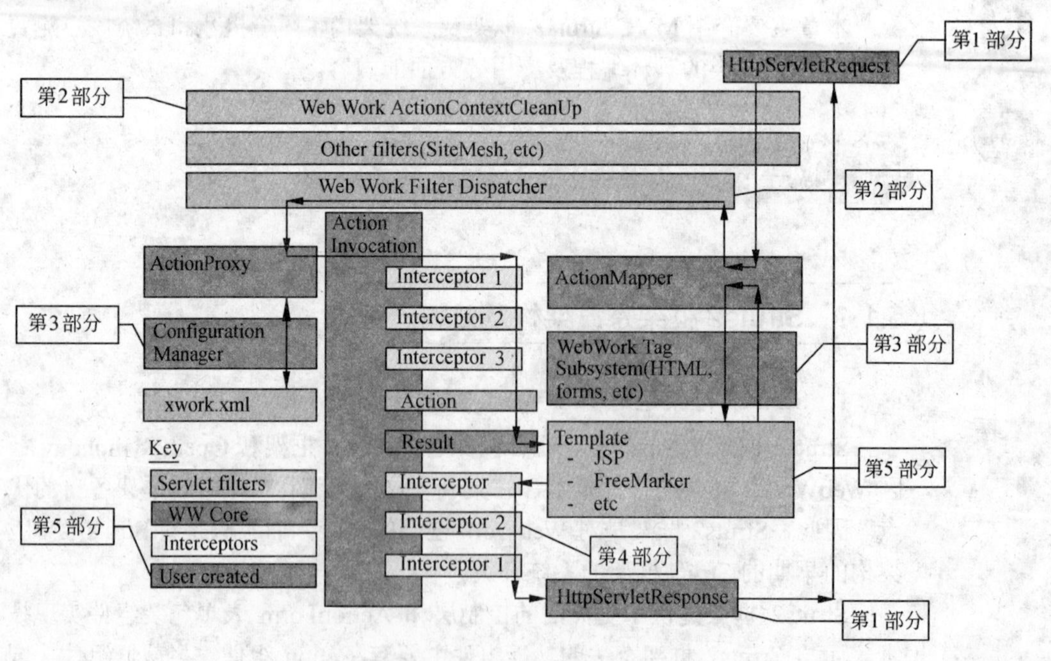

图 5.1　Struts2 的架构系统图和工作流程

其中第 1 部分分别代表了浏览器客户端的一次 HTTP 请求和服务器端程序处理结果的

一次 HTTP 响应输出；第 2 部分代表 J2EE Filter 过滤器组件，作为 Struts2 框架的前端处理器，在系统总体架构设计方面应用了 J2EE 核心架构模式中的前端控制器系统架构模式；第 3 部分为 WebWork 框架的核心部分，并重用到 Struts2 框架中；第 4 部分为应用面向切面编程思想的拦截器，它们其实是对 J2EE Web 过滤器组件的进一步完善和简化，并为应用系统本身提供附加的系统服务（如表单参数解析、验证、国际化、文件上传和下载等）；第 5 部分是开发人员自己开发的各个部分的程序，其中主要包括与业务处理有关的请求调度控制器 Action 类、页面模板和系统的总体配置文件 xwork.xml（在 Struts2 框架中实际为 struts.xml 文件）等。

由于 Struts2 框架的总体设计继续沿用了 WebWork2 的体系架构，因此 Struts2 框架也同样具有与 WebWork2 基本相同的特性。如增加有前置/后置拦截器、运行时表单数据验证、表单数据类型转换，强大的表达式语言 OGNL（the Object Graph Notation Language，对象图导航语言）和 IoC（Inversion of Control，控制反转）容器等。

4. Struts2 框架的请求处理和响应输出的基本流程

1）客户端产生一个 HttpServletRequest 的请求

该 HTTP 请求被提交到一系列的标准过滤器（Filter）组件链中，该过滤器组件链主要由 ActionContextCleanUp（它在整合 SiteMesh 框架时需要）和核心过滤器组件 FilterDispatcher 所构成。如图 5.1 所示，其中 FilterDispatcher 过滤器是前端控制器中的核心组件。

所有的 HTTP 请求都会被前端控制器 FilterDispatcher 组件截获，并对请求的数据进行包装、初始化上下文数据；然后再根据 ActionMapper 中的设置获得是否需要调用某个 Action 组件来处理这个 HttpServletRequest 请求，如果 ActionMapper 决定需要调用某个 Action 组件，FilterDispatcher 核心控制器组件就会把请求的处理权委托给 Action 代理（ActionProxy）组件并最终调用目标 Action 类中的方法处理请求；最后将执行的结果转发到相应的展现页面中，并且 Struts2 框架支持多视图实现技术，可以使用 JSP、Velocity、FreeMarker、JasperReports 和 XML 等技术显示输出处理后的结果。

这是 Struts2 框架中的 FilterDispatcher 过滤器组件和 Struts 框架中的 ActionServlet 组件的不同处之一，Struts2 框架也正是由于应用了 FilterDispatcher 过滤器和 ActionProxy 组件（代理模式的具体应用），使得开发人员开发实现的业务控制器 Action 程序类将不再需要与 J2EE Servlet 核心 API 紧密耦合。

但在 Struts 2.1.6 以上版本，推荐采用过滤器组件 StrutsPrepareAndExecuteFilte 类代替 FilterDispatcher 过滤器组件，而对于过滤器组件 ActionContextCleanUp 类同样也被替换为 StrutsPrepareAndExecuteFilter 过滤器组件类。

2）应用 ActionProxy 代理分离 Action 和 Servlet 容器之间的关系

ActionProxy 组件通过配置管理（Configuration Manager）组件获得 Struts2 框架中的各种系统配置文件和与应用有关的配置文件（Struts2 框架为 struts.xml 配置文件，而在 WebWork 框架中是 xwork.xml 配置文件）中的相关配置信息，最后找到需要调用的目标

Action 组件类；然后 ActionProxy 组件就创建出一个实现了命令模式的 ActionInvocation 类的对象实例(这一过程包括在调用 Action 组件本身之前调用所有的拦截器组件中的 before()方法)，同时 ActionInvocation 组件通过代理模式调用目标 Action 组件。

但在调用之前，ActionInvocation 组件会根据 struts.xml 配置文件中的配置定义的项目加载与目标 Action 组件相关的所有拦截器（Interceptor）组件。

- 一旦 Action 组件中的目标方法执行完毕，ActionInvocation 组件将根据开发人员在 struts.xml 配置文件中定义的各个配置项目获得对应的返回结果。它为一个字符串，如 success、input 等名称的字符串内容；然后根据该返回的结果字符串调用目标 JSP 页面（或者其他形式的目标资源文件）以实现显示输出。
- 最后各个拦截器组件会被再次执行（但顺序和开始时相反，并调用 after()方法），然后请求最终被返回给在系统的部署描述文件 web.xml 中配置的其他的过滤器。

如果在 web.xml 文件中已经设置了 ActionContextCleanUp 过滤器，那么核心过滤器 FilterDispatcher 就不会清理在 ThreadLocal 对象中保存的 ActionContext 信息。如果没有设置 ActionContextCleanUp 过滤器，前端过滤器 FilterDispatcher 就会清除所有的线程局部 ThreadLocal 对象实例。

从图 5.1 所示的 Struts2 框架系统架构及工作流程图示中，可以了解到在整个请求的生命周期中仍然是以控制器（Controller）作为主体，而且也与早期的 Struts 框架系统一样，继续通过 URL 请求的参数来调用系统后台中的各个 Action 组件，并且所有服务器端的对象如 HttpServletRequest、HttpServletResponse 和 HttpSession 等仍然可以在 Action 组件类中获取。

但 Struts2 框架控制层的设计与原有的 Struts 框架系统的控制层设计有很大的不同，这主要体现在增加了拦截器组件、Action 组件不再与 J2EE Servlet 容器紧密耦合、Action 组件处理后的结果也不仅仅只能由 JSP 实现输出，也可以为其他的表现层中的实现技术。

5.1.2 Struts2 框架中的前端控制器组件

1. 在 Struts2 框架中提供有多种不同形式的拦截器组件

在 Struts2 框架中提供有多种不同形式的拦截器组件辅助系统中的控制请求调度，当一个客户请求产生后并最终经由 Struts2 框架中的 Action 组件处理完毕之前，需要经过多个不同类型的拦截器组件进行前置处理（如图 5.1 中的第 4 部分标识中的各个拦截器组件）。而且允许开发人员根据对请求处理不同层次的要求，配置不同的拦截器或者多个拦截器组合形成拦截器链。这些拦截器链中的各个组件为请求提供了各种预处理、切面处理等系统级的功能服务，并分离系统中的核心业务关注点和通用服务关注点。

当然，这种设计思想其实和早期的 Struts 框架中使用 Jakarta Commons Chain 组件的 RequestProcessor 组件程序类的设计方案很相似，都是对责任链设计模式的具体应用，但更加模块化和职责分离。由于在 Struts2 框架中大量使用拦截器组件来处理用户的请求，从而就能够达到将业务逻辑的控制器与 J2EE Servlet 核心 API 相互分离的设计目标。因为

Struts2 框架中的各种拦截器是面向切面编程 AOP 技术中的切面组件（Advice）。

2. 各个拦截器组件组成一个链式结构并相互协作

Struts2 框架是一种支持拦截器技术的框架，通过各个拦截器组件实现将应用系统中与控制调度有关的共同功能行为独立出来，并在系统的 Action 组件执行前和后被触发执行。这种设计方案也就是 AOP 思想的具体应用，AOP 是分散关注点的编程方法，它将通用需求的功能实现代码从不相关的程序类中分离出来。

因此，客户端浏览器提交产生对某个 Aciton 组件的 HttpServletRequest 请求时，Struts2 框架中的 FilterDispatcher 组件会根据请求的类型，调度并执行相应的业务控制器 Action 组件。而在 Action 组件被执行之前，要调用各个拦截器组件中的拦截功能处理方法以完成在请求处理之前的共性功能实现（如身份验证、初始化请求的资源和表单中的数据类型转换、表单验证等）。同样，在 Action 组件执行完毕后仍然会触发各个拦截器组件以完成对请求处理后的善后处理功能要求。

3. 在系统的控制层设计中为什么要应用各种拦截器组件

Struts2 框架在系统总体架构设计方面，在控制层设计中大量地应用各种拦截器组件的主要目的，一方面除了要达到 AOP 所倡导的“分离核心关注点和通用服务关注点”的设计目标以外，另一方面则是希望将系统中的业务控制器 Action 组件独立于 J2EE Servlet 容器，从而达到对业务逻辑的控制调度与 J2EE Servlet 核心 API 相互分离的设计目标。

Struts2 框架的控制器组件是 Struts2 框架的核心，目前所有请求驱动的 Web 框架中的 MVC 表现层框架都是以控制器组件为核心的。Struts2 框架中的控制器也是由前端处理器 FilterDispatcher 过滤器组件和后端业务控制器 Action 组件类所构成的。

当然，起主要作用的后端业务控制器其实不是开发人员编程定义及实现的 Action 组件类，而是由 Struts2 框架系统生成的 Action 组件代理，也就是图 5.1 中所标识的 ActionProxy 组件。ActionProxy 组件会回调用户编程定义的各个业务控制器 Action 组件中的处理器方法，通过代理模式达到隔离 FilterDispatcher 和 Action 类的目的。

5.1.3 Struts2 框架核心系统库及系统环境搭建

1. Struts2 框架系统包和核心系统库文件

首先从 Apache 网站上下载 Struts 2.X 的完整系统包（Full Distribution），如图 5.2 所示。然后解压下载的*.zip 文件，将能够获得 Struts2 框架核心系统库文件。

其中 lib 目录为系统包文件（包括了 Struts2 框架的全部核心类库和依赖包）所在的目录，而 src 为其源代码文件所在的目录。在 lib 目录中有如下的主要核心系统库文件：

- struts2-core-2.1.6.jar：为 Struts2 框架系统的核心库文件。
- xwork-2.1.2.jar：为 XWork2 的系统库，作为 Struts2 框架核心中的底层库。
- ognl-2.6.11.jar：为 OGNL 表达式语言，类似于 EL 表达式的一种用于访问对象的表达式语言。可以存取对象的属性、调用对象的方法，遍历整个对象的结构图，实现字段类型转换等功能。

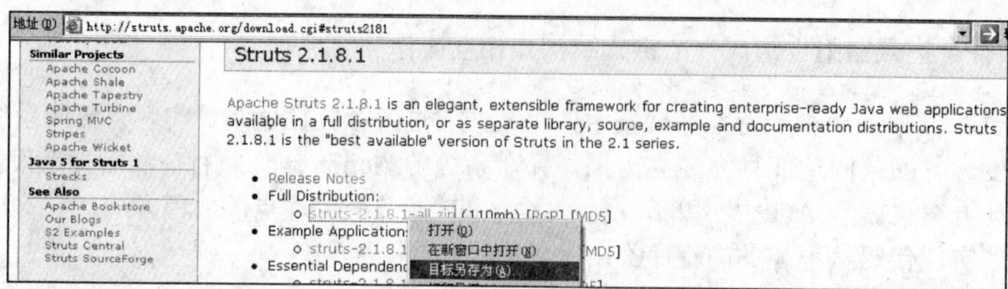

图 5.2　从 Apache 网站上下载 Struts 2.X 的完整系统包

- freemarker-2.3.13.jar：为 Struts2 框架系统中的页面模板库。
- commons-logging-1.0.4.jar：为 Apache 开源社区的通用日志系统库，封装了通用的日志功能处理的功能接口，可自动调用 Log4J 等其他的日志功能具体实现的系统库。
- commons-fileupload-1.2.1.jar：为 Apache Common 组件中的文件上传功能组件，在 Struts2 框架系统中作为必备的系统库。

当然，不同版本的 Struts2 框架系统库，它们的核心库文件的文件名有差别，本书依据的版本为 Struts 2.1.6 版。其中的 doc 目录下的各个文件为系统的帮助文件，包含系统 API 说明和技术参考等方面的文档。app 目录下的各个文件为 Demo 示例，包含 5 个 War 包格式的示例文件并附带源码，如图 5.3 所示。

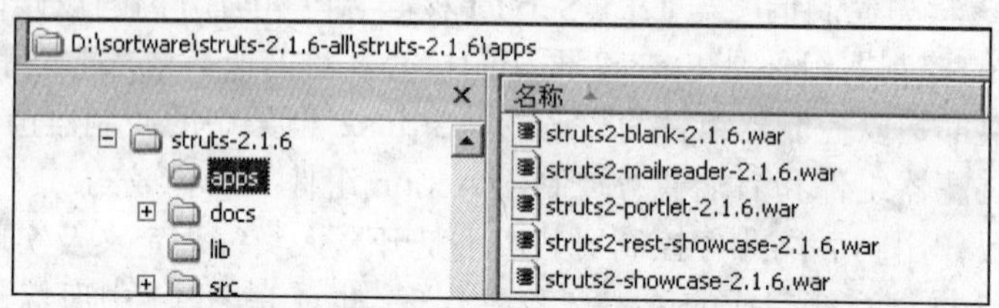

图 5.3　Struts2 系统中内带的 5 个 Demo 示例文件

比如其中的 struts2-blank-2.1.6.war 示例项目，主要说明如何搭建 Struts2 框架的运行环境和需要哪些系统库 Jar 包文件，如何在项目的部署描述文件 web.xml 中配置前端过滤器，与系统配置 struts.xml 文件有关的基本语法格式等。

可以直接将其中的某个 War 包格式文件发布到 Tomcat 服务器的 webapps 目录下，然后运行该 Demo 示例和阅读 Demo 示例中的源代码，深入地学习和掌握 Struts2 框架中的各种核心技术。如图 5.4 所示为以 http://127.0.0.1:8080/struts2-showcase-2.1.6/index.jsp 的 URL

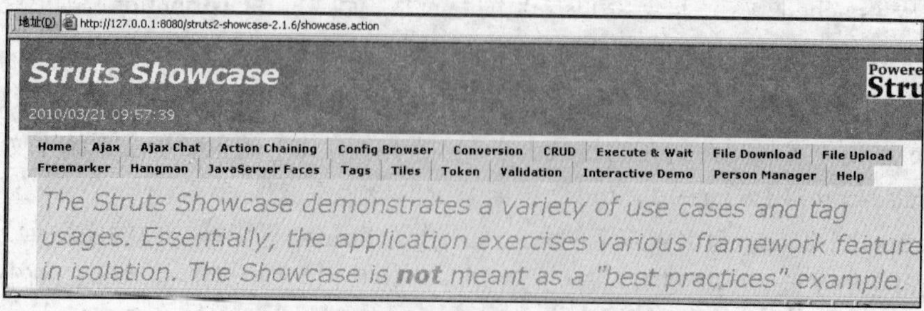

图 5.4　struts2-showcase-2.1.6 Demo 示例的执行结果

地址执行其中的 struts2-showcase-2.1.6.war 文件的 Demo 示例的执行结果的局部截图，该示例全面地演示了 Struts2 框架中的各个方面的技术特性。

2. 在项目中添加 Struts2 框架核心系统库文件

参考图 1.18 所示的项目名称为 webcrm 的项目创建结果图示，在 MyEclipse 开发工具中新建一个 Web 项目，在 Project Name 文本框中输入项目名称为 sshwebcrm（表示一个采用 Struts2、Spring 和 Hibernate 三大框架技术实现的客户关系信息系统），而在 Web root folder 栏中采用默认的 WebRoot 项目，在 Context root URL 栏中也采用 MyEclipse 工具中提供的默认值（本例为"/sshwebcrm"，与前面的项目名自动保持一致），并且在项目中添加与 JSTL 有关的两个系统标签库，同时设置项目的编译环境为 JDK 1.6 以上版本，Struts2 框架默认需要 Java 5 的运行环境和支持 Servlet API 2.4、JSP API 2.0 的 Web 容器。最后设定项目的服务器为 Tomcat，如图 5.5 所示的项目属性的局部截图中配置 Tomcat 的部分信息。

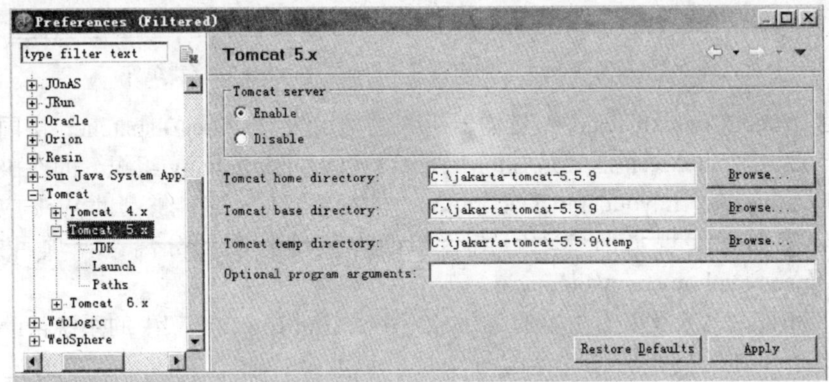

图 5.5 sshwebcrm 示例项目属性的局部截图

然后在项目中的 WEB-INF/lib 目录中添加与 Struts2 系统有关的各个必备的系统库文件，对于 Struts 2.1.6 版主要的系统库文件如图 5.6（a）所示，而对于 Struts 2.1.8 版主要的系统库文件如图 5.6（b）所示。

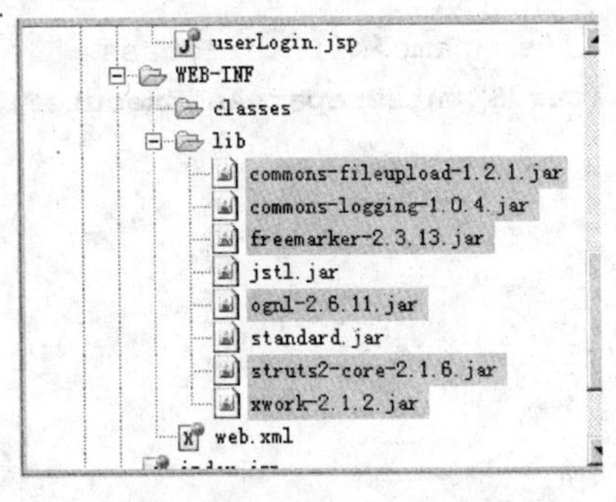

（a）Struts 2.1.6 版主要的系统库文件

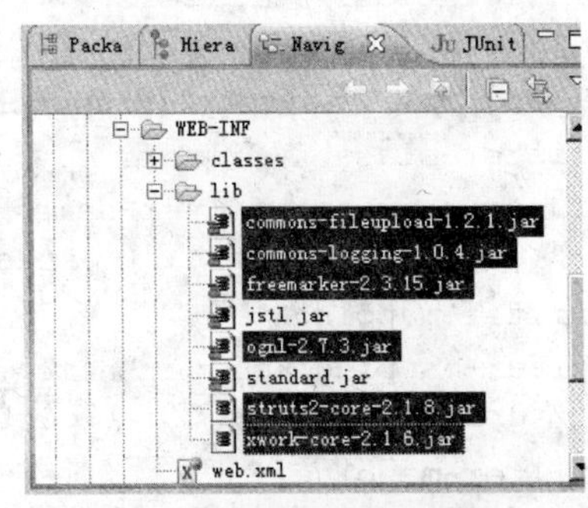

（b）Struts 2.1.8 版主要的系统库文件

图 5.6 两个版本的 Struts 的主要系统库文件

3. 在 web.xml 文件中部署前端控制器 FilterDispatcher 过滤器组件

在项目的 web.xml 文件中添加 Struts2 框架的前端控制器 FilterDispatcher 过滤器组件的部署项目，最终的部署项目的配置结果如图 5.7 所示。

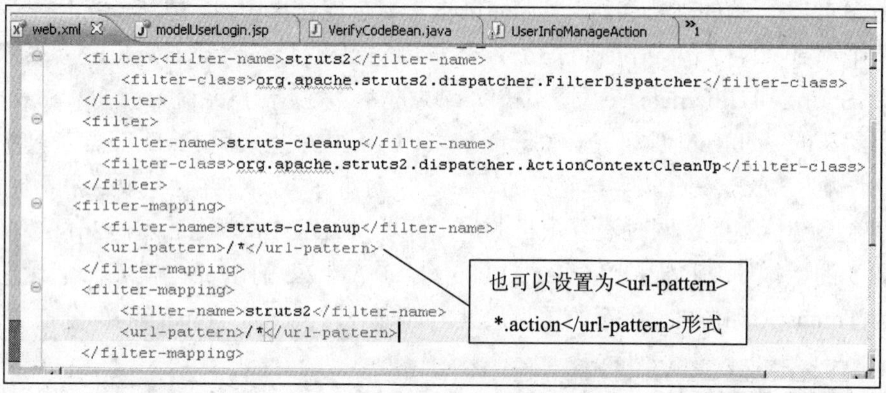

```
<filter><filter-name>struts2</filter-name>
    <filter-class>org.apache.struts2.dispatcher.FilterDispatcher</filter-class>
</filter>
<filter>
  <filter-name>struts-cleanup</filter-name>
  <filter-class>org.apache.struts2.dispatcher.ActionContextCleanUp</filter-class>
</filter>
<filter-mapping>
  <filter-name>struts-cleanup</filter-name>
  <url-pattern>/*</url-pattern>
</filter-mapping>
<filter-mapping>
    <filter-name>struts2</filter-name>
    <url-pattern>/*</url-pattern>
</filter-mapping>
```

也可以设置为<url-pattern> *.action</url-pattern>形式

图 5.7　在 web.xml 文件中部署 FilterDispatcher 过滤器组件

其中的 ActionContextCleanUp 过滤器组件类是用来与 FilterDispatcher 协同工作整合 SiteMesh 框架，而 SiteMesh 框架是 SiteMesh OS（OpenSymphony 组织）的在 JSP 页面中实现页面布局和装饰（Layout and Decoration）的框架组件。它能够帮助 Web 应用系统的开发人员较容易地实现页面中动态内容和静态装饰外观的分离。该项目的主页为 http://www.opensymphony.com/sitemesh/。

而对于 Struts 2.1.6 及以上版本的 Struts2 系统，在 Struts2 框架中的系统帮助文档中更推荐采用如下黑体所标识的过滤器配置项目，也就是将图 5.7 所示图中的过滤器组件 FilterDispatcher 类替换为过滤器组件 StrutsPrepareAndExecuteFilter 类，而将 ActionContextCleanUp 过滤器组件类替换为 StrutsPrepareAndExecuteFilter 过滤器组件类，如下为配置的结果代码示例：

```
<filter><filter-name>struts2</filter-name><filter-class>
    org.apache.struts2.dispatcher.ng.filter.StrutsPrepareAndExecuteFilter
</filter-class></filter>
<filter><filter-name>struts-cleanup</filter-name><filter-class>
    org.apache.struts2.dispatcher.ng.filter.StrutsPrepareAndExecuteFilter
</filter-class></filter>
<filter-mapping><filter-name>struts-cleanup</filter-name>
    <url-pattern>/*</url-pattern>
</filter-mapping>
<filter-mapping><filter-name>struts2</filter-name>
    <url-pattern>/* </url-pattern>
</filter-mapping>
```

在 Struts2 框架中，前端控制器会将特定后缀的请求 URL 映射到目标 Action 程序的请求处理方法中。尽管本示例的前端控制器可以接受任意形式的 URL 请求（如图 5.7 所示），但它默认是将.action 结尾的 URL 映射为 Struts2 框架的 Action 请求处理方法。

4. 在项目中添加一个 struts.xml 的系统配置文件

在项目的 src 目录下，添加一个名为 struts.xml 的文件。当项目部署发布以后，这个系统配置文件将会被 MyEclipse 工具复制到项目的 WEB-INF/classes 目录下。

因此，可以直接在项目中的 src 目录上右击，然后在弹出的快捷菜单中选择 New→File 菜单；接着在弹出的 New File 对话框中的 File name 文本框中输入文件名 struts.xml，如图 5.8（a）所示；最后单击 Finish 按钮，关闭 New File 对话框后，MyEclipse 工具将创建出一个空的 struts.xml 文件，如图 5.8（b）所示。

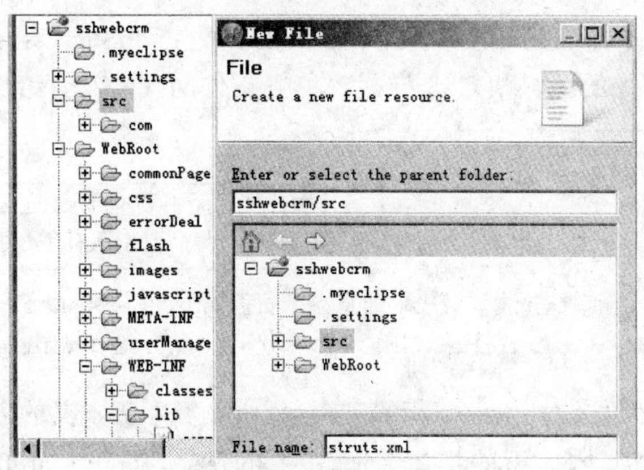

（a）输入系统配置文件名 struts.xml

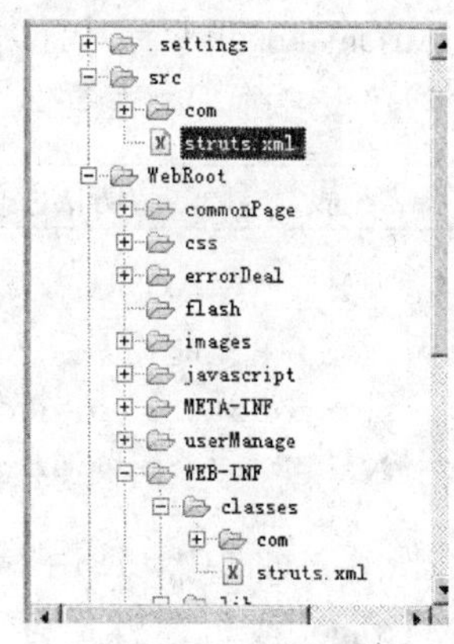

（b）创建出 struts.xml 文件

图 5.8　新建 struts.xml 文件

5.2　体现 Struts2 开发流程的入门示例

5.2.1　开发实现项目的表现层 JSP 页面组件

1. 在项目中构建出用户登录请求的 userLogin.jsp 页面

在项目的 WebRoot 根目录下新建一个 userManage 目录，然后在该目录中添加一个实现用户登录功能的 userLogin.jsp 页面，最后设计该 userLogin.jsp 页面的内容和添加登录表单。登录表单内的标签内容和对应的 HTML 标签如例 5-1 所示。

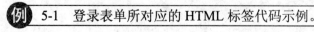

 5-1　登录表单所对应的 HTML 标签代码示例。

```
<form method="post"
      action="${pageContext.request.contextPath}/userInfoAction.action" >
    输入右面的认证码：<input type="text"  name="verifyCodeDigit" /><br/>
    用户类型：<select name="type_User_Admin">
                <option value="1">前台用户</option>
```

利用 EL 表达式动态获得 Web 应用的根目录

请求的URL应该为*.action 形式

```
            <option value="2">后台管理员</option>
        </select> <br />
    您的名称：<input type="text" name="userName"  /> <br/>
    您的密码：<input type="password" name="userPassWord" /> <br/>
    <input type="submit" value="提交" />
    <input type="reset" value="取消" />
</form>
```

2. 在项目中构建出显示登录成功信息的 loginSuccess.jsp 页面

在 userManage 目录中添加一个显示登录成功信息的 JSP 页面文件 loginSuccess.jsp，页面内容如例 5-2 所示，但与本示例无关的标签和 CSS 样式表单等文件的代码没有给出。

例 5-2 显示登录成功信息的 JSP 页面文件代码示例。

```
<%@ page pageEncoding="gb2312"%>
<%@ taglib prefix = "s" uri="/struts-tags" %>
<html><head><title>蓝梦集团 CRM 系统在线登录成功信息显示页面</title></head>
<body><h2> <s:property value ="resultMessage" /> </h2 ></body></html>
```

由于在页面中要应用 Struts2 标签，因此需要引入标签库描述

在例 5-2 页面中，应用 Struts2 中的<s:property>标签获取 Action 类中所定义的名称为 resultMessage 成员属性，注意其中黑体标识的标签。而其中的<%@ taglib prefix="s" uri="/struts-tags" %>标签库引用描述就是从地址/struts-tags 下面寻找标签库（它定义在 Struts2 库文件 struts2-core-2.1.6.jar 内的 META-INF/struts-tags.tld 文件中）。

其中的<s:property value ="resultMessage"/>标签也可以写成<s:property value ="%{resultMessage}"/>，利用 Struts2 中的 OGNL 表达式动态获得 Action 中的成员属性值。

5.2.2 开发实现项目的控制层 Action 组件程序

1. 在项目中添加响应登录请求的 Action 组件类

在 MyEclipse 工具中新建一个 Action 组件类，类名称为 UserInfoAction，包名称为 com.px1987.sshwebcrm.action。然后在该 Action 组件类中添加一个名称为 resultMessage 的成员属性，并为该成员属性提供 get/set 方法，如图 5.9 所示。

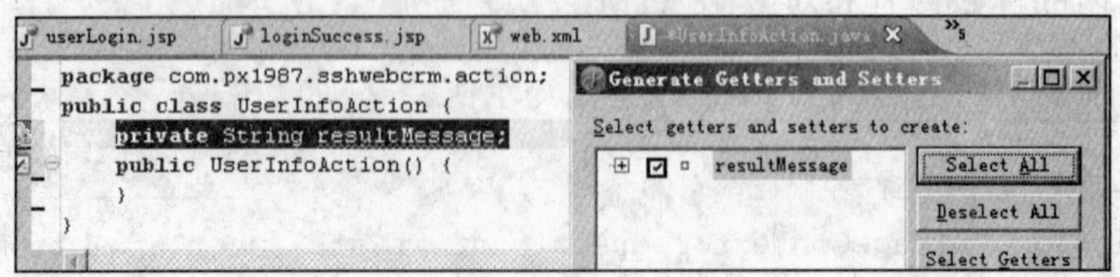

图 5.9 为 Action 组件类中的成员属性添加 get/set 方法

在 UserInfoAction 类中添加一个名称为 execute()的处理器方法，该方法的原型如例 5-3 中黑体标识的方法定义形式所示；然后再编写该 execute()方法体代码，但为了简化本示例，目前只简单输出代表响应结果的字符串。最终的程序代码如例 5-3 所示。

例 5-3　UserInfoAction 类的代码示例。

```
package com.px1987.sshwebcrm.action;
public class UserInfoAction {
    private String resultMessage;
    public String getResultMessage() {
        return resultMessage;
    }
    public void setResultMessage(String resultMessage) {
        this.resultMessage = resultMessage;
    }
    public UserInfoAction() {
    }
    public String execute() {
        resultMessage = "您好！您登录成功！";
        return "success";
    }
}
```

属性名应该与例 5-2 中的<s:property>标签中的 value 值保持一致

为了简化本示例，目前只简单输出响应字符串

它对应例 5-4 配置示例中的<result>标签中的 name 属性值

例 5-3 中的 Action 类为一个普通的 Java 程序类，它不需要继承 Struts2 框架中的任何基类，也不用实现 Struts2 框架中的任何接口。Struts2 框架通过 Java 反射机制（Reflection）调用 Action 类中的 execute()处理器方法。

Action 程序不仅可以作为处理请求的控制器，而且也可以充当系统中的数据模型的角色，如例 5-3 中的处理结果的成员属性 resultMessage。但不应该将系统中的业务逻辑功能实现的代码放在 Action 类中，而应该要由 JavaBean 组件程序承担和实现。

2. Struts2 框架中的 Action 类返回值为一个普通的字符串

Struts2 框架中的 Action 类程序代码处理完请求后，返回值不是像早期 Struts 框架那样返回重量级的 ActionForward 对象，而是返回一个轻量级的普通字符串。该字符串代表一个显示结果信息的逻辑视图名，该名称将在 struts.xml 文件中进行配置定义，并与最终的物理视图实现（如 JSP 页面、XML 文件等）的目标文件产生联系。

Struts2 框架通过配置逻辑视图名和物理视图资源文件之间的映射关系，一旦系统收到 Action 程序返回的某个逻辑视图名，运行系统程序就会把对应的物理视图资源文件呈现给浏览者。这样的技术实现方式，可以使得应用系统本身的显示输出与具体的物理显示实现方式相互分离。

3. 在 struts.xml 文件中配置和定义本 Action 组件类

在图 5.8（b）所示的 struts.xml 文件中配置和定义本 Action 组件类，最终的配置结果

如例 5-4 所示。其中<action>标签中的“name”属性参数一方面代表 Action 组件类的逻辑名，另一方面也用于规定页面中请求的 URL 形式。本示例中的页面请求的 URL 形式如下，其中黑体标识的字符串即本示例中的 Action 组件类的逻辑名：http://localhost:8080/sshwebcrm/**userInfoAction**.action/。因此，系统通过请求的 URL 字符串，就可以在配置文件中找到对应的目标 Action 类程序。“class”属性参数为 Action 类的全局类名（带有包名称的类名）。

而其中的<results>标签是一个结果页面的定义，它用来指示 Action 程序执行之后，如何显示处理后的结果。<results>标签中的 type 属性表示如何以及用哪种视图实现技术展现处理后的结果，通过定义出 type 属性，Struts2 框架系统可以方便地支持多种不同的视图实现技术；而且这些视图实现技术之间可以互相切换，但 Action 功能实现代码不需要做任何的改动。

<results>标签的“name”属性参数代表该结果的逻辑名，并对应于 Action 程序类中的 execute()方法的返回字符串。当然，如果在配置定义某个 Action 程序类时，没有为其中的<results>标签定义 name 属性值，则默认的结果名为小写的“success”；同样，如果没有给出 type 属性，则默认为 JSP 视图实现技术。

例 5-4　在 struts.xml 文件中配置和定义本 Action 组件类的代码示例。

```
<?xml version="1.0" encoding="UTF-8" ?>
<!DOCTYPE struts PUBLIC
    "-//Apache Software Foundation//DTD Struts Configuration 2.0//EN"
    "http://struts.apache.org/dtds/struts-2.1.dtd">
<struts>
    <include file="struts-default.xml"/>
    <package name ="userInfoPackage" extends ="struts-default" >
      <action name ="userInfoAction"
              class ="com.px1987.sshwebcrm.action.UserInfoAction" >
        <result name="success">/userManage/loginSuccess.jsp</result>
      </action>
    </package>
</struts>
```

它决定例 5-1 中表单请求的 URL 字符串

没有给出 type 属性，则默认为 JSP 视图实现技术

在例 5-4 中利用<include file="struts-default.xml"/>标签项目包含 Struts2 框架中默认的 XML 配置文件，以重用系统中的各种默认的资源和符号。

而其中的<package>标签主要实现将 Action 程序分类，并划分到不同的配置定义包中。在 Struts2 框架中的配置定义包是一种用来对 action、result、result type 和拦截器以及拦截器栈进行组织和管理的机制，使各种配置和定义的资源成为一个逻辑上的配置单元。

因此，它与 Java 语言中的程序包有相似之处但又有不同。而且在配置文件中也可以继承 Struts2 框架系统中的默认包，例 5-4 定义了一个名称为 userInfoPackage 的配置定义包，并且继承于 Struts2 框架中的系统默认名称为 struts-default 的配置定义包。

而系统中的默认配置定义包 struts-default 的名称是在图 5.6（a）所示的 Struts2 框架

struts2-core-2.1.6.jar 系统核心库内的 struts-default.xml 配置文件中定义出，如图 5.10 中的<package>标签内的“name”属性参数值。

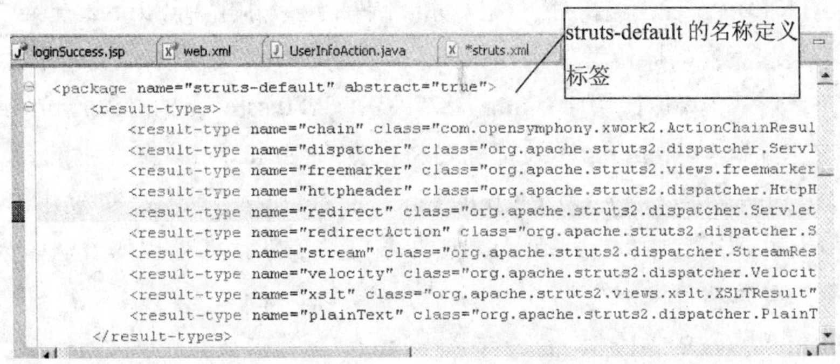

图 5.10　struts-default 的名称是在 struts-default.xml 文件中定义的

它为应用程序提供了大量的默认配置，Struts2 运行时系统程序解析 struts.xml 配置文件时，会自动从当前的 classPath 类路径中首先加载 struts-default.xml 文件中的包定义，再解析开发者编写的 struts.xml 文件。因此，在配置文件 struts.xml 中将重用系统在默认配置定义包 struts-default 中定义的各种资源。

4. 测试本示例功能的最终效果

由于已经根据图 5.5 所示的操作步骤为示例项目配置完毕 Tomcat 服务器，因此直接在 MyEclipse 工具中部署本 Web 系统，然后再启动 Tomcat 服务器。最后在浏览器中输入如下的 URL 地址：http://127.0.0.1:8080/sshwebcrm/userManage/userLogin.jsp 将看到如图 5.11 所示的页面内容。

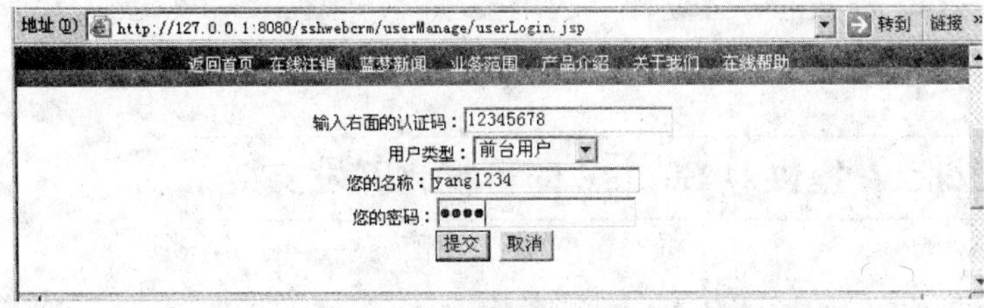

图 5.11　用户登录页面 userLogin.jsp 最终执行结果

在图 5.11 所示的页面表单中输入有效的身份信息，如用户名为 yang1234 和密码为 1234；然后再单击其中的【提交】按钮，向例 5-3 中的 UserInfoAction 程序类发送请求；UserInfoAction 程序处理请求后，返回如图 5.12 所示的结果信息。

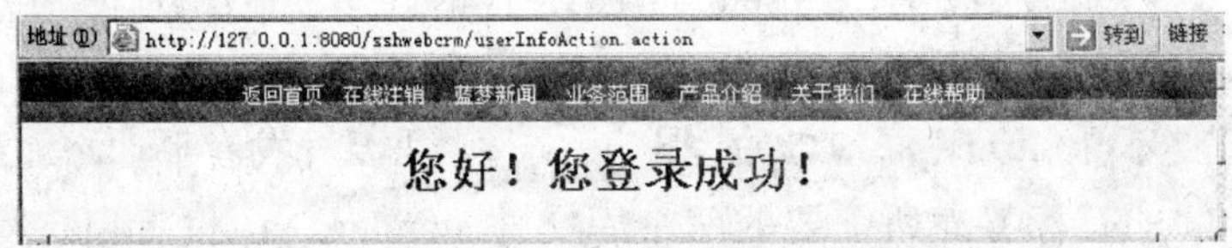

图 5.12　UserInfoAction 程序处理后返回的结果信息

5. Struts2 框架中请求和响应的处理流程

依据图 5.11 和图 5.12 所示的执行过程和结果，可以了解到 Struts2 框架中 HTTP 请求和响应的基本处理流程。操作者如果在图 5.10 所示的页面表单中提交请求后，将向 Web 服务器发送如下形式的 URL 请求：http://127.0.0.1:8080/sshwebcrm/userInfoAction.action。Struts2 框架的运行时（Runtime）系统程序将根据在 struts.xml 文件中的 Action 映射集（Mapping）解析到的名字（name）为 userInfoAction 的 action 配置定义，创建出 UserInfoAction 类的对象实例，并调用其中的 execute()方法（该方法为默认的处理器方法，当然也可以定义为其他名称的处理器方法）。

根据 execute()方法的返回值 success 到<action>标签中找到逻辑名 name 为 success 的<result>标签定义（参考例 5-4 中的配置示例），而它的真正目标页面的 URL 地址是/userManage/loginSuccess.jsp。最终实际跳转到该 JSP 页面中显示输出结果信息。

Struts2 框架仍是以前端控制器框架为主体的请求驱动的 Web 框架，其中的 Action 功能组件仍然是通过 URL 地址触发的；客户端的请求数据仍然是通过 URL 请求参数和表单参数传送到服务端；所有 J2EE Servlet 核心对象如 request（请求）、response（响应）和 session（会话）等仍可以在 Action 程序类中获得和可使用。

同时由于早期的 Struts 框架中的 Action 功能组件的请求形式为*.do（扩展名为“.do”），而 Struts2 框架中的 Action 功能组件的请求形式为*.action（扩展名为“.action”）。两者的扩展名的命名空间不一样，所以 Struts 和 Struts2 两个框架可以在同一个 Web 应用系统中无碍地共存。这为对早期基于 Struts 框架的应用系统的升级带来希望，可以保持原有系统中的核心功能实现的代码不变，而将扩展和改进的功能采用 Struts2 框架实现。

关于早期 Struts 框架的具体编程及应用技术，作者在《J2EE 项目实训——Struts 框架技术》一书（见本书的参考文献）中有比较详细的介绍。

5.2.3 MyEclipse 提供对 Struts2 的可视化开发支持

1. 创建一个基于 J2EE 5 的 Web 项目

MyEclipse 工具从 MyEclipse 8.0 版开始全面地提供对 Struts2 框架的可视化开发的支持，简化对 Struts2 框架的应用开发实现过程。但要求 Web 项目是基于 J2EE 5 的 Web 项目，因此在 MyEclipse 8.0 版中创建 Web 项目时要指定 J2EE 的版本为 Java EE 5.0，如图 5.13 所示为客户关系信息系统在 MyEclipse 8.0 版中创建时的局部截图。

当然，如果在 MyEclipse 工具中建立 Web 项目时，选择了 J2EE 5.0 版的系统平台后，MyEclipse 工具将不会自动添加 JSTL 的系统库文件，需要开发者手动添加系统库文件。因此，可以直接将 JSTL 标签库所需要的两个库文件 standard.jar 和 jstl.jar 复制到项目中的

WEB-INF/lib 目录中。

New Web Project
Create a Web Project
Create a web project in the workspace or an external location
Web Project Details
Project Name: sshwebcrm
Location: Use default location
Directory: E:\091123Example\sshWebCRMExample\sshwebcrm　Browse...
Source folder: src
Web root folder: WebRoot
Context root URL: /sshwebcrm
J2EE Specification Level
Java EE 5.0　J2EE 1.4　J2EE 1.3

指定 J2EE 的版本为 Java EE 5.0

图 5.13　客户关系信息系统在 MyEclipse 8.0 版中创建时的局部截图

2. 应用 MyEclipse 中的可视化开发支持添加 Struts2 系统库

一旦新建出基于 J2EE 5.0 版的 Web 应用项目后，再单击 MyEclipse 开发工具中的 MyEclipse→Project Capabilities→Add Struts Capabilities 菜单，如图 5.14 所示。

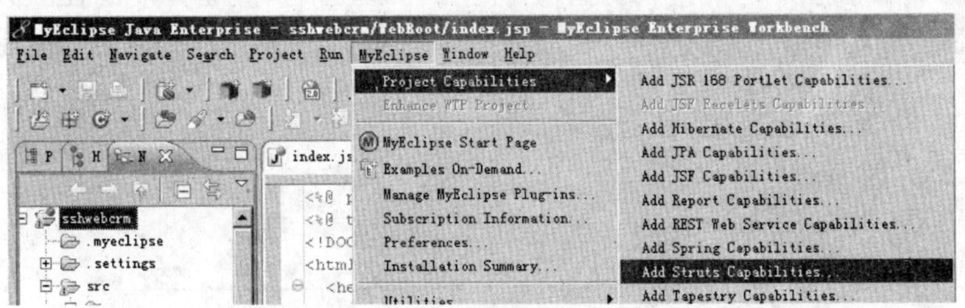

图 5.14　启动 Add Struts Capabilities 菜单

MyEclipse 开发工具将弹出如图 5.15 所示的 Add Struts Capabilities 对话框，在该对话框中不仅可以添加早期的 Struts 框架的系统库文件，也可以添加 Struts2 框架的系统库文件。本示例选择 Struts 2.1 类型，表示需要添加 Struts2 框架的系统库。

然后在图 5.15 所示的对话框中单击 Next 按钮，将出现如图 5.16 所示的 Struts2 框架系统库的配置清单，可以根据项目的需要选择其中的系统库。本示例选择核心系统库（Struts2 Core Libraries），如图 5.16 所示。

在图 5.16 所示的对话框中，单击其中的 Finish 按钮，MyEclipse 工具将自动地在项目中的 WEB-INF/lib 目录中添加与 Struts2 框架有关的各个系统库文件，如图 5.6（b）所示。同时在系统的部署描述文件 web.xml 中添加如例 5-5 所示的配置定义 XML 项目。

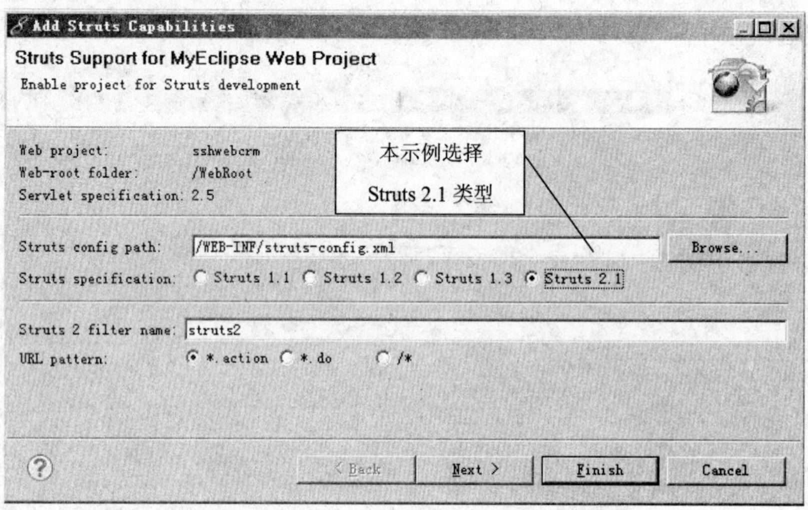

图 5.15　可以添加 Struts 和 Struts2 的系统库

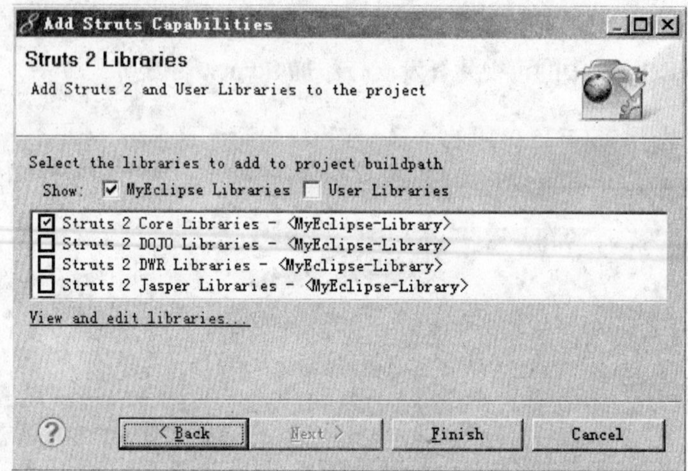

图 5.16　Struts2 框架系统库的配置清单

例 5-5　MyEclipse 工具在部署描述文件 web.xml 中添加的配置项目。

```
<?xml version="1.0" encoding="UTF-8"?>
<web-app version="2.5"
   xmlns="http://java.sun.com/xml/ns/javaee"
   xmlns:xsi="http://www.w3.org/2001/XMLSchema-instance"
   xsi:schemaLocation="http://java.sun.com/xml/ns/javaee
   http://java.sun.com/xml/ns/javaee/web-app_2_5.xsd">
  <filter>
   <filter-name>struts2</filter-name>
   <filter-class>
   org.apache.struts2.dispatcher.ng.filter.StrutsPrepareAndExecute-
   Filter
```

```
    </filter-class>
  </filter>
  <filter-mapping><filter-name>struts2</filter-name>
    <url-pattern>*.action</url-pattern>
  </filter-mapping>
</web-app>
```

3. 在项目中的各个 JSP 页面中需要启用 EL 表达式

由于在基于 J2EE 5.0 的 Web 项目中，默认时是将 EL 表达式禁用。因此，如果在 JSP 页面中应用了 EL 表达式，需要在页面的开始处的 page 指令中添加 isELIgnored="false"属性项目。如以下 page 指令示例：

```
<%@ page pageEncoding="gb2312" isELIgnored="false"%>
```

然后在项目中添加 CSS 样式表单和各种图像文件，最后将项目部署到 Tomcat 服务器中，然后再浏览执行系统的首页面，如图 5.17 所示。

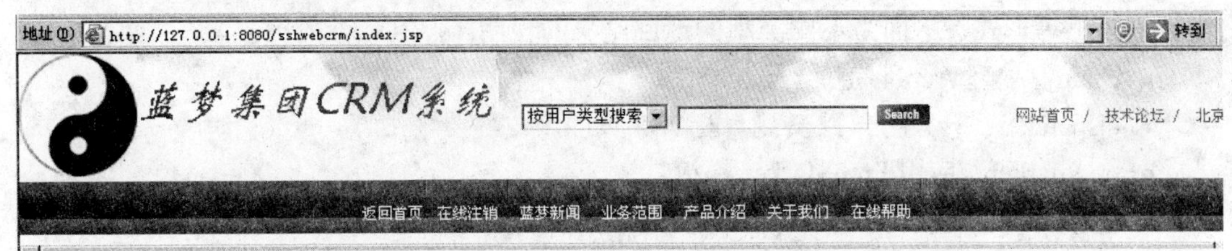

图 5.17　客户关系信息系统首页面的局部截图

5.3　核心配置文件 struts.xml 及应用

5.3.1　默认的核心系统配置项目及配置文件

1. 默认的核心系统配置文件 struts-default.xml

为了简化 Struts2 框架在应用开发时的各种配置工作，在 struts-default.xml 文件中为开发人员提供了许多默认的系统配置项目，并提供了相应的默认设置值。包括结果类型（Result Types）、拦截器 （Interceptors）、拦截器栈（Interceptor Stacks）和配置定义包（Packages）等项目，也包含与 Web 应用系统的执行环境有关的配置信息。

为了能够重用 Struts2 框架中的各种默认资源和符号，可以在项目的系统配置文件 struts.xml 中应用<include>标签包含 struts-default.xml 文件，如例 5-4 所示。

2. struts-default.xml 文件打包在 struts2-core-2.1.6.jar 系统库中

在 Struts2 框架的核心系统库文件中包含 struts-default.xml 文件，如图 5.18 所示。因此，可以直接解压该系统库文件，获得 struts-default.xml 文件的内容。

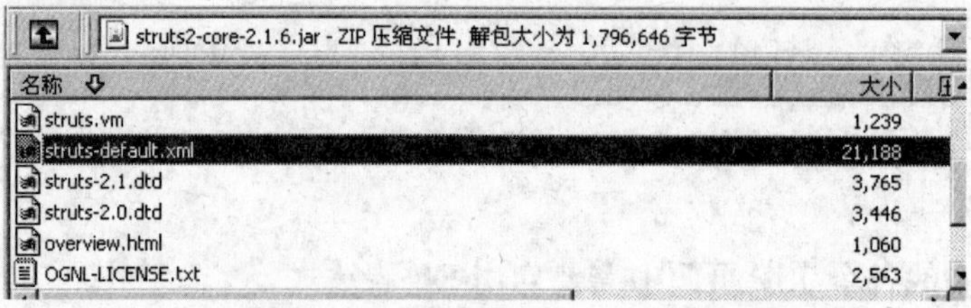

图 5.18　在核心系统库文件中包含 struts-default.xml 文件

3. Struts2 框架提供有对不同类型的视图实现技术的支持

目前 Web 表现层的具体实现技术种类繁多，比如 JSP、Freemarker/Velocity 模板、文本流和二进制 I/O 数据流等形式。Action 处理器程序返回的处理结果不仅可以通过 JSP 页面显示输出，也可以输出到 FreeMaker 模板、Velocity 模板、JasperReports 和使用 XSL 转换技术输出等形式，下面为不同类型的返回结果的说明：

- chain：处理 Action 链。
- dispatcher：转发方式跳转到目标 JSP 页面。
- freemarker：应用 FreeMarker 模板。
- redirect：重定向方式跳转到目标 JSP 页面。
- redirectAction：重定向到一个 Action 中。
- stream：向浏览器发送 InputSream 流对象，实现文件下载功能。
- velocity：应用 Velocity 模板。
- xslt：应用 XML XLST 模板。

Struts2 框架中的 Action 类的配置定义中的<result>标签内的 type 属性默认值是“dispatcher”（也就是对请求的转发 Forward 方式）。开发人员可以根据自己的需要指定不同的类型，如 redirect（重定向）、stream（二进制流）等。

如果需要产生这些输出结果，可以在例 5-4 中的<result>标签中添加 type（类型）属性参数。例 5-6 中的<result>标签为对例 5-4 中的输出结果的视图实现形式改变为采用 Velocity 模板技术时的<result>标签定义。

例 5-6　采用 Velocity 模板技术时的<result>标签定义示例。

指定采用 Velocity 模板技术输出

```
<action  name ="userInfoAction"
            class ="com.px1987.sshwebcrm.action.UserInfoAction" >
    <result name="success" type="velocity">loginSuccess.vm</result>
</action>
```

4. 在 struts-default.xml 文件中定义各种类型的返回结果

由于在 Struts2 框架中是把各种类型的结果视图，如 JSP、Velocity、FreeMarker 等都封装成 ResultType 的子类。也就是说对于每一种类型的视图，在 Struts2 框架中都有与之对应的 ResultType 的实现类，并在 struts-default.xml 文件中定义各种类型的返回结果。如例 5-6 中的 Velocity 模板技术的视图对应的实现类是 org.apache.struts2.dispatcher.VelocityResult。而 FreeMarker 模板技术的视图对应的实现类是 org.apache.struts2.views.freemarker.FreemarkerResult，XSLT 模板技术的视图对应的实现类是 org.apache.struts2.views.xslt.XSLTResult。

5.3.2　核心配置文件 struts.xml 及应用

1. struts.xml 文件用于应用系统程序相关配置项目的定义

在 Struts2 框架中有两种形式的配置文件：struts.xml 和 struts.properties，默认时它们都放在项目的 WEB-INF/classes/目录下。其中 struts.xml 文件用于应用系统程序相关配置项目的定义，主要负责管理应用系统中的 Action 映射，以及该 Action 程序处理后的结果定义等。该配置文件所使用的文档类型定义 DTD 文件如图 5.19 所示。

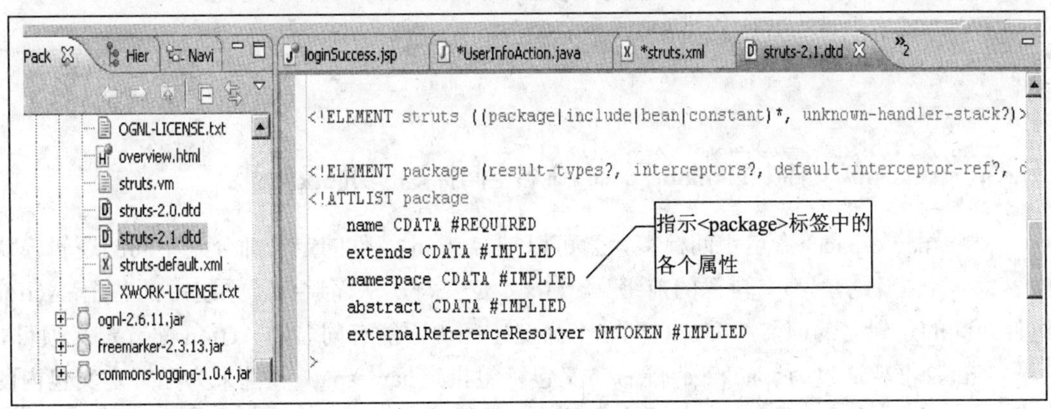

图 5.19　struts.xml 配置文件所使用的文档类型定义 DTD 文件

开发人员可以在 struts.xml 文件中对系统中默认的配置文件 struts-default.xml 中的内容进行扩展定义或重新覆盖定义。除此之外，Struts2 框架还包含一个 struts.properties 属性文件，该属性文件用于 Struts2 框架运行时（Runtime）的配置定义，开发者可以通过改变这些属性来满足应用系统中的特殊需求。

2. struts.xml 文件中的<package>包标签的功能说明

它把 Action 组件的定义（Actions）、结果（Result）、结果类型（Result Types）、拦截器（Interceptors）和拦截器栈（Interceptor Stacks）等项目组装到一个逻辑配置单元中。有关<package>配置定义包标签的具体应用示例如例 5-4 所示，并且允许定义多个不同名称的配置定义包，如例 5-7 代码示例中的黑体标识的标签。<package>配置定义包标签中主要的成员属性名及功能含义如下：

- name：一个唯一的名字用于标识该包的名称。
- extends：指定本包中的父包名（本示例为 struts-default），父包中的各种配置信息都将在新的子包中有效，并使用新的命名空间。
- namespace：为可选属性，用来指定该包的命名空间。

例 5-7　在 struts.xml 文件中定义两个不同名称的包的配置示例。

```
<?xml version="1.0" encoding="UTF-8" ?>
<!DOCTYPE struts PUBLIC
   "-//Apache Software Foundation//DTD Struts Configuration 2.0//EN"
   "http://struts.apache.org/dtds/struts-2.1.dtd">
<struts>
    <include file="struts-default.xml"/>
    <package name ="userInfoInterceptorPackage" extends
    ="struts-default" >
        其中的定义项目在此省略
    </package>
    <package name ="userInfoPackage" extends ="struts-default" >
        其中的定义项目在此省略
    </package>
</struts>
```

3. struts.xml 文件中的<namespace>命名空间标签的功能说明

利用<namespace>命名空间标签元素可以把 Action 组件的定义细分到不同的逻辑模块中，每一个命名空间都有自己的前缀（prefix）定义符，从而避免了系统中的各个 Action 组件之间的逻辑名的同名冲突，在同一个命名空间内不能有同名的 Action 配置定义项目。

Struts2 框架通过为<package>配置定义包标签指定 namespace 属性来为配置定义包内的所有 Action 定义项目指定共同的命名空间。但它的默认值是空字符串（在请求的 URL 字符串中不需要给定 namespace 属性的值）。另外它还可以取值为根目录，也就是“/”，被称为 Root Namespace（根命名空间），它对应 Web 应用系统的根目录。

而其他的取值一般都以“/”开头，相当于给当前所有的 action 定义都加了一个目录前缀。假设当前配置文件中的<package>标签定义如下所示（注意其中黑体标识的内容）：

```
<package name ="userInfoPackage" extends ="struts-default"
namespace="/webcrmUserInfo">
```

由于指定了命名空间为“/webcrmUserInfo”的配置定义包，则该配置定义包下所有的 Action 程序处理的 URL 应该是“命名空间/Action 逻辑名”。因此，在页面中向该配置定义<package>标签内的某个 Action 程序发送 HTTP 请求时，需要在 URL 字符串中添加命名空间前缀符“/webcrmUserInfo”，如图 5.20 所示的请求 URL。

Struts2 根据目标 URL 寻址的基本步骤如下：首先根据 URL 字符串获得对应的命名空

间和 Action 逻辑名；然后再根据所获得的命名空间和 Action 逻辑名，从 struts.xml 配置文件中查找<package>标签节点中相应的配置。如果查找失败，则查找命名空间为空，Action 逻辑名为整个 URL 的配置项目。

图 5.20　在 URL 字符串中添加前缀符/webcrmUserInfo

4. struts.xml 文件中的<include>包含标签的功能说明

在 Struts2 框架中也允许将配置文件分离为多个不同的配置文件，支持在团队开发中的多配置文件，应用<include>标签元素可以产生配置文件相互包含的效果。被包含的每个配置文件必须和 struts.xml 文件有一样的格式和遵守相同的语法，从而允许一个大的项目产生出不同程序模块的配置文件，提高配置文件的可维护性。

因为随着 Web 应用系统的功能模块不断地增加，系统中的各个 Action 组件的数量也会大量地增加，这将导致在 struts.xml 配置文件中的项目变得非常臃肿。为了避免 struts.xml 文件过于庞大、臃肿，以提高在 struts.xml 文件中的可读性，可以将一个 struts.xml 配置文件分解成多个不同的系统配置文件；然后在 struts.xml 文件中利用<include>标签包含其他的配置文件，如图 5.21 所示。

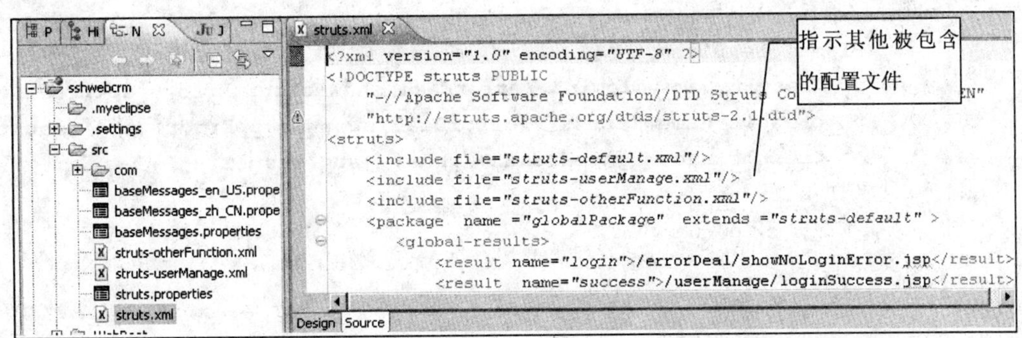

图 5.21　在 struts.xml 配置文件中利用<include>标签包含其他的配置文件

当进行文件包含时，包含的顺序是重要的。各个被包含文件的内容将在<include>标签本身所在的位置起作用。因此，如果在其他文件中需要使用某个被包含文件中的标签定义，则该被包含的文件必须在<include>标签的前面定义出。

5.3.3　Struts2 框架中的结果

1. Struts2 框架中的 Action 处理后返回的结果（Result）

Action 类中的处理器方法完成请求处理后跳转到表现层中的目标资源时，不是像

Servlet 程序那样直接在代码中指定目标 JSP 页面文件名，而是返回一个代表目标资源的逻辑名字符串。因此，通过这样的结果字符串，封装从控制层 Action 程序到表现层中的目标资源文件的跳转逻辑和屏蔽表现层中的不同视图实现技术之间的差异。

2. 全局<result>定义及应用

Struts2 框架也支持将某些通用的返回结果定义成为全局类型，从而使得在各个 Action 程序类中都能够应用全局类型的<result>定义。例如可以将系统中的返回到首页 index.jsp 和转发到错误显示页面等这样的<result>定义设计为全局类型，一方面减少在各个 Action 类中对<result>标签的重复定义，另一方面也有利于配置文件的管理。

可以在<package>标签内利用<global-results>标签定义出全局类型的<result>，如例 5-8 中的<global-results>标签中的黑体标识的<result>定义。

例 5-8 全局<result>定义的配置示例。

```
<?xml version="1.0" encoding="UTF-8" ?>
<!DOCTYPE struts PUBLIC   "-//Apache Software Foundation//DTD Struts
Configuration 2.0//EN"
   "http://struts.apache.org/dtds/struts-2.1.dtd">
<struts>
    <include file="struts-default.xml"/>
    <package name ="userInfoPackage" extends ="struts-default" >
        <global-results>
            <result name="login">/errorDeal/showNoLoginError.jsp</result>
            <result name="error">/errorDeal/showWebAppError.jsp</result>
            <result name="gotoIndex">/index.jsp</result>
        </global-results>
        其他的标签定义在此省略
    </package>
</struts>
```

3. 局部<result>定义及应用

与全局<result>定义相对应的结果定义则为局部<result>定义，但需要放在<action>标签体内，由这些<result>标签定义的名称只能在特定的 Action 程序中应用，如例 5-4 中的<result>标签定义。

但要注意的是，如果在一个<result>标签中没有设定 type 属性，默认为 dispthcher 转发方式；如果在一个<result>标签中没有设定 name 属性，默认为 SUCCESS 名称。因此，<result>标签：<result>/index.jsp</result>等同于如下<result>标签：

```
<result name="gotoIndex" type="dispthcher" >/index.jsp</result>
```

4. 添加自定义的结果（Result）类型

尽管在 Struts2 框架中提供了丰富的结果（Result）类型，但在应用系统开发时也允许开发人员添加自定义的结果（Result）类型的定义以满足项目中的特殊需要。可以提供一个 Result 接口的实现类，并在 struts.xml 文件中声明这个结果。在 Result 接口中只有一个 execute()方法，该方法的原型定义如下：

```
public void execute(ActionInvocation invocation) throws Exception;
```

在 Result 接口的实现类中重写 execute()方法，并完成扩展的数据处理功能。因此，自定义的 Result 可以通过插件的形式发布出，如下为代码示例：

```
package com.px1987.sshwebcrm.acrionresult;
public class WebCRMResult implements Result{
    public void execute(ActionInvocation invocation) throws Exception {
            // 功能实现代码在此省略
    }
}
```

然后在 struts.xml 文件中声明该结果类型，这样就可以在某个<result>标签中引用该结果类型，如下为配置定义的标签示例：

```
<result-type name="webcrmResult"
            class="com.px1987.sshwebcrm.acrionresult.WebCRMResult"/>
```

5. 动态结果（Result）及应用示例

如果在 Action 类程序执行完毕之后才知道跳转的结果（Result）所真正指向的目标资源，可以使用动态结果实现在 Action 类中动态地指定跳转的目标页面。

在 Action 程序类中定义一个成员属性，如例 5-9 中的 dynamicResultMessage 成员变量，并为该成员属性提供 get/set 方法；然后再将要跳转的页面路径和文件名赋值给定义的成员属性，如例 5-9 中黑体所标识的语句。

例 5-9　在 UserInfoAction 类中应用动态结果的代码示例。

```
package com.px1987.sshwebcrm.action;
public class UserInfoAction {
    private String dynamicResultMessage;
    public String getDynamicResultMessage(){
        return dynamicResultMessage;
    }
    public void setDynamicResultMessage(String dynamicResultMessage){
        this.dynamicResultMessage = dynamicResultMessage;
    }
```

```
    public UserInfoAction() {
    }
    public String execute() {
        其他代码省略
        dynamicResultMessage ="/userManage/loginSuccess.jsp";
        return "success";
    }
}
```

根据处理的结果决定动态结果的真正目标页面

最后在 struts.xml 系统配置文件中的 Action 类的配置定义的<result>标签中使用 OGNL 表达式${属性名}取得跳转的页面路径，如例 5-10 中黑体所标识的标签。

例 5-10 在 struts.xml 文件中配置和定义本 Action 组件类的代码示例。

```
<?xml version="1.0" encoding="UTF-8" ?>
<!DOCTYPE struts PUBLIC
   "-//Apache Software Foundation//DTD Struts Configuration 2.0//EN"
   "http://struts.apache.org/dtds/struts-2.1.dtd">
<struts>
    <include file="struts-default.xml"/>
    <package name ="userInfoPackage"  extends ="struts-default" >
     <action name ="userInfoAction"
                class ="com.px1987.sshwebcrm.action.UserInfoAction" >
       <result  name="success">${dynamicResultMessage}</result>
     </action>
    </package>
</struts>
```

动态获得跳转的目标页面路径和文件名

5.3.4 Struts2 框架中的可配置化异常处理机制

1. Struts2 框架中的异常处理机制

良好的异常处理机制不仅有利于系统的维护，也有利于提高项目的健壮性。Struts2 框架提供有声明方式处理 Action 类抛出的异常的技术支持，所有的 Action 程序类中的处理方法抛出的各种形式的异常都可以由 Struts2 框架系统统一处理，然后再定向到预先定义的结果（Result）中。

Struts2 框架中的异常处理机制是通过在 struts.xml 文件中的<exception-mapping>标签定义的，该标签元素有如下两个主要的属性：

- exception：指定该异常映射所设置的异常类型。
- result：指定在 Action 程序中出现该异常时，系统将转入由 result 属性所指向的结果名，该结果名代表一个目标资源文件。

2. 异常映射分为局部异常映射和全局异常映射

所谓的局部异常映射，也就是将<exception-mapping>标签元素作为<action>标签元素的子标签元素。而全局异常映射，则是将<exception-mapping>标签元素作为<global-exception-mappings>标签元素的子标签元素。

而在 JSP 页面中可以使用 Struts2 框架标签输出异常信息，如下标签示例输出异常信息：

```
<s:property value="exception.message"/>
```

而如下标签示例输出异常堆栈信息：

```
<s:property value="exceptionStack"/>
```

3. 全局异常映射实现的示例

将例 5-3 中的 UserInfoAction 类中的 execute()方法改变为如下代码示例：

```
public String execute() throws SQLException
   {resultMessageOne ="某个用户的信息已经成功修改完毕，修改的时间是：" +
   DateFormat.getInstance().format( new Date());
   boolean returnResult=false;
   if(!returnResult)
     {throw new java.sql.SQLException("在进行数据库访问时出现了错误!");
     }
     return SUCCESS;
}
```

上面的示例代码模拟系统在运行过程中产生异常抛出，然后在 struts.xml 文件中配置定义<global-results>标签。最终的结果如例 5-11 所示，请注意其中黑体标识的标签。

例 5-11 全局异常映射实现的配置示例。

```
<?xml version="1.0" encoding="gb2312" ?>
<!DOCTYPE struts PUBLIC
    "-//Apache Software Foundation//DTD Struts Configuration 2.0//EN"
    "http://struts.apache.org/dtds/struts-2.0.dtd">
<struts>
<include file="struts-default.xml"/>
 <package name ="userInfoPackage" extends ="struts-default" >
  <global-results>
     <result name="showSQLException">/dealError/showSQLException.
     jsp</result>
  </global-results>
 <global-exception-mappings>
      <exception-mapping exception="java.sql.SQLException"
                                            result="showSQLException"/>
 </global-exception-mappings>
 <action name ="userInfoAction"
```

定义一个全局结果

为 Action 类声明 SQLException 异常抛出时自定义的目标

```
                class ="com.px1987.sshwebcrm.action.UserInfoAction" >
        <result name="success">/userManage/loginSuccess.jsp</result>
        <result name ="input"> /userManage/userLogin.jsp </result>
  </action>
</package >
</struts>
```

在项目的 dealError 目录中新增一个页面 showSQLException.jsp 文件，在该页面中获得异常信息和异常堆栈信息，页面文件的内容如例 5-12 所示。

例 5-12 获得异常信息和异常堆栈信息的页面示例。

```
<%@ page language="java" import="java.util.*" pageEncoding="gb2312"%>
<%@ taglib uri="/struts-tags" prefix="s" %>
<html><head><title>获得异常信息的页面</title></head>
  <body><s:property value="exception.message"/><br/>
      <s:property value="exceptionStack"/>
</body></html>
```

在浏览器中以如下 URL 地址访问 UserInfoAction 类：http://127.0.0.1:8080/sshwebcrm/userInfoAction.action，将出现如图 5.22 所示的异常错误提示。该异常错误信息是由 UserInfoAction 类中的 execute()方法抛出的异常提供的，然后再由例 5-12 示例页面显示输出异常错误信息。

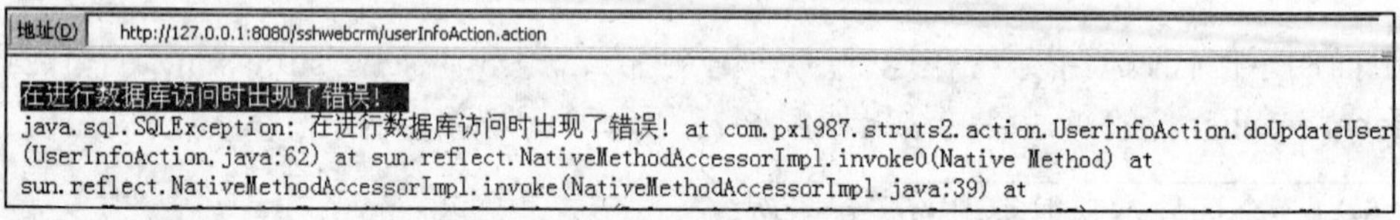

地址(D) http://127.0.0.1:8080/sshwebcrm/userInfoAction.action

在进行数据库访问时出现了错误!
java.sql.SQLException: 在进行数据库访问时出现了错误! at com.px1987.struts2.action.UserInfoAction.doUpdateUser(UserInfoAction.java:62) at sun.reflect.NativeMethodAccessorImpl.invoke0(Native Method) at sun.reflect.NativeMethodAccessorImpl.invoke(NativeMethodAccessorImpl.java:39) at

图 5.22 由 Action 程序抛出的异常信息

4. 局部异常映射实现的示例

修改例 5-11 中的 struts.xml 文件内的 UserInfoAction 类的定义为例 5-13 所示的示例代码，在 UserInfoAction 类的配置定义中添加<exception-mapping>和<result>标签。最终产生局部异常映射配置示例代码，请注意其中黑体标识的标签。

例 5-13 局部异常映射实现的配置示例。

```
<?xml version="1.0" encoding="gb2312" ?>
<!DOCTYPE struts PUBLIC
    "-//Apache Software Foundation//DTD Struts Configuration 2.0//EN"
    "http://struts.apache.org/dtds/struts-2.0.dtd">
<struts>
<include file="struts-default.xml"/>
  <package name ="userInfoPackage" extends ="struts-default" >
```

```
<action name ="userInfoAction"
                class ="com.px1987.sshwebcrm.action.UserInfoAction" >
    <result name="success">/userManage/loginSuccess.jsp</result>
    <result name ="input"> /userManage/userLogin.jsp </result>
  <exception-mapping exception="java.sql.SQLException"
                                        result="showSQLException"/>
  <result name="showSQLException">/dealError/showSQLException.
  jsp</result>
 </action>
</package >
</struts>
```

为 Action 类声明 SQLException 异常抛出时自定义的目标

在浏览器中继续以如下形式的 URL 地址访问 UserInfoAction 程序类中的处理器方法：http://127.0.0.1:8080/sshwebcrm/userInfoAction.action，同样也将出现如图 5.22 所示的异常错误提示。

因此，全局异常映射和局部异常映射在功能方面并没有什么不同，只是定义的形式和作用域有差别。全局异常映射<exception-mapping>标签元素可以作为当前配置定义包中的<global-exception-mappings>标签元素的子标签元素，并适用于该配置定义包中的所有 Action 程序类抛出的异常；而局部异常映射<exception-mapping>标签元素只能作为某个 Action 程序类的<action>标签元素的子标签元素，并且只适用于该 Action 程序类抛出的异常。

5.4　核心配置文件 struts.properties 及应用

5.4.1　struts.properties 文件作用及常用属性

1. struts.propertiexs 文件的主要作用

Struts2 框架中的 struts.properties 配置文件为开发人员提供了一种改变 Struts2 框架系统本身的默认行为的机制。在一般的应用场合下，开发人员没有必要修改这个配置文件中的相关属性项目。因为在 struts.properties 文件中所包含的各个属性项目都可以在 Web 应用系统的部署描述文件 web.xml 中对 FilterDispatcher 过滤器组件使用<init-param>初始参数标签进行对应的配置定义，或者在 struts.xml 文件中使用<constant>标签进行配置定义。

2. struts.properties 文件的基本格式

struts.properties 文件其实是一个标准的 Java 属性（Properties）文件，该文件包含了一系列的 key-value（键-值）对象。每个 key 名代表一个 Struts2 框架中的属性配置项目，该 key 名所对应的 value 就是一个 Struts2 框架中的属性值。如 struts.properties 属性文件中的如下属性配置项目：struts.devMode = true，也就相当于在 struts.xml 文件中的如下配置项目：<constant name="struts.devMode" value="true" />，或者相当于在 web.xml 文件中的 FilterDispatcher 过滤器组件的如下初始化参数：

```
<filter>
    <filter-name>struts2</filter-name>
    <filter-class>org.apache.struts2.dispatcher.FilterDispatcher
    </filter-class>
   <init-param><param-name>struts.devMode</param-name>
               <param-value>true</param-value>
   </init-param>
</filter>
```

3. struts.properties 文件中的常用属性及含义

开发者可以在 struts.properties 配置文件中对某个特定的属性进行修改，新的属性值将会覆盖对应的默认属性项目的值。在应用开发中，一般会考虑修改如下的一些属性值。

1）struts.i18n.reload = true

该属性项目设置是否每次有 HTTP 请求到达时，系统都需要重新加载与国际化有关的资源文件。该属性的默认值是 false，在开发阶段应该将该属性设置为 true 会更有利于开发过程中的调试，这样将可以在每次请求时都重新加载国际化资源文件，从而可以让开发者看到运行过程中的实时状态信息。

但在产品发布阶段，应将该属性设置为 false，以提高应用系统的响应性能。因为，如果每次有请求时，都需要重新加载资源文件，将会大大地降低应用系统运行时的性能。

2）struts.devMode = true

该属性项目允许将 Struts2 框架运行在开发模式，以提供更方便的开发调试功能。如果设置该属性值为 true，则可以在应用系统程序出错时显示更多、更友好的出错提示信息。

该属性的默认值是 false，在开发阶段应该要将该属性设置为 true；当进入产品发布阶段后，则应该将该属性设置为 false，同样也能够提高应用系统的响应性能。

3）struts.configuration.xml.reload = true

该属性项目决定是否允许重新加载 struts.xml 系统配置文件。这样就不需要重新启动 Servlet 容器而影响整个 Web 应用服务器中的其他的 Web 应用系统。

4）struts.configuration.files =文件名

该属性项目指定 Struts2 框架默认加载的配置文件，如果需要指定默认加载多个配置文件，则多个配置文件的文件名之间以英文逗号隔开。该属性的默认值为 struts-default.xml,struts-plugin.xml,struts.xml。如下为加载多个配置文件的配置示例：

```
struts.configuration.files= struts-default.xml,struts-plugin.xml,
                                            /WEB-INF/classes/struts.xml
```

5）struts.objectFactory = spring

该属性项目指定 Struts2 框架中的默认 ObjectFactory（对象工厂）组件，该属性默认值是 spring。Struts2 框架推荐通过 Spring 框架中的 Spring IoC 实现为 Web 应用系统提供控制反转 IoC 技术的支持，为应用系统提供功能更加强大和更灵活的面向切面技术。

6）struts.i18n.encoding=GBK

该属性项目可以解决页面 Form 表单提交到 Action 组件中的中文参数为乱码的问题，这样在 Action 组件中取到参数时不用编程实现转码（因为设置该参数为 GBK 时，相当于调用 HttpServletRequest 的 setCharacterEncoding 方法）。

7）struts.custom.i18n.resources =国际化资源文件的基础名称

该属性项目指定 Struts2 框架系统中所需要的国际化资源文件，如果有多个不同的国际化资源文件，则多个资源文件的文件名以英文逗号隔开。如下配置定义代码示例：struts.custom.i18n.resources ="baseResource"，该属性指定了应用系统中所需要的国际化资源文件的基础名称（BaseName）为 baseResource。

5.4.2　struts.properties 文件在项目中的应用

1. 解决 Struts2 表单提交时的中文乱码问题

如果在图 5.11 所示的用户登录页面 userLogin.jsp 中的表单内，输入中文的请求参数，如在其中的用户名输入栏中输入作者的姓名，如图 5.23 所示。

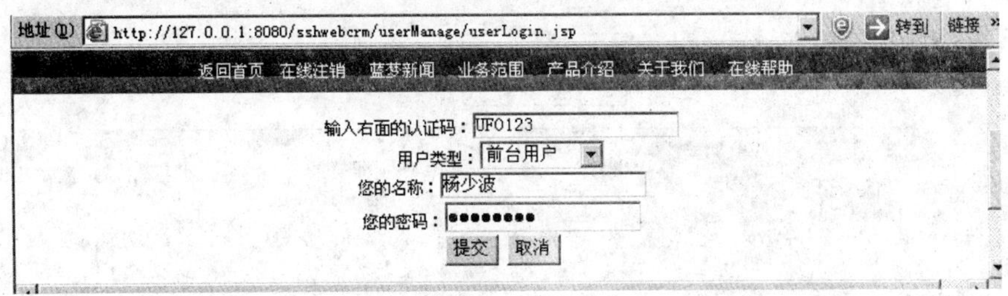

图 5.23　在用户登录页面的表单中输入中文的请求参数

然后单击图 5.23 所示的登录表单内的【提交】按钮向服务器端的 Action 程序提交请求，在后台的 Action 程序中所获得的表单请求参数中的各个中文参数将为中文乱码，如图 5.24 所示页面中的用户名称信息为中文乱码（以?????显示）。

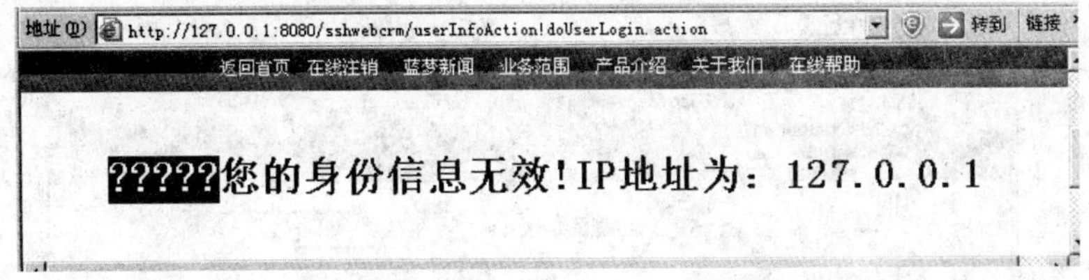

图 5.24　所获得的各个中文请求参数为中文乱码

如果在 Action 程序类中直接在控制台中进行输出，也为中文乱码信息，表明在 Action 程序类中所获得的用户名称信息已经为中文乱码。

2. 在 struts.properties 中增加 struts.i18n.encoding 属性项目

在项目的 classPath 路径中新建出 struts.properties 文件，该文件定义了 Struts2 框架的大量常量属性，如图 5.25 所示。

图 5.25 新建 struts.properties 文件

然后在 struts.properties 文件中增加如下的属性配置项目：struts.i18n.encoding=GBK，如图 5.26 所示。MyEclipse 工具自动地将 src 目录中的 struts.properties 文件复制到项目中的 classes 目录内。

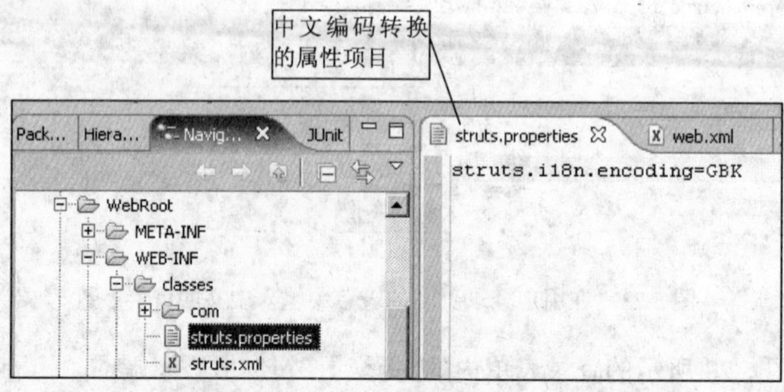

图 5.26 添加中文编码属性项目

再部署本示例并再次执行图 5.11 所示的用户登录页面 userLogin.jsp，并在页面表单中输入中文请求的信息，如图 5.27 所示。

图 5.27 在页面表单中输入中文请求的信息

然后继续单击图 5.27 所示的登录表单内的【提交】按钮向服务器端的 Action 程序提交请求，在后台 Action 程序中所获得的表单请求参数中的各个中文参数将不再为中文乱码，如图 5.28 所示页面中的用户名称信息为正常中文。

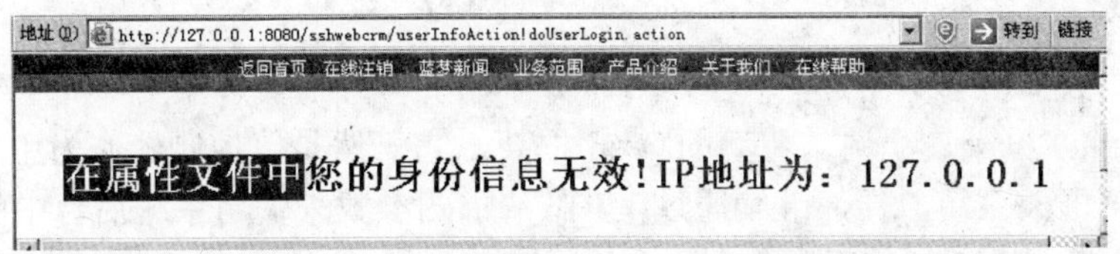

图 5.28　正确地获得了表单中的中文信息

当然，也可以在 struts.xml 系统配置文件中添加如下的属性常量项目：<constant name="struts.i18n.encoding" value="GBK" />，如图 5.29 所示。同样也能够解决表单中的中文请求参数为中文乱码的问题。

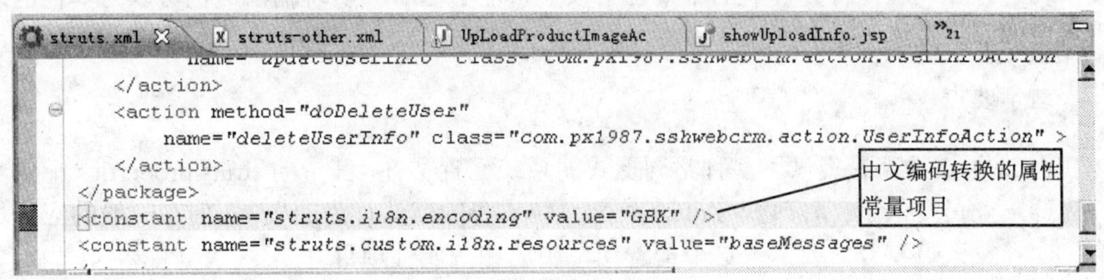

图 5.29　在 struts.xml 系统配置文件中添加解决中文乱码的属性常量项目

教学重点

本章系统地介绍了 Struts2 框架技术，主要内容涉及 Strust2 框架的体系架构，各种核心组件和与 Strust2 框架系统有关的各种 XML 配置组件和资源配置文件等方面的内容。最后，再通过具体的应用示例说明 Struts2 框架技术的开发流程和程序实现的基本步骤。

由于 Struts2 框架是通过 WebWork 框架的升级发展起来的，而不是简单地对原有的 Struts 框架进行升级，但在有些技术实现方面又延续了原有的 Struts 框架的一些设计思想和技术实现手段。因此，在本章的教学中需要把握好如下的教学重点。

首先是要让学生明确 Struts2 框架是对 WebWork 框架的升级，而不是对基于 Struts 1.X 版架构的 Struts 框架的升级。虽然 Struts2 框架提供了与基于 Struts 1.X 版架构的原有 Struts 框架的兼容，但已经不再是简单地对它的升级。因为目前的 Struts2 框架与原来的 Struts 框架有着完全不同的系统架构设计和 API 类库。因此，要正确地区分 Struts2 和 Struts 框架之间的关系和区别，特别是它们两者在体系架构方面的异同点。

本章的第 2 个教学重点则是对核心配置文件 struts.xml 的学习和掌握以及正确的应用。为了简化 Struts2 框架在应用开发时的各种配置工作，在 struts-default.xml 文件中为开发人员提供了许多默认的系统配置项目，并提供了相应的默认设置值。另外，为了能够重用 Struts2 框架中的各种默认资源和符号，可以在项目的系统配置文件 struts.xml 中应用<include>标签包含 struts-default.xml 文件。

学习难点

由于 Struts2 框架属于请求驱动的 Web 框架，它仍然是以控制器作为主体，而且也与早期的 Struts 框架系统一样，继续通过 URL 请求的参数来调用系统后台中的各个 Action 组件，并且所有服务器端的对象如 HttpServletRequest、HttpServletResponse 和 HttpSession 等仍然可以在 Action 组件类中获取。

因此，在学习中应该结合具体的程序示例理解 Struts2 框架的这个技术特性。另外，还需要明确的另一个问题是：Struts2 框架控制层的设计与原有的 Struts 框架系统的控制层设计有很大的不同。这主要体现在增加了拦截器组件、Action 组件不再与 J2EE Servlet 容器紧密耦合、Action 组件处理后的结果也不仅仅只能够由 JSP 实现输出，也可以为其他的表现层中的实现技术。

教学要点

在 Struts2 框架中提供了多种不同形式的系统配置文件，其中的 struts.properties 配置文件为开发人员提供了一种改变 Struts2 框架系统本身的默认行为的机制。但在一般的应用场合下，开发人员没有必要修改这个配置文件中的相关属性项目。

因为在 struts.properties 文件中所包含的各个属性项目都可以在 Web 应用系统的部署描述文件 web.xml 中对 FilterDispatcher 过滤器组件使用<init-param>初始参数标签进行对应的配置定义，或者在 struts.xml 文件中使用<constant>标签进行配置定义。

此外，在 Struts2 框架中，前端控制器会将特定后缀的请求 URL 映射到目标 Action 程序的请求处理方法中。从理论上来说，前端控制器可以接受任意形式的 URL 请求，但它默认是将.action 结尾的 URL 映射为 Struts2 框架的 Action 请求处理方法。

学习要点

由于不同版本的 Struts2 框架系统的库文件名是不同的，本书在图 5.6（a）所示图中说明了 Struts 2.1.6 版的系统库文件，在图 5.6（b）所示图中说明了 Struts 2.1.8 版的系统库文件。如果读者在应用开发中所下载的 Struts2 框架的系统版本与本书有差别时，应该要仔细阅读该版本的技术参考资料，正确地添加系统库文件。

另外，MyEclipse 工具从 MyEclipse 8.0 版开始全面地提供对 Struts2 框架的可视化开发的支持，进一步简化对 Struts2 框架的应用开发实现过程。但要求 Web 项目是基于 J2EE 5.0 版本的 Web 项目，因此在 MyEclipse 8.0 版中创建 Web 项目时要指定 J2EE 的版本为 Java EE 5.0。

练　习

1. 单选题

（1）Struts2 框架中的 Action 程序类属于 MVC 架构模式中的如下哪种形式的组件？

（　　）

（A）表现层　（B）控制层　（C）业务处理类　（D）模型层

（2）下列哪些文件是在应用 Struts2 框架时必须要应用到的系统配置文件？（　　）

（A）web.xml　（B）struts-config.xml　（C）struts.xml　（D）struts.tld

（3）Struts2 框架中的 FilterDispatcher 组件属于 MVC 架构模式中的如下哪种形式的组件？（　　）

（A）视图　（B）模型　（C）控制器　（D）业务层

（4）如果在 Struts2 框架中的 struts.xml 文件中有如下的结果配置定义的项目：<result>/index.jsp</result>，请问该结果（result）的名字是什么？（　　）

（A）无法确定（B）任意值　（C）success　（D）SUCCESS

（5）Struts2 框架中的 Action 组件类的 execute()方法的返回值是什么数据类型？（　　）

（A）void　（B）int　（C）String　（D）string

（6）Struts2 框架中的前端过滤器 FilterDispatcher 组件是在哪个文件中配置定义？（　　）

（A）web.xml（B）struts-config.xml　（C）struts.xml　（D）struts.tld

2. 填空题

（1）Web 开发框架主要有________和________两种不同的类型，Struts2 框架属于________，它是基本________架构描述设计的。因此，也称为________框架。

（2）Struts2 框架中的 ActionForm 组件和 Action 组件都可以是________类型的普通程序类，当然为了能够应用 Struts2 框架系统中的通用功能实现的技术支持，一般都将 Action 组件类继承于________。

（3）Struts2 框架中的 Action 类返回值为一个________，该字符串代表一个显示结果信息的________视图名，该名称将在________文件中进行配置定义。

（4）Struts2 框架中的默认的核心系统配置文件为________，而项目中与应用系统有关的系统配置为________文件，在 struts.xml 文件中可以利用________引用 struts-default.xml 文件中的配置定义的项目。

（5）Struts2 框架中的异常映射分为________异常映射和________异常映射两种形式，所谓的________异常映射是将<exception-mapping>标签元素作为<global-exception-mappings>标签元素的子标签元素，而________异常映射，也就是将<exception-mapping>标签元素作为<action>标签元素的子标签元素。

3. 问答题

（1）Struts2 框架中的 Action 类是否可以为 POJO 类型的程序类？为什么？

（2）Struts2 框架中的 Action 类的 execute()方法名称是否可以为其他形式的方法名称？系统配置文件 struts.xml 是否可以拆分为多个文件？

（3）Struts2 框架的控制器由哪几部分组成，并简单解释其作用。Struts2 框架的 Action 组件，比起 J2EE Web 技术中的 Servlet 组件，有哪些优点？

（4）Struts2 与 Struts 框架的主要不同点有哪些？Struts2 框架对 MVC 的表现（View）部分，有哪些支持与改进？

（5）简述 Struts2 框架的主要技术特性，ActionSupport 类的主要作用是什么？

（6）Struts2 框架中的核心配置文件 struts.xml 的主要作用是什么？如何为应用系统提供多配置文件？

（7）Struts2 框架中的 struts.properties 文件的主要作用是什么？如果需要解决表单提交时的中文乱码问题，如何在 struts.properties 文件中进行配置？

4. 开发题

（1）现在需要在某个 Struts2 框架的 struts.xml 文件中为如下形式的 Action 程序功能类 edu.bjtu.rjxy.webbank.action.UserInfoAction 进行配置定义，请写出对应的<action>标签内容，要求为该<action>标签提供两个<result>子标签，一个名称为“success”，另一个名称为“input”，但对应的目标 JSP 页面文件可以自定义。

（2）某个 JSP 页面中包含如图 5.30 所示的用户登录表单，其中包含代表用户名的 userName 和代表用户密码的 userPassWord 两个属性。请编写一个响应该表单请求的 Struts2 框架的 Action 类程序。

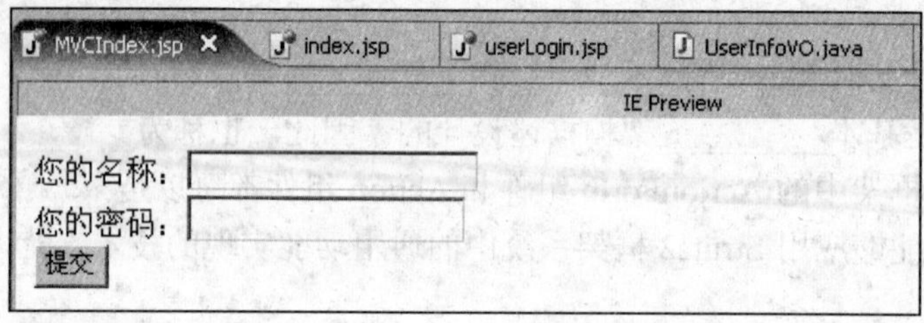

图 5.30　某个项目中的用户登录表单

第 6 章　业务控制器 Action 组件及应用

CHAPTER 6

Struts2 框架中的 Action 组件作为 MVC 架构设计模式中的控制层组件在项目中主要承担业务请求处理控制器的职责，Action 组件类无须实现任何 Struts2 框架系统中的接口或者继承系统中的有关的基类。在设计方面，Struts2 框架中的 Action 组件不仅改进了 Servlet 组件在应用开发中所存在的不足，也对早期的 Struts 框架中原有的 Action 组件类的设计方案进一步完善并对 Action 组件的功能进行扩展，最终达到不依赖于 Servlet 容器和采用 POJO 形式的普通 Java 类编程，简化编程实现和重用系统中提供的各种通用的系统级的服务。

本章主要介绍 Action 组件类的技术特性，字段驱动和模型驱动的 Action 类以获得 HTTP 请求参数。此外，还涉及如何对 Action 类进行单元测试和访问 Servlet API，OGNL 表达式语言和 ValueStack 值堆栈等与 Action 类编程实现有关的技术内容。

6.1　Action 组件类的技术特性

6.1.1　利用 Action 接口方式实现 Action 类

1. Action 组件类可以为普通的 JavaBean 组件类

Struts 2 框架中的 Action 组件类在设计实现方面完全不同于早期的 Struts 框架中的原有的 Action 组件类，因为 Struts2 是拉模式的 MVC（“Pull-MVC”）架构设计方案。它允许开发人员直接在 Action 组件类中主动地获取 HTTP 请求参数，而在表现层组件中显示给用户的数据也可以直接从 Action 组件类中获取，而不必像 Struts 框架那样必须把请求的参数对象包装到 ActionForm 组件或者将处理后的结果数据缓存到 HTTP 请求对象 HttpServletRequest 或者 HttpSession 会话对象中，并转发到表现层中的目标资源（如 JSP 页面）文件中。

HTTP 请求的表单数据直接可以包含在 Action 组件程序类中，并通过 get/set 属性访问方法获取这些属性参数。Struts2 框架系统通过引入不同功能的拦截器组件为应用系统提供许多系统级的功能服务，简化应用系统的功能实现和重用通用的系统级别功能服务。

2. 实现 Action 接口以规范 Action 类的编程

从理论上来说，Struts2 框架中的 Action 组件类无须继承 Struts2 框架系统中的任何类或实现系统中的任何接口，如第 5 章例5-3 所示的示例。但是，在实际编程应用中，为了更加方便和规范地编写实现开发人员自己的 Action 组件类，同时也有利于国际化技术、表单数据验证和类型转换等通用功能的应用和编程实现，经常需要将项目中的 Action 组件程序实现 Action 接口。

为什么要实现 Action 接口？如果项目中的 Action 组件程序类不实现 Action 接口，不同的开发者在编写 Action 类的程序代码时，就有可能会出现下面的状况：在 Action 组件程序类中没有提供 execute()方法或者方法的名称不是 execute。如图 6.1 所示，故意将 UserInfoAction 类中的 execute()处理器方法名改变为非标准的方法名称后，将出现错误。

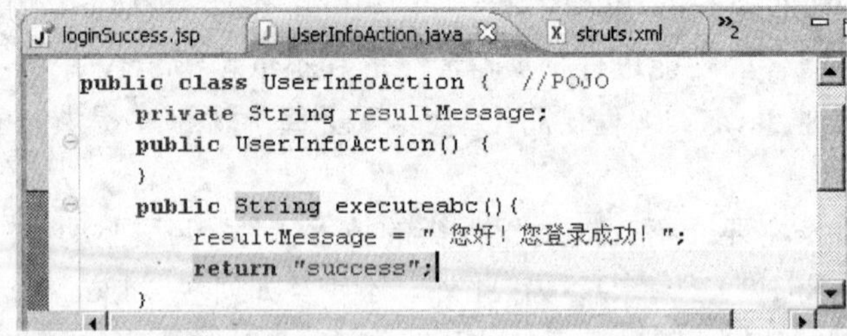

图 6.1　将 UserInfoAction 类中的方法改变为非标准名称

在浏览器中以如下形式的 URL 地址访问图 6.1 所示的 UserInfoAction 程序类：http://127.0.0.1:8080/sshwebcrm/userInfoAction.action，将出现如图 6.2 所示的错误信息。

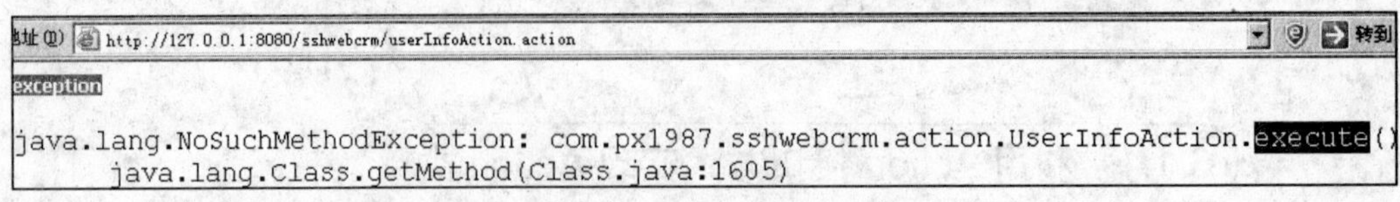

图 6.2　出现未找到 execute()方法的错误提示信息

出现图 6.2 所示的错误，其主要原因是没有找到默认的 execute()方法。如何避免这样的错误在 Action 类的编程实现中重复出现？有必要提出一个强制的“编程规范”，并要求在每一个 Action 类中提供 execute()方法。为此，提出了 Action 接口，并在 Action 接口中提供 execute()方法，系统中的各个 Action 类如果实现 Action 接口，也就保证提供 execute()方法。当然，如果项目中的某个 Action 程序已经实现了 Action 接口后，开发人员还继续没有提供 execute()方法时，IDE 开发工具会及时提醒开发人员在自己的 Action 类中重写 execute()方法，如图 6.3 所示的错误提示信息。

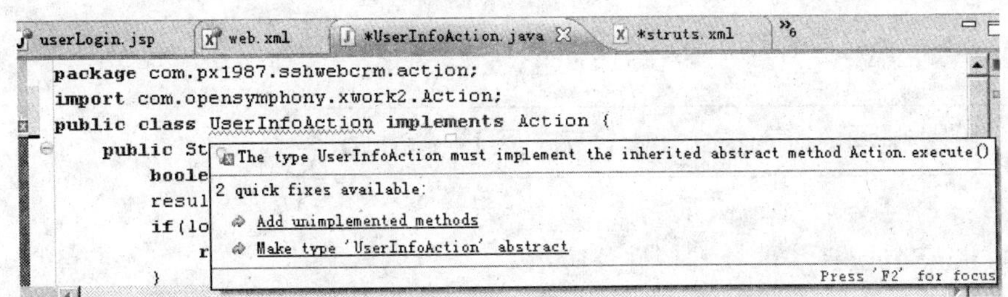

图 6.3　IDE 工具及时提醒开发人员重写 execute()方法

如果某个 Action 程序没有实现 Action 接口，Struts2 框架使用反射技术自动地寻找目标 Action 类中的默认的 execute()方法，该 execute()方法的返回值为一个普通的字符串，它代表目标资源文件的逻辑名。

3. 实现 Action 接口以规范 Action 程序返回的“结果状态”的名称

表面上实现 Struts2 框架中的 Action 接口没有太大的好处，仅会污染应用系统中的 Action 实现类！事实上，实现 Action 接口不仅可以帮助开发者达到“简化”和“规范”Action 类的程序结构，也还可以使 execute()方法的返回值标准化。

因为在 Action 接口中不仅定义了 execute()方法，而且也还提供了 SUCCESS、NONE、ERROR、INPUT、LOGIN 等标识不同类型的返回结果的名称字符串常量，从而规范 Action 程序处理后的“结果状态”的名称。如图 6.4 所示的 Action 示例的返回值是不规范的返回值，而是自行命名的“成功了”。

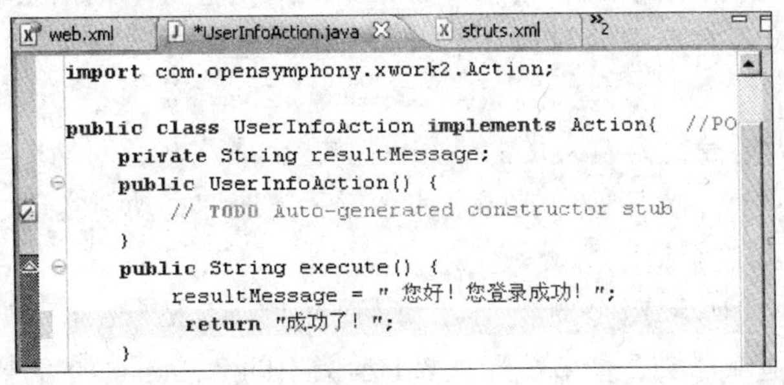

图 6.4　不规范的 Action 程序的返回值

应用系统中的业务处理程序完成某个业务功能后，返回的结果状态也不会是任意的状态，不外乎是“成功”、“失败”、“错误”或者“非法”等状态。为了能够统一返回的结果状态，以提高应用系统程序的可读性。在 Struts2 框架的 Action 接口中提供有标识各种处理结果状态的字符串常量，Action 接口中的各种名称字符串常量的含义如下：

- SUCCESS：Action 程序正确地执行完成，并返回到相应的视图中。
- NONE：表示 Action 程序正确地执行完成，但并不返回任何视图。
- ERROR：表示 Action 程序执行失败，返回到错误处理的视图。
- INPUT：重新返回到原始的输入参数的视图中，比如在登录系统时，如果验证没有通过，将自动返回到原始的登录页面中重新输入登录参数。

• LOGIN：当访问者没有通过身份验证时，返回到登录视图。

6.1.2 利用继承 ActionSupport 方式实现 Action 类

1. ActionSupport 类的技术特性及应用

它其实是一个适配器（Adapter）设计模式中的适配器类，ActionSupport 类实现了包括 Action 接口在内的多个不同的接口，如图 6.5 所示。

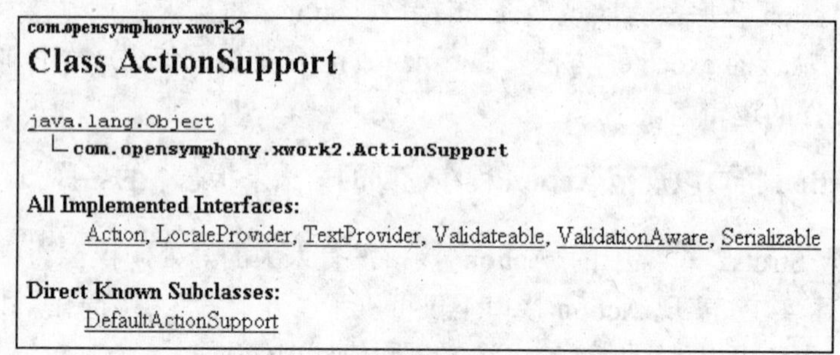

图 6.5　ActionSupport 类

如果采用继承 ActionSupport 类编程实现应用系统中的 Action 功能类，不仅可以规范 Action 程序的结构，同时也还可以获得 Struts2 框架中所提供的各种技术支持。因为在 ActionSupport 类中提供了许多的实用功能方法，这些功能方法包括获取国际化信息、表单数据验证、默认的处理客户端的 HTTP 请求的方法、应用各种默认的拦截器、文件上传下载等方面的功能。

因此，可以大大地简化开发人员的 Action 类在完成这些通用功能实现的具体开发。如果在应用系统中需要上面的各种功能要求和避免重复地编写功能实现这些程序的代码，最好继承 ActionSupport 这个适配器类。

例 6-1 所示的代码示例是对例 5-3 所示的 UserInfoAction 程序类的改进，继承 ActionSupport 这个适配器类。图 6.6 为例 6-1 示例中的 Action 程序的执行结果。

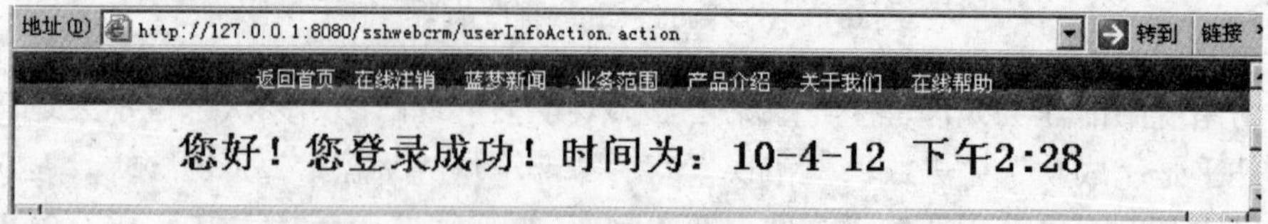

图 6.6　例 6-1 示例中的 Action 程序的执行结果

例 6-1　继承 ActionSupport 类的代码示例。

```
package com.px1987.sshwebcrm.action;
import java.text.DateFormat;
import java.util.Date;
```

```
import com.opensymphony.xwork2.ActionSupport;
public class UserInfoAction extends ActionSupport{
    public String execute()  {
        resultMessage = "您好！您登录成功！时间为："+
                        DateFormat.getInstance().format( new Date());
        return this.SUCCESS;
    }
    private String resultMessage;
    public String getResultMessage() {
        return resultMessage;
    }
    public void setResultMessage(String resultMessage) {
        this.resultMessage = resultMessage;
    }
    public UserInfoAction() {
    }
}
```

返回更加规范的结果名

2. 继承 ActionSupport 基类的同时还必须要重写 execute()方法

由于 ActionSupport 基类并不是抽象类，而且也没有将其中的默认的处理器 execute()方法继续设计为抽象方法。因此，在继承 ActionSupport 基类时，如果在子类中没有重写 execute()方法，将不会出现语法错误。如图 6.7 所示，故意将其中的 execute()方法的名称改变为 executeabc()方法。

```
userLogin.jsp   loginSuccess.jsp   web.xml   UserInfoAction.java   struts.xml
public class UserInfoAction extends ActionSupport{   //POJO
    private String resultMessage;
    public UserInfoAction() {
    }
    public String executeabc(){
        resultMessage = " 您好！您登录成功！时间为："+DateFormat.getInstance().format( new
        return this.SUCCESS;
    }
```

图 6.7　在子类中没有重写 execute()方法时将不会出现语法错误

因为继承是“非强制性”的，在子类中没有重写基类中的方法也是可以的。因此，在继承 ActionSupport 基类的同时，也还必须重写 execute()方法。否则 Action 程序没有真正地处理客户的请求，如图 6.8 所示为图 6.7 所示的 Action 程序的执行结果截图。

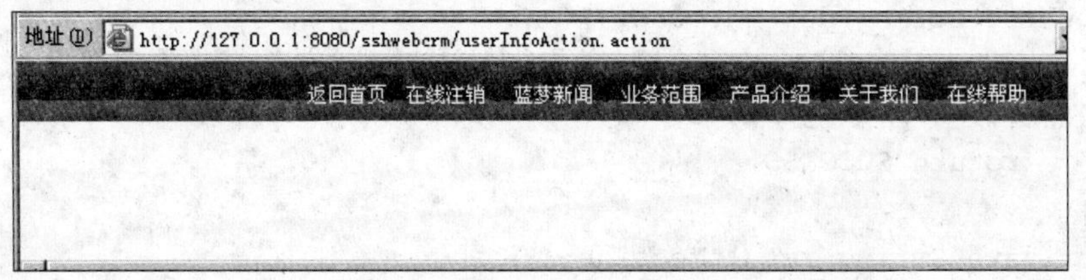

图 6.8　Action 程序没有真正地处理客户的请求

没有输出任何的结果信息，但又不产生出任何的异常抛出信息，其实是执行了ActionSupport 基类中的 execute()方法。

6.1.3　对 Action 组件的各种请求方式

1. 自定义 Action 类中的处理器方法及实现示例

Struts2 框架中的 Action 类是基于命令（Command）设计模式实现的，并允许在 Action 类中定义出 execute()方法以外，也还可以定义出多个不同的处理器执行方法，使得同一个 Action 功能类可以响应多种不同的功能请求。但这些处理器功能方法都必须是无方法参数定义，并且返回一个标识结果的字符串。

例 6-2 所示的代码为一个自定义 Action 类中的处理器方法的代码示例，在其中定义有一个 doUserLogin()方法作为对图 5.10 所示的登录表单的响应程序，请注意其中黑体标识的方法定义。

例 6-2　自定义 Action 类中的处理器方法的代码示例。

```
package com.px1987.sshwebcrm.action;
import java.text.DateFormat;
import java.util.Date;
import com.opensymphony.xwork2.ActionSupport;
public class UserInfoAction extends ActionSupport{
    public String doUserLogin(){
        resultMessage = "您好！采用自定义方法处理登录功能！";
        return this.SUCCESS;
    }
    public String doUserRegister(){
        resultMessage = " 您好！这是在另一个自定义方法处理的注册功能！";
        return this.SUCCESS;
    }
    public String doUpdateUser(){
        resultMessage ="某个用户的信息已经成功修改完毕，修改的时间是：" +
        DateFormat.getInstance().format( new Date());
        return SUCCESS;
    }
    public String doDeleteUser(){
        resultMessage ="某个用户的信息已经成功删除完毕，删除的时间是：" +
        DateFormat.getInstance().format( new Date());
        return SUCCESS;
    }
    private String resultMessage;
    public String getResultMessage() {
```

目前还没有真正地响应登录表单的请求

响应用户注册请求的另一个处理器方法

```
        return resultMessage;
    }
    public void setResultMessage(String resultMessage) {
        this.resultMessage = resultMessage;
    }
    public UserInfoAction() {
    }
}
```

Struts2 框架在默认情况下以某种标准的方式产生请求（如“/userInfoAction.action”）时，将自动地调用 Action 类中的 execute()方法，但开发人员也可以改变这种默认的请求方法的调用形式。为此，需要在系统配置文件 struts.xml 中配置定义和指定目标方法名。

例6-3 所示的配置文件是对例5-4 所示的配置文件的改进，在<action>标签中应用 method 属性指定 Action 类中的非标准的处理器方法名，请注意其中黑体标识的内容。

例 6-3　在系统配置文件 struts.xml 中配置定义的代码示例。

```
<?xml version="1.0" encoding="UTF-8" ?>
<!DOCTYPE struts PUBLIC  "-//Apache Software Foundation//DTD Struts
Configuration 2.0//EN"
   "http://struts.apache.org/dtds/struts-2.1.dtd">
<struts>
    <include file="struts-default.xml"/>
   <package  name ="userInfoPackage"  extends ="struts-default" >
     <action  method="doUserLogin" name ="userInfoAction"
              class ="com.px1987.sshwebcrm.action.UserInfoAction" >
        <result  name="success">/userManage/loginSuccess.jsp</result>
     </action>
   <action method="doUpdateUser" name ="updateUserInfo"
                   class ="com.px1987.sshwebcrm.action.UserInfoAction">
        <result  name="success">/userManage/loginSuccess.jsp</result>
     </action>
     <action method="doDeleteUser" name ="deleteUserInfo"
                  class ="com.px1987.sshwebcrm.action.UserInfoAction" >
        <result  name="success">/userManage/loginSuccess.jsp</result>
     </action>
   </package>
</struts>
```

继续采用第 5 章例 5-2 示例页面文件

在第 5 章中的图 5.11 所示的用户登录页面 userLogin.jsp 中正常提交登录请求，也就是以 http://127.0.0.1:8080/sshwebcrm/userInfoAction.action 标准的请求方式向例6-2 中的 Action 类发送请求，将出现如图 6.9 所示的处理结果信息。

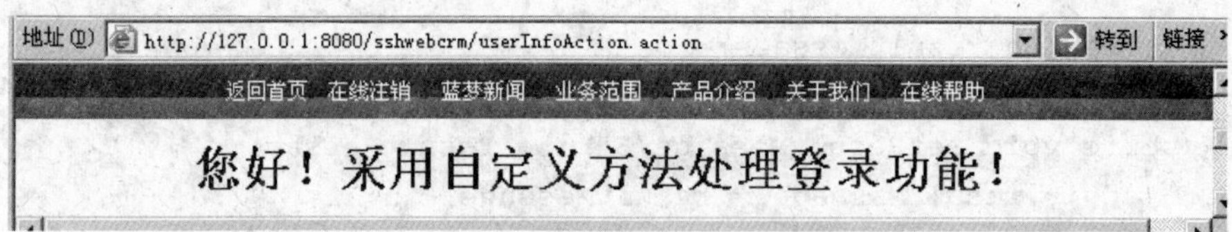

图 6.9　例 6-2 中的 Action 类程序的执行结果

此时 Strust2 框架运行时系统程序将在系统配置文件 struts.xml 中查找由 method="doUserLogin"所定义的目标方法 doUserLogin()，而不再利用 Java 反射技术动态查找默认的 execute()方法。

2. 在 Action 类中声明有多个不同的自定义方法

因为在实际应用中，可能需要让同一个 Action 组件程序能够响应多个不同形式的请求或者定义为不同的逻辑，此时就需要提供多种不同形式的请求处理方法。在配置文件中不能再采用 method 属性的定义方式，因为无法定义多个不同的目标方法名。

为此，可以采用在 Action 逻辑名后加上“!xxx”指定请求的目标方法，其中的 xxx 为目标方法名。应用这样的编程实现方法才能满足在 Action 程序类中有多个不同的处理器方法的应用要求，并减少 Action 程序类的个数。

例如，修改第 5 章中例5-1 所示的实现用户登录功能的 userLogin.jsp 页面的表单提交的 action 属性为如下代码示例的内容：<form method="post"　action="${pageContext.request.contextPath}/userInfoAction!**doUserLogin**.action" >，最终修改后的结果如图 6.10 所示。

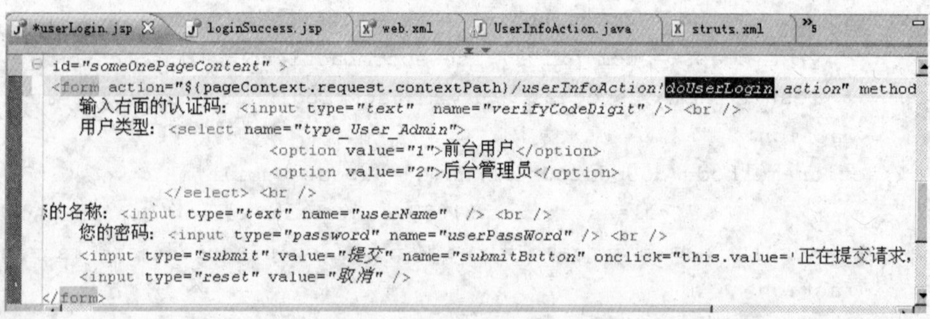

图 6.10　修改 userLogin.jsp 页面的表单提交的 action 属性

然后在例 6-2 所示的 Action 类中再增加第 2 个自定义的 doUserRegister()方法，该方法响应系统中的用户注册功能的请求；最后再将例 6-3 所示的 struts.xml 配置定义中的<action>标签内的 method="doUserLogin"属性项目除掉，再执行图 5.11 所示的用户登录页面 userLogin.jsp 并正常进行表单的提交，同样也将出现如图 6.11 所示的结果。

尽管图 6.11 所示的结果信息与图 6.9 所示的结果信息相同，但两者在浏览器中的 URL 地址信息是不同的。因此，在 Action 逻辑名后加上“!xxx”标识可以直接指定请求的目标方法。图 6.12 为用户注册功能页面提交请求后的执行结果，由于在 URL 地址栏中指定了目标方法 doUserRegister()，最终将执行例 6-2 中的 doUserRegister()方法。

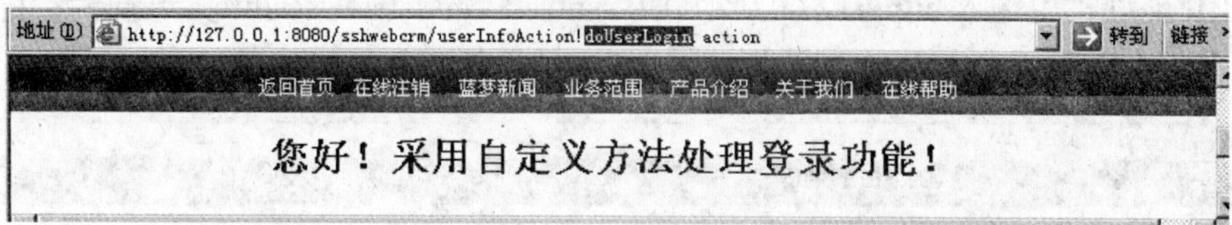

图 6.11　在 Action 类中声明多个不同的自定义方法的执行结果

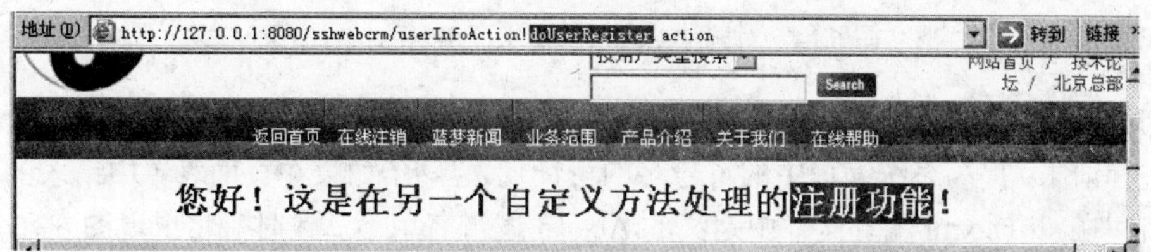

图 6.12　用户注册功能页面提交请求后的执行结果

3. 同一个 Action 程序类可以定义为不同的逻辑名称

在例 6-2 所示的 UserInfoAction 类中再增加另外两个处理器方法 doUpdateUser()（代表系统中修改用户信息的功能处理）和 doDeleteUser()（代表系统中删除用户信息的功能处理），然后再在例 6-3 所示的 struts.xml 文件中新增另外两个不同的逻辑名称的 Action 配置定义，也就是将同一个 Action 程序类以两个不同的逻辑名称的形式出现并将 Action 程序类中的每一个处理方法都定义成一个逻辑 Action。

在项目中再新增另外两个页面：updateUserInfo.jsp 和 deleteUserInfo.jsp，其中 updateUser- Info.jsp 代表修改用户信息的功能页面，而 deleteUserInfo.jsp 代表删除用户信息的功能页面。在 updateUserInfo.jsp 页面的表单中，设置 action 属性为如下值：

```
<form action="${pageContext.request.contextPath}/updateUserInfo.action"
method="post" >
```

而在 deleteUserInfo.jsp 页面的表单中，设置 action 属性为如下值：

```
<form action="${pageContext.request.contextPath}/deleteUserInfo.action"
method="post" >
```

为了能够对第一个逻辑名 Action 进行请求（也就是对修改功能进行请求调用），在浏览器的 URL 地址栏中输入 http://127.0.0.1:8080/sshwebcrm/updateUserInfo.action 后，出现如图 6.13 所示的结果，并注意浏览器 URL 地址栏中显示输出的信息。

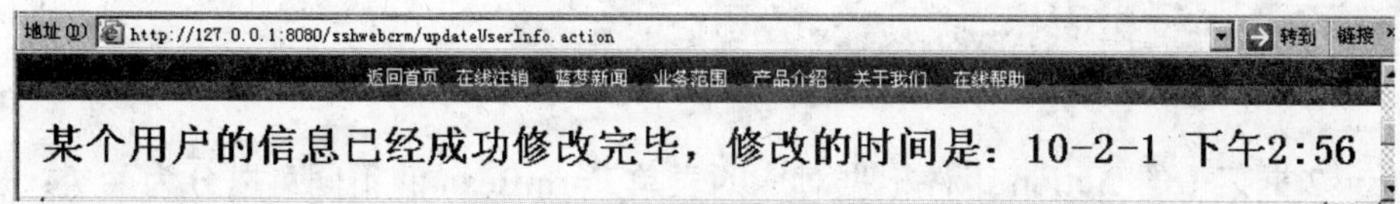

图 6.13　对修改功能进行请求调用后的执行结果

而为了对第二个逻辑名 Action 进行请求（也就是对删除功能进行请求调用），在浏览器的 URL 地址栏中输入 http://127.0.0.1:8080/sshwebcrm/deleteUserInfo.action 后，将出现如图 6.14 所示的结果，同样也再注意浏览器 URL 地址栏中显示输出的信息。

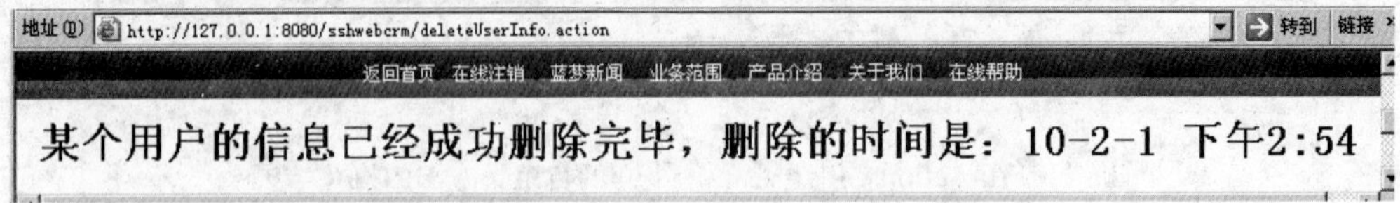

图 6.14　对删除功能进行请求调用后的执行结果

因此，为同一个 Action 程序类可以定义不同的逻辑名，将能够以满足“业务含义”的名称进行请求，提高系统编程中的符号名的可读性。当然，如果在页面表单中请求的 Action 逻辑名和在 struts.xml 配置文件中定义的 Action 逻辑名字不一致时，将出现图 6.15 所示的 HTTP Status 404 错误信息。

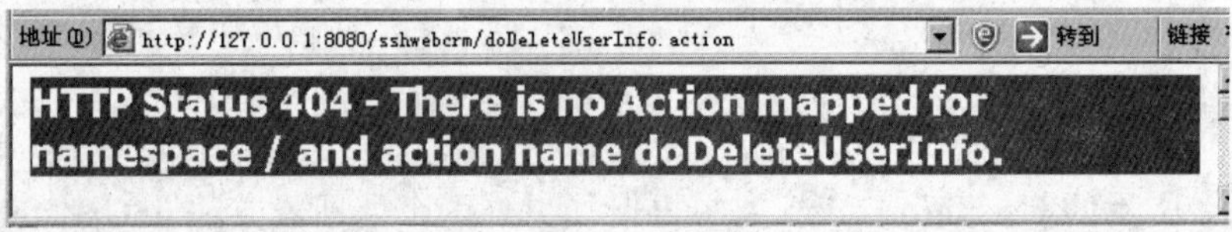

图 6.15　请求的 Action 逻辑名和实际的 Action 名不一致时的错误信息

4. Struts2 框架 Action 组件类是线程安全的

Struts2 框架中的 Action 组件类是针对每一个请求产生出一个对象实例，因此没有线程安全的问题存在。Servlet 容器给每个请求产生许多可丢弃的对象，并且不会导致性能和垃圾回收问题的出现。因此，可以在 Action 组件类中定义出类级别的成员属性变量，如图 6.16 所示的代码示例。

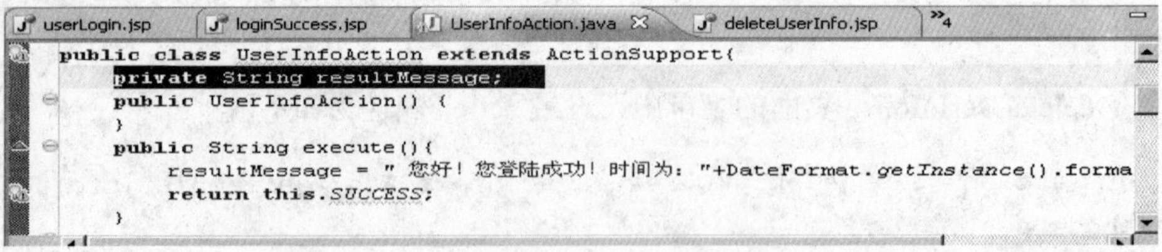

```
userLogin.jsp   loginSuccess.jsp   UserInfoAction.java   deleteUserInfo.jsp
public class UserInfoAction extends ActionSupport{
    private String resultMessage;
    public UserInfoAction() {
    }
    public String execute(){
        resultMessage = " 您好！您登陆成功！时间为: "+DateFormat.getInstance().forma
        return this.SUCCESS;
    }
```

图 6.16　在 Action 组件类中定义出类级别的成员属性变量

6.2　字段驱动和模型驱动的 Action 类

Struts2 框架中的 Action 组件根据对应的表单 FormBean 的不同可以分为两类：一类是 Field-Driven（字段驱动的）Action，Action 程序将直接用自己的属性字段充当 FormBean

对象的功能。它一般在页面表单比较简单的情况下使用，而且可以直接用实体对象作为 Action 的字段名称，避免了代码的重复；另一类是 Model-Driven（模型驱动的）Action，将表单中的请求参数完整地包装到一个独立的实体类中。

6.2.1　字段驱动的 Action 程序类

1. 字段驱动的 Action 程序类及应用

在字段驱动（Field-Driven）的 Action 程序类中拥有自己的成员属性对象和访问它们的 get/set 方法，这些成员属性为 Java 语言中的基本数据类型，并且表单字段名直接和 Action 类中的成员属性名互相对应。

2. 字段驱动的 Action 类在项目中的应用示例

修改例 6-2 自定义 Action 类中的处理器方法，并在该类中添加 4 个成员属性对象和为每个成员属性提供 get/set 属性访问方法，最终的结果如图 6.17 所示。

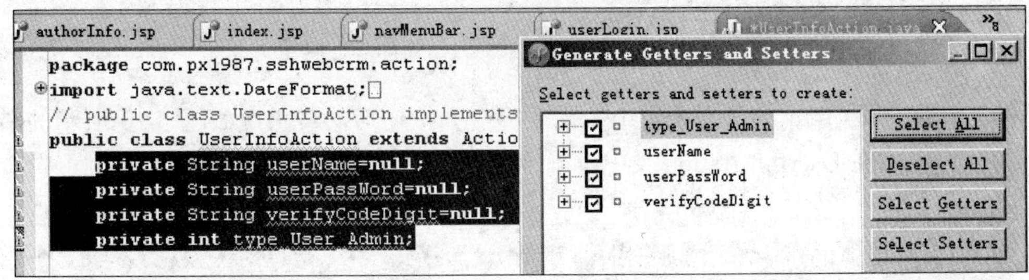

图 6.17　修改例 6-2 自定义 Action 类中的处理器方法

然后再编写对例 6-2 中修改后的 Action 类中的 doUserLogin()方法，在该方法中识别登录表单中请求提交的参数是否满足既定的系统功能要求，如图 6.18 所示。

userLogin.jsp　navMenuBar.jsp　pageHead.jsp　UserInfoAction.java

```
public String doUserLogin()  {
    String verifyCodeDigitInSession="UFO123";
    if(!verifyCodeDigit.equals(verifyCodeDigitInSession)){
        resultMessage = "你输入的验证码不是系统提示的验证码！";
        return this.SUCCESS;
    }
    boolean returnResult=
        getUserName().equals("yang1234") &&getUserPassWord().equals("12345678");
    if(returnResult){
        resultMessage =getUserName()+"您登录成功！";
    }
    else{
        resultMessage =getUserName()+"您的身份信息无效！";
    }
    return Action.SUCCESS;
}
```

图 6.18　编写对例 6-2 修改后的 Action 类中的 doUserLogin()方法

继续保证第 5 章中例 5-1 登录页面 userLogin.jsp 中的 action 属性为如下示例：

```
<form method="post" action=
"${pageContext.request.contextPath}/userInfoAction!doUserLogin.action">
```

3. 测试字段驱动的 Action 程序类的功能实现效果

部署本项目，在浏览器地址栏中再输入如下的 URL 地址执行本系统中的用户登录功能页面：http://127.0.0.1:8080/sshwebcrm/userManage/userLogin.jsp，并在表单中输入错误的验证码，如图 6.19 所示。

图 6.19　在登录表单中输入错误的验证码

然后在图 6.19 所示的页面表单中单击【提交】按钮后，将出现如图 6.20 所示的错误提示信息，表明在 UserInfoAction 类中正确地获得了用户所输入的验证码值。

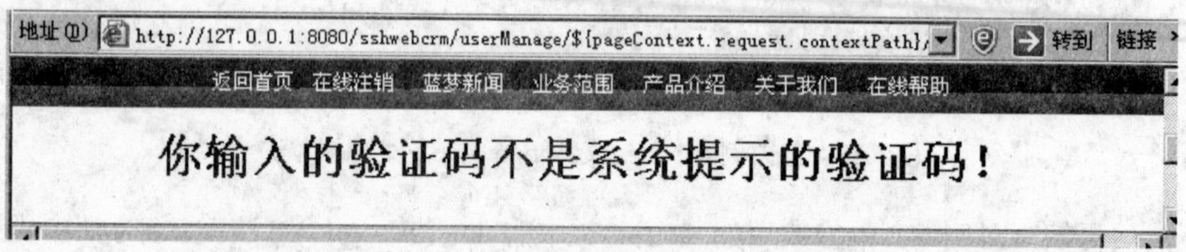

图 6.20　输入错误的验证码值后所出现的错误提示信息

而如果在登录表单中输入的身份信息不正确时（例如，输入错误的密码），将出现如图 6.21 所示的错误状态。表明在 UserInfoAction 类中正确地获得了用户所输入的身份信息值（用户名称和用户密码）。

图 6.21　输入的身份信息不正确时的错误状态

而如果在登录表单中输入正确的身份信息时，出现如图 6.22 所示的登录成功的状态。说明在 UserInfoAction 类中已经正确地获得了用户表单提交后的各个参数值。

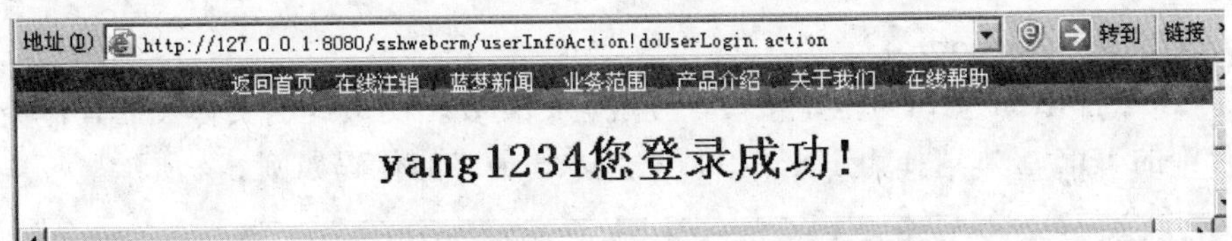

图 6.22　输入的身份信息合法时的成功状态

应用字段驱动的 Action 程序类方法所存在的主要缺点是：如果 Action 类中的成员属性对象比较多，则会导致 Action 类中的功能实现代码比较"冗长"；同时这些成员属性对象也不能被另一个 Action 程序类"重用"！因此，该方法一般应用在不需要重用的表单对象或者表单对象的成员属性个数比较少的应用场合。

6.2.2　模型驱动的 Action 程序类

1. 模型驱动的 Action 程序类及应用

模型驱动（Model-Driven）Action 程序其实是将 Web 表单的各个请求数据包装到一个独立的 POJO 的实体组件类（该类也称为 FormBean 表单对象）中，然后在 Action 组件类中通过该 POJO 组件对象实例获得用户表单请求的各个表单参数。

2. 模型驱动的 Action 程序类在项目中的应用示例

模型驱动的 Action 程序要求实现 com.opensymphony.xwork.ModelDriven 接口，并重写其中的 Object getModel()方法。下面将例 6-2 中的用户登录系统功能实现程序改变为采用模型驱动 Action 程序类实现。

在项目中添加一个包名称为 com.px1987.sshwebcrm.actionform、类名称为 UserInfoActionForm 的表单实体类，并在该类中增加如图 6.23 所示的 4 个成员属性，为每个成员属性变量都提供 get/set 属性访问方法。在 Struts2 框架中，普通的 JavaBean 组件就可以充当 MVC 架构模式中的模型层中的实体类。

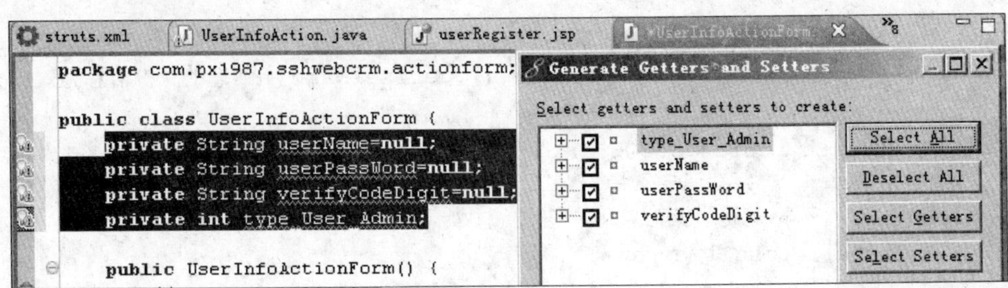

图 6.23　在表单类中添加 4 个成员属性和为每个成员属性提供 get/set 方法

在项目中再新建一个 UserInfoManageActionModel 类，包名称为 com.px1987.sshwebcrm.action，并且实现 com.opensymphony.xwork.ModelDriven 接口和继承 com.opensymphony.xwork2.ActionSupport 类。

由于 ModelDriven 接口为范型接口，在应用时需要指明最终的实体类的具体类型，并且将项目中的 JDK 版本选择为 JDK 5.0 以上版本。最终的代码如例 6-4 所示。

例 6-4 模型驱动的 UserInfoManageActionModel 类的代码示例。

```
package com.px1987.sshwebcrm.action;
import com.opensymphony.xwork2.Action;
import com.opensymphony.xwork2.ActionSupport;
import com.opensymphony.xwork2.ModelDriven;
import com.px1987.sshwebcrm.actionform.UserInfoActionForm;
public class UserInfoManageActionModel extends ActionSupport implements
                                    ModelDriven<UserInfoActionForm> {
    private UserInfoActionForm oneUserInfo=new UserInfoActionForm();
    public UserInfoActionForm getModel(){
        return oneUserInfo;
    }
    private String resultMessage;
    public UserInfoManageActionModel() {
    }
    public String doUserLogin() {
        String verifyCodeDigitInSession="UFO123";
if(!getModel().getVerifyCodeDigit().equals(verifyCodeDigitInSession)){
            resultMessage = "你输入的验证码不是系统提示的验证码！";
            return Action.SUCCESS;
        }
        boolean returnResult=getModel().getUserName().equals("yang1234")&&
                         getModel().getUserPassWord().equals
                         ("12345678");
        if(returnResult){
            resultMessage =getModel().getUserName()+"您登录成功!";
        }
        else{
            resultMessage =getModel().getUserName()+"您的身份信息无效!";
        }
        return Action.SUCCESS;
    }
    public String getResultMessage() {
        return resultMessage;
    }
    public void setResultMessage(String resultMessage) {
        this.resultMessage = resultMessage;
    }
}
```

实现 ModelDriven 范型接口

重写 getModel()方法并返回表单对象

创建出 FormBean 对象实例

识别输入的验证码是否为正确的值

识别输入的身份信息是否为正确的值

在项目的 userManage 目录中再添加另一个实现登录功能的 modelUserLogin.jsp 页面，该页面的内容如例 6-5 所示。

例 6-5　实现登录功能的 modelUserLogin.jsp 页面代码示例。

利用 EL 表达式动态获得系统的根路径名

```
<%@ page pageEncoding="gb2312" isELIgnored="false"%>
<html><head><title>蓝梦集团 CRM 系统在线用户登录功能页面</title></head><body>
<form method="post" action="${pageContext.request.contextPath}/
                    userInfoManageActionModel!doUserLogin.action" >
    输入右面的认证码：<input type="text"  name="verifyCodeDigit" /> <br/>
    用户类型：<select name="type_User_Admin">
            <option value="1">前台用户</option>
            <option value="2">后台管理员</option>
        </select> <br />
    您的名称：<input type="text" name="userName"  /> <br />
    您的密码：<input type="password" name="userPassWord" /> <br />
    <input type="submit" value="提交"/><input type="reset" value="取消" />
</form></body></html>
```

指定目标请求处理器方法名

在 struts.xml 文件中添加对 UserInfoManageActionModel 类的配置定义，最终的配置结果如例 6-6 所示，但无关的配置项目没有。

例 6-6　对 UserInfoManageActionModel 类的配置定义代码示例。

```
<?xml version="1.0" encoding="UTF-8" ?>
<!DOCTYPE struts PUBLIC
    "-//Apache Software Foundation//DTD Struts Configuration 2.0//EN"
    "http://struts.apache.org/dtds/struts-2.1.dtd">
<struts>
    <include file="struts-default.xml"/>
    <package  name ="userInfoPackage"  extends ="struts-default" >
      <action  name ="userInfoManageActionModel"
           class ="com.px1987.sshwebcrm.action.UserInfoManageActionModel" >
        <result  name="success">/userManage/loginSuccess.jsp</result>
      </action>
    </package>
</struts>
```

指定 Action 的逻辑名

指定返回的目标结果名和目标页面

3. 测试模型驱动的 Action 程序类的功能实现效果

在浏览器中输入如下形式的 URL 地址执行本系统中的用户登录功能的页面：http://127.0.0.1:8080/sshwebcrm/userManage/modelUserLogin.jsp，然后在表单中输入相关的登录信息并最终提交表单，如图 6.24 所示的操作结果。

图 6.24　在登录表单中输入相关的信息

当在表单中所输入的用户身份信息不满足要求时，如输入错误的验证码，系统将提示错误信息，如图 6.25 所示的验证码输入错误时的提示信息。

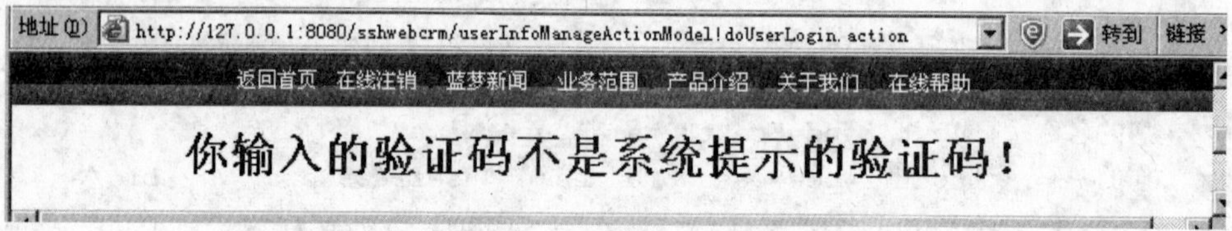

图 6.25　表单验证码输入错误时的提示信息

如果身份信息不正确时，比如输入错误的密码或者用户名称，将出现如图 6.26 所示的错误信息。

图 6.26　用户登录的身份信息不正确时的错误提示信息

如果在登录表单中输入正确的身份信息时，如用户名称为 yang1234、密码为 12345678，将出现如图 6.27 所示的登录成功的提示信息。

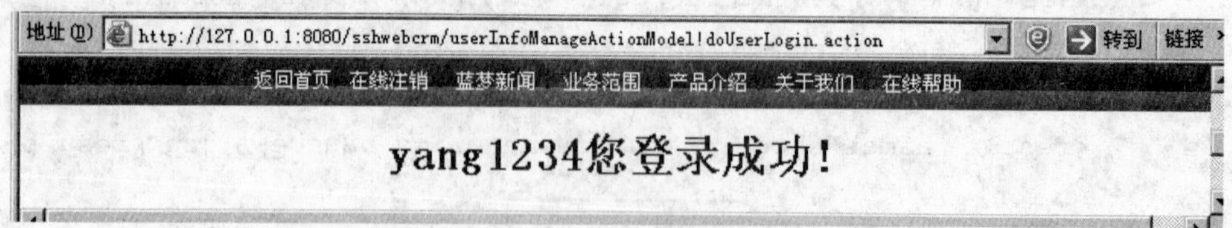

图 6.27　用户登录的身份信息正确时的成功提示信息

因此，依据图 6.25、图 6.26 和图 6.27 所示的结果，表明例 6-4 中的模型驱动的 Action 程序类的功能是正确的，同时例 6-6 中的配置文件也是正确和有效的。

4. 实现模型驱动 Action 程序类的更简单的方式

在常规的模型驱动 Action 程序类的实现方式中，要求 Action 程序类实现 ModelDriven 接口,这增加了 Action 程序类对 Struts2 框架的依赖性,在应用中也可以不必实现 ModelDriven 接口，但要求在页面表单中采用对象名限定表单中的各个成员域字段。

首先修改例 6-4 中的 UserInfoManageActionModel 类程序代码为例 6-7 所示的代码，其中加删除线的语句是需要除掉的语句，而黑体标识的语句是修改或者替换后的语句；UserInfoActionForm 类的对象 oneUserInfo 名称决定页面中表单域的对象名。

例 6-7　修改后的 UserInfoManageActionModel 类程序代码示例。

```
package com.px1987.sshwebcrm.action;
import com.opensymphony.xwork2.Action;
import com.opensymphony.xwork2.ActionSupport;
import com.opensymphony.xwork2.ModelDriven;
import com.px1987.sshwebcrm.actionform.UserInfoActionForm;
public class UserInfoManageActionModel extends ActionSupport{
//          implements  ModelDriven<UserInfoActionForm>
//  private UserInfoActionForm oneUserInfo=new UserInfoActionForm();
    public UserInfoActionForm getModel() {
    return oneUserInfo;
    }
    private UserInfoActionForm oneUserInfo=null;
    public UserInfoActionForm getOneUserInfo() {  //注意：get 方法也必须提供
        return oneUserInfo;
    }
    public void setOneUserInfo(UserInfoActionForm oneUserInfo) {
        this.oneUserInfo = oneUserInfo;
    }
    public String doUserLogin(){
        String verifyCodeDigitInSession="UFO123";
 if(!oneUserInfo.getVerifyCodeDigit().equals(verifyCodeDigitInSession)){
            resultMessage = "你输入的验证码不是系统提示的验证码！";
            return Action.SUCCESS;
        }
        boolean returnResult= oneUserInfo.getUserName().equals("yang
        1234") &&
                            oneUserInfo.getUserPassWord().equals
                            ("12345678");
        if(returnResult){
         resultMessage = oneUserInfo.getUserName()+"您登录成功!";
        }
        else{
           resultMessage = oneUserInfo.getUserName()+"您的身份信息无效!";
        }
        return Action.SUCCESS;
    }
```

不再需要实现 ModelDriven 接口

也不再需要重写 getModel()方法

需要为表单对象添加 get/set 方法

利用表单对象名直接获得表单中的请求参数

```
    private String resultMessage;
    public UserInfoManageActionModel() {
    }
    public String getResultMessage() {
        return resultMessage;
    }
    public void setResultMessage(String resultMessage) {
        this.resultMessage = resultMessage;
    }
}
```

当页面表单提交请求时，Struts2 框架中的表单参数拦截器（名称为 params）自动获得 HTTP 请求的参数，而模型对象拦截器（名称为 model-driven）将模型对象保存到值堆栈中；然后再通过依赖注入的机制将包装表单参数的表单对象注入到 UserInfoManageAction-Model 程序类中（也就是利用 Java 中的反射技术动态地调用 setOneUserInfo()方法）；最后在例 6-7 中的 UserInfoManageActionModel 类代码中直接获得表单请求的参数，此时的 Action 类中的程序代码更简单。

然后再修改例 6-5 中的实现登录功能的 modelUserLogin.jsp 页面内的表单为例 6-8 所示的示例代码，在表单中的每个成员对象名称之前都要采用 oneUserInfo 对象名（该名称为例 6-7 中的 UserInfoActionForm 对象实例名）限定，请注意其中黑体所标识的标签。

例 6-8 修改后的 modelUserLogin.jsp 页面内的表单代码示例。

```
<form method="post" action="${pageContext.request.contextPath}
        /userInfoManageActionModel!doUserLogin.action" >
    输入右面的认证码：<input type="text"  name="oneUserInfo.verifyCodeDigit" />
<br />
        用户类型：<select name="oneUserInfo.type_User_Admin">
                <option value="1">前台用户</option>
                <option value="2">后台管理员</option>
            </select> <br />
        您的名称：<input type="text" name="oneUserInfo.userName" /> <br/>
        您的密码：<input type="password" name="oneUserInfo.userPassWord" />
        <br/>
       <input type="submit" value="提交"/><input type="reset" value="取消" />
    </form>
```

利用表单对象名限定表单中的每个成员域

而对于例 6-6 中的系统配置文件 struts.xml 中的对应的配置项目不需要修改，在浏览器中再次以 http://127.0.0.1:8080/sshwebcrm/userManage/modelUserLogin.jsp 的 URL 地址执行登录表单页面，同样也能够出现如图 6.24 所示的登录表单页面，并在该表单中输入正确的登录请求参数后，也将同样能够看到图 6.27 所示的登录成功的正确结果。

6.3 对 Action 类进行单元测试和访问 Servlet API

6.3.1 单元测试及 JUnit 测试框架

1. 什么是单元测试（Unit Test）

所谓的单元测试其实是指在“容器外”（也就是在服务器程序之外）对某个 Java 程序类的对象实例中的某个独立功能的成员方法（该方法也将构成单元测试中的工作单元）所实现的功能性的测试。在软件开发实现中，实施单元测试的主要目的是“验证”所编程实现的某个程序类中的功能方法是否满足系统设计中所提出的功能要求。

2. 什么是单元测试中的“单元”

能够“独立”完成某个功能的成员方法。当然，在软件开发实现中，经常与单元测试有关的其他开发活动还包括代码走查（Code Review）、静态分析（Static Analysis）和动态分析（Dynamic Analysis）。

静态分析主要是对所编写出的程序源代码进行阅读和检查，查找出其中的可能错误，并不需要对代码进行编译和执行。而动态分析就是通过观察所编写出的程序代码在实际运行过程中所产生出的各种结果是否与期望的结果一致，从而发现出程序代码中的可能错误。

3. 为什么要进行单元测试

尽管编程实现出的程序代码都通过了编译，也只能说明程序代码中没有出现语法方面的错误，但不能说明其中没有语义或者逻辑、功能等方面的错误。如何验证或者发现出代码中这些方面的错误，保证程序的功能实现是满足系统中的需求的要求？应用单元测试技术可以及时发现出隐藏在程序代码中的这些类型的错误。

4. 由什么类型的开发人员具体实施单元测试的工作

由于单元测试本身是程序编码工作的一部分，当然应该由编写该功能程序的开发人员（程序员）完成。只有经过单元测试后的正确代码才属于已经完成的代码，在软件开发中提交产品代码时也还要同时提交测试代码和单元测试的结果。如图 6.28 所示为对客户关系信息系统中的某个 Action 类内的处理器方法进行单元测试的结果示图。

5. 如何进行项目中的单元测试和创建测试用例

在 Java 平台中可以采用 JUnit（www.junit.org）框架，并且在 MyEclipse 工具中已经内带 JUnit 的系统库文件，如图 6.29 所示的 JUnit 4.X 版。

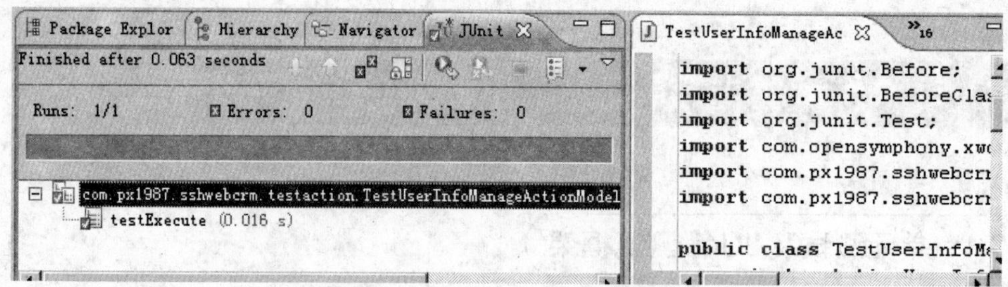

图 6.28　对项目中的某个 Action 类进行单元测试的结果

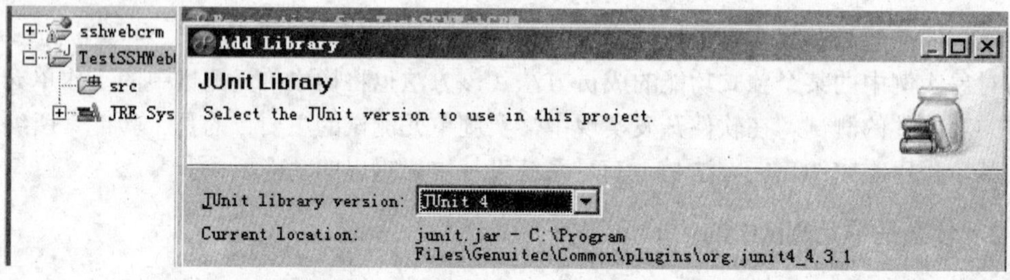

图 6.29　在 MyEclipse 工具中带 JUnit 的系统库文件

测试程序（类）在单元测试技术中称为测试用例（Test Case），其中包含一系列的测试方法。因此，测试用例其实就是为某个测试目标而编制出的一组测试程序，该程序包括测试过程中所需要的各种输入参数（也称为测试参数）、执行条件以及预期的执行结果。通过该测试用例程序可以验证或核实某个功能方法的程序代码是否满足系统中的设计要求和是否有隐藏的错误。

可以采用 MyEclipse 工具中所提供的对测试用例创建的可视化向导创建出测试用例的程序类。关于单元测试及 JUnit 框架的具体编程及应用技术，作者在《J2EE 项目实训——Spring 框架技术》一书（见本书的参考文献）的第 4 章“对 Spring 框架的单元测试技术”中做了比较详细的介绍。

6.3.2　Struts2 框架中的 Action 类单元测试技术

单元测试困难是早期 Struts 框架的一大缺点，因为其中的 Action 程序类与 J2EE Servlet 容器紧密耦合，而在 Struts2 框架中的 Action 类与 Servlet 容器之间相互隔离，因此有利于单元测试和容器外编程开发实现，提高了系统的整体开发的效率。

1. 新建和添加一个测试项目

由于测试用例的程序代码是在开发过程中产生的，不属于最终发布的产品中的一部分。因此，需要遵守将测试项目和被测试项目（应用系统项目）相互分离的基本原则，这样不会对被测试项目产生垃圾代码和添加与应用系统本身无关的系统包文件。为此，在 MyEclipse 开发工具中新建和添加一个测试项目，如图 6.30 所示的操作菜单。

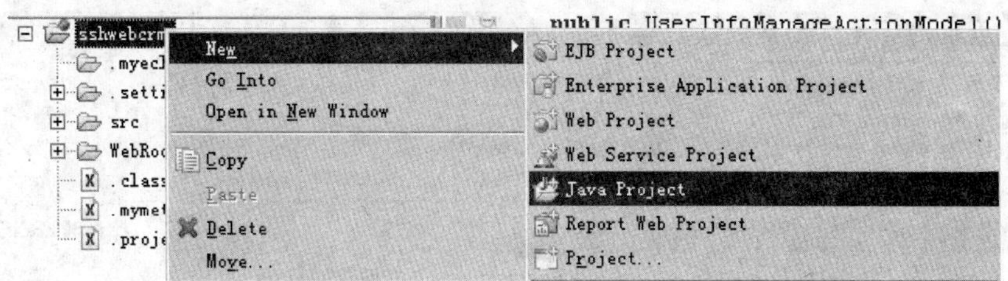

图 6.30　在 MyEclipse 开发工具中新建和添加一个测试项目

在 MyEclipse 工具中的项目视图中，右击项目名，在弹出的快捷菜单中，选择 New 新建菜单项，然后再选择其中的【Java Project】Java 项目菜单项后（如图 6.30 所示），将弹出如图 6.31 所示的 New Java Project 对话框。

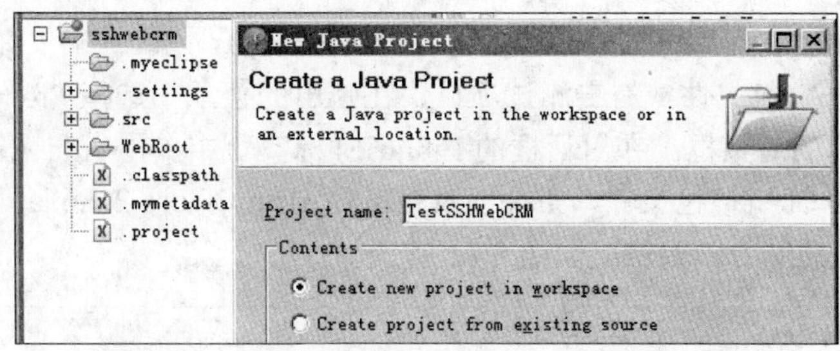

图 6.31　输入测试项目的名称为 TestSSHWebCRM

2. 在测试项目中引用被测试项目和添加 JUnit 系统包

在测试项目中引用被测试项目，从而可以在测试项目中使用被测试项目中的各种类和接口的代码。右击测试项目，在弹出的菜单中选择 Properties 菜单项，将进入如图 6.32 所示的对话框。在对话框的 Projects 标签页中单击 Add 按钮以添加被测试的项目，操作的结果如图 6.32 所示。

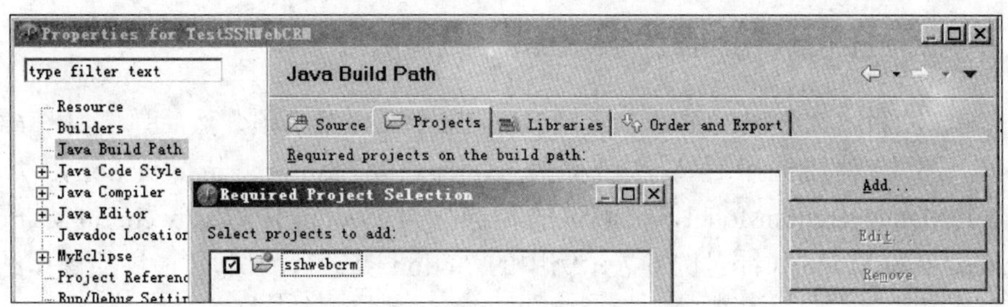

图 6.32　在测试项目中引用被测试项目

在测试项目中添加 JUnit 系统包文件，本测试项目采用 JUnit 4.X 版本。在 MyEclipse 开发工具中直接采用内带的 JUnit 4.X 的系统库，右击测试项目，在弹出的菜单中选择 Properties 菜单项，将进入到如图 6.33 所示的对话框。在对话框的 Libraries 标签页中单击 Add External JARs 按钮以添加 JUnit 的系统*.jar 包文件，操作的最终结果如图 6.33 所示。

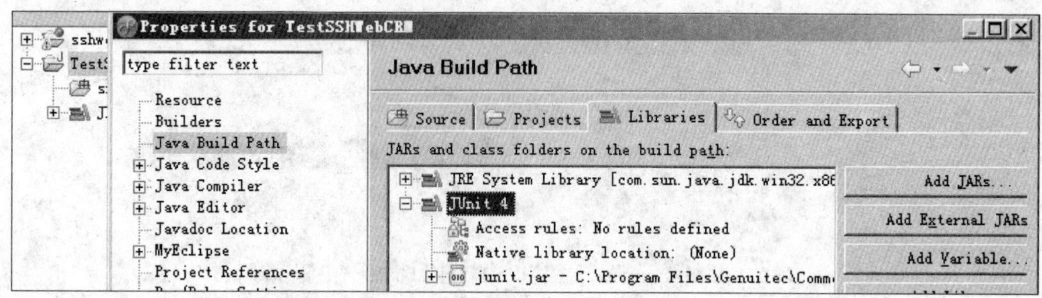

图 6.33　在测试项目中添加 JUnit 系统包文件

3. 在测试项目中添加与 Struts2 有关的系统包文件

由于在测试用例中需要应用 Struts2 框架中的系统 API，因此还需要在测试项目中添加与 Struts2 有关的系统包文件。右击测试项目，在弹出的菜单中选择 Properties 菜单项，将进入如图 6.34 所示的对话框。在对话框的 Libraries 标签页中单击 Add External JARs 按钮以添加 Struts2 的系统*.jar 包文件，主要涉及核心库 struts2-core-2.1.6.jar 和 xwork-2.1.2.jar 两个系统库文件，最终的操作结果如图 6.34 所示。

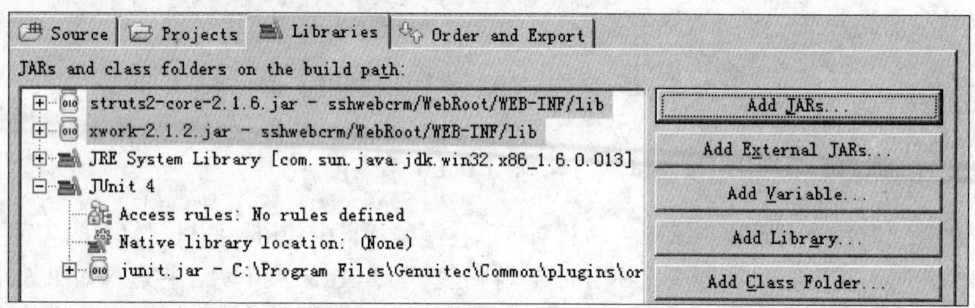

图 6.34　在测试项目中添加与 Struts2 有关的系统包文件

4. 在测试项目中添加 JUnit 的 TestCase 测试用例

右击测试项目，在弹出的菜单中选择 JUnit Test Case 菜单项，然后弹出如图 6.35 所示的对话框。在该对话框中输入包名称为 com.px1987.sshwebcrm.testaction，类名称为 TestUserInfoManageActionModel，被测试的类选择为 com.px1987.sshwebcrm.ac tion.UserInfoManageActionModel（针对例 6-7 示例中的 Action 类进行测试）。最终的操作结果如图 6.35 所示。

在图 6.35 所示的对话框中，单击 Next 按钮，将出现如图 6.36 所示的对话框，在该对话框中选择被测试类中的相关的被测试方法的名称。如图 6.36 中所示的最终选择的状态和结果。

此时，MyEclipse 开发工具将自动地创建出如图 6.37 所示的模板形式的测试用例类程序代码。

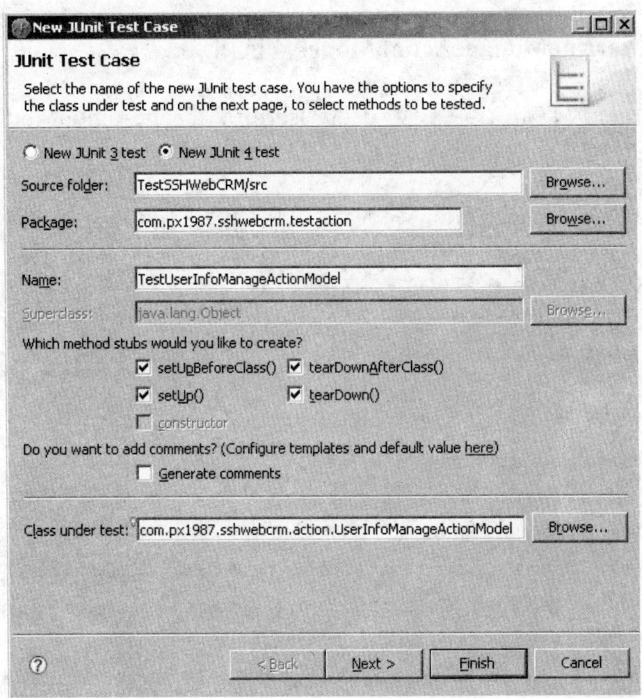

图 6.35　在测试项目中添加 JUnit 的 TestCase 测试用例

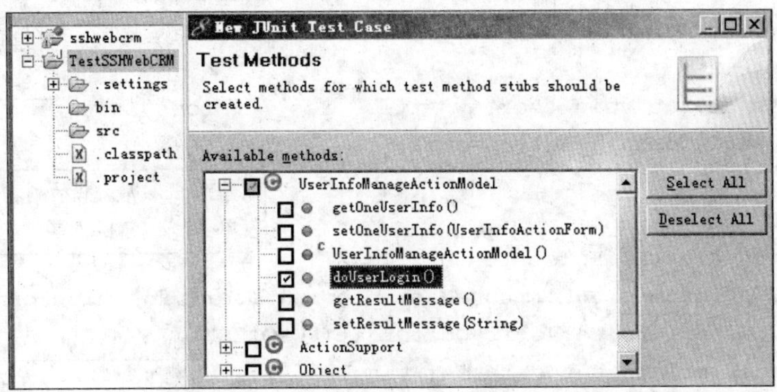

图 6.36　选择被测试类中的相关的被测试方法的名称

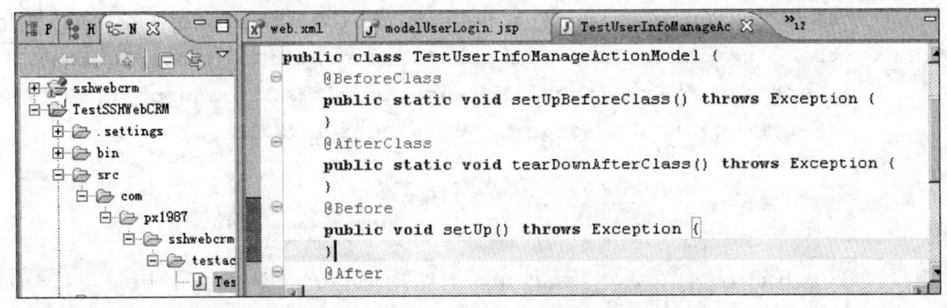

图 6.37　MyEclipse 创建出的测试用例类程序代码

5. 编写 TestUserInfoManageActionModel 测试用例

例 6-9 所示的程序代码是针对例 6-7 中的 UserInfoManageActionModel 类的测试用例程序代码，请注意其中黑体所标识的代码语句。

 6-9 TestUserInfoManageActionModel 测试用例的代码示例。

```
package com.px1987.sshwebcrm.testaction;
import static org.junit.Assert.*;
import org.junit.After;
import org.junit.AfterClass;
import org.junit.Before;
import org.junit.BeforeClass;
import org.junit.Test;
import com.opensymphony.xwork2.Action;
import com.px1987.sshwebcrm.action.UserInfoManageActionModel;
import com.px1987.sshwebcrm.actionform.UserInfoActionForm;
public class TestUserInfoManageActionModel {
    private static UserInfoManageActionModel  userInfoManageAction =null;
    @BeforeClass
    public static void setUpBeforeClass() throws Exception {
        userInfoManageAction=new UserInfoManageActionModel();
    }
    @AfterClass
    public static void tearDownAfterClass() throws Exception {
        userInfoManageAction=null;
    }
    @Test
    public void testDoUserLogin() {
        UserInfoActionForm oneUserInfo=new UserInfoActionForm();
        oneUserInfo.setVerifyCodeDigit("UFO123");
        oneUserInfo.setUserName("yang1234");
        oneUserInfo.setUserPassWord("12345678");
        oneUserInfo.setType_User_Admin(1);
        userInfoManageAction.setOneUserInfo(oneUserInfo);
        String resultMessage = userInfoManageAction.doUserLogin();
//      Assert.assertTrue(resultMessage.equals(ActionSupport.SUCCESS));
        assertTrue(resultMessage.equals(Action.SUCCESS));
    }
}
```

注释：
- 对 Assert 类静态引入（import static org.junit.Assert.*;）
- 创建被测试类的对象实例（userInfoManageAction=new UserInfoManageActionModel();）
- 构建测试参数，本示例为对表单数据包装的对象（UserInfoActionForm oneUserInfo=new UserInfoActionForm();）
- 模拟 Struts2 的拦截器参数注入（userInfoManageAction.setOneUserInfo(oneUserInfo);）
- 对被测试方法进行调用（userInfoManageAction.doUserLogin();）
- 断言（判断）返回的值是否为期望的值（assertTrue(resultMessage.equals(Action.SUCCESS));）

在测试用例类中的 testDoUserLogin()方法中模拟用户登录行为，并提供合法的登录请求参数；然后再对被测试的方法 doUserLogin()调用；对调用后的返回结果进行断言，并判断是否返回所期望的结果值。

6. 执行 TestUserInfoManageActionModel 测试用例程序

选择 MyEclipse 开发工具主菜单中的 Run→Run As 项目，在弹出的下级菜单项目中选择 JUnit Test 测试菜单项。如图 6.38 所示的操作结果图示。

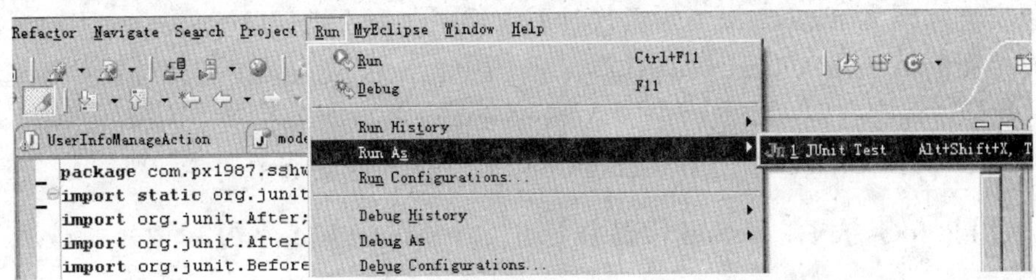

图 6.38　选择 MyEclipse 开发工具中的【JUnit 测试】菜单项

出现如图 6.39 所示的成功提示信息，测试用例 TestUserInfoManageActionModel 类的执行结果如图 6.39 所示。

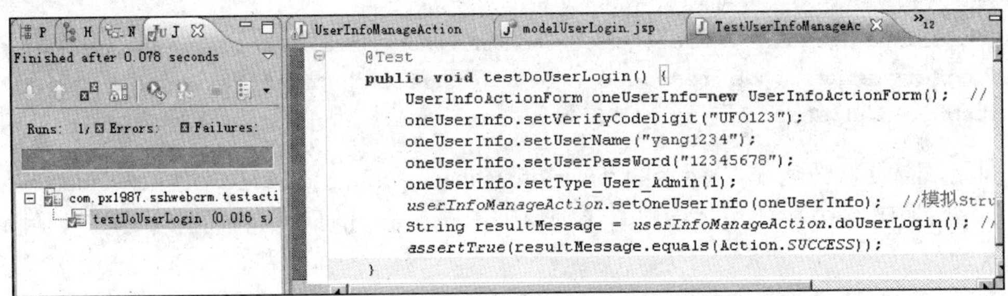

图 6.39　TestUserInfoManageActionModel 类的执行结果

6.3.3　在 Action 类中访问 Servlet 核心 API 对象

1. 在 Web 应用系统中经常需要访问 Servlet 核心 API 对象

由于 Struts2 框架中的 Action 是与 Servlet 容器相互隔离的，如果在 Action 类中需要访问 Servlet 核心 API 对象如 request、response 或 session 等对象，应该如何编程实现这些功能要求？因为 Strust2 框架中的处理器方法如 execute()不像早期的 Struts 框架那样在方法的参数中直接引入 Servlet 核心 API 对象。

在 Struts2 框架中可以采用两种不同的方式获得这些 Servlet 核心 API 对象：非 IoC（Inversion of Control，控制反转）方式和 IoC 方式。

2. Struts2 框架中的 ActionContext 数据环境

com.opensymphony.xwork.ActionContext 类包装 Action 程序在运行时的上下文环境，而

上下文环境对象可以看做是一个集合。在该环境集合中存放 Action 程序在执行时所需要的各种对象数据，例如，请求的参数（Parameter）、会话（Session)、Servlet 上下文(ServletContext)、本地化（Locale）信息等。

上下文环境 ActionContext 成为运行中的 Action 程序与 Web 容器之间交互的媒介，在 ActionContext 对象中保存针对某个请求的详细信息，而且 ActionContext 也是一个线程安全的对象实例。因为 Struts2 框架的运行时系统程序在每次执行目标 Action 程序之前都会创建出一个新的 ActionContext 类的对象实例，因此 ActionContext 类的对象实例是线程安全的。也就是说保存在同一个线程中的 ActionContext 类的对象实例中的属性是唯一的，因此可以在多线程环境中使用保存在 ActionContext 类的对象实例中的各种数据。

3. 采用非 IoC 方式在 Action 代码中主动获得 Servlet 核心 API 对象

在 com.opensymphony.xwork2.ActionContext 上下文环境类中提供了一个静态方法 getContext()，获取当前 Action 的上下文 ActionContext 类的对象实例。当然，也可以应用 org.apache.struts2.ServletActionContext 作为辅助类（Helper Class），它其实是 ActionContext 的子类，获得所需要的各种 Servlet 核心 API 对象。如下为代码示例：

```
HttpServletRequest request = ServletActionContext.getRequest();
HttpServletResponse response = ServletActionContext.getResponse();
HttpSession session = request.getSession();
```

因此，需要修改例 6-7 所示的 UserInfoManageActionModel 类中的 execute()方法的代码，并添加例 6-10 中的黑体标识的代码和语句。修改后的最终完整的代码示例如例 6-10 所示。

例 6-10 UserInfoManageActionModel 类中的 execute()方法修改后的代码示例。

```
package com.px1987.sshwebcrm.action;
import javax.servlet.http.HttpServletRequest;
import javax.servlet.http.HttpSession;
import org.apache.struts2.ServletActionContext;
import com.opensymphony.xwork2.Action;
import com.opensymphony.xwork2.ActionSupport;
import com.px1987.sshwebcrm.actionform.UserInfoActionForm;
public class UserInfoManageActionModel extends ActionSupport {
    private UserInfoActionForm oneUserInfo=null;
    public UserInfoActionForm getOneUserInfo() {
        return oneUserInfo;
    }
    public void setOneUserInfo(UserInfoActionForm oneUserInfo) {
        this.oneUserInfo = oneUserInfo;
    }
    private String resultMessage;
```

```
    public UserInfoManageActionModel() {
    }
    public String doUserLogin(){
        String verifyCodeDigitInSession="UFO123";
        if(!oneUserInfo.getVerifyCodeDigit().equals(verifyCodeDigitInSession)){
            resultMessage = "你输入的验证码不是系统提示的验证码！";
            return Action.SUCCESS;
        }
        boolean returnResult=oneUserInfo.getUserName().equals
        ("yang1234") &&
        oneUserInfo.getUserPassWord().equals("12345678");
        HttpServletRequest request=ServletActionContext.getRequest();
        HttpSession session=request.getSession();
        if(returnResult){
            session.setAttribute("oneUserInfo",oneUserInfo);
            resultMessage =oneUserInfo.getUserName()+"您登录成功!";
        }
        else{
            session.removeAttribute("oneUserInfo");
           resultMessage =oneUserInfo.getUserName()+"您的身份信息无效!";
        }
        return Action.SUCCESS;
    }
    public String getResultMessage() {
        return resultMessage;
    }
    public void setResultMessage(String resultMessage) {
        this.resultMessage = resultMessage;
    }
}
```

获得请求 request 对象实例

实现会话跟踪

获得 HttpSession 会话对象实例

在例 6-10 的示例中通过获得 HttpServletRequest 请求对象，然后再获得 HttpSession 会话对象，最终实现对用户登录后的结果进行会话跟踪。但此时将不能再对它进行单元测试，而只能通过浏览器进行访问测试。如图 6.40 所示的测试结果。

图 6.40　通过浏览器页面访问测试的结果

该方法是采用对 Servlet 核心 API 进行“包装”的方式实现的，在基本的 Servlet 核心

API 之上封装和包装了一层，将底层的 Servlet 核心 API 进行封装。Struts2 框架系统程序就能截取用户的交互操作进行自身的处理，而开发者只需要关注 Struts2 提供的封装后的 Servlet 核心 API 对象，无须再关注具体的 Servlet 核心 API 对象本身。

当然，如果需要直接使用 Servlet 核心 API 本身的各种对象，可以采用下文将要介绍的 IoC 的实现方式。但如果此时再执行测试用例，将会出现如图 6.41 所示的错误。这是什么原因造成的呢？因为在单元测试的环境中无法模拟出由 Servlet 容器创建的各种 Servlet 核心 API 对象，这些对象在程序代码中都将为 null（空对象）。

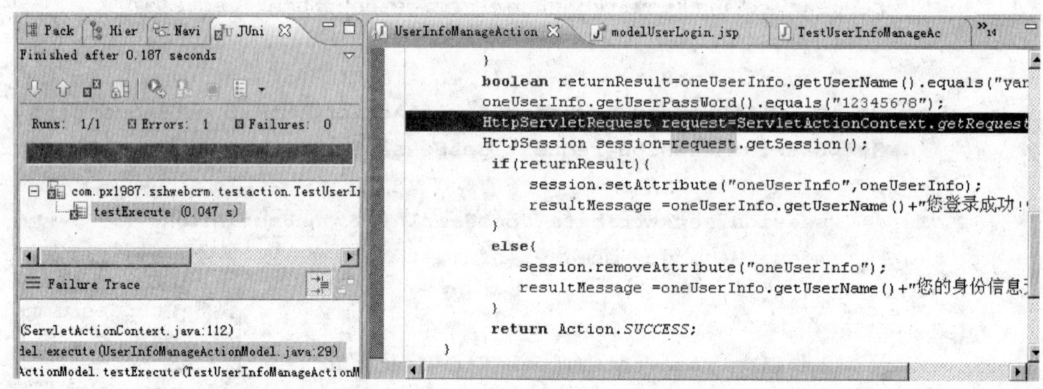

图 6.41　对带 Servlet 核心 API 对象的 Action 类测试会出现错误

4. 采用 IoC 方式在 Action 代码中被动地接收 Servlet 核心 API 对象

所谓 IoC 方式也就是应用依赖注入的技术手段，由容器（本示例为 Struts2 框架系统程序）将目标对象传递给 Action 程序。因此，要求目标 Action 类分别实现如下的各种接口：SessionAware（获得 HttpSession 类的对象实例）、ServletRequestAware（获得 HttpServletRequest 类的对象实例）和 ServletResponseAware（获得 HttpServletResponse 类的对象实例）。

因此，需要修改例 6-7 所示的 UserInfoManageActionModel 类为例 6-11 所示代码，同时屏蔽前面的非 IoC 方式中所产生的示例代码（如例 6-10 所示），请注意其中黑体所标识的语句及代码。

例 6-11　对 UserInfoManageActionModel 程序修改后的代码示例。

```
package com.px1987.sshwebcrm.action;
import java.text.DateFormat;
import java.util.Date;
import java.util.Map;
import javax.servlet.http.HttpServletRequest;
import javax.servlet.http.HttpServletResponse;
import org.apache.struts2.interceptor.ServletRequestAware;
import org.apache.struts2.interceptor.ServletResponseAware;
import org.apache.struts2.interceptor.SessionAware;
import com.opensymphony.xwork2.Action;
```

```
import com.opensymphony.xwork2.ActionSupport;
import com.px1987.sshwebcrm.actionform.UserInfoActionForm;
public class UserInfoManageActionModel extends ActionSupport
        implements SessionAware, ServletRequestAware, ServletResponse-
        Aware{
    private HttpServletRequest request;
    private HttpServletResponse response;
    private Map sessionAtt;
    public void setSession(Map sessionAtt){
        this.sessionAtt = sessionAtt;
    }
    public void setServletRequest(HttpServletRequest request) {
        this.request = request;            //获得请求 request 对象实例
    }
    public void setServletResponse(HttpServletResponse response) {
        this.response = response;          //获得请求 response 对象实例
}
public String doUserLogin() {
        String verifyCodeDigitInSession="UFO123";
if(!oneUserInfo.getVerifyCodeDigit().equals
        (verifyCodeDigitInSession)){
            resultMessage = "你输入的验证码不是系统提示的验证码！";
            return Action.SUCCESS;
        }
        boolean returnResult=oneUserInfo.getUserName().equals
        ("yang1234") &&
        oneUserInfo.getUserPassWord().equals("12345678");
        String userIPAddress=request.getRemoteAddr();
        if(returnResult){
            sessionAtt.put("oneUserInfo", oneUserInfo);
            resultMessage =getUserName()+"您登录成功!IP 地址为："+user-
            IPAddress;
        }
        else{
            sessionAtt.remove("oneUserInfo");
            resultMessage =getUserName()+"您的身份信息无效!IP 地址为："+
            userIPAddress;
        }
        return Action.SUCCESS;
    }
    private UserInfoActionForm oneUserInfo=null;
    public UserInfoActionForm getOneUserInfo() {
        return oneUserInfo;
    }
```

实现各个目标接口

并重写各个目标接口中的方法

获得请求 request 对象实例

实现会话跟踪

```
    public void setOneUserInfo(UserInfoActionForm oneUserInfo) {
        this.oneUserInfo = oneUserInfo;
    }
    private String resultMessage;
    public String getResultMessage() {
        return resultMessage;
    }
    public void setResultMessage(String resultMessage) {
        this.resultMessage = resultMessage;
    }
    public UserInfoManageActionModel() {
    }
}
```

注意在例 6-11 中利用 SessionAware 接口中的 setSession(Map sessionAtt)方法所获得的 session 是 Map 集合对象，而不是真正的 HttpSession 对象本身。Struts2 框架运行时系统程序把 HttpSession 对象重新包装成一个 Map 集合对象，而不需要在 Action 类中直接编写底层的 HttpSession 对象。尽可能保证 Actoion 类可以完全和 Servlet 容器解耦。

因为得到这个 SessionMap 之后就可以对 session 对象中的特定的成员属性进行读写了，这可以利用 Map 集合中的 get 和 put 方法。当然，如果希望得到原始的 HttpSession 对象，则可以首先得到 HttpServletRequest 对象，然后通过 request.getSession()来取得原始的 HttpSession 对象（见例 6-10 示例代码）。

再执行例 6-9 中的测试用例，同样也出现如图 6.41 所示的错误。因此，同样也只能通过浏览器访问实现测试，如图 6.40 所示。

6.4 OGNL 表达式语言和 ValueStack 值堆栈

6.4.1 Struts2 框架中的 OGNL 表达式语言

1. Struts2 框架中默认的表达式语言是 OGNL

OGNL（Object-Graph Navigation Language，对象图导航语言）是一种开源表达式语言，利用该表达式语言可以方便地操作保存在对象中的各种属性。最终达到使表达式与 Java 对象中的 getter 和 setter 属性访问方法相互绑定，一个 OGNL 表达式可以保存和获取目标对象实例中的属性值。尽管 Struts2 框架支持多种表达式语言（如 OGNL、JSTL、Groovy 和 Velocity），但 Struts2 框架中默认的表达式语言是 OGNL。

通过使用 OGNL 表达式语法中的对象图导航访问后台模型层组件处理后的结果数据，而不需要直接调用目标对象中的 getter 和 setter 属性访问方法，减少了页面中的 Java 脚本程序的代码量，而且还具有如下的技术特性：

- 支持对对象中的成员方法调用，直接通过类似 Java 代码的方法调用形式进行调用，也可以为方法传递参数。如 xxxx.doSomeSpecial()，xxxx.doSomeSpecial(#request-Param)。
- 支持对类中的静态方法调用和值直接访问，此时的表达式的格式为：@[类全名（包括包路径）]@[方法名 | 值名]。如示例代码：@java.lang.String@format("userName 的值%s","userNameString") 直接调用 String 类中的 format() 方法对对象变量 userNameString 进行格式化处理；而示例代码：@com.px1987.struts2.AllConstant-Symbole@USER_Type 直接获得 AllConstantSymbole 类中的某个名称为 USER_Type 的成员属性值。
- 支持赋值操作和表达式串联，如 bookPrice=40,disCount=0.7,bookPrice* disCount 的表达式结果为 28。
- 访问 OGNL 上下文（OGNL Context）和 Action 上下文（ActionContext）对象，从而可以操作保存其中的各种对象数据。
- 操作各种集合对象，OGNL 支持对数组和集合对象的顺序访问，利用[index]（对数组和 List/Set 集合）或者[keyName]（对 Map 集合）。

2. OGNL 表达式中的主要操作符

OGNL 表达式中能使用的操作符基本上和 Java 语言中的操作符类似，但只提供如下数量的操作符。除了能使用 +，–，*，/，++，– –，==，!=，= 等操作符之外，还能使用 mod，in，not in 等操作符。

3. OGNL 中的“#”符号的基本用法

可以从官方网站 http://www.ognl.org/获取 OGNL 有关的技术帮助文档，如图 6.42 所示。利用 OGNL 可以把表现层元素和模型层中的数据对象相互绑定，且通过 OGNL 的类型转换（TypeConverter）机制可以更容易地实现各种类型的数据值之间的相互转换。

图 6.42　OGNL 的官方网站页面信息

OGNL 中的“#”符号可以访问 OGNL 上下文和 Action 上下文对象中所保存的各种对象数据，“#”符号相当于对 ActionContext.getContext()方法的调用。如表 6.1 所示为 Action

上下文对象 ActionContext 中的各种标准的属性及含义。

表 6.1　Action 上下文对象中的各种标准的属性及含义

属性对象名称	主要的功能说明	应 用 示 例
parameters	包含当前 HTTP 请求参数的集合 Map 对象	#parameters.userName[0] 的功能相当于 request.getParameter("userName")
request	包含当前 HttpServletRequest 请求对象中的属性的集合 Map 对象	#request.userName 相当于 request.getAttribute("userName")
session	包含当前 HttpSession 会话对象中的属性的集合 Map 对象	#session.userName 相当于 session.getAttribute("userName")
application	包含当前应用的 ServletContext 的属性（attribute）的 Map	#application.userName 相当于 application.getAttribute("userName")
attr	用于按 request > session > application 顺序访问对象中的成员属性	#attr.userName 相当于按顺序在以上 3 个对象作用域范围内读取 userName 属性

4. 在页面中利用 OGNL 表达式获得 Action 程序中的数据

在基于 Struts2 框架的应用系统开发中，经常需要在表现层页面中和控制层 Action 类之间相互传输数据。对于在控制层 Action 程序中的属性对象，在页面文件中可以直接使用 <s:property value="userName" />标签获得，其中的 userName 为 Action 类中的某个名称为 userName 的成员属性。

而对于在 Action 程序中通过模型层组件处理后的返回结果数据，可以在 Action 程序中获得 Servlet 核心 API 中的 HttpServletRequest 对象，然后采用如下的示例代码将结果数据保存在 HttpServletRequest 对象中：

```
request.setAttribute("oneUserInfo", oneUserInfo);
```

然后在页面中使用如下的标签获得保存在 request 对象中的 oneUserInfo 对象数据：

```
<s:property value="#request.oneUserInfo.userName" />
```

5. OGNL 表达式中的“#”符号的应用示例

在项目中添加一个 UserInfoManageActionOGNL 类，在该程序类中访问 Servlet 核心 API 对象，如例 6-12 中的示例代码所示；然后在页面中利用 OGNL 表达式中的“#”符号获得后台保存的各种数据。

例 6-12　体现 OGNL 表达式中的“#”符号的应用示例代码。

```
package com.px1987.sshwebcrm.action;
import com.opensymphony.xwork2.ActionSupport;
import com.px1987.struts2.actionform.*;
import javax.servlet.http.*;
import org.apache.struts2.ServletActionContext;
```

```
import org.apache.struts2.interceptor.ServletRequestAware;
import org.apache.struts2.interceptor.ServletResponseAware;
import org.apache.struts2.interceptor.SessionAware;
import java.util.*;
import com.px1987.sshwebcrm.actionform.*;
public class UserInfoManageActionOGNL extends ActionSupport implements
SessionAware, ServletRequestAware, ServletResponseAware{
    private UserInfoActionForm oneUserInfo;
    private String resultMessage;
    private HttpServletRequest request;
    private HttpServletResponse response;
    private Map sessionAtt;
    private List<UserInfoVO> allUserInfoVOs;
    public UserInfoManageActionOGNL(){
    }
    public List<UserInfoVO> getAllUserInfoVOs() {
        return allUserInfoVOs;
    }
    public void setSession(Map sessionAtt){
        this.sessionAtt = sessionAtt;
    }
    public void setServletRequest(HttpServletRequest request){
        this.request = request;
    }
    public void setServletResponse(HttpServletResponse response){
        this.response = response;
    }
    public String execute() {
        HttpSession session = request.getSession();
        if(oneUserInfo.getUserName().equals("yang")
                &&oneUserInfo.getUserPassWord().equals("1234")){
            resultMessage =oneUserInfo.getUserName()+"您登录成功!";
        }
        else{
            resultMessage =oneUserInfo.getUserName()+"您的身份信息无效!";
        }
        request.setAttribute("userName", oneUserInfo.getUserName());
        request.setAttribute("userPassWord", oneUserInfo.getUser-
        PassWord());
        allUserInfoVOs = new ArrayList<UserInfoVO>();
        allUserInfoVOs.add(new UserInfoVO("张三","1234",30));
        allUserInfoVOs.add(new UserInfoVO("李四","123456",40));
        allUserInfoVOs.add(new UserInfoVO("王五","abcd",20));
        return "showOGNL";
```

```
    }
    public String getResultMessage() {
        return resultMessage;
    }
    public void setResultMessage(String resultMessage) {
        this.resultMessage = resultMessage;
    }
    public UserInfoActionForm getOneUserInfo() {
        return oneUserInfo;
    }
    public void setOneUserInfo(UserInfoActionForm oneUserInfo) {
        this.oneUserInfo = oneUserInfo;
    }
}
```

例 6-12 中的 UserInfoManageActionOGNL 类代码在 request 的范围内添加 userName 和 userPassWord 属性，然后再在 JSP 页面使用 OGNL 将其取回。另外还创建了 UserInfoVO 对象的集合。在 UserInfoVO 对象中包含 3 个成员属性：userName、userPassWord 和 userAge，并提供带 3 个参数的构造方法。UserInfoVO 类的代码示例如例 6-13 所示。

例 6-13 包装用户信息的 UserInfoVO 类的代码示例。

```
package com.px1987.sshwebcrm.actionform;
public class UserInfoVO {
    String userName=null;
    public String getUserName() {
        return userName;
    }
    public void setUserName(String userName) {
        this.userName = userName;
    }
    public String getUserPassWord() {
        return userPassWord;
    }
    public void setUserPassWord(String userPassWord) {
        this.userPassWord = userPassWord;
    }
    public int getUserAge() {
        return userAge;
    }
    public void setUserAge(int userAge) {
        this.userAge = userAge;
    }
```

```
    String userPassWord=null;
    int userAge;
    public UserInfoVO(String userName,String userPassWord,int userAge) {
        this.userName=userName;
        this.userPassWord=userPassWord;
        this.userAge=userAge;
    }
    public UserInfoVO() {
    }
}
```

然后再在项目的 WebRoot 目录下添加一个显示处理结果的 showOGNLResult.jsp 页面文件，该页面的代码示例如例 6-14 所示，并在该页面中应用 OGNL 表达式获得例 6-12 中返回的各种结果数据。

例 6-14　显示处理结果的 showOGNLResult.jsp 页面代码示例。

需要引入 Struts2 框架中的标签库描述文件

```
<%@ page pageEncoding="gb2312" isELIgnored="false" %>
<%@ taglib prefix = "s" uri="/struts-tags" %>
<html><head><title>显示处理结果的页面</title></head><body>
  <h2><s:property value ="resultMessage" /></h2 > <br>
   <b>直接访问指定的 Action 上下文对象中的属性</b><br>
   userName: <s:property value="#request.userName" /><br>
   userPassWord: <s:property value="#request.userPassWord" /><br>
    <b>利用 attr 访问 Action 上下文对象中的属性</b> <br>
   attr.userName: <s:property value="#attr.userName" /><br>
   attr.userPassWord: <s:property value="#attr.userPassWord" /><br>
   <b>用于过滤和投影 (projecting)集合</b>
   <table width="300" border="1">
       <tr><td>名称</td><td>密码</td><td>年龄</td></tr>
     <s:iterator value="allUserInfoVOs.{?#this.userAge > 30}">
       <tr><td><s:property value="userName" /></td>
           <td><s:property value="userPassWord" /></td>
           <td><s:property value="userAge" /></td></tr>
     </s:iterator>
   </table><br>利用表达式串联获得某个满足条件的用户年龄数据
   <b>某个用户的年龄信息为: <s:property value="allUserInfoVOs.
                  {?#this.userName=='张三'}.{userAge}[0]"/></b><br>
   <b>构造 Map<b><s:set name="myMap" value="#{'keyNameOne':'1234',
                                    'keyNameTwo':'abcd'}" />
   Map 集合中 key=keyNameOne 的值是: <s:property
                              value="#myMap['keyNameOne']" /><br>
   Map 集合中 key=keyNameTwo 的值是: <s:property
                              value="#myMap['keyNameTwo']" /><br>
</body></html>
```

对于例 6-14 示例代码，值得注意的是：<b>某个用户的年龄信息为：<s:property value="allUserInfoVOs.{?#this.userName=='张三'}.{userAge}[0]"/></b>。

由于返回的值 allUserInfoVOs 对象是集合类型，所以要用“[索引]”（[0]）来访问集合中的各个成员对象值。

最后在系统配置文件 struts.xml 中配置和定义出该 UserInfoManageActionOGNL 类，下面为与配置有关的<action>标签示例代码：

```
<action name="userInfoManageActionOGNL"
        class="com.px1987.struts2.action.UserInfoManageActionOGNL">
    <result name ="showOGNL">/showOGNLResult.jsp </result>
    <result name ="input">/userLoginOGNL.jsp</result>
</action>
```

修改例 5-1 所示的实现用户登录功能的 userLogin.jsp 页面的表单提交的 action 属性为如下内容：<form method="post" action=

```
"${pageContext.request.contextPath}/userInfoManageActionOGNL.action" >
```

最后部署本示例和在浏览器中执行 userLogin.jsp 页面，并在表单中输入登录的有效身份信息，最终将出现如图 6.43 所示的执行结果。

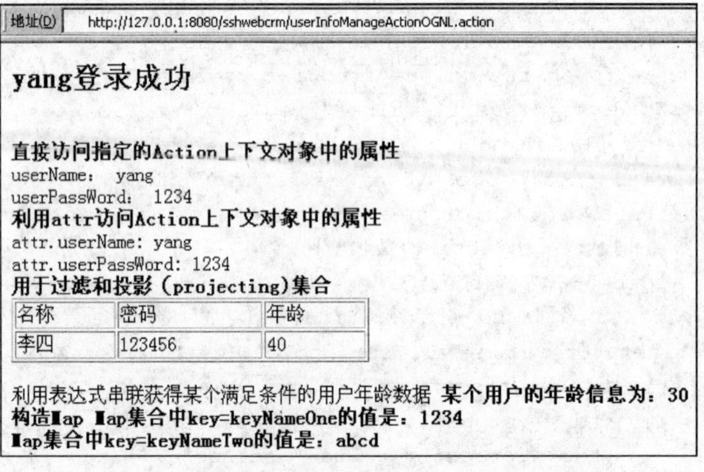

图 6.43　showOGNLResult.jsp 页面执行的结果

6. OGNL 表达式中的“%”符号及应用示例

OGNL 表达式中的“%”符号的用途是在标志的属性为字符串类型时，计算 OGNL 表达式的值。例如在例 6-14 示例 JSP 页面中加入以下代码：

```
<b>演示%的用途----在标签的属性为字符串类型时，计算 OGNL 表达式的值<b><br>
    原样输出：<s:url value="#myMap['keyNameOne']" /><br>
    计算 OGNL 表达式的值后再输出：<s:url value="%{#myMap['keyNameOne']}" /><br>
```

然后再执行该段代码，执行后的结果如图 6.44 所示。

地址(D) http://127.0.0.1:8080/sshwebcrm/userInfoManageActionOGNL.action

构造Map Map集合中key=keyNameOne的值是：1234
Map集合中key=keyNameTwo的值是：abcd
演示%的用途——在标签的属性为字符串类型时，计算OGNL表达式的值
原样输出：#myMap['keyNameOne']
计算OGNL表达式的值后再输出：1234

图 6.44　体现"%"符号的特性应用示例的执行结果

7. OGNL 表达式中的"$"符号及应用示例

OGNL 表达式中的"$"符号主要有两个不同方面的应用，其一是在国际化资源文件中，应用 OGNL 表达式引用表单中输入的某个字段名的值。如下代码示例中的${getText(userName)}和${getText(userPassWord)}分别引用表单中的用户名 userName 文本框和用户密码 userPassWord 文本框中所实际输入的值：

```
strutsweb.login.userNameText =${getText(userName)} is inputed
strutsweb.login.userPassWordText =${getText(userPassWord)} is inputed
```

其二是在 Struts2 中的校验器框架中的配置文件中，也可以通过 OGNL 表达式引用在国际化资源文件中所声明的某个资源信息的值，如例 6-15 所示。

例 6-15　引用资源文件中声明的资源信息值的代码示例。

```
<?xml version="1.0" encoding="UTF-8" ?>
<!DOCTYPE validators PUBLIC
        "-//OpenSymphony Group//XWork Validator 1.0//EN"
        "http://www.opensymphony.com/xwork/xwork-validator-1.0.2.dtd" >
<validators>
    <field name ="oneUserInfo.userName">
        <field-validator type ="requiredstring">
            <message>${geText("strutsweb.login.userName.required")}
            </message>
        </field-validator>
    </field>
    <field name ="oneUserInfo.userPassWord">
        <field-validator type ="requiredstring">
            <message>${geText("strutsweb.login.userPassWord.required")}
            </message>
        </field-validator>
    </field>
</validators>
```

引用国际化资源文件中指定名称的信息

6.4.2 Struts2 框架中的 ValueStack

1. Struts2 框架中的 ValueStack

ValueStack（值堆栈）其实就是一个放置 Java 对象的堆栈而已，但可以使用标准的 EL 表达式或者 OGNL 表达式获得保存在值堆栈中对象属性的数据，并可以为保存在值堆栈中的对象属性赋值。Struts2 框架中的值堆栈的底层是由第三方的开源项目 OGNL 实现的，在应用 EL 表达式操作保存在值堆栈中的各种对象数据时也都要遵循 OGNL 的规范，另外也需要在项目中添加与 OGNL 有关的系统库 ognl-2.6.11.jar 和 xwork-2.1.2.jar 文件（如图 5.6(a)所示）。

2. Struts2 框架为每一次请求构建出一个 ValueStack 对象

Struts2 框架在处理客户的每一次请求时，将会构建出一个 ValueStack 对象，并将所有相关的各种数据对象如 Action 对象、表单请求的模型对象等数据值保存到值堆栈中。再将值堆栈暴露给视图页面，在表现层的页面中就可以直接利用 EL 表达式或者 Struts2 框架中的标签动态地访问后台处理程序生成的各种保存在值堆栈中的数据，如第 5 章例 5-2 中的<s:property>标签获得 Action 类返回的结果。

利用值堆栈，使得在表现层的各个 JSP 页面中很容易获得后台模型层处理后的各种结果数据。应用值堆栈和配合 EL 表达式，一方面分离了表现层和模型层之间的耦合关系，另一方面也减少了页面中的脚本代码量。

3. ValueStack 对象其实是 OgnlValueStack 类的对象实例

ValueStack 对象其实是 com.opensymphony.xwork2.ognl.OgnlValueStack 类的对象实例，而 OgnlValueStack.class 类文件打包在 xwork-2.1.2.jar 文件中，如图 6.45 所示。

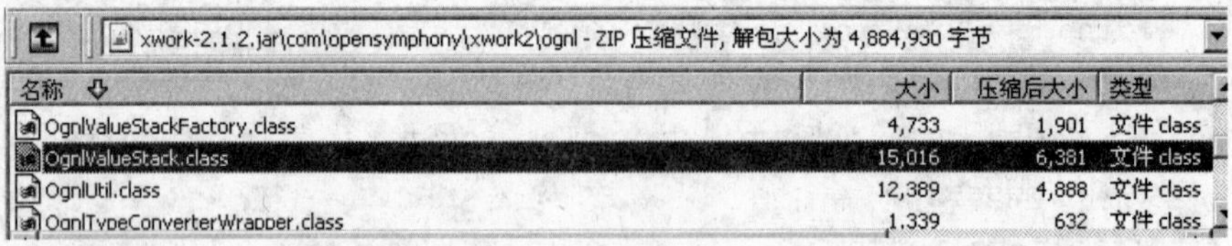

xwork-2.1.2.jar\com\opensymphony\xwork2\ognl - ZIP 压缩文件, 解包大小为 4,884,930 字节

名称	大小	压缩后大小	类型
OgnlValueStackFactory.class	4,733	1,901	文件 class
OgnlValueStack.class	15,016	6,381	文件 class
OgnlUtil.class	12,389	4,888	文件 class
OgnlTypeConverterWrapper.class	1,339	632	文件 class

图 6.45 OgnlValueStack.class 类文件打包在 xwork-2.1.2.jar 文件中

4. 操作保存在值堆栈中的数据的方法和要求

由于客户每一次产生请求时，Struts2 框架在创建出 Action 类的对象实例之前都会首先创建出一个 OgnlValueStack 类的对象实例作为本次请求的 ValueStack 值堆栈对象，再将 Action 对象实例本身也入栈。因此，在表现层页面中就可以通过 EL 表达式直接存取缓存在 Action 对象中的各种模型数据。

在值堆栈对象中，也缓存了 J2EE Servlet 容器相关的各种 Servlet 核心对象数据。因此，在页面中也可以直接通过 EL 表达式访问如 request（请求）、session（会话）和 application（应用程序）对象中的数据。如在 JSP 页面中利用<s:property>标签获得并打印输出保存在 HttpServletRequest 请求对象中的某个 userName 属性值的标签示例代码：

```
<s:property value="#request.userName" />
```

在 OgnlValueStack 类中提供了 setValue（改变值堆栈中的某个成员属性值）、findValue（查找某个成员属性值）、push（进栈）和 pop（出栈）等方法。

在利用 findValue()方法或 EL 表达式语句对 ValueStack 值堆栈对象进行存取操作时，只是给出了对象的属性名，并没有指定具体的对象名，比如在第 5 章例 5-2 所示的示例页面中利用如下的标签：

```
<s:property value ="resultMessage" />
```

访问某个对象中的 resultMessage 属性值。

操作指令（表达式语言）并不知道是对哪个具体的对象进行操作访问，ValueStack 值堆栈对象会从上而下遍历堆栈中的各种对象（OGNL 将自堆栈顶部开始查找，并返回第一个符合条件的对象元素）；然后再应用反射技术试图调用当前遍历对象的 get ResultMessage()方法。当定位和找到了目标方法后，则执行该目标方法并将执行后所得到的结果数据返回。

小 结

教学重点

Web MVC 模式中的控制器组件主要是承担获得客户端页面所产生的 get/post 请求，并根据请求的具体类型选择执行相应的业务功能逻辑组件类中的业务功能方法，然后把处理后的结果数据返回到客户端浏览器页面中显示输出。

在 Struts2 框架 MVC 中的控制层主要是由前端过滤器 FilterDispatcher、业务请求处理调度控制器 Action 和 Interceptor 拦截器等组件类所构成。而其中的 FilterDispatcher 组件作为前端控制器（也作为整个系统的总控制调度器，在 Struts2 框架中提供 FilterDispatcher 组件，其实是应用了 J2EE 核心设计模式中的前端控制器的设计模式）以接受客户端的 HTTP 请求。提供 FilterDispatcher 组件可以为 Web 应用系统提供一个固定的访问入口点，并且所有的业务请求都将发送到 Struts2 框架的前端控制器 FilterDispatcher 组件中。

本章重点介绍的 Action 组件类作为具体的业务功能实现的控制器，控制和调度 MVC 模型层中的业务功能类。它的重要性和在整个系统中的地位是不可忽视的，在本章的教学中也应该要把握好如下的教学重点内容。

首先，通过具体的教学示例说明自定义 Action 类中的处理器方法和如何对 Action 组件产生请求，以及如何在 Action 类中声明有多个不同的自定义方法。

其次，熟悉在 Action 类中如何处理和获得表单请求的参数，包括字段驱动和模型驱动的 Action 类的编程实现。

最后，介绍如何实现对 Action 类进行单元测试和在 Action 类中访问 Servlet API。

学习难点

本章的教学难点主要在第 6.3 节“对 Action 类进行单元测试和访问 Servlet API”，其中主要涉及“单元测试”和“控制反转”两个知识点。在本章的教学中，需要提前补充相关的知识。

作者在《J2EE 项目实训——Spring 框架技术》一书（见本书的参考文献）中做了比较详细的介绍。

教学要点

Struts2 框架中的 Action 类都是 POJO 类型的普通类，这一方面增强了 Action 程序本身的可测试性，另一方面也减小了框架系统内部的耦合度。在本章的教学中，首先需要讲解清楚 Struts2 框架中的 Action 类与 Struts 框架中的 Action 类在设计方面的不同点（最好能够通过具体的程序示例对比讲解）。

其次，说明为什么要让应用系统中的 Action 程序实现 Action 接口。主要的目的是规范 Action 类的程序结构和规范 Action 程序返回的“结果状态”的名称。

最后，说明为什么要让 Action 类继承 ActionSupport 基类。主要的目的不仅可以规范 Action 程序的结构，同时也还可以获得 Struts2 框架中所提供的各种技术支持。因为在 ActionSupport 类中提供了很多的实用功能方法，这些功能方法包括获取国际化信息、表单数据验证、默认的处理客户端的 HTTP 请求的方法、应用各种默认的拦截器、文件上传下载等方面的功能。

学习要点

由于 ActionSupport 类并不是抽象类，而且也没有将其中的 execute()方法继续设计为抽象方法。因此，在继承 ActionSupport 基类时，如果在子类中没有重写 execute()方法，将不会出现语法错误。因为继承是“非强制性”的，在子类中没有重写基类中的方法也是可以的。因此，在继承 ActionSupport 类的同时，也还必须重写 execute()方法。否则 Action 程序没有真正地处理客户的请求，如图 6.8 所示。为此，在学习过程中要注意这个问题。

另外，Struts2 框架中的 OGNL 表达式语言是一种比标准的 EL 表达式语言功能更为强大的表达式语言，它不仅可以操作对象中的属性，也能够直接调用对象中的方法和操作集合对象。为此，需要仔细阅读和理解例 6-12 和例 6-14 所示的教学示例。

练　习

1. 单选题

（1）Struts2 框架中的 Action 类中的默认处理器方法是下面的哪一项？（　　）

（A）execute()　　（B）doPost()　　（C）doExecute()　　（D）doGet()

（2）在继承 ActionSupport 类的同时也还必须重写其中的 execute()方法，是如下什么原因？（　　）

（A）由于 ActionSupport 类是抽象类

（B）由于 ActionSupport 类并不是抽象类

（C）ActionSupport 类中的 execute()方法是抽象方法

（D）Action 类中的 execute()方法是抽象方法

（3）Struts2 框架中的 Action 类之所以能够进行单元测试，是如下什么原因？（　　）

（A）由于 Action 类与 Servlet 容器之间相互隔离

（B）由于 Action 类与 Servlet 容器之间相互耦合

（C）由于 Action 类与 Servlet 容器之间相互集成在一起

（D）由于 ActionSupport 类与 Servlet 容器之间相互耦合

（4）ActionSupport 类和 Action 接口两者之间存在如下什么形式的关系？（　　）

（A）继承　　（B）接口实现　　（C）组合　　（D）关联

（5）为了能够应用模型驱动的 Action 程序类获得表单中的请求参数，要求 Action 程序类必须实现如下什么接口？（　　）

（A）Action　　（B）ModelDriven　　（C）Servlet　　（D）Serializable

2. 填空题

（1）Struts2 框架中的 Action 类可以采用 3 种不同的实现形式，它们分别是________、实现________接口和继承________基类，而且 Action 类的 execute()方法可以返回________类型的值。

（2）在 com.opensymphony.xwork2.Action 接口中主要提供了________方法和________符号常量，而 com.opensymphony.xwork2.ActionSupport 实现了________接口。

（3）Struts2 框架中的 Action 根据处理的表单的不同可以分为两类：一类是________（Field-Driven）Action；另一类是________（Model-Driven）Action。Model-Driven Action 程序要求实现________接口，并重写其中的________方法。

（4）在 Struts2 框架中可以采用两种不同的方式获得 Servlet 核心 API 对象，它们分别是________和________。为了能够获得 HttpSession 类的对象实例，要求目标 Action 类实现________接口，为了获得 HttpServletRequest 类的对象实例，需要实现________接口，为了获得 HttpServletResponse 类的对象实例，需要实现________接口。

（5）对象图导航语言 OGNL 是一种开源________，利用________可以方便地操作保存在对象中的各种________。OGNL 中的“#”符号可以访问 OGNL________和________所保存的各种对象数据。

3. 问答题

（1）请描述 Struts2 框架中的 Action 组件类的技术特性，及 Action 组件类的返回值的含义。

（2）Struts2 框架中使用 Servlet API 有哪几种常用方式？通过具体的代码示例说明这些

方法的实现原理。

（3）Struts2 框架中的 Action 组件类为什么是线程安全的？Action 类是否能够同时处理多个 JSP 页面的请求？

（4）解释什么是 Struts2 框架中的字段驱动的 Action 类和模型驱动的 Action 类。通过具体的代码示例说明这两种方式的实现原理。

（5）如果需要将 Action 组件处理的结果以 Velocity 模板的方式输出，应该如何配置 struts.xml 中的<action>标签？

（6）什么是单元测试技术？通过具体的示例说明如何实现对 Action 类进行单元测试。

（7）什么是 OGNL 表达式语言？它有哪些方面的功能？通过具体的示例说明 OGNL 表达式语言中的“#”符号、“%”符号和“$”符号的基本用法。

4. 开发题

（1）图 6.46 所示为某个项目中的用户登录功能的表单，其中的“用户名称”文本框的 name 属性为 userName、“用户密码”文本框的 name 属性为 userPassWord。

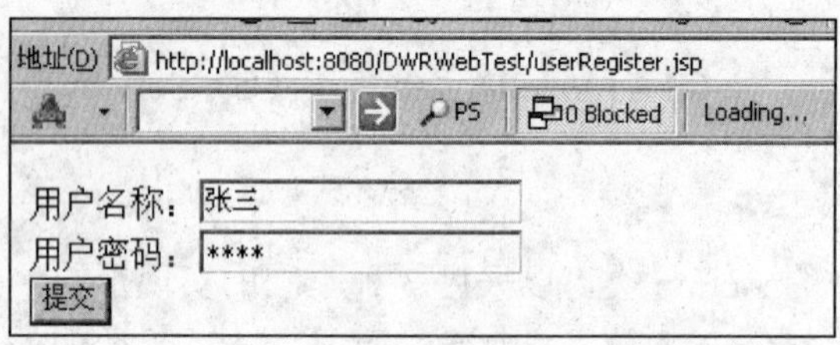

图 6.46　某个项目中的用户登录功能的表单

为图 6.46 中的用户登录功能表单设计一个响应表单请求的 Struts2 框架的 edu.bjtu.rjxy.webbank.action.UserInfoAction 类，该 Action 类要求设计为字段驱动的 Action 类，并在该 Action 程序类中判断表单提交的请求参数的合法性（条件可以自定义）。

（2）利用单元测试技术测试为图 6.46 中的用户登录功能表单设计的响应表单请求的 Struts2 框架的 edu.bjtu.rjxy.webbank.action.UserInfoAction 类中的处理器功能方法的正确性。

第 7 章　AOP 拦截器组件技术及应用

CHAPTER 7

面向切面编程 AOP 技术可以解决传统的面向对象编程 OOP 中不能够很好地解决的横切方面的问题，而 Struts2 框架中的拦截器组件是基于面向切面编程技术实现的，并达到 AOP 所倡导的分离“技术问题实现”和“业务问题实现”的设计效果。

为此，在 Web 应用系统的开发实现中，可以将应用系统中的日志记录、安全验证和会话处理等功能通过拦截器组件技术实现。从设计的角度来看拦截器组件技术，它其实是责任链模式的具体应用，而且多个不同的拦截器组件可以按照某种逻辑相互串接在一起，形成拦截器链。

从代码重构的角度来看，拦截器组件链实际上是将一个复杂的应用系统分而治之，从而使得每个部分的功能实现代码都具有高度的可重用性和可扩展性。

本章重点介绍 Struts2 框架中的拦截器组件的工作原理及拦截器组件链技术，拦截器组件技术在项目中的应用以及如何编程实现自定义拦截器组件，如何引用 Struts2 框架中的默认拦截器以及如何应用拦截器栈、全局拦截器等技术进一步简化系统中的配置文件。最后还介绍了如何应用方法过滤拦截器技术提高拦截器的灵活性。

7.1　拦截器工作原理及拦截器组件链

7.1.1　Struts2 框架中的拦截器组件技术

1. 什么是拦截器组件

熟悉 Spring AOP 技术的读者，对拦截器技术应该不陌生。本书在第 4 章中介绍了 Web 过滤器组件，过滤器组件其实也是一种拦截器，它拦截客户端浏览器的 HTTP 请求信息和服务器端返回给客户端浏览器的响应输出信息。

所谓的拦截器是动态拦截 Action 组件中的目标方法的调用对象，拦截器组件为开发人员提供了一种可扩展的机制，可以使开发者定义在一个 Action 组件中的目标方法执行前或者完成后执行所指定的目标代码。当然，也可以在一个目标方法执行前阻止进一步对该方法的调用和执行。

2. 什么是拦截器组件链

将若干个不同的拦截器组件按照某种应用逻辑的要求相互串接在一起，从而产生拦截器链（Interceptor Chain），在 Struts2 框架中也称为拦截器栈（Interceptor Stack）。当被拦截的目标方法触发调用时，拦截器链中的各个拦截器就会按照定义的顺序被触发调用，如图 5.1 所示的 Struts2 框架的系统架构图。

3. 拦截器组件技术的实现原理

Struts2 框架中的拦截器组件技术的工作原理其实很简单，当某个 HTTP 请求到达前端控制器 FilterDispatcher 组件时，Struts2 框架运行时系统程序会首先查找有关的配置文件（一般为 struts.xml 文件），并根据在配置文件中所定义的各个拦截器组件类，实例化相应的拦截器组件对象，然后串成一个对象列表（List），也就是拦截器链。最后一个一个地按顺序调用列表中的各个拦截器组件。

4. 为什么要在项目中应用拦截器技术

拦截器组件其实是面向切面编程 AOP 思想的一种具体实现方式，应用拦截器组件可以实现代码分离，将应用系统中的核心业务的功能实现代码和系统中的技术问题的实现代码相互分离。这有利于应用系统的功能扩展，最终可以用插拔的方式将功能组件注入到 Action 程序中；并且还可以实现功能分解，将一个大的问题分解成为多个不同的小问题，然后再分别处理这些小问题。拦截器技术是基于 Java 语言中的动态代理技术实现的。

5. Struts2 拦截器和 Web 过滤器之间的主要区别

Struts2 框架中的拦截器与 Web 过滤器二者都是 AOP 编程思想的体现，都能实现权限控制、日志记录等附加的系统级别的功能服务。但拦截器是基于 Java 反射机制实现动态调用，而 Web 过滤器是基于方法回调机制实现的。因此，拦截器更能够体现面向切面的设计思想；Web 过滤器依赖于 Servlet 容器和遵守 Servlet 规范，并由 Servlet 容器提供 HTTP 请求和 HTTP 响应等参数。而 Struts2 框架中的拦截器不依赖于 Servlet 容器，并不需要直接从 Servlet 容器中获得工作环境参数。

但 Struts2 框架中的拦截器只能对向控制层中的 Action 发送的请求进行拦截，而 Web 过滤器不仅可以对向 Action 发送的请求，也能够对向 JSP 页面和 Servlet 等程序发送的 HTTP 请求进行过滤；拦截器可以访问 Action 上下文、值堆栈中存储的对象，而 Web 过滤器则不能，只能访问与 Servlet 容器有关的对象。

6. 拦截器广泛地应用在基于 Struts2 框架的项目中

对于 Struts2 框架而言，正是大量的各种内置的拦截器完成了大部分的功能操作。因为拦截器可以完成很多方面的功能，如表单校验、属性封装、安全认证、日志记录等。

7.1.2　Struts2 框架中的各种形式的拦截器

WebWork 框架的精华在于和 Servlet 容器解耦，并基于接口编程以及利用控制反转 IoC 的解耦设计。Struts2 框架为了也能够达到这样的设计目标，应用了拦截器组件技术。

1. Struts2 框架中的默认拦截器

在 Struts2 框架中，已经为开发人员提供了功能丰富多样的系统内带的默认拦截器组件，而这些默认的拦截器组件已经在系统默认的配置文件 struts-default.xml 中定义出，可以在项目中直接引用。在系统库文件 struts2-core-2.1.6.jar 中能够找到在系统中预定义的各种拦截器组件的类文件。

Struts2 框架中的默认拦截器的声明和定义项目，主要包含在 struts-default.xml 文件中，如图 7.1 所示。

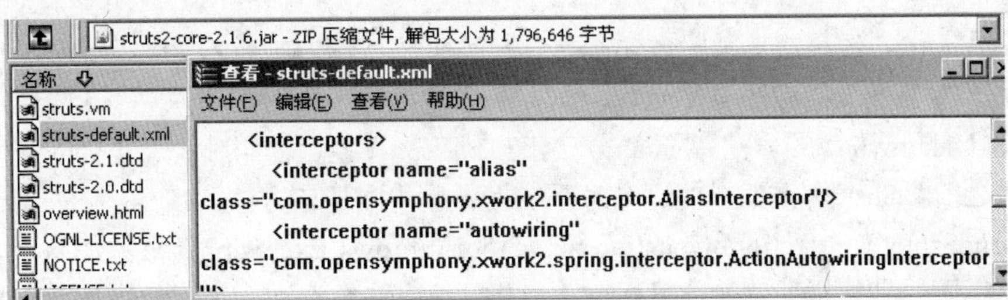

图 7.1　Struts2 框架中的默认拦截器的声明和定义项目

2. 开发人员自定义编程实现特定功能的拦截器

尽管 Struts2 框架为开发人员提供了各种功能丰富的默认拦截器组件，但开发人员也可能需要创建出自定义的拦截器组件类以满足应用系统中的特殊功能需要。而 Struts2 框架中的拦截器组件类都要求实现拦截器接口 Interceptor，该接口属于 com.opensymphony.xwork2.interceptor 包。表 7.1 为 Struts2 框架中的各种形式的拦截器及对应的功能说明。

表 7.1　Struts2 框架中的主要的拦截器及主要的作用说明

拦截器名字	功　能　说　明
chain	它是用来复制前一个 Action 的属性数据到当前 Action 中，从而可以让前一个 Action 的属性被后一个 Action 访问，它要求前一个 Action 必须是 chain Result（<result type="chain">）
fileUpload	提供文件上传功能，并可以在这个拦截器中设定上传文件的大小和类型
i18n	实现国际化，并记录用户选择的地区
model-driven	实现模型驱动的 Action 类
params	自动为 Action 设置 HTTP 请求数据
scope	将 Action 状态存入 session 和 application 的简单方法

续表

拦截器名字	功 能 说 明
timer	输出 Action 程序执行的时间，可以测试系统的性能
token	防止页面重复提交（或页面重复刷新）
tokenSession	防止重复提交的拦截器，并且在 Session 中存储了最近一次请求的结果数据
validation	数据验证拦截器，使用 action-validation.xml 文件中定义的内容校验提交的数据
workflow	处理验证的流程，如果验证通过则继续前进，如果发现有验证错误消息，直接转到 Action 中定义的输入结果（input）页面

7.1.3 Interceptor 接口的定义及应用

1. com.opensymphony.xwork2.interceptor.Interceptor 接口

Interceptor 接口是各个拦截器所需要实现的接口，在该 Interceptor 接口中提供了如下形式的 3 个方法：

- void init()：该拦截器被对象实例化之后并且该拦截器被执行之前，系统会回调该方法。对于每个拦截器组件而言，此方法只被执行一次。
- void destroy()：该方法跟 init()方法相互对应。在拦截器组件程序类的对象实例被销毁之前，Struts2 框架中的运行时系统程序也将回调该方法。
- String intercept(ActionInvocation invocation) throws Exception：该方法是开发人员需要实现的具体拦截功能的目标方法，并且该方法会返回一个字符串作为目标逻辑视图并转发到该目标视图所指示的资源文件中。

其中的 intercept()方法返回一个字符串作为逻辑视图，如果需要调用后续的 Action 程序或者拦截器，只需要在该方法中再调用 invocation.invoke()方法即可；如果不需要调用后续的拦截器或者 Action 类中的目标方法，返回一个 String 类型的对象即可，例如 Action.ERROR 或者 Action.SUCCESS 等。

因此，Interceptor 接口本身并没有什么特别之处，除了 init()和 destory()方法以外，intercept()方法是整个拦截器组件程序的核心功能方法。而该方法所依赖的参数 ActionInvocation 类的对象实例是 Action 程序的调度者，因此在 intercept()方法中可以通过 ActionInvocation 类的对象实例获得与 Action 对象有关的各种工作环境参数，如 HttpServletRequest 和 HttpSession 等对象。

2. 应用适配器 AbstractInterceptor 类产生拦截器

为了简化对 Interceptor 接口的实现类中的代码，开发人员也可以从适配器类进行继承，因为该适配器 AbstractInterceptor 类提供了对 init()和 destroy()方法的空实现。开发人员只需要在自己的子类中覆盖 AbstractInterceptor 基类中的 intercept()方法以实现实际的拦截功能。

由于 AbstractInterceptor 适配器类提供了对 Interceptor 接口的简单实现，这个实现类的定义如下：

```
public abstract class AbstractInterceptor implements Interceptor {
    public void init(){
    }
    public void destroy(){
    }
    public abstract String intercept(ActionInvocation invocation)
    throws Exception;
}
```

因此，如果在自己的拦截器组件程序中不需要应用 init()和 destroy()方法时，只需要从 AbstractInterceptor 类继承并实现 intercept()方法即可，简化拦截器的功能实现编程。

7.2　拦截器组件技术在项目中的应用

7.2.1　编程实现自定义拦截器组件

1. 在项目中添加一个拦截器组件

右击本 Web 项目名称，在弹出的快捷菜单中选择 New→Class 菜单项，出现如图 7.2 所示的对话框。在对话框的 Name 文本框中输入类名称为 AuthorizedUserInterceptor，在 Package 文本框中输入包名称为 com.px1987.sshwebcrm.interceptor，并选中 Constructors from superclass 复选框和选择从 com.opensymphony.xwork2.interceptor.AbstractInterceptor 基类进行继承。最终的操作结果如图 7.2 所示。

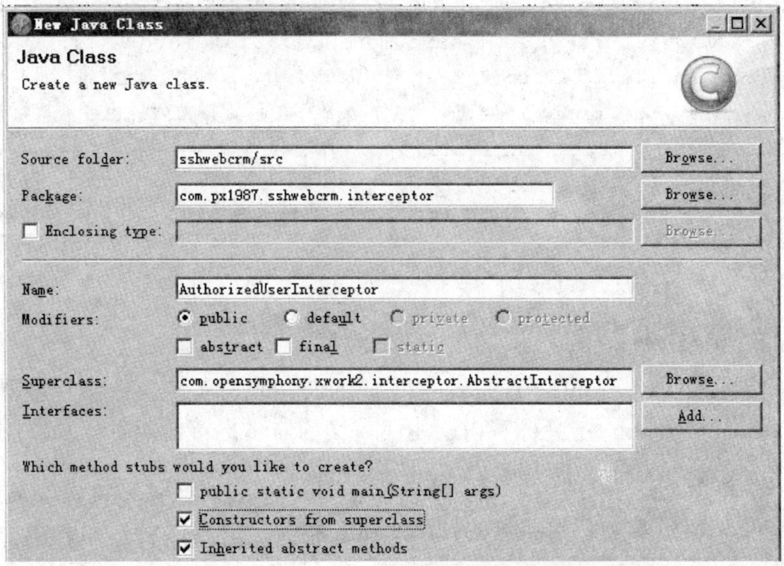

图 7.2　在项目中添加一个检查身份信息的拦截器组件

2. 编写 AuthorizedUserInterceptor 拦截器组件程序

Struts2 框架截获向 Action 组件发送的 HTTP 请求后，在 Action 类中的目标处理器方法执行之前或之后将调用拦截器中的拦截方法。这样将可以用动态附加的方式将额外的功能实现程序注入到 Action 程序中。

在 Struts2 框架中，有许多系统级的功能服务都是以拦截器组件的形式提供的，如 HTTP 请求参数的解析和包装、表单验证、国际化和文件上传等功能。图 7.2 所示的拦截器组件的最终程序代码如例7-1 所示，该拦截器组件程序的主要功能是实现用户身份信息的检查，目前暂时还不给出具体的功能实现代码。

为了让读者了解拦截器组件程序的执行机制和加载过程，在代码中只打印输出各种状态信息，如例 7-1 中的各种 System.out.println()语句。

例 7-1 身份信息检查拦截器组件程序的代码示例。

```
package com.px1987.sshwebcrm.interceptor;
import java.util.Map;
import com.opensymphony.xwork2.Action;
import com.opensymphony.xwork2.ActionInvocation;
import com.opensymphony.xwork2.interceptor.AbstractInterceptor;
import com.px1987.sshwebcrm.actionform.UserInfoActionForm;
public class AuthorizedUserInterceptor extends AbstractInterceptor {
    public AuthorizedUserInterceptor() {
        //在构造方法中可以实现初始化功能
    }
    public String intercept(ActionInvocation oneActionInvocation)
                                              throws Exception {
        System.out.println("在第一个拦截器中的前置拦截代码已经被执行！")
        String returnResult=oneActionInvocation.invoke();
        System.out.println("原来的 Action 类中的目标方法已经被执行！")
        System.out.println("在第一个拦截器中的后置拦截代码已经被执行！结果为："+
                    returnResult);
        return returnResult;
    }
}
```

从适配器类继承，简化代码实现

在被拦截的目标 Action 类中的方法执行之前执行将产生出前置拦截效果

对被拦截的目标方法调用和获得结果

在被拦截的目标 Action 类中的方法执行之后执行将产生出后置拦截效果

3. 在系统配置文件 struts.xml 中定义和引用本拦截器组件

在系统配置文件 struts.xml 中首先要应用<interceptor>标签定义出本拦截器组件，然后在某个 Action 类的<action>定义标签内引用所定义的命名拦截器组件。最终的配置定义的代码示例如例 7-2 所示，请注意其中黑体标识的标签。

例 7-2 定义和引用本拦截器组件的代码示例。

```
<?xml version="1.0" encoding="UTF-8" ?>
```

```
<!DOCTYPE struts PUBLIC
    "-//Apache Software Foundation//DTD Struts Configuration 2.0//EN"
    "http://struts.apache.org/dtds/struts-2.1.dtd">
<struts>
    <include file="struts-default.xml"/>
    <package  name ="userInfoPackage"  extends ="struts-default" >
     <interceptors>                                    定义和命名拦截器组件
        <interceptor name ="authorizedUserInterceptor"
    class ="com.px1987.sshwebcrm.interceptor.AuthorizedUserInterceptor"/>
     </interceptors >                                   在 Action 定义中引
     <action  name ="userInfoManageActionModel"        用目标拦截器组件
            class ="com.px1987.sshwebcrm.action.
            UserInfoManageActionModel" >
        <result  name="success">/userManage/loginSuccess.jsp</result>
        <interceptor-ref name ="authorizedUserInterceptor" />
        <interceptor-ref name ="defaultStack" />
     </action>                                    必须对系统中的默认的拦
    </package>                                    截器组件进行引用
</struts>
```

在例 7-2 的配置示例中，还需要引用系统中的默认的拦截器组件（需要引用名称为 defaultStack 的拦截器栈），否则解析和包装表单的 HTTP 参数拦截器不会触发。

4. 测试本拦截器组件的拦截效果

由于拦截器组件是基于 Web 方式实现，并拦截目标 URL 地址。因此，在测试中不能通过单元测试方式观察功能实现效果，而必须通过浏览器执行目标页面。在浏览器中执行 userLogin.jsp 页面，并在表单中正常提交。由于 AuthorizedUserInterceptor 拦截器程序代码是对 userLogin.jsp 页面的请求 Action 类程序进行拦截，因此它将被触发和执行，在系统的控制台中打印输出信息，如图 7.3 所示。

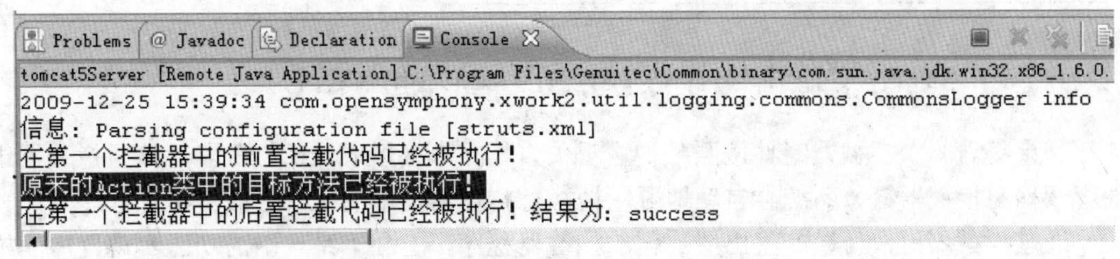

图 7.3　在系统的控制台中打印输出信息

注意在例 7-2 中一定要引用系统中的默认的拦截器（<interceptor-ref name ="default-Stack" />），否则表单提交后在 Action 程序中将无法正常地获得表单中的各个请求的参数，出现如图 7.4 所示的空指针的错误。

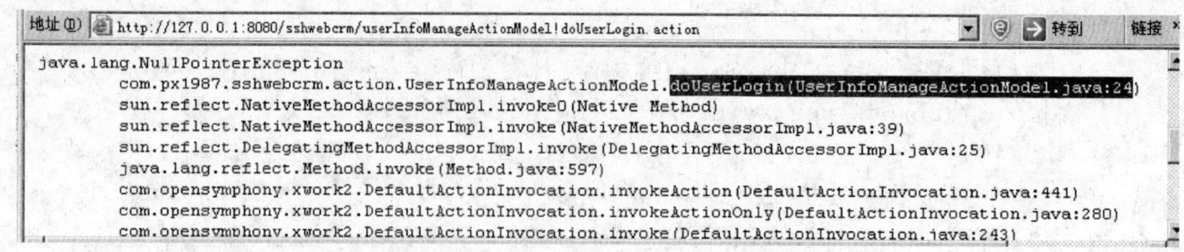

图 7.4　没有引用系统中的默认拦截器后所出现的错误

5. Struts2 框架中的拦截器的拦截类型

1）前置（Before）拦截

在某个拦截器组件程序中，位于 invocation.invoke()调用语句之前的这些代码，称为前置（Before）拦截程序。它们将依照所在的拦截器组件程序引用定义的顺序，顺序执行。

2）后置（After）拦截

在某个拦截器组件程序中，位于 invocation.invoke()调用语句之后的这些代码，称为后置（After）拦截程序。它们将依照所在的拦截器组件程序引用定义的顺序，逆序执行。

3）返回结果之前（PreResult）拦截

返回结果之前的拦截有别于前置拦截和后置拦截，它是在 Action 执行完之后，但还没有返回到视图层之前，因此称为返回结果之前（PreResult）拦截。

如果需要实现这种拦截方式，需要让拦截器组件程序再实现一个 PreResultListener（属于 com.opensymphony.xwork2.interceptor 包）接口，并重写 beforeResult()方法。如下代码示例为 PreRcsultListener 接口的定义：

```
public interface PreResultListener {
    void beforeResult(ActionInvocation invocation, String resultCode);
}
```

7.2.2　在项目中应用拦截器链提供多层次服务

1. 多个不同的拦截器组件程序相互串接在一起形成拦截器链

如果将若干个拦截器组件按照某种逻辑关系相互串接形成一组拦截器，该组拦截器组件程序称为拦截器链，系统会自动地顺序地执行拦截器链中的各个拦截器组件程序。

通过拦截器链，可以产生出层次化的拦截器程序，有利于系统中的功能实现程序的模块化和拦截器程序的可扩展性。

2. 在项目中应用 Struts2 框架中的拦截器链

例 7-1 所示的拦截器组件程序在系统中主要实现对用户身份信息的检查，在系统中再添加一个拦截器组件程序实现日志信息记录（比如完成系统中的交易记录、系统中的错误记录等功能），并将这两个拦截器组件程序组合在一起形成拦截器链。

右击本 Web 项目名称，在弹出的快捷菜单中选择 New→Class 菜单项，会出现如图 7.5 所示的对话框。在对话框的 Name 文本框中输入类名称为 LogInfoInterceptor，在 Package 文本框中输入包名称为 com.px1987.sshwebcrm.interceptor，并选中 Constructors from superclass 复选框和选择从基类 com.opensymphony.xwork2.interceptor.AbstractInterceptor 进行继承。最终的操作结果如图 7.5 所示。

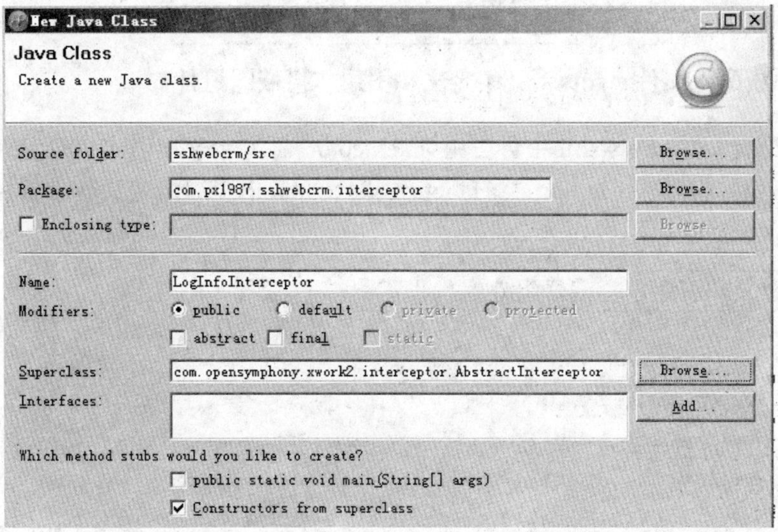

图 7.5　在项目中添加一个日志记录功能的拦截器组件

3. 编写 LogInfoInterceptor 拦截器组件程序

本示例中的拦截器组件程序的主要功能是实现系统中的日志信息记录，目前暂时还不给出具体的功能实现代码，最终的拦截器组件的程序代码如例 7-3 所示。

同样为了能够让读者更进一步地了解拦截器组件程序的执行机制和加载过程，在代码中只打印输出各种状态信息，如例 7-3 中的各种 System.out.println()语句。

例 7-3　日志信息记录拦截器组件程序的代码示例。

从适配器类继承，简化代码实现

```
package com.px1987.sshwebcrm.interceptor;
import com.opensymphony.xwork2.ActionInvocation;
import com.opensymphony.xwork2.interceptor.AbstractInterceptor;
public class LogInfoInterceptor extends AbstractInterceptor {
    public LogInfoInterceptor() {

    }
    public String intercept(ActionInvocation actionInvocation)
                                              throws Exception{
        System.out.println("在第二个拦截器中的前置拦截代码已经被执行！");
```

在被拦截的目标 Action 类中的方法执行之前执行将产生前置拦截效果

```
        String returnResult=actionInvocation.invoke();
    System.out.println("在第二个拦截器中的原来的Action类中的目标方法已经被执
    行！");
        System.out.println("在第二个拦截器中的后置拦截代码已经被执行！结果为："+
                returnResult);
        return returnResult;
    }
}
```

对被拦截的目标方法调用和获得结果

在被拦截的目标 Action 类中的方法执行之后执行将产生后置拦截效果

4. 在系统配置文件 struts.xml 中定义和引用本拦截器组件

在系统配置文件 struts.xml 中再应用<interceptor>标签定义出日志信息记录功能的拦截器组件，然后同样在某个 Action 类的<action>定义标签内引用所定义的命名拦截器组件。最终的配置定义的代码示例如例 7-4 所示，请注意其中黑体标识的标签。

例 7-4 定义和引用本拦截器组件的代码示例。

```
<?xml version="1.0" encoding="UTF-8" ?>
<!DOCTYPE struts PUBLIC
    "-//Apache Software Foundation//DTD Struts Configuration 2.0//EN"
    "http://struts.apache.org/dtds/struts-2.1.dtd">
<struts>
    <include file="struts-default.xml"/>
    <package  name ="userInfoPackage"  extends ="struts-default" >
      <interceptors>
        <interceptor name ="authorizedUserInterceptor"
    class ="com.px1987.sshwebcrm.interceptor.AuthorizedUserInterceptor"/>
<interceptor name ="logInfoInterceptor"
          class ="com.px1987.sshwebcrm.interceptor.LogInfoInterceptor"/>
      </interceptors >
      <action  name ="userInfoManageActionModel"
            class ="com.px1987.sshwebcrm.action.UserInfoManage-
            ActionModel" >
          <result  name="success">/userManage/loginSuccess.jsp</result>
          <interceptor-ref name ="authorizedUserInterceptor" />
          <interceptor-ref name ="logInfoInterceptor" />
         <interceptor-ref name ="defaultStack" />
      </action>
    </package>
</struts>
```

定义和命名拦截器组件

在 Action 定义中引用目标拦截器组件

注意引用的顺序也就是执行的顺序

必须再对系统中的默认的拦截器组件进行引用

在例 7-4 的配置示例中，同样也还需要引用系统中的默认的拦截器组件（需要引用名称为 defaultStack 的拦截器栈），否则解析和包装表单的 HTTP 参数拦截器不会触发。

5. 测试本拦截器组件的拦截效果

由于对本示例中的拦截器组件的测试方式不能通过单元测试形式观察功能实现效果，而必须通过浏览器执行目标页面。在浏览器中仍然执行 userLogin.jsp 页面，并在表单中正常提交。由于 LogInfoInterceptor 拦截器程序代码同样也是对 userLogin.jsp 页面的请求 Action 类程序进行拦截，因此它也将被触发和执行，在系统的控制台中打印输出信息，如图 7.6 所示。

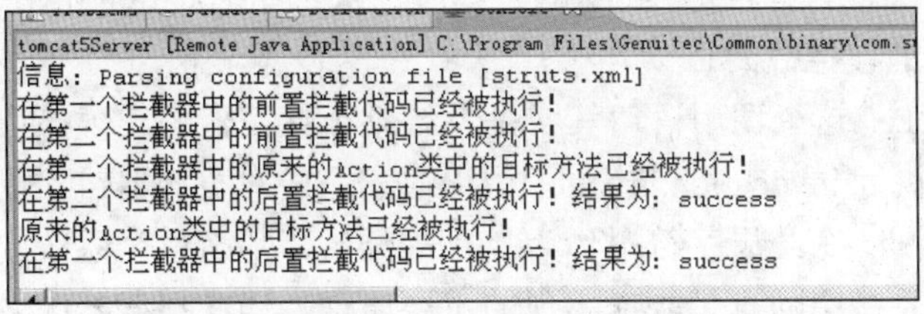

```
tomcat5Server [Remote Java Application] C:\Program Files\Genuitec\Common\binary\com.s
信息: Parsing configuration file [struts.xml]
在第一个拦截器中的前置拦截代码已经被执行!
在第二个拦截器中的前置拦截代码已经被执行!
在第二个拦截器中的原来的Action类中的目标方法已经被执行!
在第二个拦截器中的后置拦截代码已经被执行! 结果为: success
原来的Action类中的目标方法已经被执行!
在第一个拦截器中的后置拦截代码已经被执行! 结果为: success
```

图 7.6　在系统的控制台中打印输出信息

将多个拦截器组件程序放在一起并组装成一个拦截器链（栈），此时各个拦截器组件程序会按照各自在链中的顺序由上而下执行其中的 before 段的代码（前置拦截的功能代码），所有的 before 方法代码执行结束后，再执行目标 Action 类中的方法；然后再返回执行的结果；最后再从下而上执行各个拦截器中的 after 段的代码（后置拦截的功能代码）。

6. 拦截器链中的各个拦截器组件的执行机制分析

在例 7-4 配置文件示例中，在<action>标签中对调对其中的两个拦截器的引用顺序，也就是将如下的标签

```
<interceptor-ref name ="authorizedUserInterceptor" />
<interceptor-ref name ="logInfoInterceptor" />
```

改变为如下的顺序：

```
<interceptor-ref name ="logInfoInterceptor" />
<interceptor-ref name ="authorizedUserInterceptor" />
```

然后再在浏览器中同样执行 userLogin.jsp 页面，在系统控制台中将出现如图 7.7 所示的状态提示信息。对比图 7.6 和图 7.7 在系统控制台中输出的状态信息的顺序，能够很清楚地了解在拦截器链中的各个拦截器组件程序的执行顺序。

在拦截器组件程序中的方法调用 invocation.invoke()代码是对 ActionInvocation 类中的方法调用，而 ActionInvocation 类的对象实例是 Action 对象实例的调度者，所以这个方法调用的语句具备如下两层含义：

- 如果拦截器链中还有其他的拦截器组件程序，那么 invocation.invoke()语句将调用拦截器链中的下一个拦截器。

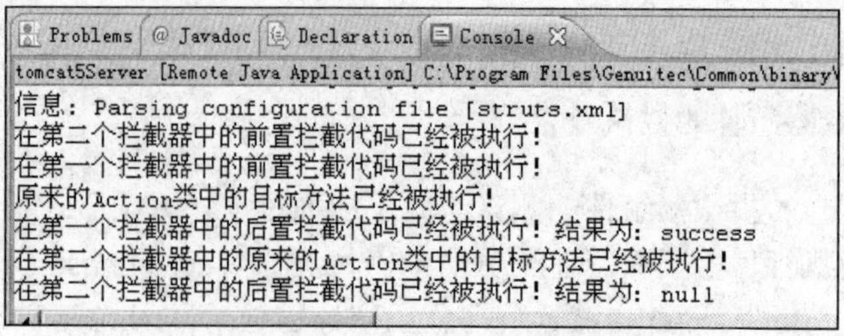

```
Problems  @ Javadoc  Declaration  Console ☒
tomcat5Server [Remote Java Application] C:\Program Files\Genuitec\Common\binary\
信息: Parsing configuration file [struts.xml]
在第二个拦截器中的前置拦截代码已经被执行!
在第一个拦截器中的前置拦截代码已经被执行!
原来的Action类中的目标方法已经被执行!
在第一个拦截器中的后置拦截代码已经被执行! 结果为: success
在第二个拦截器中的原来的Action类中的目标方法已经被执行!
在第二个拦截器中的后置拦截代码已经被执行! 结果为: null
```

图 7.7　在系统的控制台中打印输出信息

- 如果拦截器链中只有目标 Action 类程序，那么 invocation.invoke()语句将调用目标 Action 类中的被拦截的目标方法。

invocation.invoke()这个调用语句其实是系统整个拦截器的实现核心，如果在某个拦截器组件程序中，不执行 invocation.invoke()调用语句完成对拦截器链中的下一个目标元素的调用，而是直接返回一个结果字符串作为执行的结果，那么整个系统的请求处理过程将被中止。这将是应用系统中的身份验证实现的主要原理，当在拦截器中发现请求者的身份不合法时，在拦截器组件程序中直接跳转到错误信息显示页面中，而不将请求继续向后转发，将能够阻止当前的 HTTP 请求。如图 7.8 所示为 Struts2 框架中的前端控制器和后端业务请求处理器、拦截器组件的工作原理示图。

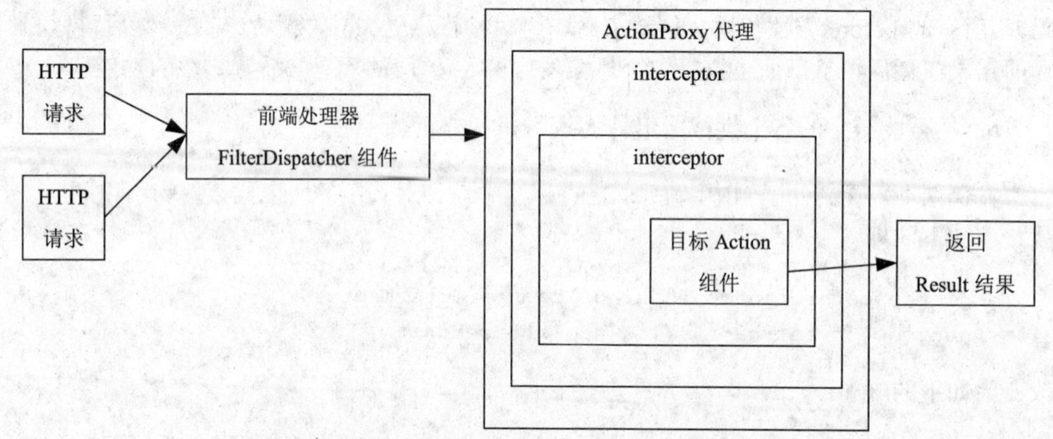

图 7.8　前端控制器和后端业务请求处理器、拦截器组件的工作原理

因此，在拦截器组件程序中可以以 invocation.invoke()的调用语句为界，将拦截器中的程序代码分成两个部分，在 invocation.invoke()调用语句之前的代码段，将会在目标 Action 类程序之前被依次执行；而在 invocation.invoke()调用语句之后的代码段，将会在目标 Action 类程序之后被逆序执行。从图 7.6 和图 7.7 所示的状态信息输出的顺序也能够验证这个规则。

7. 控制拦截器链中的各个拦截器组件的执行过程

从图 7.8 所示的工作原理示图中，可以了解到 Struts2 框架中的拦截器是层层包裹目标 Action 组件程序的。因此，整个系统的 HTTP 请求和响应处理链就如同一个堆栈，除了 Action

组件程序以外，在堆栈中的其他元素是拦截器组件。

而 Action 程序位于堆栈的底部，由于堆栈所具有的“先进后出”的操作特性，如果需要对目标 Action 程序中的业务请求处理方法调用，则必须首先调用位于 Action 程序上端的各个拦截器组件程序。因此，整个系统的请求的执行过程就形成一个递归调用。

而对于在堆栈中的每个拦截器组件程序，除了可以完成它自身的功能逻辑以外，还必须完成一个特殊的“接力”执行的职责。开发人员可以根据系统的功能需要，灵活地改变这个“接力”执行的职责：

- 如果需要终止整个 HTTP 请求的进一步执行，则需要在本拦截器组件程序中直接返回一个代表结果信息的字符串。
- 如果需要将请求继续向后转发和让后续程序能够进一步的处理，则可以通过递归调用的方式继续调用堆栈中的下一个拦截器组件程序。
- 如果在堆栈内已经不存在任何的拦截器组件（比如自身为最后一个拦截器组件程序），则直接调用目标 Action 类程序。

从设计模式的角度来看 Struts2 框架中的拦截器组件程序的结构设计，实际是应用了责任链（Chain of Responsibility）设计模式。因此，从整个系统的代码实现和重构的角度来看，最终是将一个复杂的系统功能实现程序分而治之，从而使得每个部分的功能实现代码都可重用和可扩展。

由此，可以通过 invocation.invoke()的调用语句作为 Action 类程序代码真正的拦截点，从而能够应用面向切面编程的基本思想分离系统中的核心业务功能实现代码和附加系统服务功能实现代码。

8. 拦截器组件程序具有良好的可扩展性

拦截器组件程序具有动态可拔插的技术特性，可以根据应用的需要添加拦截器组件程序，也可以临时除掉不再需要的拦截器组件程序。所有的这些变化，都不会影响到目标 Action 类程序本身。

下文通过具体的应用示例，说明拦截器组件程序如何提升系统的可扩展性的技术特性。在例 7-4 所示的配置文件中除掉对用户身份验证 authorizedUserInterceptor 拦截器引用的标签，修改后的 struts.xml 配置文件的最终代码示例如例 7-5 所示，请注意其中加黑体删除线的标签。

例 7-5　修改后的 struts.xml 配置文件的最终代码示例。

```
<?xml version="1.0" encoding="UTF-8" ?>
<!DOCTYPE struts PUBLIC
    "-//Apache Software Foundation//DTD Struts Configuration 2.0//EN"
    "http://struts.apache.org/dtds/struts-2.1.dtd">
<struts>
     <include file="struts-default.xml"/>
    <package  name ="userInfoPackage"  extends ="struts-default" >
      <interceptors>
```

```
        <interceptor name ="authorizedUserInterceptor"
         class="com.px1987.sshwebcrm.interceptor.AuthorizedUser-
         Interceptor"/>
        <interceptor name ="logInfoInterceptor"
         class ="com.px1987.sshwebcrm.interceptor.LogInfoInterceptor" />
      </interceptors >
      <action  name ="userInfoManageActionModel"
          class ="com.px1987.sshwebcrm.action.UserInfoManage-
          ActionModel" >
         <result  name="success">/userManage/loginSuccess.jsp</result>
         <interceptor-ref name ="authorizedUserInterceptor" />
        <interceptor-ref name ="logInfoInterceptor" />
        <interceptor-ref name ="defaultStack" />
      </action>
    </package>
</struts>
```

除掉对身份验证拦截器的引用

不需要改动 UserInfoManageActionModel 程序本身，在浏拦器中执行 userLogin.jsp 页面以测试 UserInfoManageActionModel 程序，在系统控制台中出现如图 7.9 所示的结果信息。在输出的状态信息中没有了由 authorizedUserInterceptor 拦截器组件程序输出的信息，表明该拦截器组件程序没有被执行。

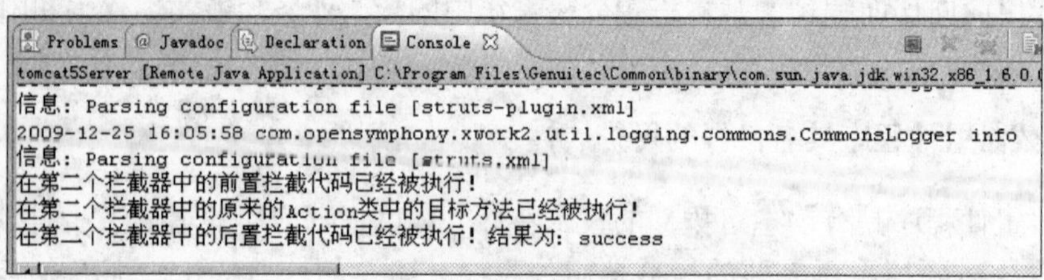

图 7.9　身份验证的拦截器没有被触发和执行

7.2.3　应用拦截器实现系统的用户身份验证功能

1. 应用身份验证拦截器的主要目的

在客户关系信息系统中，操作者可以对客户信息的资料进行删除和修改，但只有合法的操作者才能够完成此功能。为此，应用身份验证拦截器可拦截访问者，并及时识别访问者的身份是否为合法的操作者。

2. 修改身份信息验证的拦截器组件程序

为了能够实现上述的功能要求，需要修改例 7-1 所示的 AuthorizedUserInterceptor 身份信息检查的拦截器组件程序的代码，修改后的最终代码示例如例 7-6 所示，请注意其中黑体所标识的语句代码。

 7-6　对身份验证拦截器组件程序修改后的代码示例。

```
package com.px1987.sshwebcrm.interceptor;
import java.util.Map;
import com.opensymphony.xwork2.Action;
import com.opensymphony.xwork2.ActionInvocation;
import com.opensymphony.xwork2.interceptor.AbstractInterceptor;
import com.px1987.sshwebcrm.actionform.UserInfoActionForm;
public class AuthorizedUserInterceptor extends AbstractInterceptor {
    public AuthorizedUserInterceptor() {
    }
    @Override
    public String intercept(ActionInvocation oneActionInvocation)
throws Exception {
        Map session=oneActionInvocation.getInvocationContext().
        getSession();
            UserInfoActionForm oneUserInfo=
                        (UserInfoActionForm)session.get("oneUserInfo");
            if(oneUserInfo==null){          // 识别用户的请求是否合法（已经登录过？）
                return Action.LOGIN;        // 转发到登录页面进行系统登录
            }
            return oneActionInvocation.invoke();   // 继续对下一个拦截器或者 Action 程序调用
    }
}
```

在例 7-6 中，利用 intercept()方法的参数 ActionInvocation 对象获得 HttpSession 会话对象；然后从 HttpSession 会话对象中获得成功登录后系统缓存在其中的用户身份标识对象（参见第 6 章例 6-11）。如果能够正确地获得用户身份标识对象，表明访问者已经成功地登录过系统；否则为非法的访问者，系统将自动地跳转到由结果名为“login”所标识的目标页面中。

如果在拦截器组件程序中需要获得 HttpServletRequest 请求对象，可以采用如下的示例代码：

```
HttpServletRequest request=(HttpServletRequest)oneActionInvocation.
            getInvocationContext().get(StrutsStatics.HTTP_REQUEST);
```

而要获得 HttpServletResponse 响应对象，可以采用如下的示例代码：

```
HttpServletResponse response=(HttpServletResponse)oneActionInvocation.
            getInvocationContext().get(StrutsStatics.HTTP_RESPONSE);
```

3. 对系统中的“修改”和“删除”行为进行拦截

在 struts.xml 文件中配置和定义出该拦截器组件以拦截系统中的“修改”和“删除”等

行为，为此在 struts.xml 文件中定义出响应用户“修改”和“删除”请求的 Action 逻辑名；然后在这些 Action 程序中引用用户身份信息验证的拦截器，如例 7-7 中黑体标识的标签。最终的 struts.xml 文件代码示例如例 7-7 所示，请注意其中黑体所标识的标签语句代码。

例 7-7 对系统中的“修改”和“删除”行为进行拦截的代码示例。

```
<?xml version="1.0" encoding="UTF-8" ?>
<!DOCTYPE struts PUBLIC
   "-//Apache Software Foundation//DTD Struts Configuration 2.0//EN"
   "http://struts.apache.org/dtds/struts-2.1.dtd">
<struts>
    <include file="struts-default.xml"/>
   <package  name ="userInfoPackage"  extends ="struts-default" >
     <interceptors>
       <interceptor name ="authorizedUserInterceptor"
     class ="com.px1987.sshwebcrm.interceptor.AuthorizedUser-
     Interceptor"/>
       <interceptor name ="logInfoInterceptor"
       class ="com.px1987.sshwebcrm.interceptor.LogInfoInterceptor" />
     </interceptors >
      <action method="doUpdateUser" name ="updateUserInfo"
       class ="com.px1987.sshwebcrm.action.UserInfoAction" >
        <result  name="success">/userManage/loginSuccess.jsp</result>
        <result name="login">/errorDeal/showNoLoginError.jsp</result>
         <interceptor-ref name ="authorizedUserInterceptor" />
         <interceptor-ref name ="defaultStack" />
     </action>
     <action method="doDeleteUser" name ="deleteUserInfo"
                    class="com.px1987.sshwebcrm.action.UserInfoAction">
        <result  name="success">/userManage/loginSuccess.jsp</result>
        <result name="login">/errorDeal/showNoLoginError.jsp</result>
        <interceptor-ref name ="authorizedUserInterceptor" />
         <interceptor-ref name ="defaultStack" />
     </action>
   </package>
</struts>
```

修改用户信息的 Action 程序

删除用户信息的 Action 程序

在例 7-7 中的 UserInfoAction 程序实现对用户信息的修改和删除等功能，此部分的源代码没有附录出。

4. 添加转发的目标页面 showNoLoginError.jsp

当拦截器组件程序检查出系统访问者的身份不合法时，拦截器组件程序将自动地转发跳转到目标页面 showNoLoginError.jsp 中。为此，在项目的 errorDeal 目录中添加一个显示没有登录系统的错误提示信息的页面文件，该页面文件名为 showNoLoginError.jsp，如例

7-8 所示。

 7-8　显示没有登录系统的错误提示信息的页面文件代码示例。

```
<%@ page pageEncoding="gb2312"%>
<html><head><title>蓝梦集团 CRM 系统在线错误信息显示页面</title></head><body>
    您无权进行当前操作，这可能由以下原因之一造成：
    1. 您所在的用户组没有此操作的权限，或者您还没有登录.
    2. 请填写下面的登录表单中的相关信息后再尝试访问系统.
<form method="post" action="${pageContext.request.contextPath}/
                    userInfoManageActionModel!doUserLogin.action">
        输入右面的认证码：<input type="text"  name="verifyCodeDigit" />
        用户类型：<select name="type_User_Admin">
                    <option value="1">前台用户</option>
                    <option value="2">后台管理员</option>
                </select></div>
        您的名称：<input type="text" name="userName"  />
        您的密码：<input type="password" name="userPassWord" />
        <input type="submit" value="提交"/><input type="reset" value="
        取消" />
</form></body></html>
```

5. 测试用户身份信息检查的拦截器组件程序的功能效果

首先在系统中不进行系统登录行为，而是直接在浏拦器 URL 地址栏中输入修改用户信息的页面文件 URL 地址信息以产生 HTTP 请求：http://192.168.1.66:8080/sshwebcrm/updateUserInfo.action。系统将自动地转发跳转到 showNoLoginError.jsp 页面，并显示出错误提示信息，如图 7.10 所示。

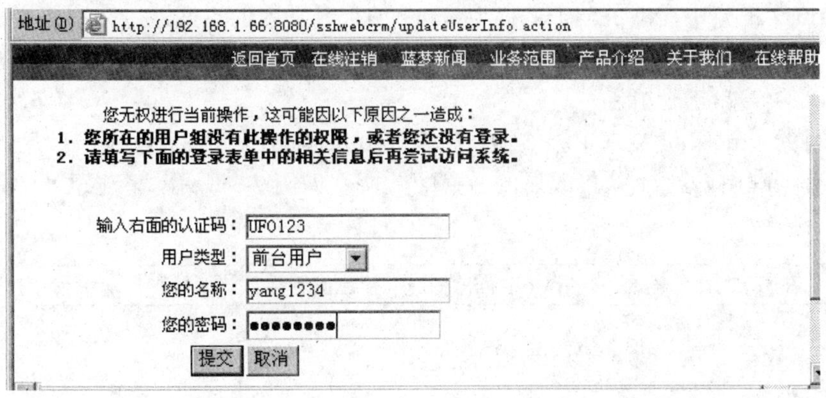

图 7.10　未登录系统时将显示错误提示信息

然后在图 7.10 所示的登录表单中输入有效的身份信息，并成功地登录系统。然后继续在同一个浏览器窗口中的 URL 地址栏中输入修改用户信息的页面 URL 地址信息：http://192.

168.1.66:8080/sshwebcrm/updateUserInfo.action，能够正确地访问目标方法，并出现如图 7.11 所示的操作结果提示信息。

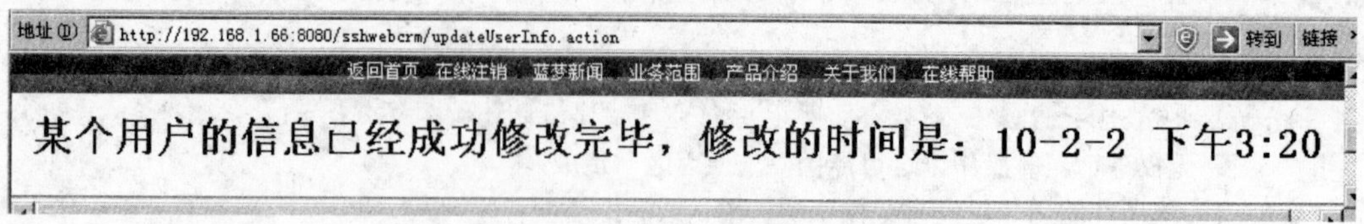

图 7.11　成功修改用户信息后的结果提示信息

因此，系统中的拦截器组件程序没有对合法的用户访问行为进行拦截，说明本示例中的拦截器组件程序的逻辑是正确的。对删除用户信息的访问请求的测试与此示例类似，在此不再重复附录出。

7.2.4　引用 Struts2 框架中的默认拦截器

1. Struts2 框架中内带许多不同功能的拦截器

由于在系统默认的配置文件 struts-default.xml 中，已经定义和配置了 Struts2 框架中的各种默认拦截器。因此，如果在项目中需要应用这些系统级的内带拦截器组件程序的功能，只需要在应用系统中的 struts.xml 文件中通过<include file="struts-default.xml" />标签将 struts-default.xml 文件包含，并且再继承其中的 struts-default 包；然后在定义某个特定的 Action 组件类的逻辑名时，在<action>标签中应用<interceptor-ref name="拦截器逻辑名" />引用所需要的目标拦截器组件程序。

2. 在项目中应用 Struts2 框架中默认的计时功能的拦截器示例

在 Struts2 框架中提供了一个名称为 timer 的记时功能的拦截器，应用该拦截器可以记录 Action 类中的某个方法执行后所花费的总时间。因此，在项目中应用 timer 拦截器，可以实现简单的性能测试功能。

在项目的 struts.xml 文件中添加默认拦截器 timer 组件，并在删除用户信息的 Action 程序中引用 timer 拦截器组件，修改后的最终配置文件如例 7-9 所示，请注意其中黑体标识的标签。

例 7-9　在修改用户信息的 Action 程序中引用 timer 拦截器组件代码示例。

```
<?xml version="1.0" encoding="UTF-8" ?>
<!DOCTYPE struts PUBLIC
    "-//Apache Software Foundation//DTD Struts Configuration 2.0//EN"
    "http://struts.apache.org/dtds/struts-2.1.dtd">
<struts>
    <include file="struts-default.xml"/>        引用 struts-default.xml 文件
```

```
    <package  name ="userInfoPackage"  extends ="struts-default" >
      <interceptors>
         <interceptor name ="authorizedUserInterceptor"
     class ="com.px1987.sshwebcrm.interceptor.AuthorizedUser-
     Interceptor"/>
         <interceptor name ="logInfoInterceptor"
               class ="com.px1987.sshwebcrm.interceptor.LogInfo-
               Interceptor" />
      </interceptors >
       <action method="doDeleteUser" name ="deleteUserInfo"
                     class ="com.px1987.sshwebcrm.action.UserInfo-
                     Action" >
         <result  name="success">/userManage/loginSuccess.jsp</result>
         <result name="login">/errorDeal/showNoLoginError.jsp</result>
          <interceptor-ref name ="authorizedUserInterceptor" />
          <interceptor-ref name ="timer" />        引用默认拦截器 timer 组件
          <interceptor-ref name ="defaultStack" />
      </action>
    </package>
  </struts>
```

在浏览器 URL 地址栏中输入如下的 URL 地址信息直接向目标 Action 程序发送请求，从而测试本示例拦截器组件程序的功能实现的效果是否满足要求：http://192.168.1.66:8080/sshwebcrm/deleteUserInfo.action，系统完成正常的请求处理功能。最后也将在系统控制台中输出目标方法执行过程中所花费的时间，如图 7.12 所示的“took 47ms”（总共花费 47 毫秒）。

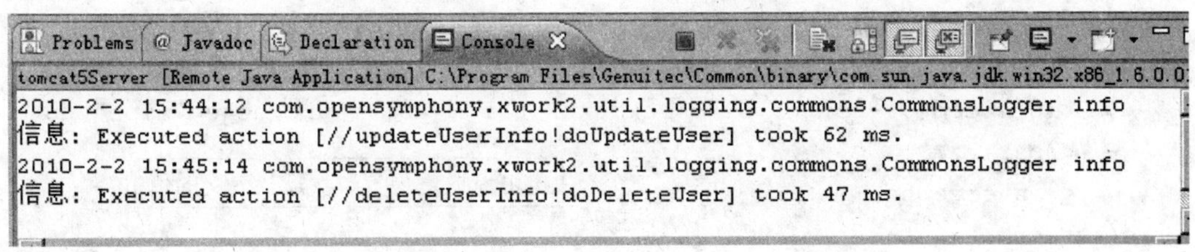

图 7.12　在系统控制台中输出方法执行过程中所花费的时间

3. CheckboxInterceptor 默认拦截器的主要功能

此默认拦截器程序是针对 Web 表单中的复选框（CheckBox）控件提供的，当提交的表单中包含 CheckBox 类型的选择框时，在默认的情况下，如果没有选中该复选框中的任何项目，它提交的值是 null；如果选中，提交的值是 true。如图 7.13 所示的某个包含复选框的表单及其中的各个项目。

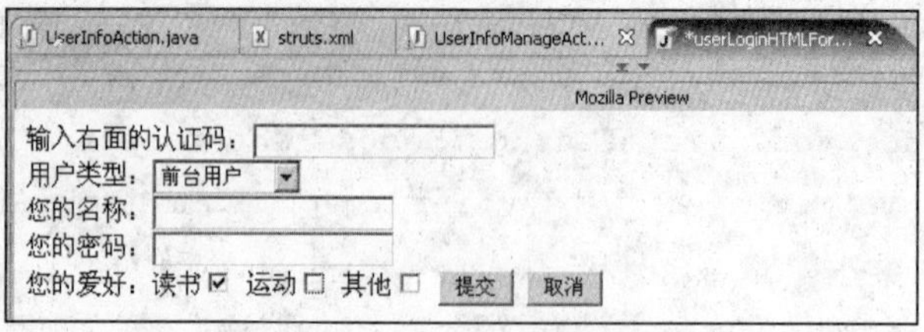

图 7.13　包含复选框的 Web 表单

CheckboxInterceptor 默认拦截器的主要作用是当没选中表单中的复选框时，能够指定所提交的具体值，而不是默认的 null。

4. 在项目中应用 CheckboxInterceptor 默认拦截器的应用示例

为了能够应用 CheckboxInterceptor 默认拦截器，需要在页面中为每个复选框指定一个名字为"_checkbox_"+checkbox 名的隐藏表单域（Hidden）控件。例如，如果 Web 表单中有一个名为 someItem 的复选框，就需要一个名为_checkbox_someItem 的隐藏表单域控件。也就是需要在表单中添加如下的 HTML 标签语句：

```
<input type="hidden" name="__checkbox_someItem"  value="1"/>
```

因此，当提交 Web 表单后，CheckboxInterceptor 默认拦截器会在请求参数中查找名字以"_checkbox_"开头的参数名。如果找到该种形式的参数，继续在请求参数里找对应的复选框参数，如果没找到（表示没有选中该复选框），就给复选框指定一个由隐藏表单域控件所提交的值，从而可以为复选框指定一个具体的提交结果值。

也可以在系统配置文件 struts.xml 中为某个 Action 类引用 CheckboxInterceptor 拦截器时设置改变复选框默认提交结果值，如下示例代码是将复选框默认提交的结果值改成“no”（注意黑体标识的标签）：

```
<action  name ="userInfoManageActionModel"
        class ="com.px1987.sshwebcrm.action.UserInfoManageActionModel"
    <interceptor-ref name="checkbox"><param name="uncheckedValue">no
    </param>
    </interceptor-ref>
</action>
```

也可以通过配置改变默认提交的值

在默认情况下，系统会自动地调用 CheckboxInterceptor 默认拦截器。因为在 Struts2 系统默认拦截器栈 defaultStack 中包含对 CheckboxInterceptor 默认拦截器的引用。

7.2.5　应用拦截器栈（组）简化系统中的配置文件

1. Struts2 框架中的拦截器栈（组）

所谓的拦截器栈也称为拦截器组，即将若干个拦截器组件程序组合在一起，并命名它们。然后可以在多个不同的 Action 类的定义标签<action>中引用指定名称的拦截器栈，也就等同于同时引用了该组内的各个拦截器，简化对一组拦截器的引用。

2. 在项目中应用拦截器栈简化系统中的配置文件

通过应用拦截器栈能够简化系统配置文件 struts.xml 中的各个配置项目，避免在多个不同的 Action 类定义中重复地引用不同的拦截器。为此，修改例 7-9 中的系统配置文件 struts.xml 中的相关内容。首先应用<interceptor-stack>标签定义一个拦截器栈，并命名该拦截器栈；然后在各个 Action 类的定义中引用该名称的拦截器栈。修改后的配置文件如例 7-10 所示，请注意其中黑体标识的标签。

例 7-10　在项目中应用拦截器栈简化配置文件的代码示例。

```
<?xml version="1.0" encoding="UTF-8" ?>
<!DOCTYPE struts PUBLIC
   "-//Apache Software Foundation//DTD Struts Configuration 2.0//EN"
   "http://struts.apache.org/dtds/struts-2.1.dtd">
<struts>
  <include file="struts-default.xml"/>
   <package  name ="userInfoPackage"  extends ="struts-default" >
    <interceptors>
      <interceptor name ="authorizedUserInterceptor"
       class="com.px1987.sshwebcrm.interceptor.AuthorizedUserInterce-
       ptor"/>
      <interceptor name ="logInfoInterceptor"
        class ="com.px1987.sshwebcrm.interceptor.LogInfoInterceptor" />
      <interceptor-stack name ="SSHWebAppStack">
        <interceptor-ref name ="authorizedUserInterceptor" />
        <interceptor-ref name ="timer" />
        <interceptor-ref name ="defaultStack" />
      </interceptor-stack>
    </interceptors >
     <action method="doUpdateUser" name ="updateUserInfo"
                 class ="com.px1987.sshwebcrm.action.UserInfoAction" >
       <result  name="success">/userManage/loginSuccess.jsp</result>
       <result name="login">/errorDeal/showNoLoginError.jsp</result>
        <interceptor-ref name ="SSHWebAppStack" />
    </action>
    <action method="doDeleteUser" name ="deleteUserInfo
                 class ="com.px1987.sshwebcrm.action.UserInfoAction" >
       <result  name="success">/userManage/loginSuccess.jsp</result>
       <result name="login">/errorDeal/showNoLoginError.jsp</result>
       <interceptor-ref name ="SSHWebAppStack" />
    </action>
```

定义一个指定名称的拦截器栈

引用指定名称的拦截器栈

引用指定名称的拦截器栈

```
    </package>
</struts>
```

3. 测试应用拦截器栈后系统功能的正确性

在浏览器中继续输入如下的 URL 地址直接向目标 Action 程序发送请求，测试本示例的功能实现的效果：http://192.168.1.66:8080/sshwebcrm/deleteUserInfo.action，系统完成正常的请求处理功能，并在浏览器中显示输出结果信息，仍然如图 7.11 所示。

最后也将在系统控制台中输出 Action 程序中目标方法执行过程中所花费的总时间，仍然为如图 7.12 所示的“took 47ms”（总共花费 47 毫秒）。

7.2.6 应用全局拦截器简化系统中的配置文件

1. Struts2 框架中的全局拦截器

当在系统配置文件中的同一个配置定义包体内的各个不同的 Action 定义项目中，如果都需要对相同的拦截器或者拦截器栈引用（比如，当某个拦截器组件需要为多个不同的 Action 组件提供拦截功能时），为了避免重复地引用和减少在 struts.xml 文件中对拦截器组件的重复引用方面的配置标签，可以将这些拦截器或者拦截器栈定义为本配置定义包中的全局拦截器。

一旦在某个配置定义包下定义了全局拦截器，在该配置定义包下所有的 Action 组件类都会自动使用此全局拦截器。当然，对于不希望应用这个全局拦截器的 Action 组件类，开发人员可以将它的配置定义放置在其他配置定义包的定义之下。具体的实现方法，请参考第 5 章例 5-7 所示的在 struts.xml 文件中定义两个不同名称的配置定义包的配置示例。

2. 应用全局拦截器简化系统中的配置文件的示例

在例 7-10 中，尽管应用拦截器栈对系统的配置文件进行了简化，但由于拦截器栈本身只是一种分组功能。在 Action 类定义中如果需要引用它们，仍然需要应用拦截器引用标签<interceptor-ref>引用它们。因此，仍然会出现重复地引用配置标签的情况。

例 7-11 为在项目中应用全局拦截器简化系统中的配置文件的代码示例，在其中定义了两个不同名称的配置定义包。其一表示需要应用全局拦截器的配置定义，主要是通过<default-interceptor-ref>标签引用名称为 SSHWebAppStack 的拦截器栈而创建出全局拦截器的定义；而另一个配置定义包内的配置项目表示不需要全局拦截器的定义，请注意其中黑体标识的标签。

例 7-11 应用全局拦截器简化系统中的配置文件的代码示例。

```
<?xml version="1.0" encoding="UTF-8" ?>
<!DOCTYPE struts PUBLIC
    "-//Apache Software Foundation//DTD Struts Configuration 2.0//EN"
```

```
    "http://struts.apache.org/dtds/struts-2.1.dtd">
<struts>
    <include file="struts-default.xml"/>
    <package  name ="userInfoInterceptorPackage"  extends ="struts-
    default" >
      <interceptors>
        <interceptor name ="authorizedUserInterceptor"
       class ="com.px1987.sshwebcrm.interceptor.AuthorizedUserInterce-
       ptor"/>
        <interceptor name ="logInfoInterceptor"
            class="com.px1987.sshwebcrm.interceptor.LogInfoInterceptor"/>
        <interceptor-stack name ="SSHWebAppStack">
          <interceptor-ref name ="authorizedUserInterceptor" />
           <interceptor-ref name ="logInfoInterceptor" />
        <interceptor-ref name ="defaultStack" />
        <interceptor-ref name ="timer" />
        </interceptor-stack>
      </interceptors >
      <default-interceptor-ref name="SSHWebAppStack"/>
       <global-results>
           <result name="login">/errorDeal/showNoLoginError.jsp</result>
           <result  name="success">/userManage/loginSuccess.jsp</result>
       </global-results>
       <action method="doUpdateUser" name ="updateUserInfo"
          class ="com.px1987.sshwebcrm.action.UserInfoAction">
               <interceptor-ref name="SSHWebAppStack "/>
               <result name="login">/errorDeal/showNoLoginError.jsp
               </result>
      </action>
      <action method="doDeleteUser" name ="deleteUserInfo"
                     class ="com.px1987.sshwebcrm.action.UserInfoAction" >
          <interceptor-ref name="SSHWebAppStack "/>
          <result name="login">/errorDeal/showNoLoginError.jsp</result>
      </action>
    </package>
    <package  name ="userInfoPackage"  extends ="struts-default" >
      <action  name ="userInfoAction"
                     class="com.px1987.sshwebcrm.action.UserInfoAction">
         <result  name="success">/userManage/loginSuccess.jsp</result>
      </action>
      <action  name ="userInfoManageActionModel"
              class ="com.px1987.sshwebcrm.action.UserInfoManageAction-
              Model" >
```

将该拦截器链定义为本包的默认拦截器链

将逻辑名为 login 的结果定义为全局形式

在 Action 组件的定义中不再需要引用该拦截器

定义另一个包以包含不需要拦截功能的 Action 组件定义

```
        <result  name="success">/userManage/loginSuccess.jsp</result>
      </action>
      </package>
</struts>
```

由于<global-results>只是针对本包内的各个Action

在例 7-11 的配置示例中，实现了将名称为 SSHWebAppStack 的拦截器栈定义为 userInfoInterceptorPackage 包内的全局拦截器。当然，此时在本包内的不同的 Action 组件类定义中也就不需要显示地引用它，Struts2 框架会自动隐含引用全局拦截器。为此，需要删除对拦截器引用的配置标签，见例 7-11 中加删除线的标签。

另外，为了使得全局拦截器组件对不同的 Action 组件进行拦截时，都能够跳转到目标资源页面中，需要将各个目标资源页面文件配置为系统中的全局结果定义。因此，在例 7-11 中应用<global-results>标签定义出全局结果。但由于<global-results>定义只是针对本配置定义包内的各个 Action 类的定义有效，在另一个包中仍然需要定义出自己的结果名。

3. 测试应用全局拦截器定义后系统配置文件的正确性

首先启动 Tomcat 服务器，并观察在启动过程中是否有异常抛出和最终是否能够正常启动 Tomcat。本示例中的 Tomcat 服务器能够正常启动，如图 7.14 所示，说明例 7-11 所示的配置示例没有错误。因为，例 7-11 中的 struts.xml 文件在 Tomcat 服务器正常启动过程中就需要被解析和加载。

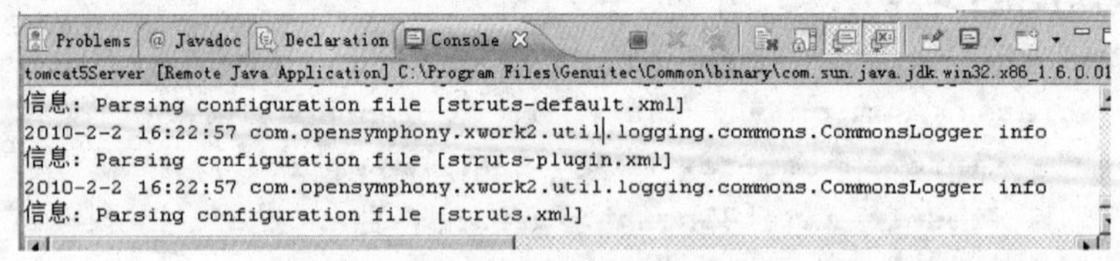

图 7.14　Tomcat 服务器能够正常启动

7.2.7　在配置文件中为拦截器和 Action 类提供配置参数

1. 在 AuthorizedUserInterceptor 类中添加一个成员属性 allowedRoles

在 Struts2 框架中不仅可以在 Action 类、拦截器等程序中应用依赖注入技术动态地获得可配置化的外部参数，也能够在系统配置文件 struts.xml 中应用依赖注入技术动态地获得可配置化的外部参数。

首先修改例 7-6 所示的身份验证拦截器组件程序，在其中添加如下的成员属性变量：private String allowedRoles=null; 并为该成员属性变量提供 get/set 属性访问方法。修改后的 AuthorizedUserInterceptor 程序代码示例如例 7-12 所示，请注意其中黑体所标识的代码。

例 7-12　修改后的 AuthorizedUserInterceptor 程序代码示例。

```
package com.px1987.sshwebcrm.interceptor;
import java.util.Map;
import com.opensymphony.xwork2.Action;
import com.opensymphony.xwork2.ActionInvocation;
import com.opensymphony.xwork2.interceptor.AbstractInterceptor;
import com.opensymphony.xwork2.interceptor.MethodFilterInterceptor;
import com.px1987.sshwebcrm.actionform.UserInfoActionForm;
public class AuthorizedUserInterceptor extends MethodFilterInterceptor  {
    private String allowedRoles=null;
    public String getAllowedRoles() {
        return allowedRoles;
    }
    public void setAllowedRoles(String allowedRoles) {
        this.allowedRoles = allowedRoles;
    }
    public AuthorizedUserInterceptor() {
    }
    @Override
    public String doIntercept(ActionInvocation oneActionInvocation)
                                                      throws Exception {
        System.out.println("允许的用户角色为："+allowedRoles);
        Map session=oneActionInvocation.getInvocationContext().
        getSession();
        UserInfoActionForm oneUserInfo=
                        (UserInfoActionForm)session.get("oneUserInfo");
        if(oneUserInfo==null){
            return Action.LOGIN;
        }
        return oneActionInvocation.invoke();
    }
}
```

必须提供修改属性的 setAllowedRoles 方法

2. 在系统配置文件 struts.xml 中提供外部参数

为此，需要修改例 7-7 中的系统配置文件 struts.xml 内的有关标签，修改后的最终结果如例 7-13 所示，请注意其中黑体所标识的标签。

例 7-13　在系统配置文件 struts.xml 中提供外部参数。

```
<?xml version="1.0" encoding="UTF-8" ?>
<!DOCTYPE struts PUBLIC
```

```
    "-//Apache Software Foundation//DTD Struts Configuration 2.0//EN"
    "http://struts.apache.org/dtds/struts-2.1.dtd">
<struts>
    <include file="struts-default.xml"/>
    <package  name ="userInfoPackage"  extends ="struts-default" >
      <interceptors>
        <interceptor-ref name="authorizedUserInterceptor">
          <param name="allowedRoles">admin,owner</param>      在系统配置文件中
        </interceptor-ref>                                     提供外部参数
        <interceptor name ="logInfoInterceptor"
         class ="com.px1987.sshwebcrm.interceptor.LogInfoInterceptor" />
      </interceptors >
      各个 Action 类的配置定义项目在此省略
    </package>
</struts>
```

3. 测试本功能的效果（不登录系统而直接访问）

首先在系统中不进行系统登录行为，而是直接在浏览器 URL 地址栏中输入修改用户信息的页面文件 URL 地址信息以产生 HTTP 请求：

```
http://127.0.0.1:8080/sshwebcrm/updateUserInfo.action
```

例 7-12 中的拦截器将被触发执行，在系统控制台中打印输出如图 7.15 所示的结果信息，在输出的信息中包含在例 7-13 配置文件中提供的外部参数，表明在例 7-12 中的 AuthorizedUserInterceptor 程序中正确地获得了外部参数。

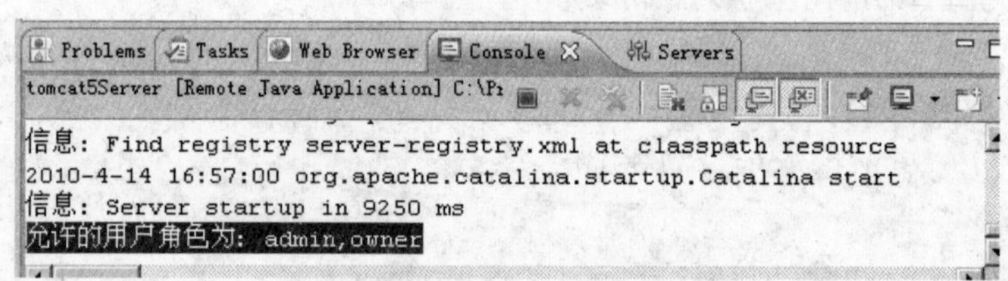

图 7.15　在系统控制台中打印输出结果信息

如果在 Action 类中也同样需要获得在系统配置文件中提供的参数值，也可以采用与例 7-12 和例 7-13 相同的实现方式。如下为在 struts.xml 文件中的配置示例，请注意其中黑体所标识的标签：

```
<action name="userInfoManageActionModel"
        class="com.px1987.sshwebcrm.action.UserInfoManageActionModel" >
    <param name="allowedRoles">admin,owner</param>
</action>
```

7.3　应用方法过滤拦截器提高拦截的灵活性

7.3.1　方法过滤拦截器提供更灵活的控制

1. 常规拦截器功能的主要不足之处

实现 Interceptor 接口或者继承 AbstractInterceptor 适配器类所创建出的拦截器，在正常的应用时是全局拦截。也就是对 Action 类中的所有被调用的方法都进行拦截，如图 7.3、图 7.6 和图 7.7 的显示结果，这样的拦截策略在有些应用场合下会带来逻辑上的冲突。

在应用系统开发中，可能需要有针对性地拦截目标方法。为此，在 Struts2 框架中提供有方法过滤拦截器 MethodFilterInterceptor 类，可以指定所需要拦截的目标方法。

2. MethodFilterInterceptor 类的主要功能

MethodFilterInterceptor 类继承 AbstractInterceptor 适配器类，并重写了 Interceptor 接口中的 intercept(ActionInvocation invocation)方法，同时也提供了一个新的抽象方法 doInterceptor(ActionInvocation invocation)。

因此，如果需要应用方法过滤拦截器，则只需要从 MethodFilterInterceptor 类继承，并重写 MethodFilterInteceptor 基类中的 doInterceptor()方法即可。但这个拦截器与普通的拦截器在配置定义方面有所不同，可以指定哪些方法需要被拦截，哪些不需要。这可以在引用该拦截器时指定。

3. 与引用 MethodFilterInterceptor 类型的拦截器有关的配置项目

为了实现方法过滤的拦截效果，只需要在引用某个拦截器的配置文件中设置两个属性中的某一个。其中的 excludeMethods 属性指定不需要拦截的各个方法名，而 includeMethods 属性指定需要拦截的各个方法名。如下为配置标签示例：

```
<interceptor-ref  name="拦截器的逻辑名">
      <param name="exculdeMethods">不需要拦截的各个方法名</param>
      <param name="includeMethods">需要拦截的各个方法名</param>
</interceptor-ref>
```

如果有多个方法需要拦截或者不需要拦截，只需要以逗号分隔各个方法名，如例 7-13 所示。

7.3.2　在项目中应用方法过滤拦截器

1. 重构 AuthorizedUserInterceptor 拦截器为方法过滤拦截器

对例 7-6 所示的身份验证拦截器组件程序进行重构，修改为方法过滤拦截器，最终的代码如例 7-14 所示，请注意其中黑体所标识的代码。

例 7-14 AuthorizedUserInterceptor 拦截器重构后的代码示例。

```
package com.px1987.sshwebcrm.interceptor;
import java.util.Map;
import com.opensymphony.xwork2.Action;
import com.opensymphony.xwork2.ActionInvocation;
import com.opensymphony.xwork2.interceptor.MethodFilterInterceptor;
import com.px1987.sshwebcrm.actionform.UserInfoActionForm;
public class AuthorizedUserInterceptor extends MethodFilterInterceptor{
    public AuthorizedUserInterceptor() {
    }
    @Override
    public String doIntercept(ActionInvocation oneActionInvocation)
                                throws Exception{
        Map session=oneActionInvocation.getInvocationContext().
        getSession();
        UserInfoActionForm oneUserInfo=
                    (UserInfoActionForm)session.get("oneUserInfo");
        if(oneUserInfo==null){      //识别用户的请求是合法的吗？（已经登录过）
            return Action.LOGIN;    //转到登录页面进行系统登录
        }
        return oneActionInvocation.invoke();
    }
}
```

2. 在 struts.xml 文件中指定需要拦截的目标方法

修改系统配置文件 struts.xml，并在对 AuthorizedUserInterceptor 拦截器引用时指定需要拦截的目标方法。最终的配置文件如例 7-15 所示，注意其中黑体标识的标签。

例 7-15 在 struts.xml 文件中指定需要拦截的目标方法的代码示例。

```
<?xml version="1.0" encoding="UTF-8" ?>
<!DOCTYPE struts PUBLIC
   "-//Apache Software Foundation//DTD Struts Configuration 2.0//EN"
   "http://struts.apache.org/dtds/struts-2.1.dtd">
<struts>
    <include file="struts-default.xml"/>
    <package  name ="userInfoInterceptorPackage"  extends ="struts-
    default" >
     <interceptors>
        <interceptor name ="authorizedUserInterceptor"
    class ="com.px1987.sshwebcrm.interceptor.AuthorizedUserInterce-
```

```
    ptor"/>
        <interceptor name ="logInfoInterceptor"
            class="com.px1987.sshwebcrm.interceptor.LogInfoInterceptor"/>
        <interceptor-stack name ="SSHWebAppStack">
          <interceptor-ref name ="authorizedUserInterceptor" >
            <param name="includeMethods">doUpdateUser,doDeleteUser
            </param>
          </interceptor-ref>
            <interceptor-ref name ="logInfoInterceptor" />
          <interceptor-ref name ="defaultStack" />
          <interceptor-ref name ="timer" />
        </interceptor-stack>
      </interceptors >
      <default-interceptor-ref name="SSHWebAppStack" />
      <global-results>
          <result name="login">/errorDeal/showNoLoginError.jsp</result>
          <result  name="success">/userManage/loginSuccess.jsp</result>
      </global-results>
      <action method="doDeleteUser" name ="deleteUserInfo"
                      class ="com.px1987.sshwebcrm.action.UserInfoAction" >
      </action>
    </package>
</struts>
```

指定需要拦截的各个目标方法

该方式的主要优点体现在拦截的灵活性上，允许通过配置文件灵活地改变所需要拦截的目标方法，这将能够更好地满足应用系统中对拦截器的功能要求，否则就需要采用为需要拦截的各个方法定义新的 Action 逻辑名称，然后再在每个 Action 逻辑名定义中引用目标拦截器。请见如下的配置示例代码，但这样的实现方法会增加配置文件的复杂度：

```
<action name ="updateUserInfo" method="doUpdateUser"
    class ="com.px1987.struts2.action.UserInfoAction">
    <interceptor-ref name ="authorizedUserInterceptor" />
    <result name="login">/dealError/showNoLogin.jsp </result>
   <result name="success">/userManage/loginSuccess.jsp</result>
</action>
<action name ="deleteUserInfo" method="doDeleteUser"
        class ="com.px1987.struts2.action.UserInfoAction">
    <interceptor-ref name ="authorizedUserInterceptor" />
    <result name="login">/dealError/showNoLogin.jsp </result>
    <result name="success">/userManage/loginSuccess.jsp</result>
</action>
```

需要拦截的目标方法

需要拦截的目标方法

小 结

教学重点

Struts2 框架在控制层设计中提供各种拦截器组件技术支持的主要目的，其实是对面向切面编程 AOP 中所倡导的分离“核心业务关注点”和“系统服务关注点”的设计原则的具体应用。因此，在本章的教学中首先要讲清楚拦截器的工作原理及拦截器组件链的技术特性。

其次，重点介绍如何优化系统中与拦截器配置定义有关的 XML 配置项目。例如，应用拦截器栈（组）简化系统中的配置文件和应用全局拦截器简化系统中的配置文件等方面的内容。

最后，介绍如何应用方法过滤拦截器技术提高项目中的拦截器组件程序拦截的灵活性。由于直接实现 Interceptor 接口和继承适配器 AbstractInterceptor 类构建出的拦截器，具有全局拦截的技术特性，也就是对 Action 类中的所有被调用的方法都进行拦截。

学习难点

应用拦截器组件可以实现以插件的形式对应用系统进行功能扩展，而且 Struts2 框架中提供的许多特性也都是通过拦截器组件实现的。例如异常处理、文件上传、生命周期回调与表单数据验证。因此，在学习本章的内容时，首先要明确拦截器组件的主要功能。

其次，Struts2 框架中的拦截器层层包裹目标 Action 组件程序，整个应用系统的 HTTP 请求和响应处理链就如同一个堆栈。通过拦截器链，可以产生出层次化的拦截器程序，有利于系统中的功能实现程序的模块化和拦截器组件程序的可扩展性。但拦截器链中的各个拦截器的执行顺序以及彼此之间如何正确地传递参数，是学习本章内容时的主要学习难点。

教学要点

在讲解拦截器组件链的技术特性时，需要清晰地说明拦截器链中的各个拦截器的前置拦截和后置拦截部分的程序代码的执行顺序。Struts2 框架中的拦截器不仅可以产生出前置拦截的效果，也还可以产生出后置拦截的功能效果，对于前置拦截的程序代码将依照所在的拦截器组件程序引用定义的顺序，顺序执行；而对于后置拦截的程序代码将依照所在的拦截器组件程序引用定义的顺序，逆序执行。

另外，还需要强调拦截器组件程序具有动态可拔插的技术特性，可以根据应用的需要添加拦截器组件程序，也可以临时除掉不再需要的拦截器组件程序。所有的这些变化，都不会影响到目标 Action 类程序本身。因此，能够更好地适应可变化的需求。

在<action>配置定义标签中如果引用了自定义的拦截器组件程序后，也还需要引用系统中的默认的拦截器组件（也就是需要引用名称为 defaultStack 的拦截器栈，如例 7-2 配置示例所示），否则解析和包装 Web 表单的 HTTP 请求参数的拦截器将没有触发。

学习要点

在学习本章的内容时，需要区分 Struts2 框架中的拦截器和 Web 过滤器之间的不同。首先，拦截器是基于 Java 反射机制实现动态调用，而 Web 过滤器是基于方法回调机制实现的。因此，拦截器更能够体现面向切面的设计思想；其次，Web 过滤器依赖于 Servlet 容器，并由 Servlet 容器提供 HTTP 请求和 HTTP 响应等参数。而拦截器并不需要依赖于 Servlet 容器，也不需要直接从 Servlet 容器中获得工作环境参数。

最后，拦截器只能对向控制层中的 Action 发送的请求进行拦截，而 Web 过滤器不仅可以对向 Action 发送的 HTTP 请求进行过滤，也能够对向 JSP 页面和 Servlet 等程序发送的 HTTP 请求进行过滤；拦截器可以访问 Action 上下文、值堆栈中存储的对象，而 Web 过滤器则不能，只能访问与 Servlet 容器有关的对象。

练　习

1. 单选题

（1）下面是关于 Struts2 框架中的拦截器工作机制的说明，哪一项的描述是正确的？（　　）

（A）拦截器可以在 Action 方法被调用之前和之后执行
（B）拦截器是可以插拔的
（C）拦截器实现架构中的一些通用功能，比如表单数据验证、类型转换、日志记录和身份验证等
（D）拦截器是 Filter 的一个特例

（2）Struts2 框架中的拦截器组件属于 MVC 模式中的哪一种形式？（　　）

（A）视图　（B）模型　（C）控制器　（D）业务层

（3）Struts2 框架中的拦截器组件一般需要实现什么接口？（　　）

（A）Action　（B）ModelDriven　（C）Interceptor　（D）Serializable

（4）Struts2 框架中的拦截器组件是基于哪种设计思想实现的？（　　）

（A）OOP　（B）AOP　（C）SOA　（D）RIA

（5）Struts2 框架中的默认拦截器是在哪一个配置文件中定义的？（　　）

（A）struts.xml　（B）struts-default.xml
（C）struts-plugin.xml　（D）default.xml

2. 填空题

（1）在 Struts2 框架中提供有如下形式的拦截器，它们分别是________和________，其中________是在目标方法执行之前被执行，而________是在目标方法执行之后被执行的。

（2）Struts2 框架中的拦截器与 Web 过滤器二者都是________的体现，两者都能实现________、________等附加的系统级别的功能服务。但拦截器是基于________实现动态调用，而 Web 过滤器是________实现的。

（3）在 com.opensymphony.xwork2.interceptor.Interceptor 接口中提供有如下形式的 3 个方法，它们分别是________、________和________。其中的________方法返回一个字符串作为结果的逻辑名。

（4）拦截器组件的开发实现过程主要分为 3 个阶段，首先是________，然后再________，最后________。如果将若干个拦截器组件按照某种逻辑关系相互串接形成一组拦截器，该组拦截器组件程序称为________。

（5）在项目中应用________可以简化系统中的 struts.xml 配置文件，而利用<interceptor-stack>标签可以定义一个________。同样，应用全局拦截器也能够简化 struts.xml 系统配置文件，在配置定义包下所有的________都会自动使用此全局拦截器。

3. 问答题

（1）简述 Sturts2 框架中应用拦截器的意义。拦截器在编程实现方面有什么要求？

（2）什么是拦截器组件？Struts2 框架中有哪些形式的拦截器？为什么要提供拦截器组件？

（3）什么是 Struts2 框架中的拦截器组件链？什么是 Struts2 框架中的全局拦截器？

（4）用具体的程序实现示例说明拦截器程序的结构，需要实现什么接口？

（5）如何为某个 Action 组件引用 Struts2 框架中的默认拦截器？如何为某个 Action 组件引用自定义的拦截器？

（6）通过直接继承 AbstractInterceptor 适配器类而实现的拦截器组件在应用中主要存在哪些不足之处？为什么继承于 MethodFilterInterceptor 类而创建出的方法过滤拦截器能够提供更灵活的控制？

4. 开发题

（1）Struts2 框架中的拦截器在编程实现方面有什么要求？请给出一个拦截器组件的示例程序代码。

（2）利用拦截器组件技术为客户关系信息系统实现在线发送邮件功能，一旦用户在系统中注册成功，系统后台程序自动地向用户的邮箱发送一份邮件，邮件内容可以自定义。

（3）图 7.16 所示的表单为 Google 网站的 Gmail 邮件系统登录的页面表单，利用拦截器组件技术实现自动登录功能。

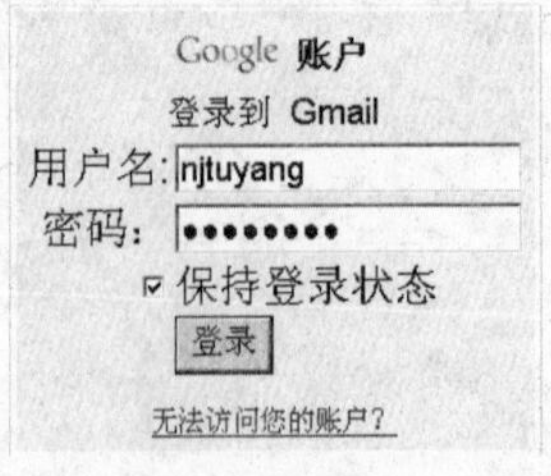

图 7.16　Gmail 邮件系统登录的页面表单

第 8 章　国际化及表单校验技术和应用

CHAPTER 8

当软件产品需要在全球范围内应用时，必须考虑如何在不同的地域和语言环境下的使用状况，也就是国际化问题。为此，要求应用系统的用户界面信息能用本地化语言显示和满足本地人员的使用要求。这主要包括操作界面的风格问题、提示信息和帮助信息的语言版本问题、界面定制个性化问题、日期和货币等方面。

对于 Web 应用系统表单数据校验，应该首选服务器端的数据校验方法和相应的实现技术。因为采用客户端的 JavaScript 脚本进行数据校验不仅存在与浏览器版本的兼容性问题，而且也存在一定的安全风险，操作者可以禁用浏览器对 JavaScript 脚本程序的支持。

Struts2 框架不仅提供对 Web 应用系统中的国际化技术的支持，也提供对表单数据校验的功能支持。其中 Struts2 框架中的国际化在具体的技术实现方面，比早期的 Struts 框架更加简单和灵活；而在表单数据校验的功能实现方面，Struts2 框架提供了两种不同的技术实现形式：编程方式和配置形式。

本章重点介绍 Struts2 框架中的实用开发技术：应用系统的国际化及表单校验技术和在项目中的具体应用。

8.1　Struts2 框架中的国际化技术及应用

8.1.1　Struts2 对国际化技术实现的支持方式

1. 国际化是商业应用系统中不可缺少的一部分

所谓应用系统程序的国际化（Internationalization，又称为 i18n），也就是所设计和开发实现的应用系统，能够不经过对工程的修改就可以应用于各种不同的语言和区域场所。为此，应用系统应该具有支持多种语言和地区的能力，并且在应用系统中添加某种新的语言和地区时，不需要对应用系统中的程序代码进行修改。

早期的 Struts 框架对国际化提供了比较好的支持，而 Struts 框架对国际化实现的技术支持是通过提供资源字符串文件和<bean:message>标签，以及 java.util 包中的 Locale 类，并把代表客户端浏览器的语言类型的 Locale 对象实例保存在 HttpSession 会话作用域范围内实现。Struts 框架根据这个 Locale 对象实例，最终从不同语言类型的资源字符串文件中选择合适的资源文本内容。

关于 Struts 国际化的具体编程及应用技术，作者在《J2EE 项目实训——Struts 框架技术》一书（见本书的参考文献）的第 8 章“重构和完善 BBS 论坛系统”中做了比较详细的介绍，在此不再重复说明。

在 Struts2 框架中继续提供对应用系统的国际化技术实现的支持，而且技术实现更加简单和高效，并且提供了多种不同形式和层次的国际化资源信息文件，有利于资源信息文件的模块化。不仅可以将资源信息分散存储到全局资源信息文件中，也可以分散存储到 Action 程序包路径范围内的资源信息文件和 Action 类范围内的资源信息文件中。

2. 体验 Google 搜索引擎对国际化技术的支持

Google 搜索引擎全面提供对国际化技术的支持，全世界的用户都只需要在浏览器中输入 http://www.google.com/网址，但 Google 搜索引擎自动识别用户端浏览器系统的语言环境，并自适应地采用该语言显示出 Google 搜索引擎的页面信息。

在 IE 浏览器中按照图 8.1 所示添加阿拉伯语、英语等语言，然后将阿拉伯语作为 IE 浏览器的首选语言，如图 8.1 所示的最终操作结果。

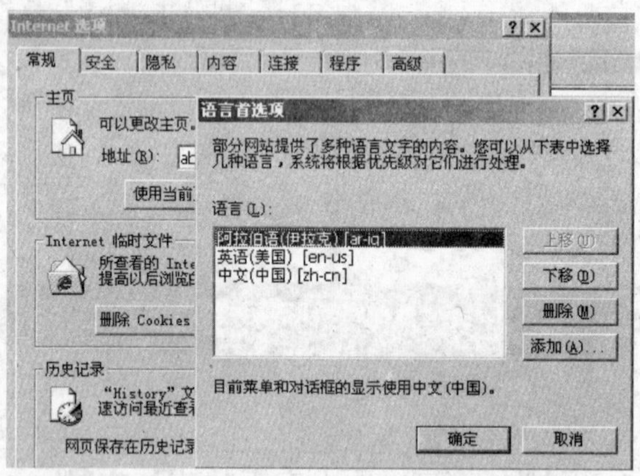

图 8.1　将阿拉伯语作为 IE 浏览器的首选语言

在浏览器中输入 http://www.google.com/网址，出现如图 8.2 所示的阿拉伯语的 Google 搜索引擎的页面信息。

然后在 IE 浏览器中将美式英语作为浏览器的首选语言，如图 8.3 所示为最终操作结果。

刷新浏览器中的当前页面，浏览器窗口内的页面信息改变为如图 8.4 所示的英文 Google 搜索引擎的页面信息。

图 8.2　阿拉伯语的页面信息

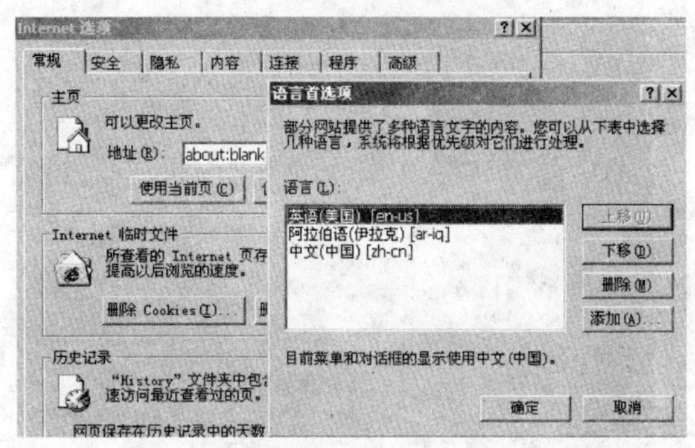

图 8.3　将美式英语作为 IE 浏览器的首选语言

图 8.4　英文的页面信息

同样，在 IE 浏览器中将简体中文作为浏览器的首选语言，如图 8.5 所示的操作结果。

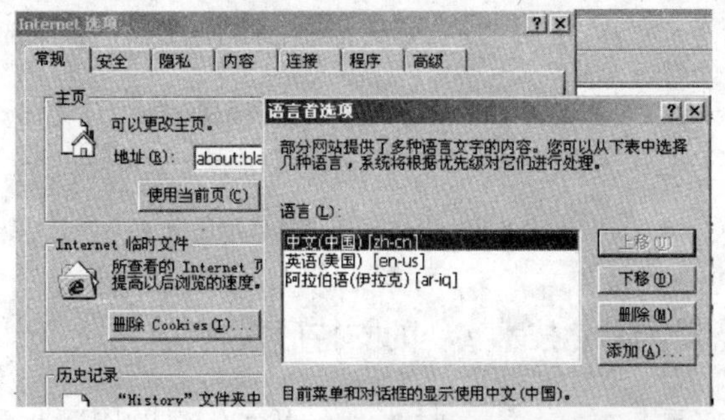

图 8.5　将简体中文作为 IE 浏览器的首选语言

然后，再刷新浏览器中的当前页面，浏览器窗口内的页面信息改变为如图 8.6 所示的简体中文 Google 搜索引擎的页面信息。

图 8.6　简体中文的页面信息

当然，如果在 IE 浏览器中将繁体中文作为浏览器中的首选语言，出现如图 8.7 所示的操作结果。

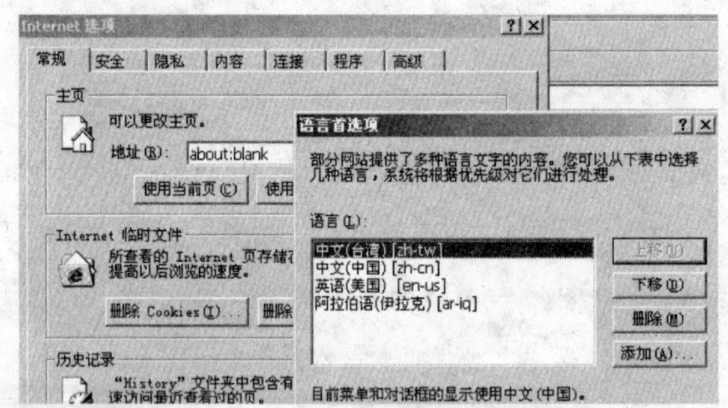

图 8.7　将繁体中文作为 IE 浏览器的首选语言

同样，刷新浏览器中的当前页面，浏览器窗口内的页面信息改变为如图 8.8 所示的繁体中文 Google 搜索引擎的页面信息。

图 8.8　繁体中文的页面信息

3. Struts2 框架中对国际化技术实现的支持形式

Struts2 框架中对国际化技术支持主要体现在页面信息的国际化和 Action 类中的结果信

息的国际化，其中页面信息的国际化，主要是通过标签技术实现；而 Action 类中的各种结果信息（也包括表单验证中所产生的各种错误消息）的国际化，是利用 ActionSupport 基类中的 getText()方法获取资源文件中指定 key 键的消息。

为此，要求 Action 类要继承于 ActionSupport 基类，因为 getText()方法是在 ActionSupport 基类中定义的。

4. 在页面和 Action 程序中获得国际化资源文件中的信息

可以使用<s:text>标签实现在 JSP 页面中输出国际化资源文件中的信息，代码示例为

```
<s:text name="messageKey"/>
```

或者使用 OGNL 表达式实现在 JSP 页面中输出国际化资源文件中的信息，代码示例为：

```
<s:property value="%{getText("messageKey")}"/>
```

而在 Action 程序中可以利用 ActionSupport 基类中的 getText()方法获得国际化资源文件中的信息，代码示例为：

```
getText("messageKey");
```

5. Struts2 框架中实现对国际化技术支持的基本原理

1）i18n 拦截器

为了简化设置客户端浏览器的默认语言环境，在 Struts2 框架中提供有一个名为 i18n 的默认拦截器，并且将 i18n 拦截器组件程序注册在默认的拦截器栈（defaultStack）中。在 struts-default.xml 文件中定义了 i18n 拦截器，如下为定义的语句示例：

```
<interceptor name="i18n"
    class="com.opensymphony.xwork2.interceptor.I18nInterceptor"/>
```

i18n 拦截器会在执行目标 Action 程序方法之前，自动在 HTTP 请求中查找一个名称为 request_locale 的参数。如果该请求参数存在，i18n 拦截器就将它作为转换参数，转换成对应的包装国家和地区的 Locale 类的对象实例，并将它设为客户端默认的 Locale（代表国家/语言环境）对象。

2）改变客户端默认的语言环境

在 Struts2 框架中，可以通过 ActionContext.getContext().setLocale(Locale arg)方法设置改变客户端默认的语言环境。

8.1.2　国际化资源信息文件的命名规则及资源信息项目语法

1. 国际化资源信息文件

在 Java 技术平台中，实现国际化技术的基本思路是将“资源”和“代码”相互分离。也就是把应用系统中需要本地化的信息内容单独存储成特定格式的资源文件，避免在程序

代码中直接放置本地化的提示文字等方面的内容。

采用“资源”和“代码”相互分离的国际化开发技术实现方案具有如下的主要优点：

- 只基于一套项目源程序文件而进行多种不同语言的本地化实现效果，减少了应用系统的程序代码重复开发和控制管理的工作量。
- 同时也能够简化应用系统的本地化实现过程，因为只需要翻译应用系统中的各个提示文字而产生出不同语言版本的资源信息文件，并且不会涉及更改程序中的源代码工作，也就不会引入额外的功能缺陷。

2. 国际化资源信息文件的命名规则

在国际化技术实现的过程中，Struts2 框架根据客户端浏览器中的默认的语言类型自动地查找服务器端特定文件名的资源信息文件，并从中获得指定 key 键名的资源信息。为此，要求资源信息文件名采用某种特定的规则命名。基本的命名格式如下：基础名+语言编码+国家编码.properties。

比如，保存中文信息的国际化资源信息文件名为 baseMessages_zh_CN.properties，而保存英语信息的国际化资源信息文件名为 baseMessages_en_US.properties。它们都为 Java 语言中标准的属性文件（文件扩展名为*.properties）。

如果无法找到与某一语言相匹配的资源信息文件时，系统将自动地采用默认资源信息文件，它的文件名为 baseMessages.properties。

3. 与国际化技术实现有关的各种形式的资源信息文件

1）整个项目范围内的全局资源信息文件

它主要适合遍布于整个 Web 应用系统中的各个国际化字符串信息，如一些共用的出错提示或者 JSP 页面中的显示输出信息等，并且它们要在不同的包（package）中被引用。为此，需要在项目的 src 目录（对应 WEB-INF/classes 目录）中创建和添加资源信息文件，如图 8.9 所示的操作结果示图。

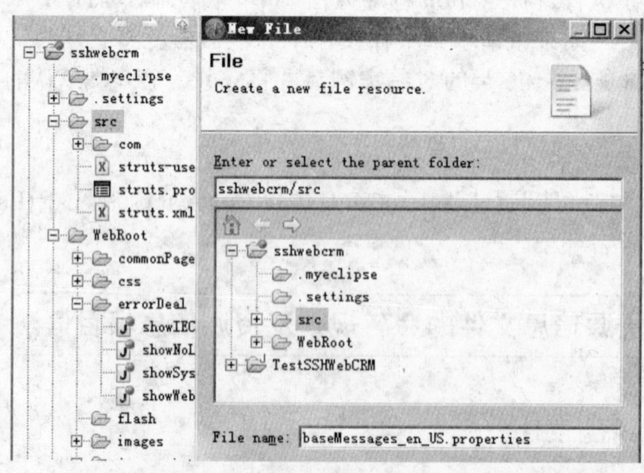

图 8.9　在项目的 src 目录中创建和添加资源信息文件

2）包路径范围内的资源信息文件

该类型的国际化资源信息文件需要在项目中的包的根目录下新建，并且资源信息文件名为 package.properties（默认资源信息文件）和 package_xx_XX.properties 某种语言类型的资源信息文件。

它适合在同一个包中不同的 Action 程序中需要访问的国际化资源信息，如图 8.10 所示为在 Action 程序所在的包路径下添加资源信息文件的操作结果示图。

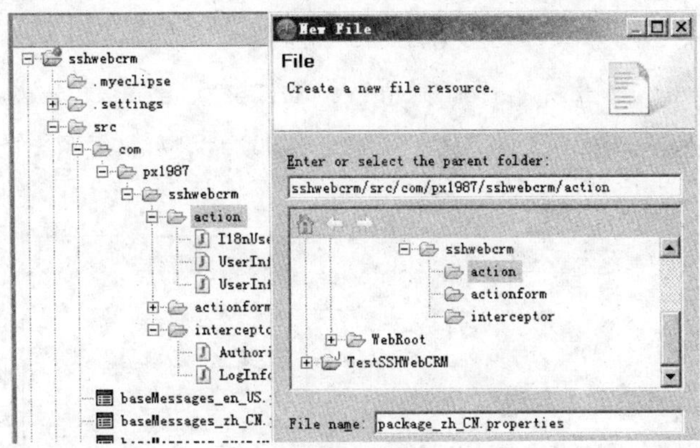

图 8.10　在 Action 程序所在的包路径下添加资源信息文件

3）某个 Action 程序范围内的资源文件

在 Action 源程序文件所在的目录中新建文件名与 Action 类名同名的国际化资源信息文件，但其中的资源信息只能在该 Action 程序中被访问。如图 8.11 所示为在 Action 源程序所在的目录路径下添加资源信息文件的操作结果示图。

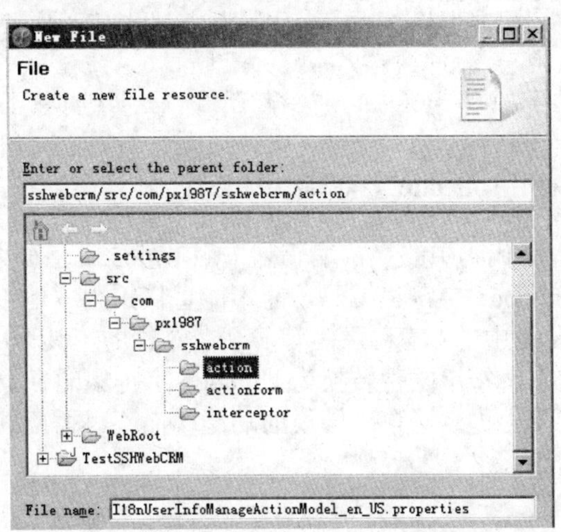

图 8.11　在 Action 源程序所在的目录路径下添加资源信息文件

4. 资源信息文件加载的顺序

Struts2 框架运行时系统程序，首先在当前的 Action 类目录中查找以类名作为文件名的资源信息文件；其次再查找当前包路径下的资源信息文件；最后，才获得全局资源信息文件。

当然，如果在 3 种资源信息文件中都没有提供对应的 key 键值的提示信息，将出现错误信息。

5. 定义全局资源信息文件中的基础文件名称

对于全局资源信息文件的文件名中的基础文件名称是由系统配置文件 struts.xml 中的<constant>标签内名称为 struts.custom.i18n.resources 的属性项目值决定的，如下为标签示例：

```
<constant name="struts.custom.i18n.resources" value="baseMessages" />
```

其中的 baseMessages 代表资源信息文件中的基础文件名称，如图 8.12 所示为配置的最终结果示图。

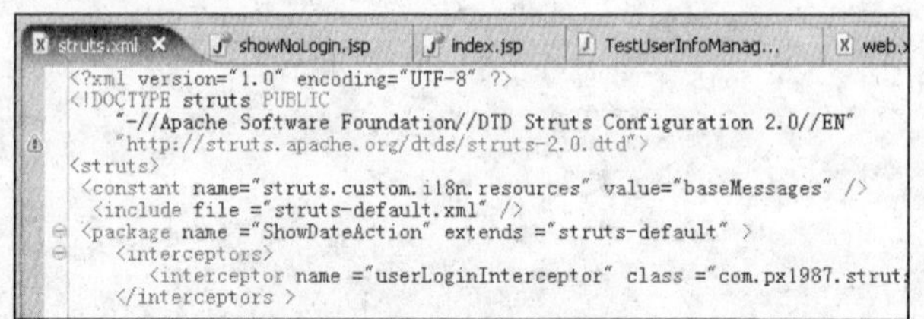

图 8.12　定义全局资源信息文件中的基础文件名称

当然，也可以通过 struts.properties 属性文件添加对应的属性项目，如图 8.13 所示。

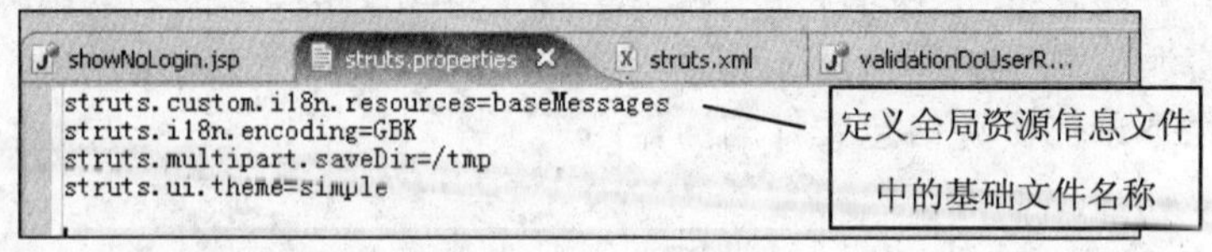

图 8.13　通过 struts.properties 属性文件添加对应的属性项目

6. 资源信息文件采用 Unicode 字符集编码规范

由于在 Java 的类程序代码中的字符编码是采用 Unicode 字符集编码规范，因此要求将中文资源信息转变为 Unicode 字符集编码，而不能直接采用本地中文编码如 GB2312 或者 GBK。在 JDK 的安装目录中的 bin 目录内有一个命令行的工具程序 native2ascii.exe，它实现将简体中文的资源信息字符串文件转换为 Unicode 字符集的资源信息文件。

但在 MyEclipse 工具中提供了自动转换的功能，而不再需要开发人员自己转换，如图 8.14 所示为转换后的结果。

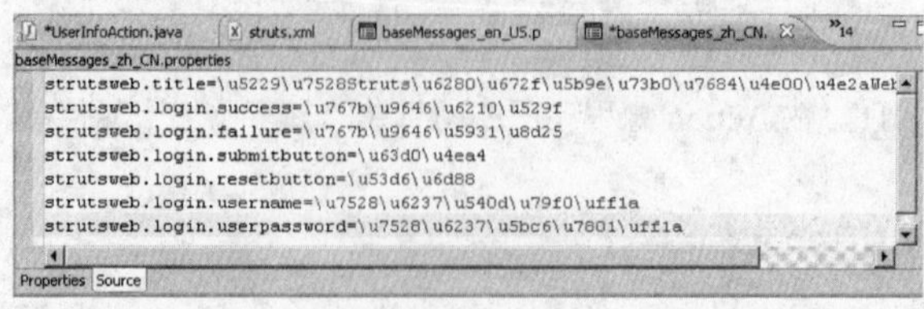

图 8.14　MyEclipse 工具中提供了自动转换的功能

8.2 在项目中应用 Struts2 国际化技术

8.2.1 应用全局国际化资源信息文件示例

1. 创建美式英文的全局资源信息文件

按照图 8.13 定义出本项目的全局资源信息文件的基础文件名称，然后在项目的 src 目录中创建美式英文的全局资源文件，该文件名为 baseMessages_en_US.properties，如图 8.15 所示的操作结果示图。

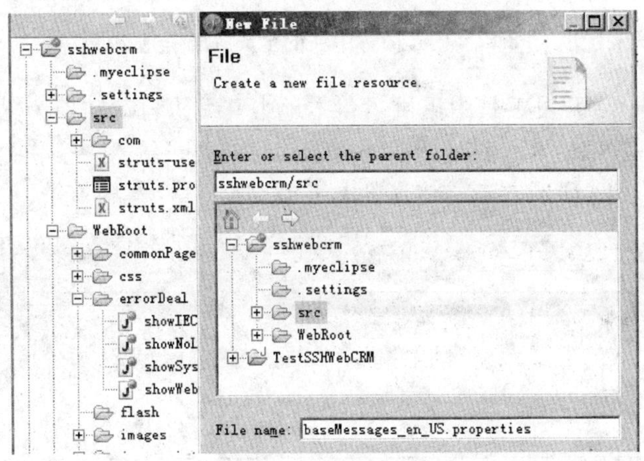

图 8.15　创建美式英文的全局资源信息文件

然后在该全局资源信息文件中添加应用系统中的各个英文的提示信息，并命名每个提示信息项目，最终的英文资源信息如图 8.16 所示。

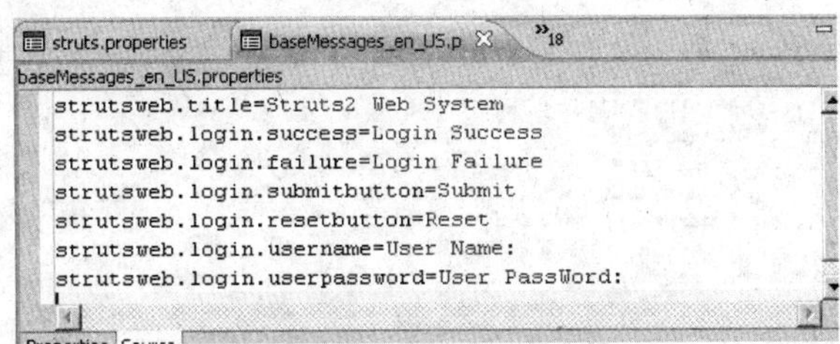

图 8.16　设计美式英文的全局资源信息文件中的项目

2. 创建简体中文的全局资源文件

在项目的 src 目录中按照图 8.17 所示的操作结果创建出简体中文的全局资源文件，文件名称为 baseMessages_zh_CN.properties，如图 8.17 所示的操作结果示图。

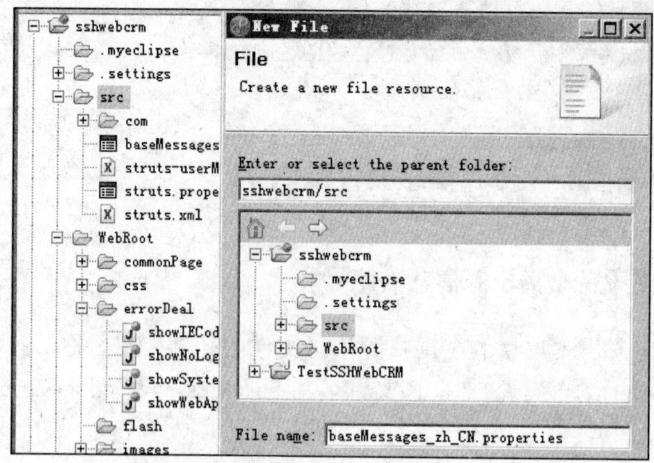

图 8.17　创建简体中文的全局资源信息文件

由于在 MyEclipse 开发工具中提供了将本地中文编码自动转换为 Unicode 编码字符集的功能，直接按照图 8.18 所示的对话框的提示信息的要求输入中文信息。但要求每条信息的 key 键名称与图 8.16 所示的英文信息的 key 键同名。

图 8.18　在 MyEclipse 开发工具中直接输入中文信息

输入完毕后，在 MyEclipse 开发工具中再切换到 Source 视图中，可以直接看到自动转换后的结果信息，如图 8.19 所示。

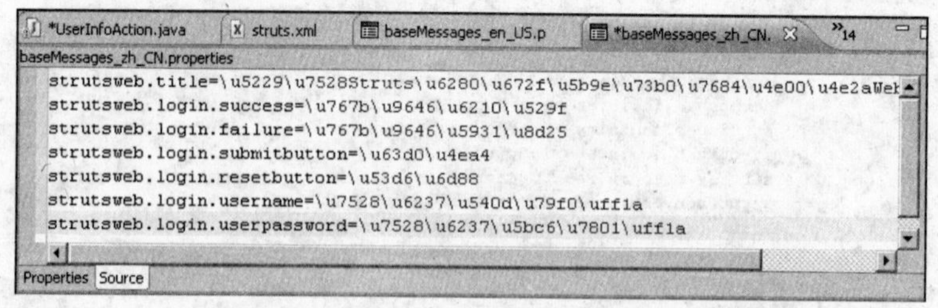

图 8.19　MyEclipse 开发工具自动转换后的 Unicode 编码的结果

3. 在项目的 userManage 目录中再添加一个文件名为 userLoginI18n.jsp 页面

在例 8-1 示例页面中，利用<s:text>标签输出指定名称的国际化信息，<s:text>标签中的

name 属性值为在资源信息文件中定义的 key 键，注意其中黑体所标识的标签。

例 8-1　userLoginI18n.jsp 页面中的代码示例。

```
<%@ page contentType="text/html; charset=GB2312"  isELIgnored="false" %>
<%@ taglib prefix="s" uri="/struts-tags"%>  —— 引入 Struts2 的标签库描述文件
<html>
  <head> <title><s:text name="strutsweb.title"/></title></head><body>
    <form method="post" action=
"${pageContext.request.contextPath}/i18nUserInfoManageActionModel.
action" >
        <s:text name="strutsweb.login.username"/>          获得资源文件中指定 key 键的信息
        <input type="text" name="userName"  /> <br />
        <s:text name="strutsweb.login.userpassword"/>
        <input type="password" name="userPassWord" /> <br />
        <input type="submit" name="submitButton"
           value='<s:text name="strutsweb.login.submitbutton"/>'/>
        <input type="reset"
           value='<s:text name="strutsweb.login.resetbutton"/>' />
</form></body></html>
```

在显示国际化资源信息文件中指定 key 键名的字符串时，也可以利用 Struts2 框架中默认支持的 EL 表达式和应用 ActionSupport 基类中的 getText()方法获取指定 key 键名的资源信息。

4. 在项目中再新增一个 Action 类

该 Action 程序类名称为 I18nUserInfoManageActionModel，包名称为 com.px1987.sshwebcrm.action，并且继承于 ActionSupport 基类；然后编写 I18nUserInfoManageActionModel 类程序代码，并在其中的 execute()方法中应用 getText()方法获得指定 key 键名的国际化资源信息。最终的程序代码示例如例 8-2 所示，该 Action 程序类设计为字段驱动的 Action 类，并注意例 8-2 中黑体所标识的语句。

为了简化本示例的功能实现代码，在 execute()方法中将用户的合法身份信息在程序代码中直接给定，并利用 ActionSupport 基类中的 getText()方法从国际化资源文件中根据 key 键名获得对应的提示信息。

例 8-2　I18nUserInfoManageActionModel 程序类的代码示例。

```
package com.px1987.sshwebcrm.action;
import java.text.DateFormat;
import java.util.Date;
import javax.servlet.http.HttpSession;
import org.apache.struts2.ServletActionContext;
import com.opensymphony.xwork2.ActionSupport;
```

```
import com.px1987.sshwebcrm.actionform.UserInfoActionForm;
public class I18nUserInfoManageActionModel extends ActionSupport {
    private String userName=null;
    private String userPassWord=null;          这些属性对应表单中
    private String verifyCodeDigit=null;       的各个成员域字段
    private int type_User_Admin;
    private String resultMessage;
    private UserInfoActionForm oneUserInfo=null;
    public I18nUserInfoManageActionModel() {
    }
    public String getResultMessage() {
        return resultMessage;
    }
    public void setResultMessage(String resultMessage) {
        this.resultMessage = resultMessage;
    }
    public String execute(){   //在该方法中进行用户登录的功能实现
        boolean returnResult=getUserName().equals("yang1234")
                        &&getUserPassWord().equals("12345678");
        if(returnResult){                       识别用户输入的身
         oneUserInfo=new UserInfoActionForm();  份信息是否合法
         oneUserInfo.setUserName(userName);
         oneUserInfo.setUserPassWord(userPassWord);
         HttpSession session=ServletActionContext.getRequest().
         getSession();
         session.setAttribute("oneUserInfo", oneUserInfo);
         resultMessage =getUserName()+" "+
                    this.getText("strutsweb.login.success");
        }                                       获得指定 key
        else{                                   键的资源信息
          resultMessage =getUserName()+" "+
                    this.getText("strutsweb.login.failure");
        }
        return this.SUCCESS;
    }
    public String getUserName() {
        return userName;
    }
    public void setUserName(String userName) {
        this.userName = userName;
    }
    public String getUserPassWord() {
        return userPassWord;
    }
```

```
    public void setUserPassWord(String userPassWord) {
        this.userPassWord = userPassWord;
    }
    public String getVerifyCodeDigit() {
        return verifyCodeDigit;
    }
    public void setVerifyCodeDigit(String verifyCodeDigit) {
        this.verifyCodeDigit = verifyCodeDigit;
    }
    public int getType_User_Admin() {
        return type_User_Admin;
    }
    public void setType_User_Admin(int type_User_Admin) {
        this.type_User_Admin = type_User_Admin;
    }
}
```

5. 在项目的 struts.xml 文件中定义和配置出 Action 类

定义和配置 I18nUserInfoManageActionModel 类与配置其他的 Action 程序类并没有什么差别，最终的配置标签如例 8-3 所示。

例 8-3 定义和配置 I18nUserInfoManageActionModel 类的代码示例。

```
<?xml version="1.0" encoding="UTF-8" ?>
<!DOCTYPE struts PUBLIC
      "-//Apache Software Foundation//DTD Struts Configuration 2.0//EN"
      "http://struts.apache.org/dtds/struts-2.1.dtd">
<struts>
    <include file="struts-default.xml"/>
    <package  name ="userInfoPackage"  extends ="struts-default" >
      <action name="i18nUserInfoManageActionModel"   class=
            "com.px1987.sshwebcrm.action.I18nUserInfoManageActionModel">
         <result name="success">/userManage/loginSuccess.jsp</result>
         <result name ="input">/userManage/userLoginI18n.jsp</result>
     </action>
    </package>
</struts>
```

6. 测试本示例程序的最终效果

首先部署本项目到 Tomcat 服务器中，然后将测试用的浏览器的首选语言改为“英语(美国)”(如图 8.3 所示的操作结果)；最后在浏览器中输入如下的 URL 地址：http://127.0.0.1:8080/sshwebcrm/userManage/userLoginI18n.jsp，出现如图 8.20 所示的英文信息页面。

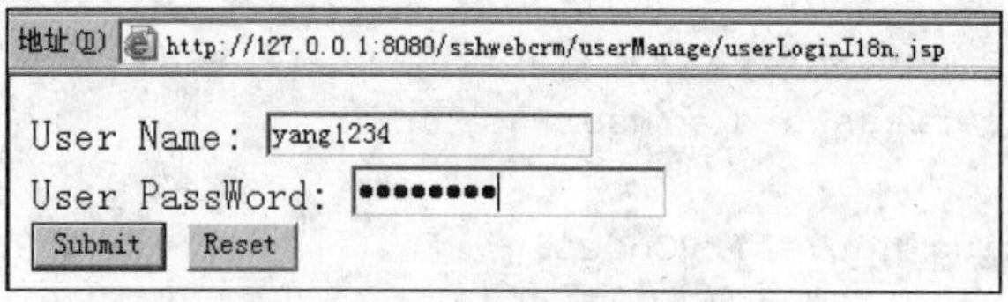

地址(D) http://127.0.0.1:8080/sshwebcrm/userManage/userLoginI18n.jsp

User Name: yang1234

User PassWord: ●●●●●●●●

Submit Reset

图 8.20　以英文环境执行后的结果信息

表明在例 8-1 示例页面中，已经正确地获得了英文的国际化资源信息。然后在图 8.20 所示的表单中输入用户的身份信息，提交请求后将出现如图 8.21 所示的结果信息。

图 8.21　提交请求后的英文处理结果信息

同样也表明在例 8-2 示例 Action 程序中也正确地获得了英文国际化资源信息文件中指定 key 键的提示信息。然后同样按照图 8.5 所示的操作结果，将测试用的浏览器的首选语言改为“简体中文”。在浏览器窗口内刷新当前页面，将看到图 8.22 所示的中文信息的登录页面。

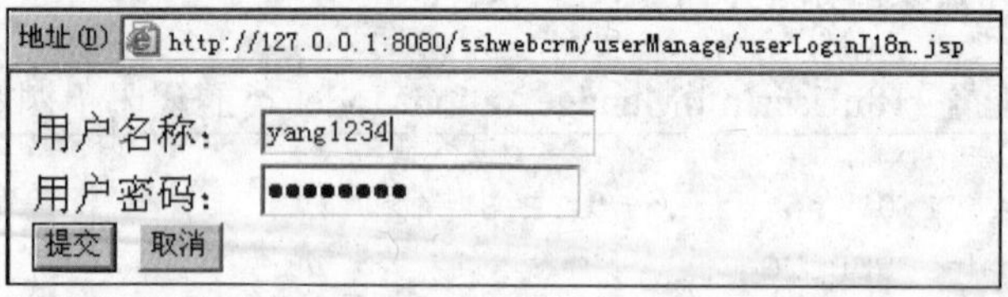

地址(D) http://127.0.0.1:8080/sshwebcrm/userManage/userLoginI18n.jsp

用户名称: yang1234

用户密码: ●●●●●●●●●

提交 取消

图 8.22　以中文环境执行后的结果信息

表明在例 8-1 示例页面中，已经正确地获得了中文的国际化资源信息。然后在图 8.22 所示的表单中输入用户的身份信息，提交请求后出现如图 8.23 所示的结果信息。

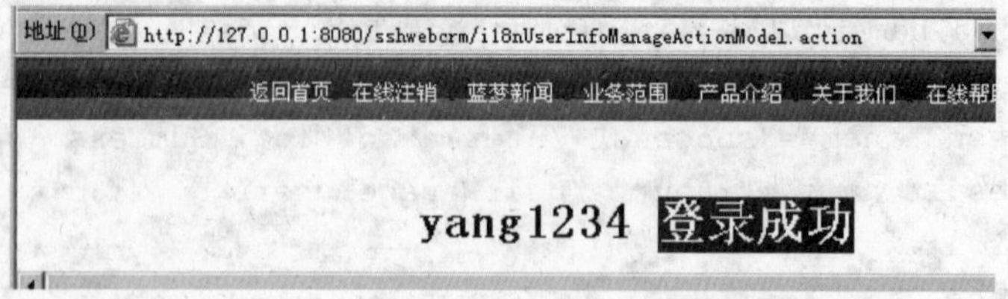

图 8.23　提交请求后的中文处理结果信息

同样也表明在例 8-2 示例 Action 程序中正确地获得了中文国际化资源信息文件中指定 key 键的提示信息。但要注意的一点是：在项目的 web.xml 文件中对 FilterDispatcher 过滤器的配置定义采用<url-pattern>/*</url-pattern>形式的请求映射（参见第 5 章中的图 5.7），否则改变为<url-pattern>*.action</url-pattern>，在进行表单映射时会出现如图 8.24 所示的错误，在应用国际化技术时也会出现不识别页面中的<s:text>标签的错误。

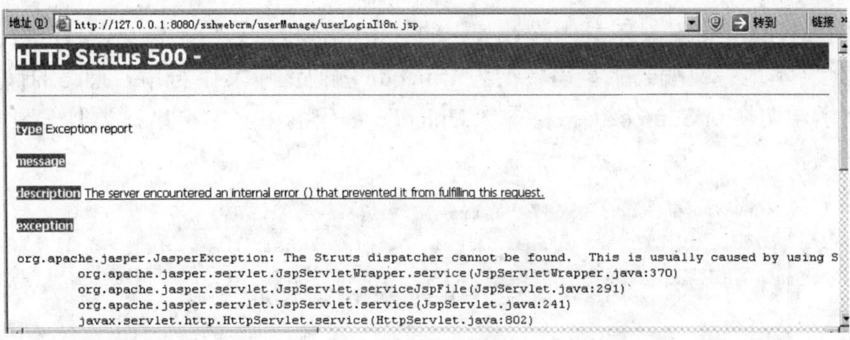

图 8.24　出现不识别页面中的<s:text>标签的错误

8.2.2　应用包路径内的资源信息文件示例

1. 包范围内的资源信息文件

由于全局资源信息文件更适用于遍布整个应用程序的国际化资源字符串，它们在不同的程序包中和所有的 JSP 页面中都可以被引用。当然，如果某个提示信息只在同一个程序包路径下的各个 Action 类中被使用，为了减少全局资源信息文件的容量，可以将这些资源信息放在程序包路径范围内的资源信息文件中。

包路径范围内的资源信息文件的默认资源信息文件名为 package.properties，而指定某种语言类型的国际化资源信息文件名为 package_xx_XX.properties。其中的“xx”代表语言类型，而“XX”代表国家或者地区名的简称。

比如英文环境下的包路径范围内的资源信息文件名为 package_en_US.properties，而中文环境下的包路径范围内的资源信息文件名为 package_zh_CN.properties。

2. 在项目中添加包路径范围内的中文资源信息文件

在项目的 src 目录中按照如图 8.25 所示的操作结果，创建出简体中文环境下的包路径范围内的中文资源文件，文件名称为 package_zh_CN.properties，如图 8.25 所示。

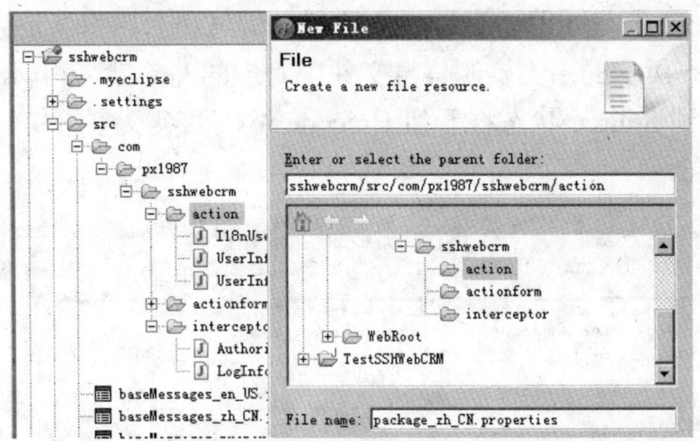

图 8.25　在项目中添加包路径范围内的中文资源信息文件

同样在 MyEclipse 开发工具中设计其中的每条信息和命名每条信息，MyEclipse 开发工具会自动地将本地中文编码字符串转换为 Unicode 编码的中文字符串。最终的操作结果如图 8.26 所示，切换到 Source 状态将看到 Unicode 编码的中文字符串，类似于图 8.19 所示的内容。

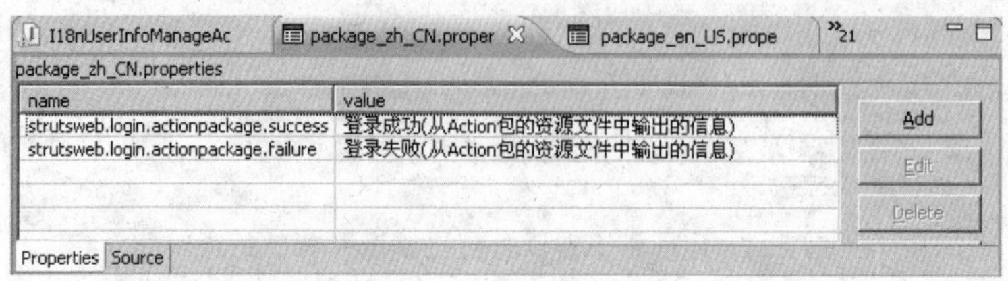

图 8.26　设计中文资源文件中的每条信息和命名每条信息

3. 在项目中添加包路径范围内的英文资源信息文件

在项目的 src 目录中按照如图 8.27 所示的操作结果，创建出美式英文环境下的包路径范围内的中文资源文件，文件名称为 package_en_US.properties，如图 8.27 所示。

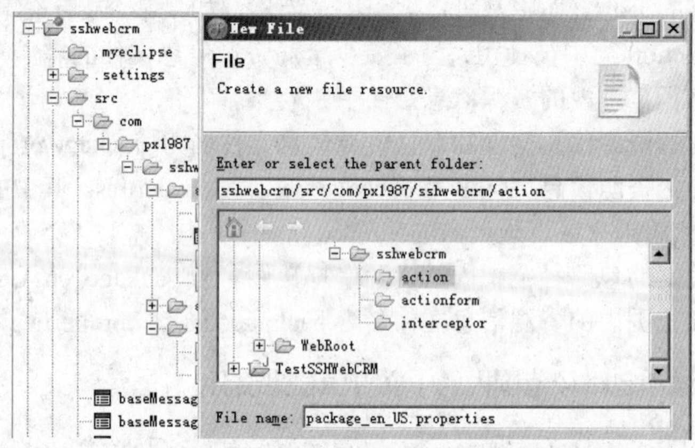

图 8.27　在项目中添加包路径范围内的英文资源信息文件

同样在 MyEclipse 开发工具中设计其中的每条信息和命名每条信息，但要求每条信息的 key 键名与图 8.26 所示的中文资源信息文件中对应的 key 键名相同。最终的操作结果如图 8.28 所示，切换到 Source 状态将看到 Unicode 编码的英文字符串，但与采用 ASCII 编码的英文字符串相同。

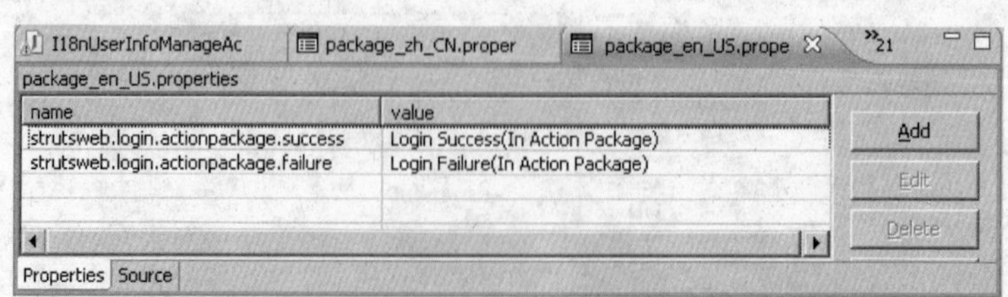

图 8.28　设计英文资源文件中的每条信息和命名每条信息

4. 在项目中添加包路径范围内的默认的包资源信息文件

考虑到应用系统本身的通用性和能够适应多种不同的语言环境，特别是系统不支持的语言环境，一般都需要提供包路径范围内默认的包资源信息文件，从而兼顾没有提供资源信息文件支持的某种语言环境。但一般都为默认的包资源信息文件提供英文的提示信息，因为在不同的系统运行环境中都支持英文字符串（也就是 ASCII 编码）。

在项目的 src 目录中按照如图 8.29 所示的操作结果，创建出默认的包资源信息文件，文件名称为 package.properties，如图 8.29 所示。

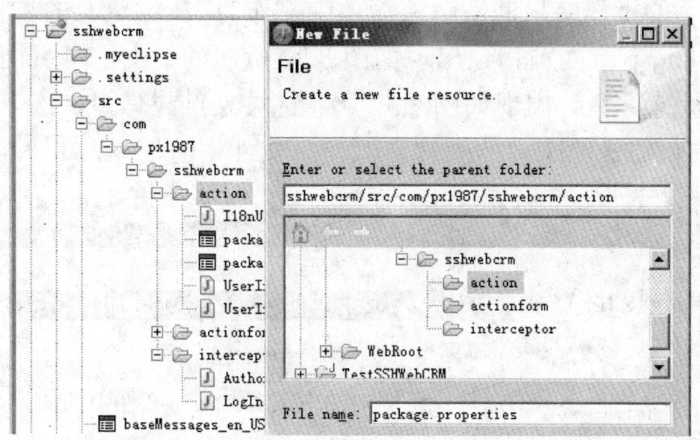

图 8.29　在项目中添加默认的包资源信息文件

5. 修改 I18nUserInfoManageActionModel 类中的输出信息

为了在项目中应用包路径范围内的资源信息文件中的相关信息，需要修改例 8-2 所示的 I18nUserInfoManageActionModel 程序类中的 execute()方法中的代码。将其中的从全局资源信息文件中获得资源信息的代码改为从包路径范围内的资源信息文件中获得，也就是修改代码中的 key 键名，修改后的最终代码如图 8.30 所示。

```
I18nUserInfoManageAc    userLoginI18nHtml.js    *action_zh_CN.proper    *action_en_US.proper
    session.setAttribute("oneUserInfo", oneUserInfo);
    resultMessage =getUserName()+this.getText("strutsweb.login.success");
    resultMessage =getUserName()+
                    this.getText("strutsweb.login.actionpackage.success");
}
else{
    resultMessage =getUserName()+this.getText("strutsweb.login.failure");
    resultMessage =getUserName()+
                    this.getText("strutsweb.login.actionpackage.failure");
}
return this.SUCCESS;
}
```

图 8.30　修改代码中的 key 键名为包路径范围内的资源信息文件的 key 键名

6. 测试本功能实现的最终效果

在图 8.20 所示的英文环境中再执行 userLoginI18n.jsp 页面或者按 F5 键刷新当前页面，仍然出现图 8.20 所示的英文信息的页面，在该页面中输入有效的身份信息并向系统后台发送登录系统的请求，出现如图 8.31 所示的英文结果信息，该英文提示信息其实来自于图 8.28 所示的包路径范围内的英文资源信息文件中的信息。

图 8.31　显示出包路径范围内的英文资源信息文件中的信息

按照图 8.5 所示的操作结果的图示将简体中文作为 IE 浏览器的首选语言，然后按 F5 键刷新 userLoginI18n.jsp 页面窗口，出现如图 8.22 所示的中文信息页面。在该页面中输入有效的身份信息并登录系统，出现如图 8.32 所示的中文结果信息，该中文提示信息其实来自于图 8.26 所示的包路径范围内的中文资源信息文件中的信息。

图 8.32　显示出包路径范围内的中文资源信息文件中的信息

根据图 8.31 和图 8.32 所示的两种语言环境下的测试结果，可以了解到本功能完全满足应用的要求，并且也成功地从包路径范围内的资源信息文件中获得了相关的信息。

8.2.3　应用 Action 类范围内的资源信息文件示例

1. Action 程序内的资源信息文件

在应用系统的国际化功能实现中，可能有部分提示信息只需要在某个 Action 程序类中应用，此时可以应用 Struts2 框架中提供的 Action 程序内的资源信息文件，从而最终实现资源信息文件的模块化管理。

当然，Action 程序内的资源信息只适用于某个特定的 Action 程序，而不适用于其他的 Action 程序或者 JSP 页面文件中的国际化资源信息。

2. 在项目中应用 Action 程序内的简体中文资源信息文件

下面仍然针对例 8-2 中的 I18nUserInfoManageActionModel 程序类，为它提供 Action 程序内的资源信息。在 I18nUserInfoManageActionModel 程序包所在的目录下新建一个文件名与该 Action 程序类名同名（除文件扩展名外）的资源信息文件。

如对于中文环境为 I18nUserInfoManageActionModel_zh_CN.properties，按照图 8.33 所示输入中文资源信息文件名，并创建出中文资源信息文件。

然后设计 Action 程序内的简体中文资源信息文件中的每条信息，内容类似于图 8.19 所示的全局中文资源信息文件 baseMessages_zh_CN.properties 中的信息，而且每条信息的 key 键名也相同，但在每条信息文字串后面都加“（在 Action 类范围）”的字符串以示区分不同的来源，如图 8.34 所示。

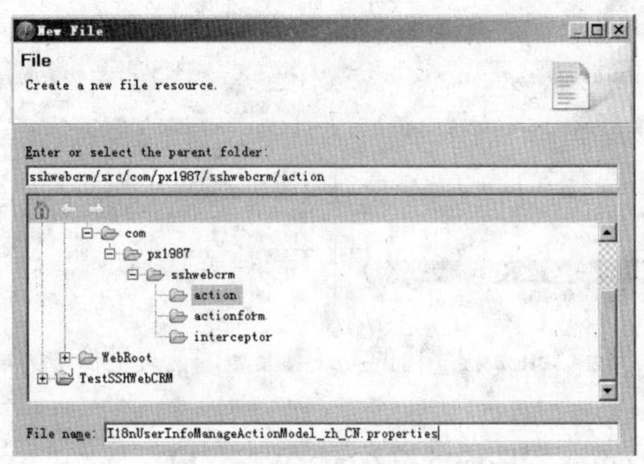

图 8.33　在项目中创建出中文资源信息文件

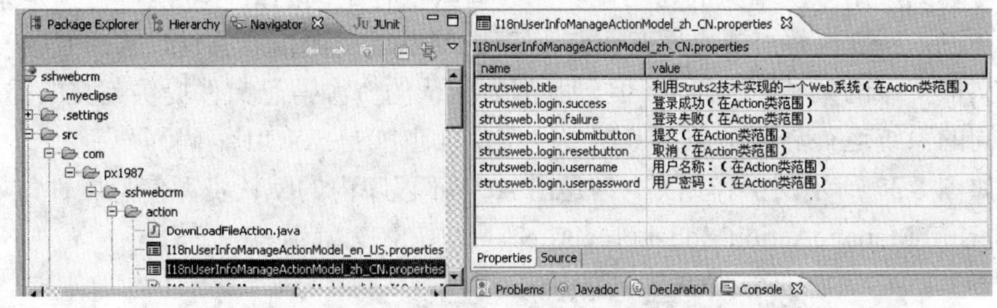

图 8.34　设计 Action 程序内的简体中文资源信息文件中的每条信息

3. 在项目中应用 Action 程序内的英文资源信息文件

英文资源信息文件名为 I18nUserInfoManageActionModel_en_US.properties，在项目中继续按照图 8.35 所示的操作图示，在项目中创建出 Action 程序内的英文资源信息文件。

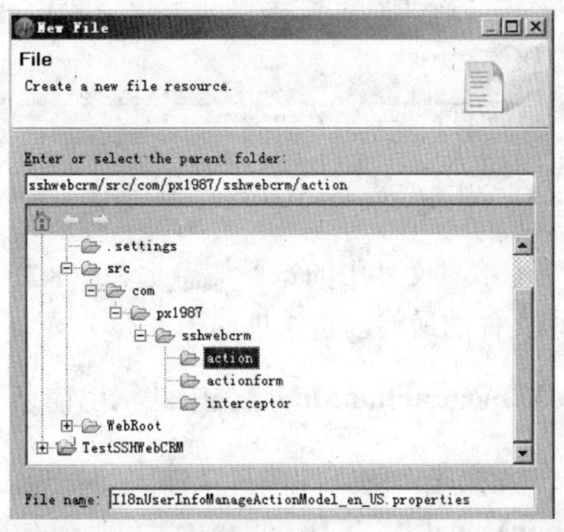

图 8.35　在项目中创建出英文资源信息文件

然后设计 Action 程序内的美式英文资源信息文件中的每条信息，内容类似于图 8.16 所示的全局英文资源信息文件 baseMessages_en_US.properties 中的信息，而且每条信息的 key 键名也相同，但在每条信息文字串后面都加“(in Action)”的字符串以示区分不同的来源，如图 8.36 所示。

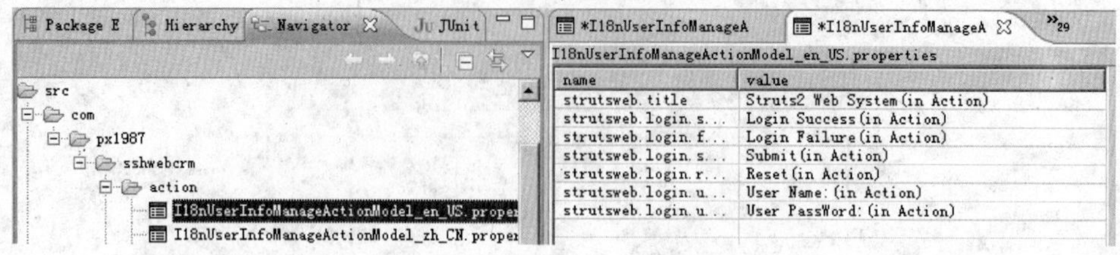

图 8.36　设计 Action 程序内的美式英文资源信息文件中的每条信息

4. 在项目中添加 Action 程序内的默认资源信息文件

同样考虑到应用系统本身的通用性和能够适应多种不同的语言环境，特别是系统不支持的语言环境，一般也都需要提供 Action 程序内的默认资源信息文件，从而兼顾没有提供资源信息文件支持的某种语言环境。但一般都为默认的资源信息文件提供英文的提示信息，因为在不同的系统运行环境中都支持英文字符串（也就是 ASCII 编码）。

按照如图 8.37 所示的操作结果，创建出 Action 程序内的默认资源信息文件，文件名称为 I18nUserInfoManageActionModel.properties，如图 8.37 所示。

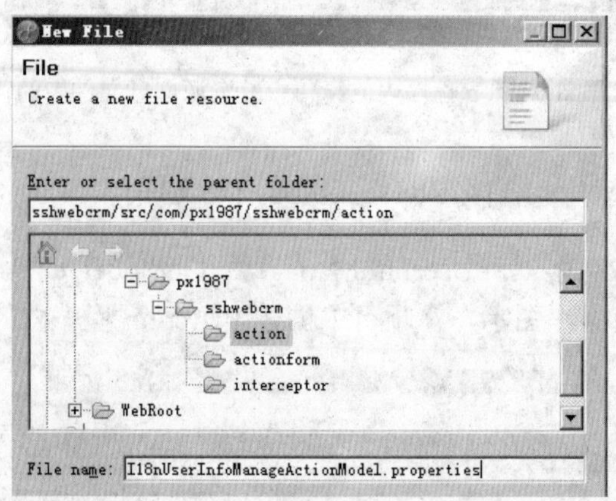

图 8.37　创建出 Action 程序内的默认资源信息文件

Action 程序内的默认资源信息文件中的每条信息都和图 8.36 所示的英文环境下的信息相同，3 种不同的资源信息文件的最终创建结果如图 8.38 所示。

5. 修改 I18nUserInfoManageActionModel 类中的输出信息

为了在项目中应用 Action 程序内的资源信息文件中的相关信息，需要修改例 8-2 所示的 I18nUserInfoManageActionModel 程序类中的 execute()方法中的代码。将其中的从全局资源信息文件中获得资源信息的代码改变为从 Action 程序内的资源信息文件中获得，也就是修改代码中的 key 键名，修改后的最终代码如图 8.39 所示。

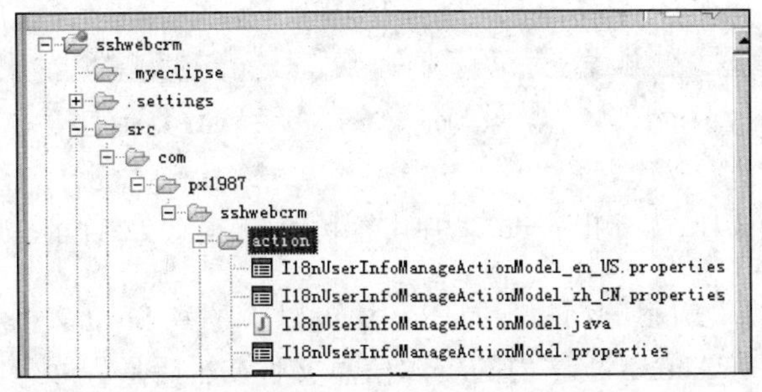

图 8.38　3 种不同的资源信息文件的最终创建结果

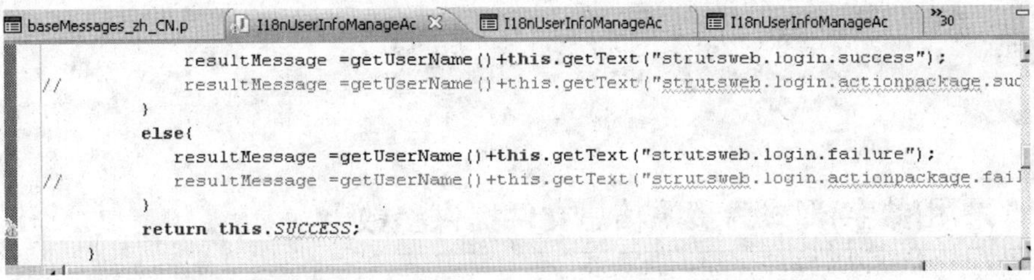

```
baseMessages_zh_CN.p    I18nUserInfoManageAc    I18nUserInfoManageAc    I18nUserInfoManageAc
            resultMessage =getUserName()+this.getText("strutsweb.login.success");
//          resultMessage =getUserName()+this.getText("strutsweb.login.actionpackage.suc
        }
        else{
           resultMessage =getUserName()+this.getText("strutsweb.login.failure");
//         resultMessage =getUserName()+this.getText("strutsweb.login.actionpackage.fail
        }
        return this.SUCCESS;
    }
```

图 8.39　修改代码中的 key 键名为 Action 程序内的资源信息文件的 key 键名

注意，在本示例中的 Action 程序内的资源信息文件中的各个信息的 key 键名，与项目中的全局资源信息文件中的各个信息的 key 键名相同。

6. 测试本功能实现的最终效果

在图 8.20 所示的英文环境中再执行 userLoginI18n.jsp 页面或者按 F5 键刷新当前页面，仍然出现图 8.20 所示的英文信息的页面，在该页面中输入有效的身份信息并登录系统，将出现如图 8.40 所示的英文结果信息，该英文提示信息其实来自于图 8.36 所示的 Action 程序内的英文资源信息文件中的信息。

图 8.40　显示出 Action 程序内的英文资源信息文件中的信息

但在 JSP 页面如 userLoginI18n.jsp 页面中的提示信息仍然来自于全局资源信息文件中的信息，因为 JSP 页面不属于某个包路径和某个 Action 程序类范围，只能从全局资源信息文件中获得对应的信息。

按照图 8.5 所示的操作结果的图示将简体中文作为 IE 浏览器的首选语言，然后按 F5 键刷新 userLoginI18n.jsp 页面窗口，出现如图 8.22 所示的中文信息页面。在该页面中输入有效的身份信息并登录系统，将出现如图 8.41 所示的中文结果信息，该中文提示信息其实来自于图 8.34 所示的 Action 程序内的中文资源信息文件中的信息。

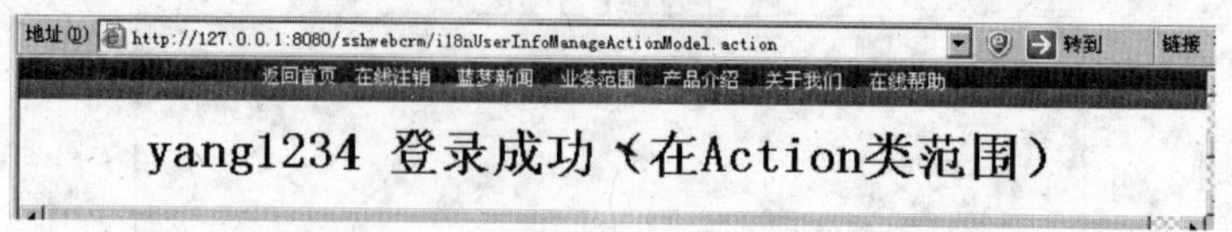

图 8.41　显示出 Action 程序内的中文资源信息文件中的信息

从图 8.40 和图 8.41 所示的结果信息中，还可以了解到 Struts2 框架对国际化资源信息文件的加载顺序首先是 Action 程序内的资源信息文件，然后是程序包路径范围内的资源信息文件，最后才是全局资源信息文件。

8.3 带参数的动态可变的国际化信息

8.3.1 采用{数字}形式为资源信息文件提供参数

1. 为什么要提出对国际化信息带参数的要求

尽管在 Struts2 框架中提供了 3 种不同形式和层次的资源信息文件，这也只是解决了在应用系统中的国际化信息的“分层”存储的技术问题。当然，这样的技术实现方案相对于早期的 Struts 框架中只提供了一个资源信息文件的实现方式应该更灵活，但目前在资源信息文件中的各条信息仍然是“静态”固定的。

而在实际应用中，也希望能够产生动态的信息，比如错误提示信息或者人机交互的提示信息等，在系统设计和开发实现过程中是不能固定的。　如何产生“动态”提示信息？

2. 在 Struts2 框架中提供了两种不同形式的实现方法

在 Struts2 框架中不仅提供了对静态资源信息的支持，也提供了动态资源信息的支持，而且提供了两种不同形式的动态资源信息实现方法：

- 在国际化消息文本以“{数字}”的方式带参数。
- 在消息资源文件中直接使用 EL 表达式动态地获得 Action 类中的某个属性名的值。

3. 应用{数字}形式为项目中的资源信息文件提供参数

修改项目中的简体中文全局资源信息文件中 key 键名为 strutsweb.title 的信息，在该信息的后面添加一个{0}，如图 8.42 所示。

然后在 userLoginI18n.jsp 页面中利用<s:param>标签为图 8.42 中所示的资源信息内的{0}参数赋值，如图 8.43 所示。

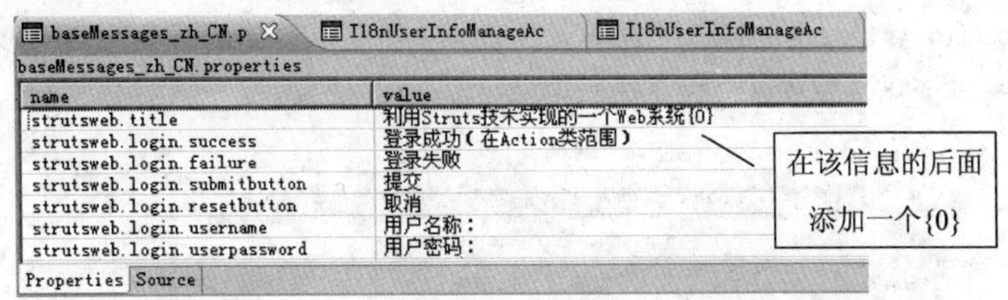

图 8.42　在项目中采用{数字}形式为资源信息文件提供参数

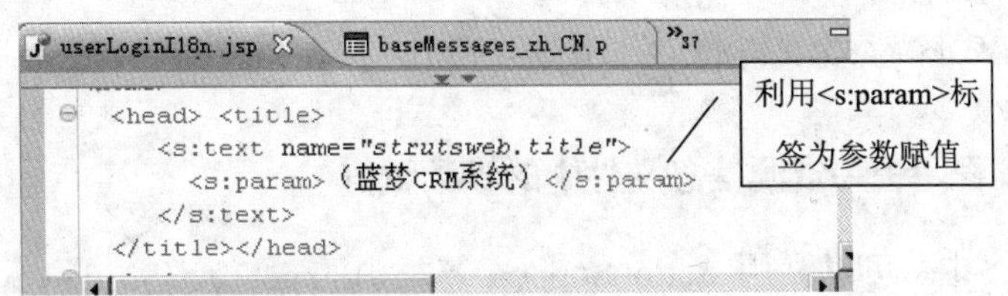

图 8.43　在页面中利用<s:param>标签为参数赋值

4. 在页面中为资源信息文件中的参数赋值

将本示例系统再次部署到 Tomcat 服务器中，然后在浏览器窗口内按 F5 键刷新当前页面，出现如图 8.44 所示的页面信息，但在浏览器窗口的标题条中出现了新的提示信息（来自于图 8.43 所示的参数）。

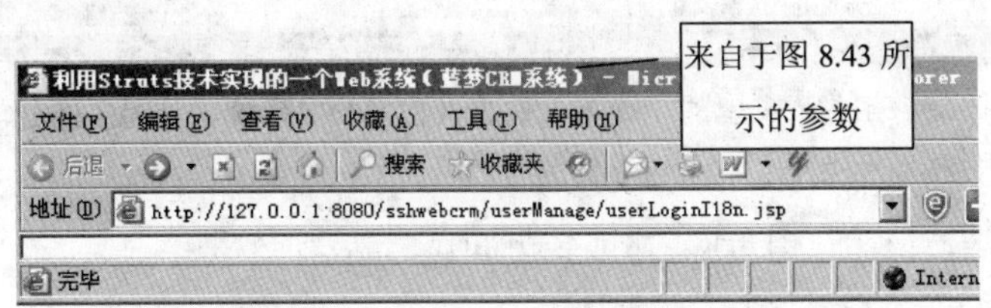

图 8.44　在浏览器窗口标题条中出现了参数信息

当然，也可以通过变量获得具体的值，使得对参数的赋值更加灵活和多样化。如下为实现的代码片段示例，将最终的参数值保存到页面作用域内的 titleKey 变量中：

```
<%  pageContext.setAttribute("titleKey","（蓝梦 CRM 系统：变量）");  %>
<s:text name="strutsweb.title" >
    <s:param>${titleKey}</s:param>      应用页面作用域内的
</s:text>                               titleKey 变量值
```

将上面的代码片段示例替换图 8.43 所示的 userLoginI18n.jsp 页面中的<s:text>和<s:param>标签，然后再按 F5 键刷新当前的 userLoginI18n.jsp 页面，将出现如图 8.45 所示的结果，并在浏览器窗口标题条中出现了 titleKey 参数信息。

也可以通过会话作用域内的变量获得具体的值，如下为实现的代码片段示例：

```
<%  session.setAttribute("titleKey","（蓝梦 CRM 系统：变量）");   %>
```

```
<s:text name="strutsweb.title" >
    <s:param>${titleKey}</s:param>
</s:text>
```

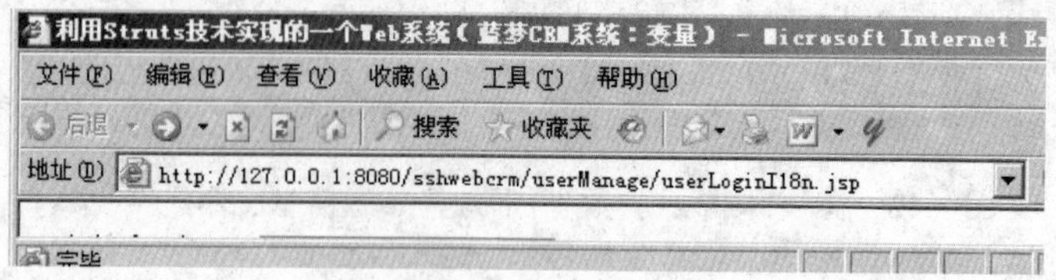

图 8.45　在浏览器窗口标题条中出现了 titleKey 参数信息

5. 在 Action 程序中为资源信息文件中的参数赋值

在 Action 程序中，可以利用 ActionSupport 基类中的 getText(String key, String[] args)或者 getText(String aTextName,List args)方法为资源信息文件中的参数赋值，如下为对例 8-2 的 execute()方法中的代码修改后的结果代码示例：

```
String messagesParamArrayValues[]={"（蓝梦 CRM 系统：在 Action 类）"};
resultMessage =this.getText("strutsweb.title",messagesParamArrayValues);
```

然后通过 userLoginI18n.jsp 页面对例 8-2 中的 Action 程序发送请求，测试本功能的最终实现的效果，出现如图 8.46 所示的结果信息。

图 8.46　测试本功能的最终实现的效果

8.3.2　采用${属性名}形式为资源信息文件提供参数

1. 采用${属性名}形式为资源信息文件提供参数的应用场合

该方法只适合在 Action 程序类中为资源信息文件提供参数，不能够应用在 JSP 页面中为资源信息文件提供参数。因此，在应用方面有一定的局限性，但该方法可以在资源信息文件中直接获得表单中某个成员域的属性，从而动态地获得用户所输入的参数。

2. 修改图 8.33 所示的 Action 程序类中的中文资源信息文件

修改图 8.36 所示的 I18nUserInfoManageActionModel_zh_CN.properties 中文资源信息文件中的 key 键名为 strutsweb.login.success 的资源信息，并在该资源信息的尾部添加一个表达式：${userPassWord}，如图 8.47 所示。

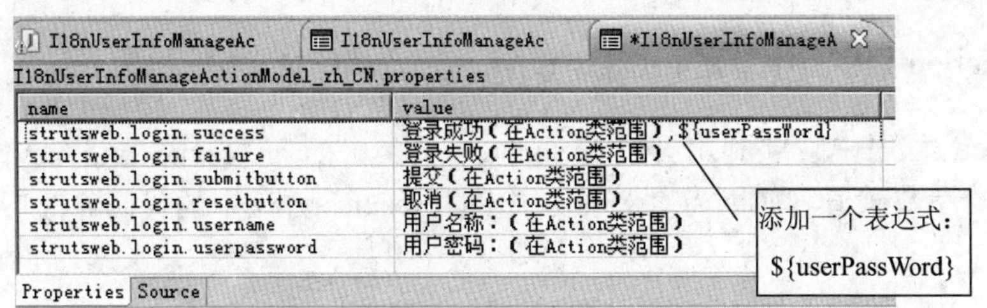

图 8.47 在资源信息的尾部添加一个表达式：${userPassWord}

${userPassWord}的功能含义是在资源文件中直接获得登录表单中用户密码文本框中所输入的密码信息。

3. 在 Action 程序类中采用 getText()方法获得资源信息文字

在 Action 程序中可以利用 ActionSupport 基类中的 getText(String key)方法为资源信息文件中的参数赋值，如下为对例 8-2 中的 execute()方法中的代码修改后的结果代码示例：

```
resultMessage =getUserName()+" "+ this.getText("strutsweb.login.
success");
```

然后通过 userLoginI18n.jsp 页面对例 8-2 中的 Action 程序发送请求，测试本功能的最终实现的效果，出现如图 8.48 所示的结果信息，其中黑体所标识的 12345678 为在登录表单中输入的密码，并与资源信息文件中的相关的资源信息相互组合构成最终的提示信息，然后形成一个总的提示信息字符串向目标 JSP 页面显示输出。

图 8.48 测试本功能的最终实现的效果

8.3.3 采用${getText(属性名)}形式为资源信息文件提供参数

1. 在项目中采用${getText(属性名)}形式为资源信息文件提供参数

继续修改图 8.34 所示的 I18nUserInfoManageActionModel_zh_CN.properties 中文资源信息文件中的 key 键名为 strutsweb.login.success 的资源信息，并在该资源信息的尾部添加一个表达式：${getText(userPassWord)}（将如图 8.46 所示的${userPassWord}改变为${getText(userPassWord)}）。

${getText(userPassWord)}的功能含义也是在资源文件中直接获得登录表单中用户密码文本框中所输入的密码信息。

2. 在 Action 程序类中采用 getText()方法获得资源信息文字

在 Action 程序中继续利用 ActionSupport 基类中的 getText(String key)方法为资源信息文件中的参数赋值，如下为对例 8-2 中的 execute()方法中的代码修改后的结果代码示例：

```
resultMessage =getUserName()+" "+ this.getText("strutsweb.login.
success");
```

然后通过 userLoginI18n.jsp 页面对例 8-2 中的 Action 程序发送请求，测试本功能的最终实现的效果，将出现如图 8.48 所示的结果信息，其中黑体所标识的 12345678 为在登录表单中输入的密码，并与资源信息文件中的相关的资源信息相互组合构成最终的提示信息，然后形成一个总的提示信息字符串向目标 JSP 页面显示输出。

8.4 Web 表单数据校验及在项目中的应用

8.4.1 对 Web 表单请求数据校验的方法

1. 对 Web 表单中的用户输入请求数据必须进行校验（检查）

由于表单是 Web 应用程序中最主要的数据输入界面，对其中提交的各个请求的数据，必须进行校验以保证在应用系统后台所接收的各个数据是正确的和满足应用系统要求的。

如果在图 8.22 所示的用户登录功能的 userLoginI18n.jsp 页面表单中不输入任何的用户名和密码等方面的数据，而直接向系统后台提交表单，如图 8.49 所示。

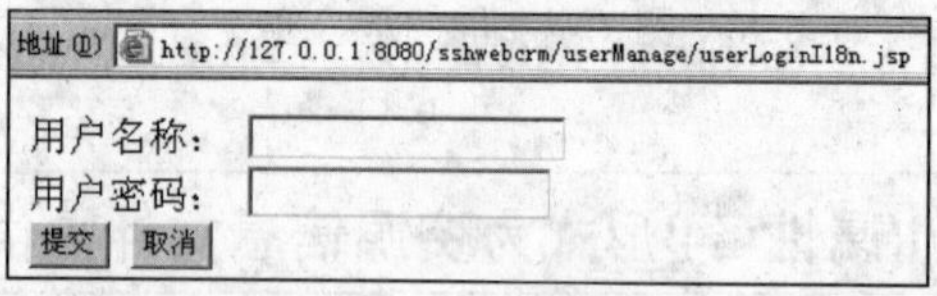

图 8.49 在表单中不输入任何的数据而直接提交

此时从逻辑上来说，肯定是登录不成功的。但系统后台仍然被触发，并正常地操作访问数据库系统，这无形中会浪费系统的资源和让系统后台程序大量地做无用功。

2. 常规的表单数据校验方法是应用客户端 JavaScript 脚本

常规的表单数据校验方法是应用客户端 JavaScript 脚本并编写<form>标签的 onsubmit 事件处理函数，然后在 onsubmit 事件响应函数中检查表单中的各个成员域的数据是否满足应用系统中的要求。如图 8.50 所示是在 userLoginI18n.jsp 页面表单中应用 JavaScript 脚本后出现的错误提示信息示图。

图 8.50　应用客户端 JavaScript 脚本校验表单数据

应用客户端 JavaScript 脚本会带来一定的安全性问题，如果用户在浏览器端禁用了 JavaScript 脚本，则浏览器不对 JavaScript 脚本进行解析，校验程序将不再执行。如图 8.51 所示为微软 IE 浏览器中禁用 JavaScript 脚本的设置对话框，因此在应用系统的服务器端也必须提供表单数据校验程序。

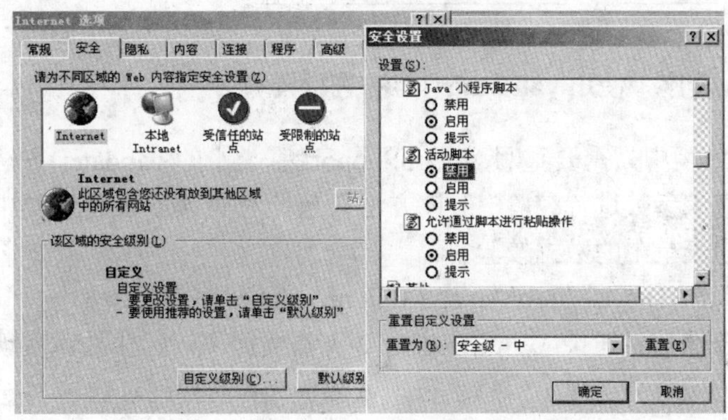

图 8.51　在微软 IE 浏览器中禁用 JavaScript 脚本的设置对话框

3. Struts2 框架中提供了对表单数据进行校验的技术支持

Web 前台客户端的 JavaScript 校验脚本一般是为了减少用户的误操作和避免输入错误数据以提高用户对应用系统使用的体验度；而服务器端后台的数据校验一般是为了保证数据的安全性。因此，客户端和服务器端数据校验二者在应用方面并不冲突，而且是相互配合，恶意的表单提交将使用服务器后台程序验证。

在 Struts2 框架中，也提供了对 Web 表单数据进行校验的技术支持，而且提供了两种不同的技术实现方式的支持：

- 编程方式：在 Aciton 程序类中重写 ActionSupport 基类中的 validate()方法。
- 校验框架：应用 XML 配置文件方式实现 Web 表单中的数据校验。

4. Struts2 框架中应用编程方式校验实现的基本流程

每当 Web 表单进行请求提交后，Struts2 框架运行时系统程序首先对表单中的输入数据进行类型转换并将此值设置成 Action 程序中的属性值。如果不能成功转换，Struts2 框架自动生成一条错误信息，并将该错误信息放到错误信息集合中；然后通过反射调用

validateXxx()数据校验程序，如果数据类型转换与数据校验都没有错误发生，就调用 Action 类中的默认处理器 execute()方法，否则请求将转发到结果名为 input 的视图中。

5. 如何保存错误信息和显示错误信息

在应用编程方式校验 Web 表单时，可以在 Action 类中的 validate()校验方法内采用 addFieldError()方法产生错误信息。在 validate()方法中，一旦校检失败（表单请求的参数没有满足系统中的要求），就可以把失败的错误提示信息通过 addFieldError()方法添加到系统的 fieldError 错误信息集合中。

在错误信息显示的页面中利用<s:fielderror>标签显示输出指定的错误信息，但该错误信息显示页面应该是结果名为 input 的视图所对应的 JSP 页面。

8.4.2 在服务器端应用编程方式实现表单校验

1. 在 Action 程序中使用 validator()方法进行校验

在 Aciton 程序类中只需要重写 ActionSupport 基类中的 validate()方法，并在该方法中对表单中的各个请求参数进行校验。但该方法只是针对向 Action 程序类中的 execute()处理器方法发送请求的表单中的数据校验。

在例 8-2 所示的 I18nUserInfoManageActionModel 程序类中添加一个 validate()方法，并编写该 validate()方法体。如果应用系统本身并不需要提供国际化技术实现的支持，可以直接在代码中给出对应的错误提示信息字符串，如例 8-4 的代码示例。

例 8-4 对表单实现校验的 validate()方法代码示例。

```
public void validate() {
    if(getUserName()==null||getUserName().equals("")){
        addFieldError("oneUserInfo.userName","你的用户名称为空！请输入用户名
        称！");  }
   if(getUserPassWord()==null||getUserPassWord().equals("")){
     addFieldError("oneUserInfo.userPassWord","你的用户密码为空！请输入用户密
     码！");
   }
  if(getUserPassWord().length() <4){
        addFieldError("userPassWord","你的用户密码长度少于 4 位！");
  }
}
```

2. 为 Action 程序提供一个结果名为 input 视图的目标定义设置

在配置文件 struts.xml 中，为例 8-2 所示的 Action 程序类提供一个结果名为 input 视图的定义设置：<result name ="input">/userManage/userLoginI18n.jsp</result>，如图 8.52 所示。其目的是在出现校验错误后，Struts2 框架的运行系统程序将自动地跳回该 input 结果视图

所对应的目标定义页面中进行错误的显示输出。

图 8.52　为 Action 程序类提供一个结果名为 input 视图的定义设置

3. 在 userLoginI18n.jsp 中显示输出校验错误信息

为了能够及时地提醒操作者出现了数据输入方面的错误，需要在用户登录请求的 userLoginI18n.jsp 页面中显示输出校验错误信息。因此，需要修改结果名为 input 的视图所对应的目标定义页面 userLoginI18n.jsp，并在其中添加<s:fielderror/>标签，如图 8.53 所示。

图 8.53　在用户登录请求的 userLoginI18n.jsp 页面中显示输出校验错误信息

4. 测试本示例中的功能实现效果

在浏览器中继续执行 userLoginI18n.jsp 页面，并在页面表单中的用户名和密码文本框中不输入用户的任何身份信息，如图 8.54 所示，而直接提交表单。

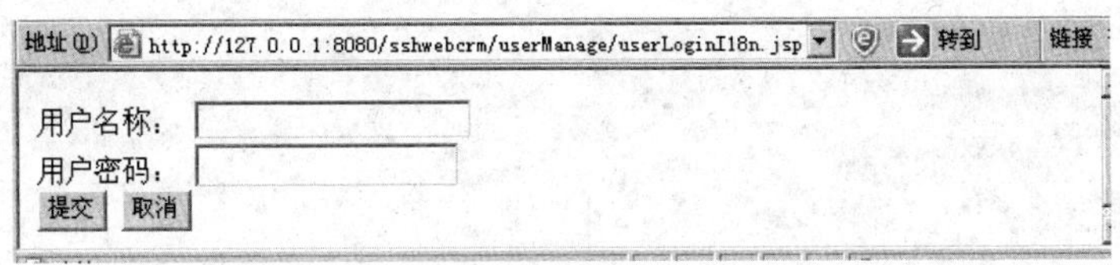

图 8.54　在页面表单中不输入用户的任何身份信息

此时将产生如图 8.55 所示的错误提示，这些错误提示信息都来自于 Action 程序类的 validate()方法中的数据校验错误信息。

5. 在页面中只显示特定的错误信息项目

如果在数据校验过程中，在错误信息显示的页面中只需要显示特定的错误信息项目，而不需要显示全部的错误提示信息，可以在<s:fielderror>标签内应用<s:param>标签指定表单中的成员域名。如下标签示例表示只显示对登录表单中用户名进行校验时的错误信息：

```
<s:fielderror><s:param>userName</s:param></s:fielderror>
```

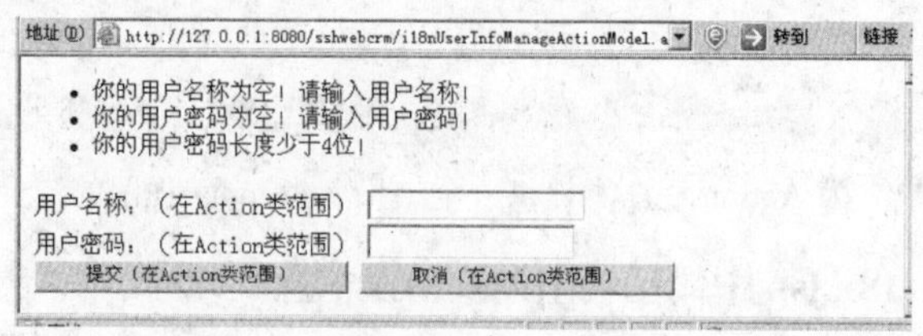

图 8.55　系统及时产生错误提示信息

然后执行图 8.54 所示的页面，尽管在表单中的用户名和密码文本框中都没有输入相关的信息，但只显示与用户名有关的错误信息项目，如图 8.56 所示。

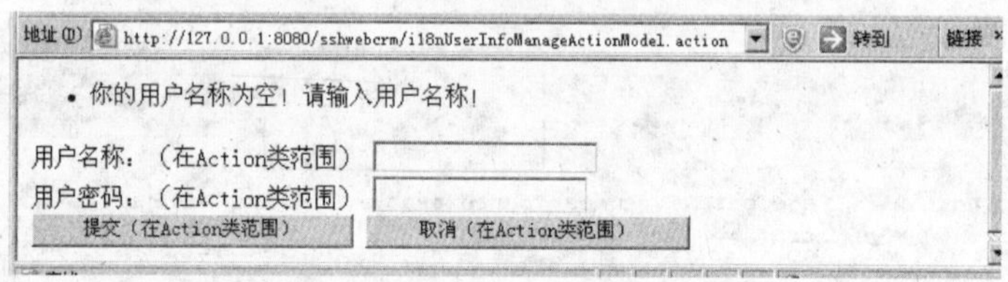

图 8.56　只显示与用户名有关的错误信息项目

6. 应用国际化资源文件保证错误信息与界面信息的语言一致

如果在应用系统中应用了国际化技术实现，不仅要求页面中的各个信息、Action 类中的人机交互信息要以国际化形式显示输出，也希望表单数据校验过程中所产生的错误信息也能应用国际化技术实现，以保证表单数据校验错误信息与界面信息的语言一致。

为此需要在 I18nUserInfoManageActionModel_en_US.properties 英文资源信息文件（如图 8.36 所示）中添加相关的错误信息，如图 8.57 所示图中黑体标识的信息。

userLoginI18n.jsp　I18nUserInfoManageAc　*I18nUserInfoManageA

I18nUserInfoManageActionModel_en_US.properties

name	value
strutsweb.login.success	Login Success(in Action)
strutsweb.login.failure	Login Failure(in Action)
strutsweb.login.submitbutton	Submit(in Action)
strutsweb.login.resetbutton	Reset(in Action)
strutsweb.login.username	User Name:(in Action)
strutsweb.login.userpassword	User PassWord:(in Action)
strutsweb.login.userName.required	userName is required !
strutsweb.login.userPassWord.required	userPassWord is required !
strutsweb.login.userPassWord.length	userPassWord is more 4 character !

图 8.57　在 Action 程序内的英文资源信息文件中添加相关的资源信息

同样也在 I18nUserInfoManageActionModel_zh_CN.properties 中文资源文件（如图 8.34 所示）中添加相关的错误信息，如图 8.58 所示的黑体标识的信息。

也需要在 I18nUserInfoManageActionModel.properties 默认资源文件（如图 8.37 所示）

中添加有关的错误信息，与英文错误信息相同，如图 8.57 所示图中黑体标识的信息。

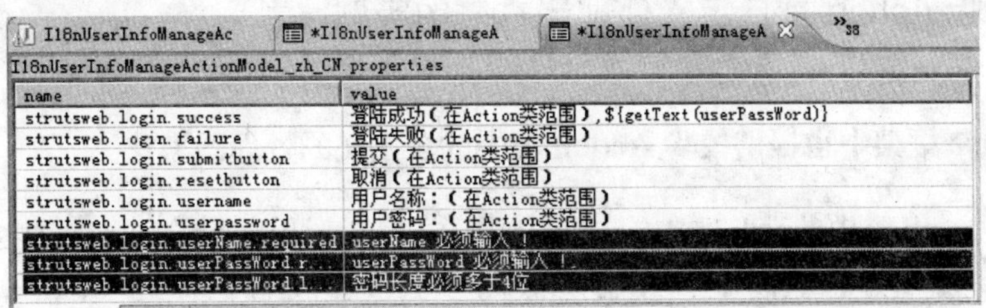
I18nUserInfoManageActionModel_zh_CN.properties

name	value
strutsweb.login.success	登陆成功（在Action类范围），${getText(userPassWord)}
strutsweb.login.failure	登陆失败（在Action类范围）
strutsweb.login.submitbutton	提交（在Action类范围）
strutsweb.login.resetbutton	取消（在Action类范围）
strutsweb.login.username	用户名称：（在Action类范围）
strutsweb.login.userpassword	用户密码：（在Action类范围）
strutsweb.login.userName.required	userName 必须输入！
strutsweb.login.userPassWord.r...	userPassWord 必须输入！
strutsweb.login.userPassWord.l...	密码长度必须多于4位

图 8.58　在 Action 程序内的中文资源信息文件中添加相关的资源信息

然后修改 I18nUserInfoManageActionModel 程序类中的 validate()方法为例 8-5 所示的示例代码，利用 getText()方法动态获得资源信息文件中指定 key 键名的资源信息字符串，请注意其中黑体标识的语句。

例 8-5　在 validate()方法中获得资源信息文件中的信息的代码示例。

```
public void validate() {
    if(getUserName()==null||getUserName().equals("")){
        addFieldError("oneUserInfo.userName",
                    getText("strutsweb.login.userName.required"));
    }
   if(getUserPassWord()==null||getUserPassWord().equals("")){
        addFieldError("oneUserInfo.userPassWord",
                    getText("strutsweb.login.userPassWord.required"));
        }
   if(getUserPassWord().length() <4){
        addFieldError("userPassWord.length",
                    getText("strutsweb.login.userPassWord.length"));
    }
}
```

在浏览器中继续执行如图 8.52 所示的 userLoginI18n.jsp 页面，并在页面表单中的用户名和密码输入框中仍然不输入用户的任何身份信息，如图 8.54 所示，而直接提交表单。此时将产生如图 8.59 所示的错误提示，这些错误提示信息都来自于 Action 程序范围的资源信息文件中的对应的错误信息，并与图 8.55 所示的错误信息进行对比，是有差别的。

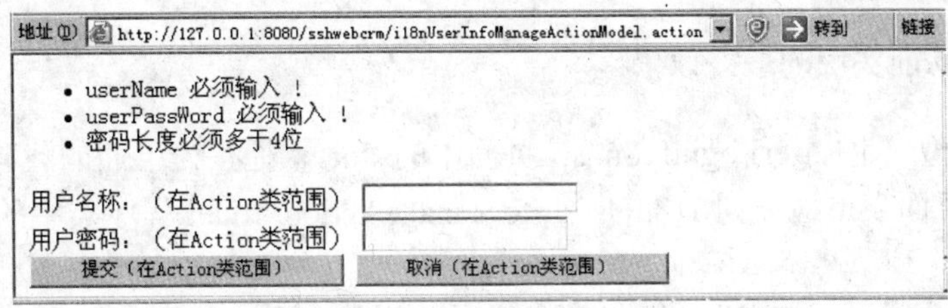

图 8.59　显示 Action 程序范围的资源信息文件中的对应的错误信息

8.4.3 校验 Action 类自定义处理器方法的实例

1. Struts2 框架中也提供校验 Action 类中的自定义的处理器方法

由于在 Action 类中的 validate 方法只适用于向 Action 程序中的 execute()处理器方法发送请求的表单数据校验，而不适用于自定义扩展的处理器方法。为此，在 Struts2 框架中也支持校验特定方法的 validateXxx()方法，其中的"Xxx"代表 Action 类中的自定义扩展的处理器方法名称。

因为，如果只需要对 Action 类中的单个或者部分处理器方法进行表单数据校验，则需要重写 validateXxx()方法。由于 Struts2 框架是通过 Java 反射技术实现对数据校验 validateXxx()方法调用，相对来说性能稍差。而 validate()方法则是通过接口 com.opensymphony.xwork2.Validateable 调用。

2. 校验 Action 类自定义处理器方法的实例

将例 8-2 所示的 I18nUserInfoManageActionModel 程序类中的处理器 execute()方法改名为 doUserLogin()方法名，但方法体内的代码不变。此时只需要将 Action 类中的原来的 validate()校验方法改名为 validateDoUserLogin()，并注意其中的自定义处理器方法 doUserLogin()的方法名中的字母"d"此时要采用大写形式。例 8-2 所示的 I18nUserInfo-ManageActionModel 程序类中的其他代码不需要改变，如图 8.60 所示。

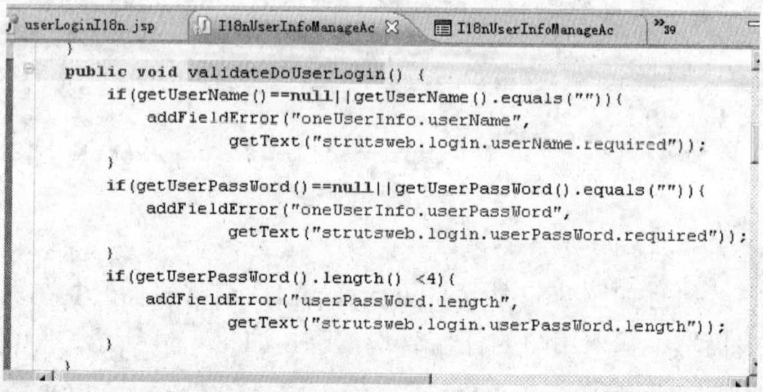

```
userLoginI18n.jsp    I18nUserInfoManageAc    I18nUserInfoManageAc    »39
    }
    public void validateDoUserLogin() {
        if(getUserName()==null||getUserName().equals("")){
            addFieldError("oneUserInfo.userName",
                    getText("strutsweb.login.userName.required"));
        }
        if(getUserPassWord()==null||getUserPassWord().equals("")){
            addFieldError("oneUserInfo.userPassWord",
                    getText("strutsweb.login.userPassWord.required"));
        }
        if(getUserPassWord().length() <4){
            addFieldError("userPassWord.length",
                    getText("strutsweb.login.userPassWord.length"));
        }
    }
```

图 8.60 将 Action 类中的 validate()校验方法改名为 validateDoUserLogin()

3. 测试本功能实现的最终效果

修改例 8-1 所示的 userLoginI18n.jsp 页面中的<form>标签为下面的代码示例，以保证图 8.22 所示的页面表单继续向 I18nUserInfoManageActionModel 程序类中的 doUserLogin()方法提交请求：

```
<form " method="post" action="${pageContext.request.contextPath}/
                    i18nUserInfoManageActionModel!doUserLogin.action">
```

部署本应用系统到 Tomcat 服务器中，在浏览器中继续执行图 8.22 所示的 userLoginI18n.jsp 页面，并在页面表单中的用户名和密码文本框中仍然不输入用户的任何身份信息，如图 8.59 所示，而直接提交表单。此时将产生如图 8.61 所示的错误提示，并注意其中的 URL 地址栏中的 URL 地址信息。

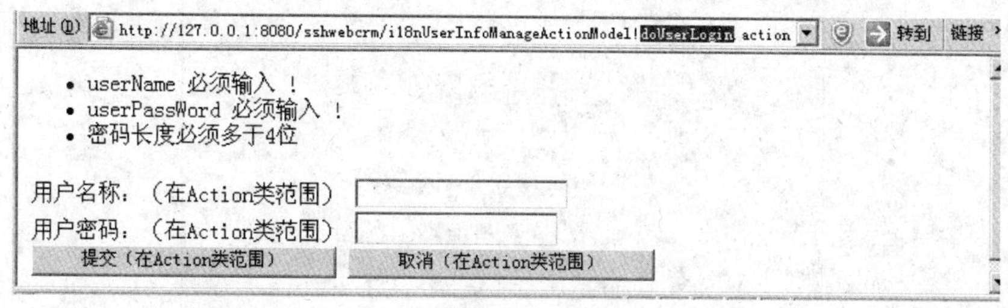

图 8.61　出现表单校验错误的提示信息

从图 8.61 所示的错误信息的输出结果来看，I18nUserInfoManageActionModel 程序类中的 validateDoUserLogin()校验方法已经被触发执行了。

但采用编程方式对表单中的数据进行校验，都存在共同的缺点：不灵活！例如，如果数据校验的要求发生了变化（需要增加对表单中新的数据项目的检查或者改变原来的某个数据项目检查的要求），此时必须修改 Action 程序类中的所有的校验方法的程序代码。

因此，使得“校验程序”和对应的“表单数据”紧密关联。更灵活的校验方法，则是应用可配置化的校验框架。

8.4.4 可配置化的校验框架技术及在项目中的应用

1. Struts2 框架中的可配置化校验框架技术

在 Struts2 框架中提供了可配置化校验框架（也称为 Validator 验证器），通过 Struts2 框架中内带的输入校验器框架，开发人员无须编写任何的校验检查的程序代码，即可完成对表单中大部分的校验功能，并可以同时完成客户端和服务器端的校验要求。

当然，如果应用系统中有特殊的校验规则要求，可以应用本章前文介绍的编程方式的校验方法（在 Action 程序中通过重写 validate()方法来完成自定义的校验逻辑和要求）；另外，Struts2 框架的开放性也允许开发者提供自定义的校验器程序。

Struts2 框架在程序包 com.opensymphony.xwork2.validator.validators 中提供了许多内带的校验器程序，如图 8.62 所示。

2. 在系统默认的 default.xml 文件中定义了各个内带的校验器程序逻辑名

为了方便开发人员在项目中应用 Struts2 框架中内带的各个校验器程序，在系统默认的 default.xml 文件中定义了各个内带的校验器程序逻辑名，如图 8.63 所示。

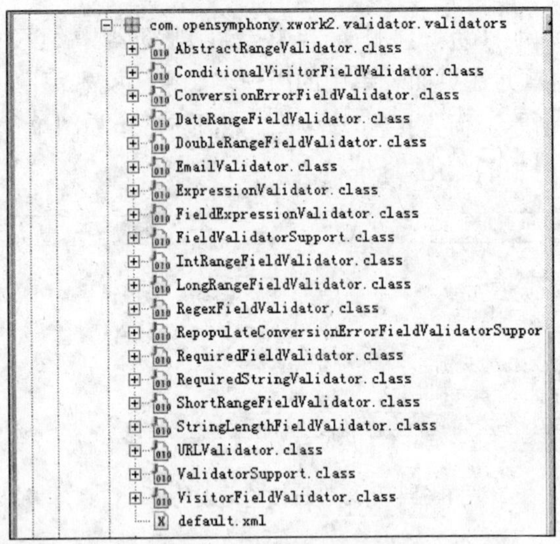

图 8.62　Struts2 框架中提供了许多内带的校验器程序

xwork-2.0.3.jar\com\opensymphony\xwork2\validator\validators - ZIP 压缩文件, 解包大小为 921,957 字节

名称	大小	压缩后大小	类型	修改时间	CRC32
..			资料夹		
AbstractRangeValidator.class	1,198	583	文件 class	2007-5-29 15:33	99C697AE
ConversionErrorFieldValidator.class	1,875	809	文件 class	2007-5-29 15:33	71840E3B
DateRangeFieldValidator.class	1,052	441	文件 class	2007-5-29 15:33	BE7D3FA6
default.xml	1,727	390	XML Document	2007-5-29 15:33	9615747E
DoubleRangeFieldValidator.class	3,124	1,346	文件 class	2007-5-29 15:33	7D184E3F
EmailValidator.class	728	423	文件 class	2007-5-29 15:33	8BAE0B82
ExpressionValidator.class	1,935	959	文件 class	2007-5-29 15:33	2EA12649
FieldExpressionValidator.class	1,891	911	文件 class	2007-5-29 15:33	AF5142C0

图 8.63　在系统默认的 default.xml 文件中定义了各个内带的校验器程序逻辑名

3. Struts2 框架中内带的 12 个校验器程序的主要功能

在 Struts2 框架中总共提供了 12 个系统内带的校验器程序，它们的功能分别如下：

- 必填字段校验器：required。
- 必填字符串验证器：requiredstring。
- 整数校验器：int。
- 日期校验器：date。
- 表达式校验器：expression。
- 字段表达式校验器：fieldexpression。
- 邮件地址校验器：email。
- 网址校验器：url。
- Visitor 校验器：visitor。
- 转换校验器：conversion。
- 字符串长度校验器：stringlength。
- 正则表达式校验器：regex。

4. 可配置化校验框架是通过 validation 拦截器组件实现的

validation 拦截器被注册到系统的默认拦截器栈中，并在 conversionError 拦截器组件程序之后被执行和在 Action 类中的 validateXxx()校验方法之前被调用。

由于使用可配置化的校验框架不仅可以方便地实现表单数据的校验，而且也能将校验程序与业务功能处理的 Action 程序相互分离。因此，应该尽可能使用校验框架。

针对 Action 类中的默认的处理器方法 execute()的校验配置文件的命名规则为：Action 类名-validation.xml，该校验配置文件与对应的 Action 类文件在同一个目录中，如图 8.64 所示。

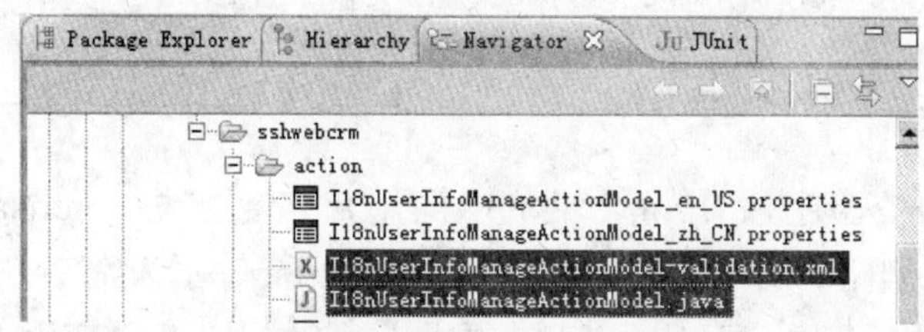

图 8.64　校验框架的 XML 系统配置文件和 Action 程序类放在同一个目录下

5. 在项目中使用可配置化校验框架的应用示例

首先在例 8-2 所示的 I18nUserInfoManageActionModel 程序类中屏蔽编程方式的数据校验方法 validateDoUserLogin()代码（如图 8.60 所示），因为可配置化校验框架不需要再应用编程方式实现。另外，也保证 I18nUserInfoManageActionModel 程序类中的处理器方法名仍然为 execute()。

然后在 com.px1987.sshwebcrm.action 包路径中创建出校验配置文件，校验配置文件名为 I18nUserInfoManageActionModel-validation.xml。校验框架的 XML 系统配置文件要和 I18nUserInfoManageActionModel 程序类放在同一个目录下，如图 8.64 所示。

设计该校验框架的 XML 系统配置文件中的内容，在其中指定表单中的成员域字段名和具体的校验要求，如例 8-6 所示，请注意其中黑体所标识的内容。

例 8-6　校验框架的 XML 系统配置文件中的代码示例。

```
<?xml version="1.0" encoding="UTF-8" ?>
<!DOCTYPE validators PUBLIC
        "-//OpenSymphony Group//XWork Validator 1.0//EN"
        "http://www.opensymphony.com/xwork/xwork-validator-1.0.2.dtd" >
<validators>
  <field name ="userName">          应该与表单中的用户名文本框 userName 同名
      <field-validator type ="requiredstring">
           <param name="trim">true</param>
          <message key="strutsweb.login.userName.required" />
```

```
        </field-validator>
    </field>
    <field name ="userPassWord">
        <field-validator type ="requiredstring">
            <param name="trim">true</param>
          <message key="strutsweb.login.userPassWord.required" />
        </field-validator>
        <field-validator type="regex">
         <param name="expression"><![CDATA[(\w{4,10})]]></param>
          <message key="strutsweb.login.userPassWord.length" />
         </field-validator>
    </field>
</validators>
```

应该与表单中的密码文本框 userPassWord 同名

应用正则表达式校验程序检查密码的长度是否在 4～10 个字符之间

在例 8-6 中的校验字段是登录表单中的用户名文本框 userName 和密码文本框 userPassWord，对它们两者的校验要求都为 requiredstring（不为空字符串的验证要求），如果为空则返回错误提示信息；而对于密码文本框 userPassWord 再应用正则表达式校验程序检查密码的长度是否在 4～10 个字符之间。

当然，例 8-6 示例 XML 文件是针对 Action 类中的默认处理器方法 execute()的校验，如果为自定义的扩展方法，则要改变为其他格式的校验框架的 XML 系统配置文件名。

6. 测试本功能实现的最终效果是否满足要求

保证例 8-1 所示的 userLoginI18n.jsp 页面中的<form>标签为下面的代码示例，以保证图 8.22 所示的页面表单继续向 I18nUserInfoManageActionModel 程序类中的默认的处理器 execute()方法提交请求：

```
<form method="post" action="${pageContext.request.contextPath}/
                                i18nUserInfoManageActionModel.action">
```

部署本系统项目中的各个程序到 Tomcat 服务器中，然后在浏览器中输入如下的 URL 地址：http://127.0.0.1:8080/sshwebcrm/userManage/userLoginI18n.jsp 继续执行 userLoginI18n.jsp 页面，并在页面表单中的用户名和密码文本框中不输入用户的任何身份信息，如图 8.54 所示，而直接提交表单。将出现如图 8.65 所示的错误提示信息。

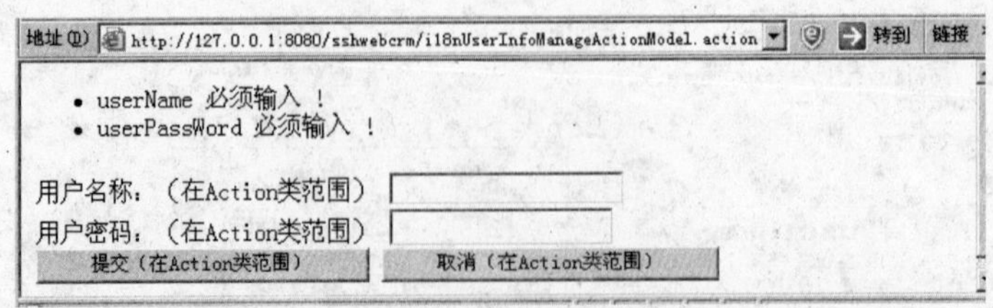

图 8.65　应用校验框架程序返回的错误提示信息

8.4.5　为自定义处理器方法提供不同的校验配置文件

1. 自定义处理器方法的校验配置文件命名规则

当项目中的 Action 类提供多个不同的业务处理器方法时，应用系统可能需要对其中的不同的处理器方法要求提供不同的校验规则，比如在用户登录功能的处理器方法中需要识别用户名和密码是否为空，而在用户注册功能的处理器方法中不仅要求用户名和密码不为空，而且还要求用户两次输入的密码（密码和确认密码）必须相同等。

此时可以分别为 Action 类中的不同处理器方法提供对应的校验规则定义文件，校验文件的命名规则为：Action 类名-Action 类逻辑名-validation.xml，该校验配置文件同样也要与对应的 Action 类文件在同一个目录中，如图 8.64 所示。

2. 为 Action 类提供自定义处理器方法

将例 8-2 所示的 I18nUserInfoManageActionModel 程序类中的处理器 execute()方法改名为 doUserLogin()方法名，但方法体内的代码不变，如图 8.66 所示的代码示例。

```
I18nUserInfoManageAc   I18nUserInfoManageAc   I18nUserInfoManageAc   I18nUserInfoManageAc   »40
    public String doUserLogin(){      //在该方法中进行用户登陆的功能实现
        boolean returnResult=getUserName().equals("yang1234") &&getUserPassWord().equals("12
        if(returnResult){
            oneUserInfo=new UserInfoActionForm();
            oneUserInfo.setUserName(userName);
            oneUserInfo.setUserPassWord(userPassWord);
            HttpSession session=ServletActionContext.getRequest().getSession();
            session.setAttribute("oneUserInfo", oneUserInfo);
            //          resultMessage =getUserName()+" "+ this.getText("strutsweb.login.suc
            //          resultMessage =getUserName()+" "+ this.getText("strutsweb.login.act
            resultMessage =getUserName()+" "+ this.getText("strutsweb.login.success");
```

图 8.66　为 I18nUserInfoManageActionModel 程序类提供自定义处理器方法

在例 8-3 所示的 struts.xml 系统配置文件中为 I18nUserInfoManageActionModel 类中的 doUserLogin()方法提供一个新的逻辑名称，最终的配置项目如例 8-7 所示，并注意其中黑体标识的标签。

例 8-7　为 doUserLogin 方法提供一个新的逻辑名称的代码示例。

```
<?xml version="1.0" encoding="UTF-8" ?>
<!DOCTYPE struts PUBLIC
   "-//Apache Software Foundation//DTD Struts Configuration 2.0//EN"
   "http://struts.apache.org/dtds/struts-2.1.dtd">
<struts>
    <include file="struts-default.xml"/>
    <package  name ="userInfoPackage"  extends ="struts-default" >
      <action name="i18nUserInfoManageActionModel"   class=
          "com.px1987.sshwebcrm.action.I18nUserInfoManageActionModel">
        <result name="success">/userManage/loginSuccess.jsp</result>
```

```
        <result name ="input">/userManage/userLoginI18n.jsp</result>
      </action>
    <action name="validateI18nUserInfoManageActionModel" method=
    "doUserLogin"
        class="com.px1987.sshwebcrm.action.I18nUserInfoManage-
        ActionModel">
        <result name ="input">/userManage/userLoginI18n.jsp</result>
    </action>
    </package>
</struts>
```

3. 为 Action 类中的自定义处理器方法提供校验配置文件

在项目中，为 Action 类中的自定义处理器 doUserLogin()方法提供一个新的校验配置文件，校验配置文件名如下，但其中的校验标签内容与例 8-6 所示的 I18nUserInfoManageActionModel-validation.xml 校验文件相同，如图 8.67 所示：

```
I18nUserInfoManageActionModel-validateI18nUserInfoManageActionModel-val
idation.xml
```

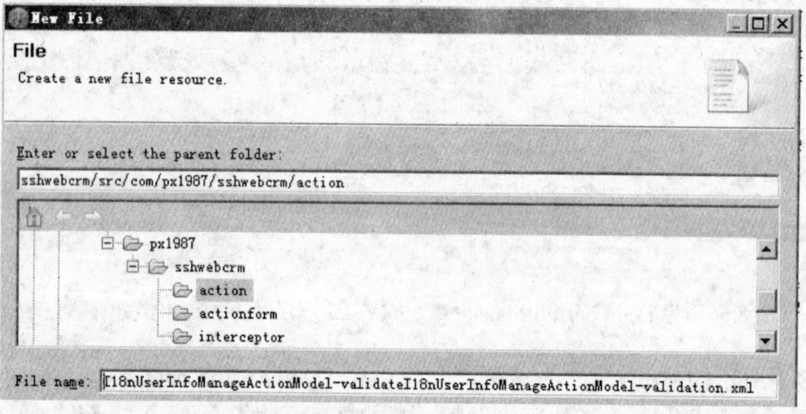

图 8.67 为 Action 类中的自定义处理器方法提供校验配置文件

4. 测试本功能实现的最终效果

修改例 8-1 所示的 userLoginI18n.jsp 页面中的<form>标签为下面的代码示例（请注意其中黑体标识的逻辑名），继续保证图 8.22 所示的 JSP 页面表单能够向 I18nUserInfoManageActionModel 程序类中的 doUserLogin()方法提交请求：

```
<form method="post" action="${pageContext.request.contextPath}/
                        validateI18nUserInfoManageActionModel.action">
```

注意，要将前面例 8-6 所示的默认的校验配置 XML 文件 I18nUserInfoManageAction-Model-validation.xml 除掉，否则会出现重复验证。然后部署本应用系统到 Tomcat 服务器中，在浏览器中继续执行图 8.22 所示的 userLoginI18n.jsp 页面，并在页面表单中的用户名和密码文本框中仍然不输入用户的任何身份信息，如图 8.59 所示，而直接提交表单。此时将产生如图 8.68 所示的错误提示，其中的 URL 地址栏中的 URL 地址信息为新的逻辑名。

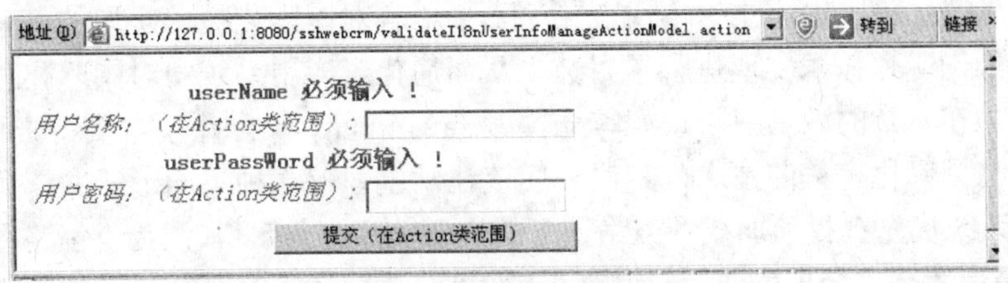

图 8.68　对自定义的处理器方法校验时出现表单校验错误的提示信息

小　结

教学重点

从应用系统的设计角度来看国际化的技术实现，只需要把应用系统功能实现程序中与语言和文化有关的内容分离，并放到资源文件中。但一个应用系统能够称其为国际化的应用系统，应该满足如下的基本要求：

- 能够自动地区分应用系统本身所处的应用场所，并自动地使用对应的资源信息文件显示相应的信息。
- 在不改变和不重新编译应用系统核心功能实现代码的前提下，只需要提供对新的场所的资源信息文件，应用系统就能够支持新的语言环境。
- 根据应用系统本身所处的语言环境，自动格式化与场所有关的敏感条目（比如日期和货币等）为相应的场所和语言支持的格式。

在 Struts2 框架中对应用系统的国际化技术实现，提供了全面的技术支持。主要体现在 JSP 页面信息的国际化、Action 程序中的输出信息的国际化，表单数据校验方法中的错误提示信息及验证框架中的 XML 配置文件内的错误提示信息的国际化方面。

Web 表单是 Web 应用程序中最主要的用户信息及数据的输入界面，对用户提交的各个请求的数据，必须进行校验以保证在应用系统后台所接收到的各个请求数据是正确和有效的。在 Struts2 框架中提供了编程方式和可配置化方式实现对表单中提交的请求参数进行校验，而所有这些功能实现都与 Struts2 框架中的 validation 默认拦截器有关。

学习难点

在 Struts2 框架中针对国际化技术实现，提供了 3 种不同形式的资源信息文件，而且每种形式的资源文件名都有一定的要求。在学习与国际化技术实现有关的内容时，要注意资源信息文件名的命名规则：基础名+语言编码+国家编码.properties。而其中的“基础名”与资源信息文件的类型有关，在学习中需要明确这个规则。

而在 Web 表单数据校验技术实现中，要注意在 Struts2 框架中内带的 12 个校验器程序的主要功能和要注意对 Action 类中自定义处理器方法的校验方法名的命名规则。

教学要点

Struts2 框架中的国际化技术是建立在 Java 语言对国际化技术实现的基础之上，并对 Java 语言中的国际化技术实现进行了封装，从而简化了应用系统中对国际化技术的应用和实现。因此，在本章的教学中，最好首先回顾 Java 语言对国际化技术支持方面的知识。

在讲解与国际化有关的技术内容时，应该让学生理解 3 种不同形式的资源信息文件加载的顺序。系统优先查找和加载“类路径下的资源信息文件”，其次为“包路径下的资源信息文件”，最后才是“全局资源信息文件”。如果在 3 种形式的资源信息文件中都没有提供对应的键名（key）的提示信息，将直接输出键名，如图 8.69 所示。

图 8.69　出现直接输出键名的显示错误

Web 表单数据校验重点在“数据形式”和“数据格式”方面的检查工作，而不是“数据逻辑”方面的检查。比如表单中的某个输入项目不能为空、E-mail 格式是否正确或者判断用户名、密码长度是否在规定的范围内等方面的检查等。而对于“数据逻辑”方面的检查，属于业务处理方面的功能实现，应该由业务功能程序完成。

在服务器端应用编程方式实现表单校验时，要注意校验方法的名称与 Action 类中的处理器方法有关。如果 Action 类中的处理器方法为 execute()，则校验方法的名称为 validate()；而如果 Action 类中的处理器方法为 xxxYYYY()，则校验方法的名称为 validateXxxYYYY()。

学习要点

无论是在企业级的应用系统开发实现中，还是一个简单的应用程序示例中都应该考虑对表单中的数据进行校验。如果在应用系统中没有统一的、设计良好的数据校验功能实现，可能使得完成校验的代码遍布在整个应用系统中的各个部分；从而导致“数据校验”功能实现代码与应用系统中的“业务逻辑”功能实现代码紧密耦合；另外，一旦校验规则发生改变，就需要修改应用系统中多处不同的功能实现代码。

因此，在应用系统的设计中，应该考虑能否将应用系统中的“数据校验”功能的实现与系统中的“业务逻辑”功能的实现代码相互分离，使得应用系统中的“业务逻辑”功能的实现代码和“数据校验”功能的实现代码各自独立地变化；同时还能够对数据校验功能的实现代码加以重用。

而在 Struts2 框架中所集成的可配置化的校验框架技术，无须编写具体的校验功能实现代码，并能够帮助开发者达到松散耦合的系统设计和开发实现的目标。因为校验规则的实现代码与应用系统中的业务逻辑的功能实现代码是各自分离的，而校验规则和业务功能之间的松散耦合使得保持校验逻辑和业务需求功能的同步变化更加容易。

练　习

1. 单选题

（1）为 Struts2 框架中的 FileUpLoadAction 程序类所写的校验规则应该定义在如下哪个配置文件中？（　　）

（A）web.xml　　（B）struts.xml

（C）validation.xml　　（D）FileUpLoadAction-validation.xml

（2）如下哪个 Struts2 标签体现了 Struts2 框架对国际化技术实现的支持？（　　）

（A）<s:property value="getText('some.key')" />

（B）<s:text name="some.key" />

（C）<s:textfield name="username" key="user">

（D）<s:i18n name="some.package.bundle" ><s:text name="some.key" /> </s:i18n>

（3）为了让 Struts2 框架中的 Action 程序类获得国际化、异常处理等方面的技术支持，需要让项目中的 Action 程序类继承于如下的哪个类？（　　）

（A）Action 接口　　（B）ActionSupport

（C）ActionMapping　　（D）ActionForward

（4）在 Struts2 框架中如果采用编程方式实现表单数据校验，在 Aciton 程序类中需要重写如下哪个类中的 validate()方法？（　　）

（A）Action　　（B）ActionSupport

（C）UserInfoAction　　（D）ActionValidate

（5）Struts2 框架中的各个内带的校验器程序的逻辑名是在如下哪个配置文件中定义的？（　　）

（A）struts.xml　　（B）struts-default.xml

（C）web.xml　　（D）default.xml

2. 填空题

（1）在 JSP 页面中，可以利用________标签获得国际化资源信息文件中的信息，而在 Action 程序中可以利用________基类中的________方法获得国际化资源信息文件中的信息。

（2）如果某个系统中的全局国际化资源信息的基础名为 baseMessages，则保存中文信息的国际化资源文件名为________，而保存英语信息的国际化资源文件名为________，默认资源信息文件名为________。

（3）Struts2 框架中的国际化资源信息文件加载的顺序分别是________、________、________，如果在 3 种资源信息文件中都没有提供对应的 key 键值的提示信息，将出现________。

（4）在 Struts2 框架中提供了对 Web 表单数据进行校验的技术支持，而且提供两种不同的技术实现方式的支持。它们分别是________和________。

（5）在 Web 表单数据校验技术实现中，________类中的 validate()校验方法只适用于 Action 程序中的________处理器方法发送请求的表单数据校验。而如果需要对 Action 类中的 doUserLogin()处理器方法进行表单数据校验，则需要在 Action 类中重写_________方法。

3. 问答题

（1）什么是应用系统的国际化技术？为什么要实现应用系统的国际化？Java 语言如何提供对国际化技术实现的支持？

（2）通过具体的程序示例说明 Struts2 框架如何提供对国际化技术实现的支持，并描述 i18n 拦截器的主要作用。

（3）在 Struts2 框架中对国际化资源信息文件的命名有哪些规则？什么是全局资源信息文件？什么是包路径资源信息文件？什么是类路径资源信息文件？说明 3 种不同形式的资源信息文件加载的顺序。

（4）为什么要提出对国际化信息带参数的应用要求？通过具体的示例说明在 Struts2 框架中提供了哪些形式的实现方法。

（5）简述 Struts2 框架中所提供的对用户表单输入进行校验的技术实现支持的基本原理，提供了哪些形式的表单校验方式。

（6）简述 Struts2 框架中的可配置化校验框架技术特性有哪些。Struts2 框架中内带有哪些校验器程序？主要的功能是什么？说明可配置化校验框架的配置文件的命名规则。

4. 开发题

（1）如图 8.70 所示为某个应用系统中的查询用户信息的表单，应用 Struts2 框架中的国际化技术实现该查询功能，要求 JSP 页面和 Action 类中的提示信息全部为国际化信息，并且提供简体中文和美式英文的资源信息文件。

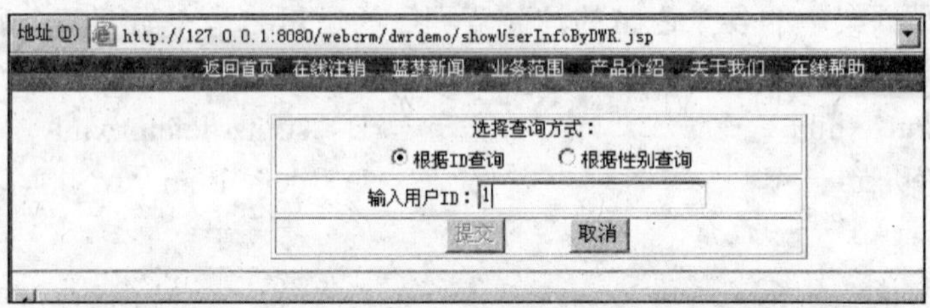

图 8.70 某个应用系统中的查询用户信息的表单

（2）如图 8.71 所示为某个应用系统中的查询城市信息的表单，应用 Struts2 框架中表单数据校验技术对该表单中的各个数据进行验证检查，要求分别应用编程方式和可配置化框架两种不同的实现技术。

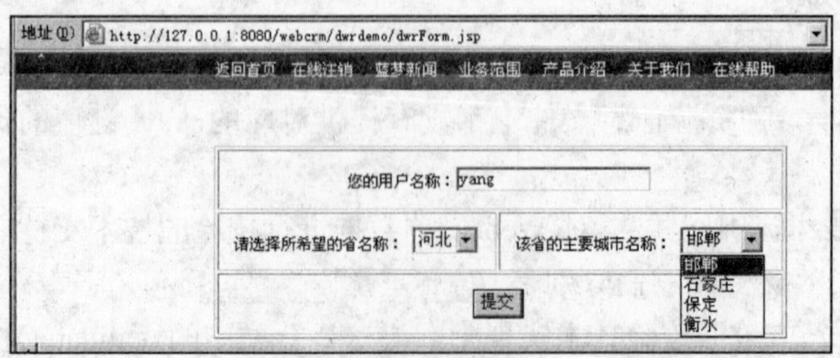

图 8.71 某个应用系统中的查询城市信息的表单

第 9 章　Struts2 框架的高级应用

CHAPTER 9

Struts2 框架不仅提供对国际化和表单验证等技术的支持，同样也还提供文件上传、下载，以及防止表单重复提交等实用的技术支持。本章除了重点介绍如何在 Struts2 框架中实现文件上传（也包括多文件上传和限制上传文件的类型和长度），文件下载并对下载过程进行访问控制以外，还介绍了如何防止表单数据被重复提交，以避免后台程序大量地接收垃圾数据和减少对系统资源的消耗，并给出具体实现的代码示例。

因为表单重复提交（或者称为重复刷新），这是 Web 应用系统程序中的一个很常见的问题。特别是由于网络状况等原因，用户不知道本次提交是否成功，也会再次提交同一份表单请求。在基于 Struts2 框架的 Web 应用系统开发中，不可避免地也会出现表单重复提交的问题

此外，在本章内的最后一小节中，还将系统地介绍如何整合 Struts 2.X 版和 Spring 3.X 版系统，最终达到能够在 Struts2 框架中应用 Spring 框架中的控制反转 IoC 和面向切面编程 AoP 等技术。

9.1　Struts2 框架中的文件上传技术及应用

9.1.1　Web 方式的文件上传技术及应用

1. 与 Web 方式文件上传技术有关的一些概念

1）RFC1867（Form-based File Upload in HTML）标准

由于在最初的 HTTP 协议中并没有提供与上传文件有关的功能，为了能够让浏览器以二进制数据格式向 Web 服务器程序传送数据，RFC1867 标准对标准的 HTML 表单做了如下方面的功能扩展：

- 为<input>标签元素的 type 属性增加了一个 file 选项专用于文件上传。
- 为<input>标签元素新增 accept 属性，该属性能够指定可被上传的文件类型或文件格式列表。

另外，RFC1867 标准还定义了一种新的 MIME 类型 multipart/form-data，各个厂商的浏览器都按照此规范将用户指定的上传文件发送到 Web 服务器。Web 服务器端的各种形式的动态程序如 PHP、ASP（或者 ASP.Net）和 JSP 等，可以按照此技术规范，解析出用户发送的上传文件的数据。

2）多用途互联网邮件扩展协议（MIME）

多用途互联网邮件扩展协议（Multipurpose Internet Mail Extensions，MIME）是目前广泛应用的一种电子邮件技术规范，它说明了如何安排消息格式，并使得消息在不同的邮件系统内都能够进行相互交换。

规定 MIME 类型的主要原因在于 Web 服务器端程序把输出结果传送到客户端浏览器时，浏览器必须启动适当的应用程序来处理输出的数据（由于服务器端输出的数据格式是多样化的，浏览器本身不可能也没有必要去解析这些格式数据）。而 MIME 格式允许在邮件中包含任意类型的文件，可以包含文本、图像、声音、视频及其他应用程序的特定数据。

设计 MIME 的最初目的是为了能够在发送电子邮件时附加多媒体数据，让邮件客户端程序能根据数据的类型自动进行处理。目前在 HTTP 协议中也广泛地提供了对 MIME 类型的支持，它使得基于 HTTP 协议传输的数据不仅仅是普通的 HTML 文本，也可以是多媒体数据。

2. 文件上传表单<form>标签中的 enctype 属性

HTML <form>标签中的 enctype 属性主要是用于指定表单中请求数据的编码格式，该属性有如下 3 个不同的取值：

- application/x-www-form-urlencoded：这是默认编码方式，它将表单中的各个请求数据被编码为“名称/值”对。
- multipart/form-data：表单中的各个请求数据被转换为二进制格式的数据，但也会把表单中由文件域（type="file"）指定的上传文件的数据内容也封装到请求参数中，然后一起向 Web 服务器发送。
- text/plain：表单中的各个请求数据被转换为纯文本格式，其中不包含任何成员域属性名或格式字符。

如果 enctype 属性的取值为 application/x-www-form-urlencoded，该表单就不能用于实现文件上传功能；只有 enctype 属性的取值为 multipart/form-data 时，浏览器才会打包上传的文件数据，并完整地传递待上传的文件数据。

3. 普通的 Web 文件上传的实现原理

文件上传是 Web 应用系统中经常需要提供的一个功能要求，其实现的基本原理是通过为表单<form>标签元素添加 enctype="multipart/form-data"属性让浏览器将表单提交的各个数据都转换为“二进制编码”格式；同时还要求<form>标签元素中的 method 属性必须取值为 post 以提高传输数据的容量（get 提交方式下的数据量是有限的）。

在接收此请求的服务器端程序（如 Servlet 或者 Action 组件等）中采用二进制 I/O 流技术直接获取上传的文件数据内容。如下为<form>标签元素的代码示例：

```
<form enctype="multipart/form-data" action="someOneURL" method="post" />
```

在 J2EE 技术平台中有许多第三方的开源系统或者组件都提供有对文件上传的功能支持，如 Apache Commons FileUpload 组件等，它们都对文件上传的功能实现提供技术支持。

4. Struts2 框架中的文件上传的实现原理

Struts2 框架本身并没有直接提供对文件上传的真正实现，也就是 Struts2 框架没有自己去处理“multipart/form-data”形式的 HTTP 请求，它需要调用其他 HTTP 请求解析器，将 HTTP 请求中的各个表单域中的数据解析出来。它的系统底层其实是通过 Apache Commons FileUpload 文件上传组件完成真正的功能实现，只是在上层进行包装和简化对 FileUpload 组件的应用，并屏蔽了不同的上传组件之间在功能实现方面的编程差异。

Struts2 框架默认使用的是 Common FileUpload 组件上传文件，而 Commons FileUpload 组件通过将 HTTP 请求的数据（也包括上传文件的数据）保存到一个临时文件夹中，然后 Struts2 框架使用内带的名称为 fileUpload 的拦截器将上传的文件绑定到当前的 Action 类的对象实例中。因此，在 Action 程序中就能够以本地文件 I/O 操作的形式直接读写通过浏览器上传的各种形式的文件。

为此，需要在 Web 应用系统中增加两个与 Common FileUpload 组件有关的系统 jar 包文件：commons-fileupload-1.2.1.jar 和 commons-io-1.4.jar，如图 9.1 所示。

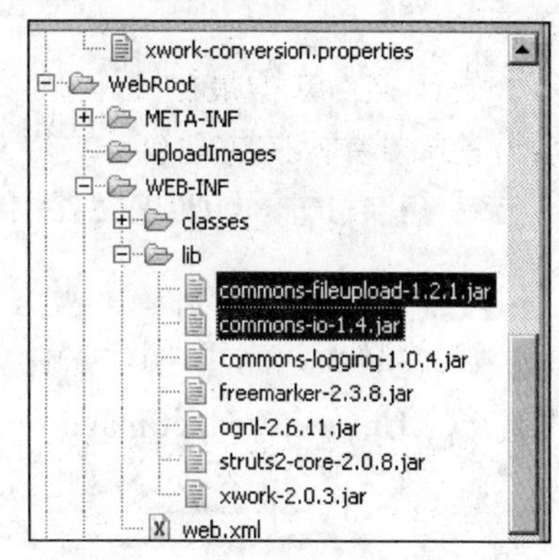

图 9.1　在项目中添加与 FileUpload 组件有关的 jar 包

9.1.2　Web 方式文件上传功能实现示例

1. 在项目中添加与 Commons FileUpload 组件有关的 jar 包

可以在 Apache 的官方网站下载 Commons FileUpload 的系统 jar 包，并解压下载的*.zip 文件。将其中的 commons-fileupload-1.2.1.jar 和 commons-io-1.4.jar 文件添加到项目的 WEB-INF/lib 目录中。如图 9.1 所示为最终操作结果。

2. 在项目中添加一个实现文件上传请求 JSP 文件

在项目中添加一个 upLoadProductImage.jsp 文件实现文件上传，该页面为客户关系信息系统中后台产品图像文件的上传的简化版，并设计该 JSP 页面文件的内容，简化后的最终代码如例 9-1 所示，请注意其中黑体所标识的内容。

例 9-1 实现文件上传请求的 JSP 文件代码示例。

```
<%@ page pageEncoding="gb2312"%>
<html><head><title>蓝梦集团CRM系统后台产品信息管理的页面</title></head><body>
<s:fielderror/>        该标签用于显示错误信息
<form method="post" enctype="multipart/form-data" action=
"${pageContext.request.contextPath}/upLoadProductImageAction.action" >
请选择产品的图像文件：<input type="file" name="uploadFile" /><br>
请描述产品图像文件：<input type="text" name="fileDescriptor" /><br>
请选择保存的图像文件名称的方式：
<input type="radio" name="fileNameType" value="1" checked="checked"/>
                                        采用原始的文件名称
<input type="radio" name="fileNameType" value="2"/>
                                        采用服务器设定的文件名称<br>
<input value="开始上传" type="submit" /></form></body></html>
```

在 Web 表单的<input type="file" name="uploadFile" />标签被浏览器解析后会产生一个文本框和一个【浏览】按钮，操作者单击其中的【浏览】按钮会出现文件选择对话框，可选择需要上传的本地磁盘中的文件。

3. 在项目中添加实现文件上传功能处理的 Action 程序类

按照图 9.2 所示的操作结果示图，输入包名称为 com.px1987.sshwebcrm.action，选择基类名为 com.opensymphony.xwork2.ActionSupport，在 MyEclipse 工具中创建出响应文件上传请求的 UpLoadProductImageAction 程序类。

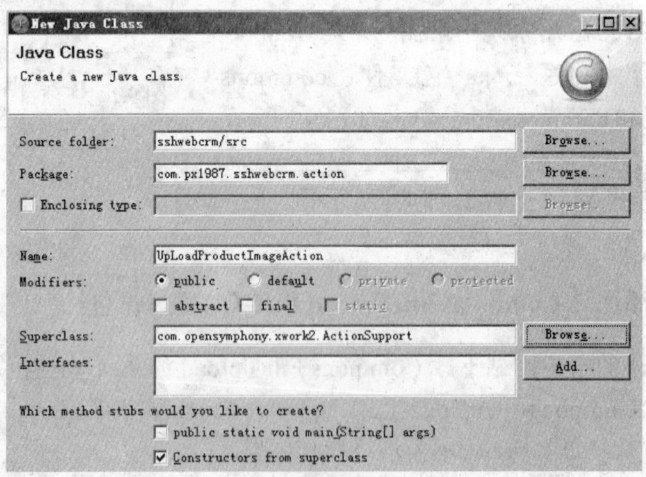

图 9.2 在项目中添加实现文件上传功能处理的 Action 程序类

然后编写该 UpLoadProductImageAction 程序类。该类与普通的 Action 程序类在功能实现的编程方面并没有太大的不同，但需要在该类中提供 uploadFile 成员属性，这个成员属性对应例 9-1 中的 upLoadProductImage.jsp 页面文件中的文件上传表单域的 name 属性值，并用于封装文件上传的请求参数。最终的程序代码如例 9-2 所示，请注意其中黑体标识的代码。

 9-2　UpLoadProductImageAction 程序类的代码示例。

```
package com.px1987.sshwebcrm.action;
import com.opensymphony.xwork2.Action;
import org.apache.struts2.ServletActionContext;
import java.io.File;
import java.io.*;
import com.opensymphony.xwork2.ActionSupport;
import java.util.*;
public class UpLoadProductImageAction extends ActionSupport {
    private static final int BUFFER_SIZE = 16 * 1024 ;
    private String fileDescriptor;
   private File uploadFile;                         //封装上传文件域的属性
   private String uploadFileContentType;    //封装上传文件类型的属性
   private String uploadFileFileName;       //封装上传文件名的属性
   String fileNameType;
   private String savePath;                         //接受依赖注入的属性
   public void setSavePath(String value) { //接受依赖注入的方法
      this.savePath = value;
   }
   private String getSavePath() throws Exception{
      return ServletActionContext.getRequest().getRealPath(savePath);
   }
   public UpLoadProductImageAction() {
   }
   private void doFileUpload(File src, File dst) {
    try {
        InputStream in = null ;
        OutputStream out = null ;
        try {
        in = new BufferedInputStream(new FileInputStream(src), BUFFER_
        SIZE);
        out = new BufferedOutputStream(new FileOutputStream(dst), BUFFER_
        SIZE);
            byte [] buffer = new byte [BUFFER_SIZE];
            while (in.read(buffer) > 0 ) {
                out.write(buffer);     //将上传文件的内容写入服务器
            }
        } finally {
            if ( null != in) {
                in.close();
```

```
            }
            if ( null != out) {
                out.close();
            }
        }
    }
    catch (Exception e) {
        e.printStackTrace();
    }
}
@Override
public String execute() throws Exception {
    String saveToFileName=null;  //以服务器的文件保存地址和原文件名建立上传文件
                                   输出流
    System.out.print("fileNameType="+fileNameType);
    if(fileNameType.equals("1")){   //采用原始的文件名称
        saveToFileName=getSavePath()+ "\\" + getUploadFileFileName();
    }
    else{ //文件名由系统时间与上传文件的后缀组成
        saveToFileName=getSavePath()+"/"+(new Date().getTime()+
        getExtention(uploadFileFileName));
    }
    doFileUpload(getUploadFile(),new File(saveToFileName));
      return SUCCESS;
}
private static String getExtention(String fileName) {
    int pos = fileName.lastIndexOf(".");
    return fileName.substring(pos);
}
 public String getFileDescriptor() {
     return fileDescriptor;
 }
 public void setFileDescriptor(String fileDescriptor) {
     this.fileDescriptor = fileDescriptor;
 }
 public File getUploadFile() {
     return uploadFile;
 }
 public void setUploadFile(File uploadFile) {
     this.uploadFile = uploadFile;
 }
 public String getUploadFileContentType() {
     return uploadFileContentType;
 }
```

```
    public void setUploadFileContentType(String uploadFileContentType) {
        this.uploadFileContentType = uploadFileContentType;
    }
    public String getUploadFileFileName() {
        return uploadFileFileName;
    }
    public void setUploadFileFileName(String uploadFileFileName) {
        this.uploadFileFileName = uploadFileFileName;
    }
    public String getFileNameType() {
        return fileNameType;
    }
    public void setFileNameType(String fileNameType) {
        this.fileNameType = fileNameType;
    }
}
```

但值得注意的是，在例 9-2 中的 UpLoadProductImageAction 程序类中还包含另外的两个成员属性对象：uploadFileFileName 和 uploadFileContentType。这两个成员属性对象分别用于封装上传文件的文件名、上传文件的文件类型。提供这两个成员属性对象的主要目的是可以在 Action 程序类中直接获取上传文件的文件名和文件类型。所以 Struts2 框架直接将 Web 表单内文件域中包含的上传文件名和文件类型的信息封装到 uploadFileFileName 和 uploadFileContentType 成员属性对象中。但要注意这 3 个成员属性对象在名称上的相互关系。

如果表单中包含一个 name 属性为 xxx 的文件域（<input type="file" name="xxx" />），则应该在对应的 Action 程序类中提供如下 3 个不同的成员属性对象来封装与上传文件有关的信息：

- 类型为 File 的 xxx 属性封装了该文件域对应的文件数据内容。
- 类型为 String 的 xxxFileName 属性封装了该文件域对应的上传文件的文件名。
- 类型为 String 的 xxxContentType 属性封装了该文件域对应的文件的文件类型。

因此，在编程实现文件上传处理的 Action 程序类时，一定要明确这个命名规则和程序要求。另外，还要注意与早期的 Struts 框架中的文件上传处理实现的不同之处，在 Struts 框架中将目标对象封装为一个 FormFile 类型的参数对象，而在 Struts2 框架中直接就是普通的 java.io 包中的 File 类型的文件对象。

在 Action 程序类中的 execute()方法中，可以直接调用 getXxx()方法来获取上传文件的文件名、文件类型和文件数据内容。除此之外，在例 9-2 中还包含一个 savePath 成员属性，该属性的值是通过配置文件 struts.xml 来设置的，从而允许动态设置该成员属性的值，这也就是典型的依赖注入（其作用是将浏览器上传的文件保存到 Web 应用程序指定的目录中，本示例为系统内的/uploadImages 目录）。

因此，在 Struts2 框架中实现文件上传处理的 Action 程序类中的各个成员属性可以直接关联上传文件有关的信息和封装 HTTP 请求参数、封装 Action 程序的处理结果。此外，在 Action 程序类中的成员属性还可通过在 Struts2 配置文件中以配置的形式赋值，接收 Struts2 框架中的依赖注入的参数，从而允许在配置文件中动态地指定成员属性值。

4. 在项目中添加显示上传成功信息的 JSP 页面

在项目中添加一个显示文件上传功能成功完成信息的 showUploadInfo.jsp 页面文件，并设计该页面文件的代码，并利用<s:property>标签获得 Action 程序返回的成员属性值，最终的程序代码如例 9-3 所示，请注意其中黑体标识的标签。

例 9-3 showUploadInfo.jsp 页面文件的代码示例。

```
<%@ page pageEncoding="gb2312"%>
<%@ taglib prefix="s" uri="/struts-tags"%>
<html><head><title>蓝梦集团 CRM 系统后台产品信息显示页面</title></head><body>
     <s:property value ="fileDescriptor" />
</body></html>
```

获得 Action 程序返回的成员属性值

5. 在系统配置文件 struts.xml 中配置出该 Action 组件类

在系统配置文件 struts.xml 中配置出该 Action 组件类，为了节省本书的篇幅，下面只给出与本配置有关的标签内容，其中黑体标识的为依赖注入的参数值。

```
<action name="upLoadProductImageAction"
        class="com.px1987.sshwebcrm.action.UpLoadProductImageAction">
    <param name="savePath">/uploadImages</param>
    <result>/productManage/showUploadInfo.jsp</result>
    <result name="input">/productManage/upLoadProductImage.jsp</result>
</action>
```

配置 Struts2 框架文件上传的 Action 程序类与配置普通的 Action 程序类并没有太大的不同，同样也要指定该 Action 程序类的逻辑名 name 以及该 Action 程序的实现类。当然，还应该为该 Action 程序类配置<result .../>处理的结果。但与之前的各个 Action 程序类在配置方面存在的一个区别是在该<action>标签定义中还配置有一个<param .../>标签元素，该标签元素用于为该 Action 程序类中定义的 savePath 成员属性动态分配属性值（请参考第 7.2.7 节“在配置文件中为拦截器和 Action 类提供配置参数”中的相关内容）。当然，还需要在项目中的 WebRoot 站点的根目录中新建出保存上传文件的 uploadImages 目录。

6. 部署和测试本功能实现的最终效果

部署本项目示例到 Tomcat 服务器中，并在浏览器中执行 upLoadProductImage.jsp 页面文件，如图 9.3 所示。在其中的表单中选择需要上传的文件（本示例选择一个图像文件）和描述该文件，最后单击表单中的【开始上传】按钮。

表单提交后将出现如图 9.4 所示的处理结果的信息，同时在服务器所在的某个目录下能够看到实际上传后的文件，如图 9.5 所示，并且文件名称与上传的文件名称保持一致。

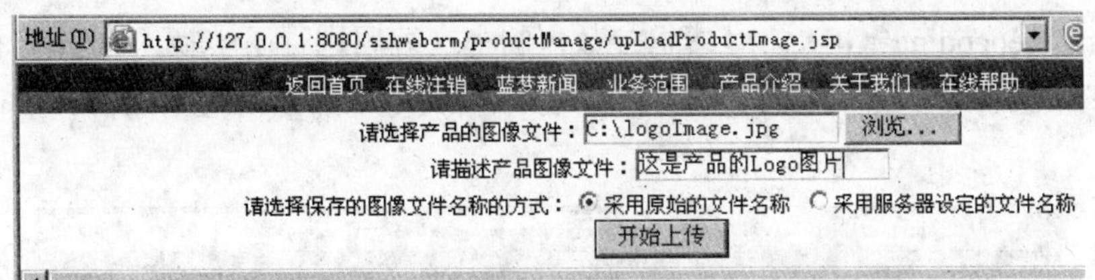

图 9.3　upLoadProductImage.jsp 页面文件的执行结果

图 9.4　显示处理结果的信息

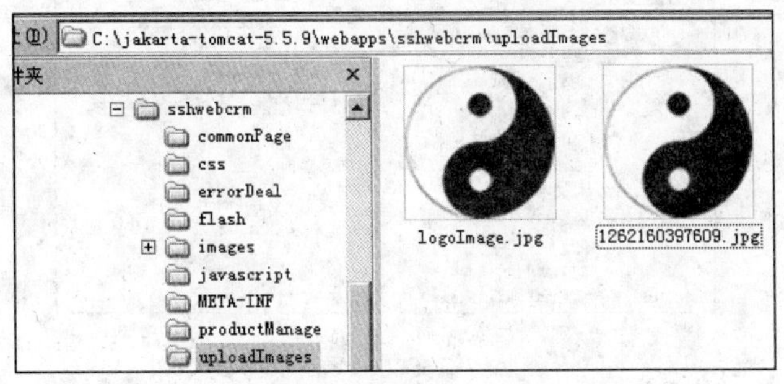

图 9.5　上传后的结果文件信息

当然，如果在图 9.3 所示的表单中选中其中的【采用服务器设定的文件名称】单选按钮，本示例也将支持改变上传后的文件名称的功能。上传后的文件名为时间值命名的文件名，文件名称由系统时间与上传文件的后缀名组合而成。如图 9.5 所示的文件名。

但要注意的是，此时上传的文件长度不能太大，不能超过 2MB（Struts2 框架默认的上传文件的大小是 2MB），否则会出现如图 9.6 所示的错误信息。

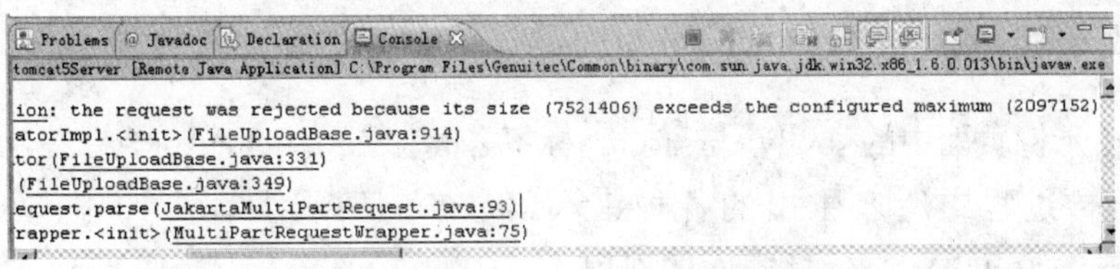

图 9.6　默认上传的文件容量不能超过 2MB

7. 本示例也可以上传中文文件名的文件

在应用系统开发中，还经常需要上传中文字符命名的文件名。本示例也可以上传中文文件名的文件，因为已经在 struts.properties 文件中增加了如下设置中文编码的属性配置项目：struts.i18n.encoding=GBK，对请求参数内的中文编码进行了转换，Struts2 框架同样也能够处理中文文件名上传的文件，在图 9.7 所示的表单中选择某个中文文件名的文件，然后上传它。

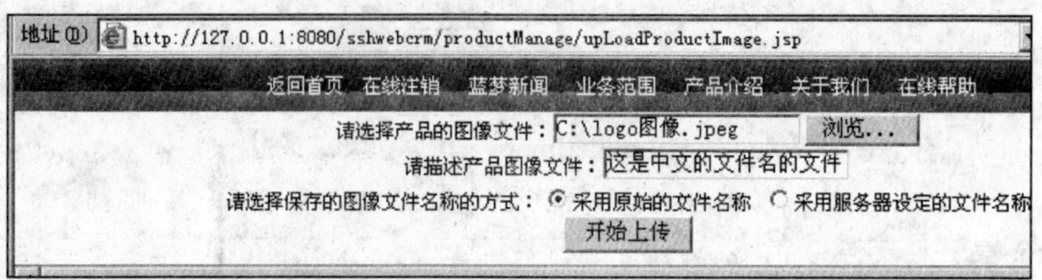

图 9.7　上传中文文件名的文件

单击图 9.7 所示表单内的【开始上传】按钮，系统同样将中文文件名的文件上传到服务器，而且在服务器端 Action 程序中继续采用原始的中文文件名保存，如图 9.8 所示。

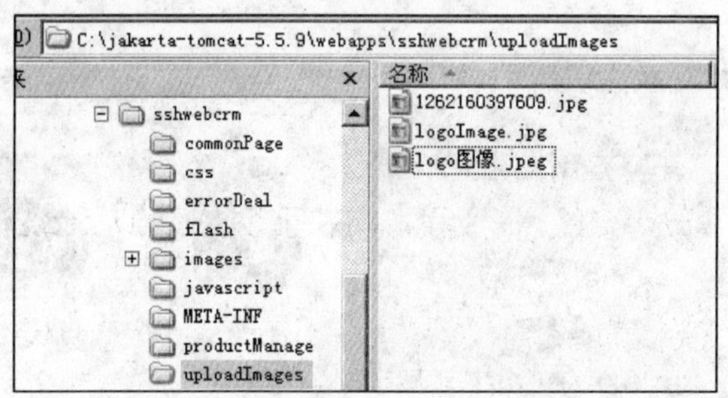

图 9.8　上传中文文件名的文件的结果

9.1.3　限制上传文件的类型及文件大小

例 9-2 尽管实现了图片上传的功能，但用户实际上也可以上传其他类型的文件。如果在应用系统中需要限制上传文件的类型或者文件的长度，应该如何实现呢？例如，只能够上传图像类型的文件等。下面介绍实现此功能的方法及相关的程序代码。

1. 修改 upLoadProductImage.jsp 页面

在例 9-1 示例页面中的<body>与<form>标签之间加入<s:fielderror/>标签，用于在页面中显示输出上传过程中所产生出的各种错误信息。同时还要在页面中添加<%@ taglib prefix="s" uri="/struts-tags"%>标签库的引用。

2. 修改 struts.xml 文件中与 Action 程序配置有关的标签

将系统配置文件 struts.xml 中与 UpLoadProductImageAction 程序配置有关的定义项目改为如例 9-4 所示的示例标签，请注意其中黑体标识的标签和描述文件类型的 MIME 项目。

例 9-4 在 struts.xml 文件中与 Action 程序配置有关的标签代码示例。

```
<action name="upLoadProductImageAction"
        class="com.px1987.sshwebcrm.action.UpLoadProductImageAction">
    <interceptor-ref name ="fileUpload">
        <param name ="allowedTypes" >image/bmp,image/png,image/x-png,
                        image/gif,image/pjpeg,image/jpeg</param>
        <param name="maximumSize">5000000</param>
    </interceptor-ref>
    <interceptor-ref name ="defaultStack" />
    <param name="savePath">/uploadImages</param>
    <result>/productManage/showUploadInfo.jsp</result>
    <result name="input">/productManage/upLoadProductImage.jsp</result>
</action>
```

文件容量的单位为字节

其中起主要作用的就是名称为 fileUpload 的拦截器中的 allowTypes 和 maximumSize 参数，它们分别设置上传文件的类型和文件长度的最大容量。另外，在配置中还引入默认的拦截器栈 defaultStack，它会自动完成对上传文件的大小进行验证等方面的功能，所以一旦上传的文件大小超出了所指定的范围，系统将在出错之后自动地跳转到结果名称为“input”的结果视图中。

对本例而言，名称为“input”的结果视图即 upLoadProductImage.jsp 页面。在该页面中由 Struts2 框架中的<s:fielderror>标签输出有关的错误信息。

需要注意的是，其中对默认的拦截器栈 defaultStack 引入的标签<interceptor-ref name ="defaultStack" />不能省略，因为如果只配置对 fileUpload 拦截器的引用，则项目中的其他的 Struts2 框架中默认拦截器将失效，Struts2 框架系统将不再自动地引入它们，而必须由开发者自己再明确地指定和引入它们。

3. 注意限制上传文件的类型是采用 MIME 类型描述

在第 3.3.2 节中介绍了常见的 MIME 类型字符串的含义，在 Tomcat 服务器的 web.xml 文件中也提供了各种类型文件的 MIME 的标准字符串，如图 9.9 所示，直接打开 web.xml 文件将获得某种类型文件的 MIME 类型字符串。

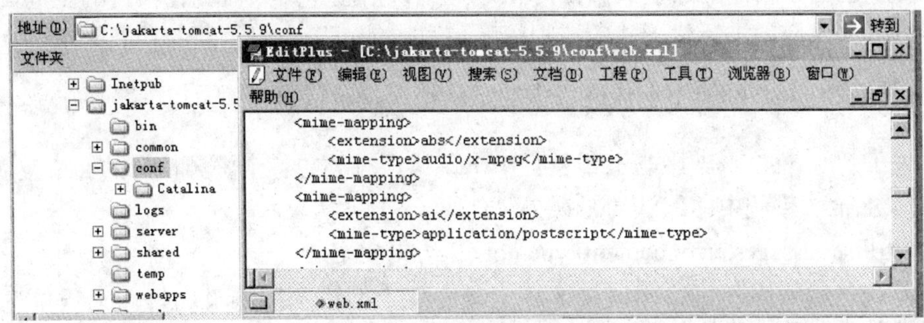

图 9.9 Tomcat 中的 web.xml 文件内有各种类型文件的 MIME 标准字符串

另外，还要注意在微软 IE 浏览器和其他厂商的浏览器如 FireFox 之间在 MIME 类型的支持方面是有差别的。

4. 允许上传的文件容量大于 2MB

尽管在例 9-4 中已经设置了 fileUpload 拦截器的上传文件的最大容量，但上传的最大文件大小仍然要小于 2MB。如果允许上传的文件容量超过 2MB，则还需要在 struts.xml 文件中设置如下的属性常量：<constant name="struts.multipart.maxSize" value="5000000" />。

5. 部署本示例并再次执行 upLoadProductImage.jsp 页面

此时，在表单中选择非图片类型的文件作为上传的文件，如图 9.10 所示的操作结果，选择了一个 HTML 格式的页面文件。

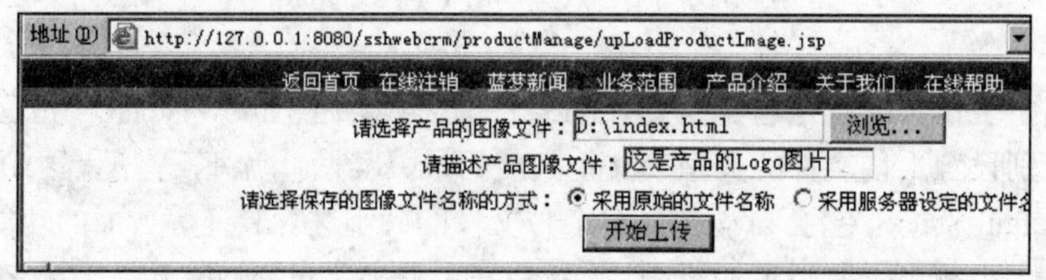

图 9.10　在表单中选择非图片类型的文件进行上传

然后在图 9.10 所示的表单中，单击其中的【开始上传】按钮后，将出现如图 9.11 所示的错误。

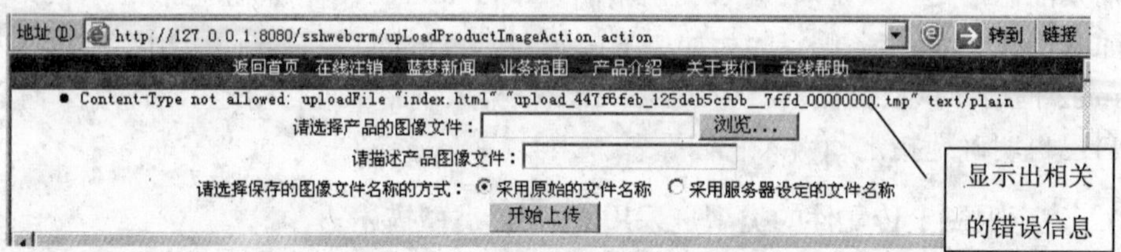

图 9.11　系统抛出异常并显示出相关的错误信息

当然，图 9.11 所示图中的错误提示信息是 Struts2 框架中默认的错误信息，也可以改变这些默认的错误信息而自定义并国际化这些错误信息。这只需要在项目的全局国际化资源文件中加入对应的国际化形式的错误提示信息，就可以实现上面的功能需求。

6. 替换 Struts2 框架中上传过程中的默认错误提示信息

首先了解 Struts2 框架中与上传过程中出现错误有关的各个资源信息的 key 键名，从而可以替换 Struts2 系统中的默认的错误提示信息。

1）struts.messages.error.content.type.not.allowed 键名

通过在全局的国际化资源信息文件中加入如下的错误信息可以替换上传过程中文件类型不满足要求时的错误提示：struts.messages.error.content.type.not.allowed=错误信息。在本项目中的国际化全局简体中文资源信息文件中添加如图 9.12 所示的一条中文错误信息项目，MyEclipse 工具将自动地转换为 Unicode 编码的字符。

struts.properties　struts-otherFunction　*baseMessages_zh_CN.

baseMessages_zh_CN.properties

name	value
strutsweb.title	利用Struts技术实现的一个Web系统{0}
strutsweb.login.success	登陆成功（在Action类范围）
strutsweb.login.failure	登陆失败
strutsweb.login.submitbutton	提交
strutsweb.login.resetbutton	取消
strutsweb.login.username	用户名称：
strutsweb.login.userpassword	用户密码：
struts.messages.error.content.type.not.allowed	上传的文件不是图像文件!

Properties　Source

图 9.12　在全局简体中文资源信息文件中添加一个错误信息项目

同样也在本项目中的国际化全局美式英文资源信息文件中添加如图 9.13 所示的一条英文错误信息项目。

upLoadProductImage.j　showUploadInfo.jsp　*baseMessages_zh_CN.　*baseMessages_en_US.

baseMessages_en_US.properties

name	value
strutsweb.title	Struts2 Web System
strutsweb.login.success	Login Success
strutsweb.login.failure	Login Failure
strutsweb.login.submitbutton	Submit
strutsweb.login.resetbutton	Reset
strutsweb.login.username	User Name:
strutsweb.login.userpassword	User PassWord:
struts.messages.error.content.type.not.allowed	upLoad File must Be Image!

图 9.13　在全局美式英文资源信息文件中添加一个错误信息项目

2）struts.messages.error.file.too.large 键名

可以替换文件大小不满足要求时的错误提示信息。

3）struts.messages.error.uploading 键名

用于提示上传过程中出现的一般性的错误提示信息。

在本项目示例中，按照图 9.12 和图 9.13 所示的资源信息项目，替换 Struts2 系统中的各个默认的错误提示信息，然后再执行文件上传的 upLoadProductImage.jsp 页面，并继续按照图 9.10 所示的操作方式选择非图像类的文件，并提交表单。此时将出现在项目中如图 9.14 所示的错误信息，而不是 Struts2 框架内带的错误信息。

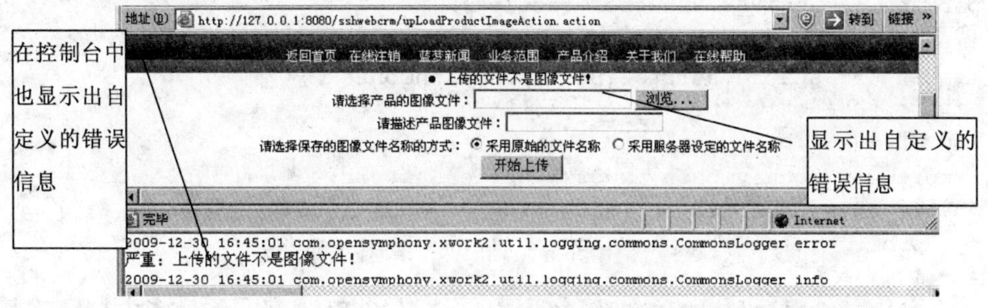

图 9.14　出现在项目中给定的错误信息

9.1.4 Web 方式的多文件上传技术及在项目中的应用

1. 在项目中添加一个实现多文件上传的 multiFileUpload.jsp 页面

例 9-5 中的多文件上传的页面和例 9-1 中的单一文件上传的 JSP 页面文件主要的差别在于，在多文件上传的页面中提供了多个上传的文件域。本示例同时提供了 4 个，请注意其中黑体标识的标签，但要求它们的 name 属性的取值必须保持一致。

例 9-5 multiFileUpload.jsp 页面文件的代码示例。

```
<%@ page pageEncoding="gb2312" isELIgnored="false" %>
<%@ taglib prefix="s" uri="/struts-tags"%>
<html><head><title>蓝梦集团CRM系统后台产品信息管理的页面</title></head><body>
<s:fielderror />
<form method="post" enctype="multipart/form-data" action=
      "${pageContext.request.contextPath}/multiFileUploadAction.action">
    产品图像的描述：<input type="text" name="fileDescriptor" /><br>
    选择第一个产品图像文件：<input type="file" name="uploadFiles" /><br>
    选择第二个产品图像文件：<input type="file" name="uploadFiles" /><br>
    选择第三个产品图像文件：<input type="file" name="uploadFiles" /><br>
    选择第四个产品图像文件：<input type="file" name="uploadFiles" /><br>
    <input value="上传" type="submit" />
</form></body></html>
```

4 个上传文件域name属性值必须要一致

2. 在项目中添加一个处理请求的 Action 程序类

类名称为 MultiFileUploadAction 类，包名称为 com.px1987.sshwebcrm.action，并继承 com.opensymphony.xwork2.ActionSupport 基类，最终的程序代码示例如例 9-6 所示，请注意其中黑体标识的语句。

例 9-6 MultiFileUploadAction 程序类的代码示例。

```
package com.px1987.sshwebcrm.action;
import com.opensymphony.xwork2.Action;
import org.apache.struts2.ServletActionContext;
import java.util.*;
import java.io.*;
import com.opensymphony.xwork2.ActionSupport;
public class MultiFileUploadAction extends ActionSupport {
    public MultiFileUploadAction () {
    }
    private File[] uploadFiles;           //用 File 数组来封装多个上传文件域对象
    private String[] uploadFilesFileName; //用 String 数组来封装多个上传文件名
    private String[] uploadFilesContentType;//用 String 数组来封装多个上传文
```

```
件类型
public File[] getUploadFiles() {
    return uploadFiles;
}
public void setUploadFiles(File[] uploadFiles) {
    this.uploadFiles = uploadFiles;
}
public String[] getUploadFilesContentType() {
    return uploadFilesContentType;
}
public void setUploadFilesContentType(String[] uploadFilesContentType) {
    this.uploadFilesContentType = uploadFilesContentType;
}
public String[] getUploadFilesFileName() {
    return uploadFilesFileName;
}
public void setUploadFilesFileName(String[] uploadFilesFileName) {
    this.uploadFilesFileName = uploadFilesFileName;
}
@Override
public String execute() throws Exception {
    File[] srcFiles = this.getUploadFiles();   //获得每个上传的文件对象
    for (int index = 0; index <srcFiles.length; index++) {
    String saveAbsultPath=
        ServletActionContext.getRequest().getRealPath(getSavePath());
        String dstPath = saveAbsultPath+ "\\" +
                        this.getUploadFilesFileName()[index];
        File dstFile = new File(dstPath);
        this.doFileUpload (srcFiles[index], dstFile);
    }
    return SUCCESS;
}
private static final int BUFFER_SIZE = 16 * 1024;
private String fileDescriptor;  //文件标题
private String savePath;        //保存文件的目录路径(通过依赖注入)
public void setSavePath(String value) {     //接受依赖注入的方法
    this.savePath = value;
}
private String getSavePath() throws Exception{
    return savePath;
}
private void doFileUpload (File src, File dst) {
    InputStream in = null;
    OutputStream out = null;
```

根据服务器的文件保存地址和原文件名创建目录文件全路径

将自己封装的一个把源文件对象复制成目标文件对象的方法

```
        try {
        in = new BufferedInputStream(new FileInputStream(src), BUFFER_
        SIZE);
        out = new BufferedOutputStream(new FileOutputStream(dst),BUFFER_
        SIZE);
            byte[] buffer = new byte[BUFFER_SIZE];
            int len = 0;
            while ((len =in.read(buffer))>0){
                out.write(buffer, 0, len);      完成上传文件的保存
            }
        } catch (Exception e) {
            e.printStackTrace();
        } finally {
            if (null != in) {
                try {
                    in.close();
                } catch (IOException e) {
                    e.printStackTrace();
                }
            }
            if (null != out) {
                try {
                    out.close();
                } catch (IOException e) {
                    e.printStackTrace();
                }
            }
        }
    }
    public String getFileDescriptor() {
        return fileDescriptor;
    }
    public void setFileDescriptor(String fileDescriptor) {
        this.fileDescriptor = fileDescriptor;
    }
}
```

由于每个上传文件的名称和类型都可能是不同的，因此在例 9-6 中声明了 3 个成员数组对象，分别包装上传的各个文件的名称、文件类型和文件数据内容。在 execute()方法中循环获得上传的各个文件，并分别保存它们。

3. 在 struts.xml 文件中配置和定义该 Action 程序类

在系统配置文件 struts.xml 中配置和定义出 MultiFileUploadAction 程序类，同时也规定上传文件的类型为图像文件和单个文件长度的最大容量等限制条件。如下为最终的配置定

义的标签示例：

```
<action name="multiFileUploadAction"
            class="com.px1987.sshwebcrm.action.MultiFileUpload-
            Action">
    <interceptor-ref name ="fileUpload">
        <param name ="allowedTypes" >
            image/bmp,image/png,image/x-png,image/gif,image/pjpeg,
            image/jpeg</param>
        <param name="maximumSize">5000000</param>
    </interceptor-ref>
    <interceptor-ref name ="defaultStack" />
    <param name="savePath">/uploadImages</param>
    <result>/productManage/showUploadInfo.jsp</result>
    <result name="input">/productManage/multiFileUpload.jsp</result>
</action>
```

在示例中也将文件上传的路径通过系统配置文件给定，以提高项目的灵活性，以后如果需要更换保存的文件路径，只需要修改配置文件而不必再去修改有关的程序代码。

4. 部署并测试本功能的效果

将本示例项目部署到 Tomcat 服务器中，并在浏览器中按照图 9.15 所示的方式执行多文件上传的 multiFileUpload.jsp 页面。在页面表单中选择 4 个不同的图像文件，最后单击表单中的【上传】按钮提交表单。

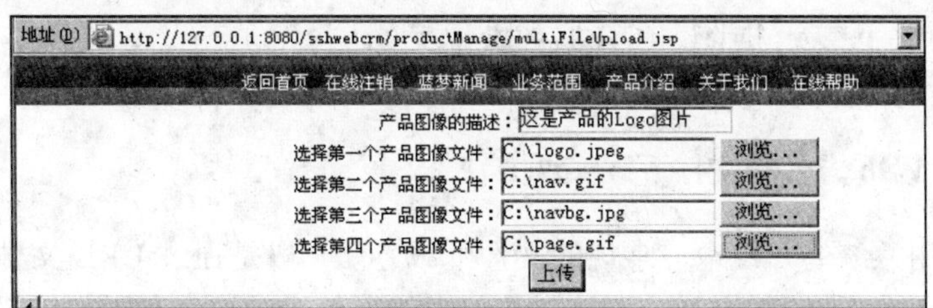

图 9.15 multiFileUpload.jsp 页面执行的结果

表单提交后，将出现如图 9.16 所示的处理结果信息。

图 9.16 系统返回的处理结果信息

同时在服务器端程序指定的目录中也出现如图 9.17 所示的 4 个上传文件的结果，与在图 9.15 表单中选择的 4 个图像文件相同。

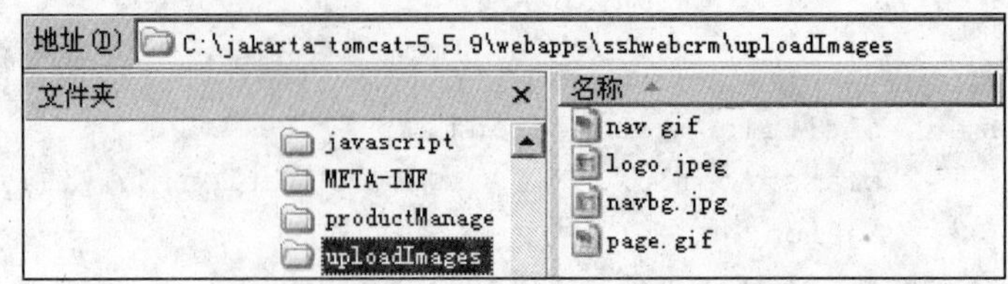

图 9.17　4 个图像文件上传后的结果

当然，如果在图 9.15 所示的表单中选择的上传文件之一不是图像类的文件或者文件的长度超出规定的最大容量，也将出现如图 9.18 所示的错误提示信息。

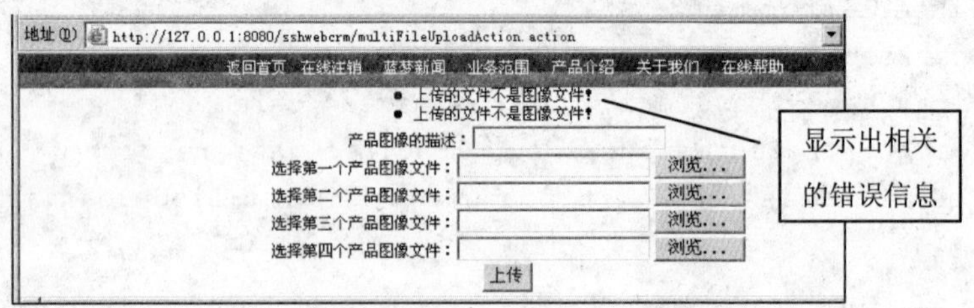

图 9.18　上传文件之一不是图像类的文件而出现的错误提示信息

9.2　Struts2 框架中的文件下载技术及应用

9.2.1　对文件下载过程附加访问控制和身份验证

1. 常规的 Web 方式的文件下载实现方法

在 Web 应用系统的开发中，常规的文件下载方法一般是通过 URL 文件链接方式直接进行下载的。但这样的下载方式，无法对访问者的身份进行检查和附加访问控制要求。考虑到在 Web 应用中的环境中，文件下载的 URL 可能会出现盗链、跨服务器下载访问等安全方面的因素，直接应用 URL 地址的文件下载的方式是不能满足应用系统要求的。

2. 在 Struts2 框架中利用直接文件流技术实现文件的下载

常规的 URL 文件链接方式直接进行文件下载，同样也可以应用在 Struts2 框架中。但为了能够对访问者进行身份检查和对下载的文件进行权限控制，而不能直接应用 URL 地址形式的文件链接实现文件下载。在 Struts2 框架中采用直接文件流下载技术，允许在 Action 程序中或者应用拦截器程序对访问者实施更多的身份检查和控制下载的文件。

但在 Struts2 框架中实现直接文件流下载时，需要改变 Struts2 框架中的默认结果类型（Result Type）为 Stream（二进制流）类型。由于 Struts2 框架中默认支持多种不同格式的结果类型，只需要将<result>标签内的 type 属性值改变为 Stream 类型即可以实现本功能的具体要求。

通过将结果类型设置为 Stream 类型，为开发人员屏蔽普通的 Web 组件技术实现中的文件流下载时，需要设置响应的内容类型为“application/octet-stream”，并设置 HTTP 响应头等方面的功能实现程序，简化文件下载的功能实现。

9.2.2　文件下载的应用示例

1. 在 Struts2 框架中实现二进制数据流下载的示例

修改例 9-1 中的 upLoadProductImage.jsp 页面，并在其中增加如下两个文件下载的 URL 超链接，但这两个超链接的目标文件并不直接指向待下载的目标文件本身，而是指向某个 Action 程序发送请求。

```
<a href="${pageContext.request.contextPath}/oneDownLoadGIFFile.action" >
    下载该 GIF 文件</a> <br>
<a href="${pageContext.request.contextPath}/oneDownLoadZIPFile.action" >
    下载该 ZIP 文件</a>
```

为此，就可以在 Action 程序中识别请求者的身份，并对下载过程进行更详细的控制，只有满足系统要求的访问者才允许下载最终的目标资源文件。

2. 在项目中添加一个处理文件下载请求的 DownLoadFileAction 类

类名称为 DownLoadFileAction 类，包名称为 com.px1987.sshwebcrm.action，并从基类 com.opensymphony.xwork2.ActionSupport 继承，最终的代码示例如例 9-7 所示，请注意其中黑体标识的语句。

例 9-7　DownLoadFileAction 程序代码示例。

```
package com.px1987.struts2.action;
import java.io.InputStream;
import org.apache.struts2.ServletActionContext;
import com.opensymphony.xwork2.ActionSupport;
public class DownLoadFileAction extends ActionSupport {
    public DownLoadFileAction() {
    }
    private String downFilePathFileName;
    public void setDownFilePathFileName(String downFilePathFileName) {
        this.downFilePathFileName = downFilePathFileName;
    }
     //在 Action 类中建立一个返回类型为 InputStream 的 getInputStream 方法
    public InputStream getInputStream() throws Exception {
        ServletContext oneServletContext=
                             ServletActionContext.getServletContext();
        return oneServletContext.getResourceAsStream(downFilePathFile-
```

```
        Name);
    }
    public String execute() throws Exception {
            //在此可以进行权限控制或者将身份验证的代码放在拦截器程序中
        return SUCCESS;
    }
}
```

例 9-7 所示的程序代码是一个原理类型的示例，只需要在其中的 execute()方法中编程实现对下载过程的各种形式的控制。其中的 downFilePathFileName 属性代表要下载文件的 URL 地址，它的值是通过在系统配置文件 struts.xml 中注入。另外，还需要在 Action 程序类中建立一个返回类型为 InputStream 对象的 getInputStream()方法。该方法由 Struts2 系统调用，最终实现向浏览器响应输出二进制数据流。

该示例的实现原理是：将所有要下载的文件都转换为二进制流对象，并写入 HttpServletResponse 对象中，然后再向浏览器输出。

3. 在 struts.xml 文件中配置出该 DownLoadFileAction 类

为了体现程序功能实现的灵活性，本示例为同一个 Action 程序类配置出两个不同的逻辑名称，分别代表两种不同类型的文件下载的控制示例。最终的配置代码示例如例 9-8 所示，请注意其中黑体标识的<result>标签。

例 9-8　与 DownLoadFileAction 类配置定义有关的代码示例。

```
<action name="oneDownLoadGIFFile"
            class="com.px1987.sshwebcrm.action.DownLoadFileAction">
    <param name="downFilePathFileName">/uploadImages/logo.gif</param>
    <result name="success" type="stream">
        <param name="contentType">image/gif</param>
        <param name="inputName">inputStream</param>
        <param name="contentDisposition">filename="logo.gif"</param>
        <param name="bufferSize">4096</param>
    </result>
</action>
<action name="oneDownLoadZIPFile"
            class="com.px1987.sshwebcrm.action.DownLoadFileAction">
        <param name="downFilePathFileName">/uploadImages/logo.rar
        </param>
        <result name="success" type="stream">
            <param name="contentType">application/zip</param>
            <param name="inputName">inputStream</param>
            <param name="contentDisposition">filename="logo.rar"</param>
            <param name="bufferSize">4096</param>
        </result>
</action>
```

在 ActionSupport 基类中的输入流属性名

在“另存为”对话框中的默认文件名

待下载的文件 URL 地址

其中<param>标签内的 contentType 参数表示下载文件的类型，另外也要注意对 JPEG 图像的 MIME 类型的定义在不同的浏览器中的差别；而 inputName 参数表示 Action 类中用来下载文件的字段的名字；contentDisposition 参数用来控制文件下载的一些信息，包括是否打开“另存为”对话框，在对话框中下载的文件名等信息；bufferSize 参数表示文件下载时使用的缓冲区的大小。

在配置时要注意上面的各个参数名称是规定的，不能擅自更改。可以参见 struts2-core-2.1.6.jar 系统库中的 org.apache.struts2.dispatcher.StreamResult 类中的各个成员属性定义，如图 9.19(a)所示。然后在项目的 uploadImages 目录中添加两个需要进行下载的文件：logo.gif 和 logo.rar，如图 9.19（b）所示。

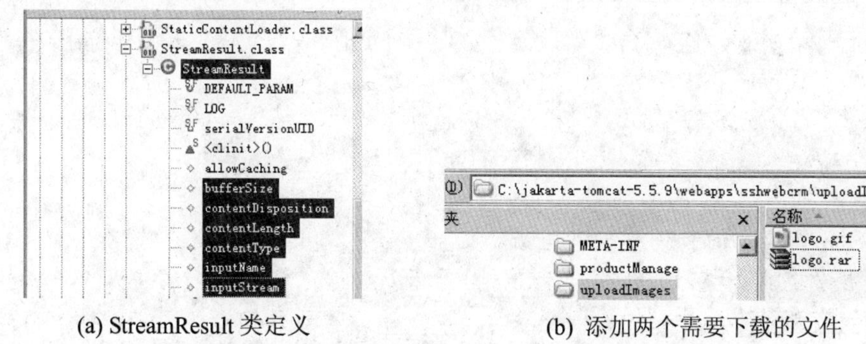

(a) StreamResult 类定义　　(b) 添加两个需要下载的文件

图 9.19　配置下载参数并进行下载

4. 部署和测试本功能实现的最终效果

在浏览器中继续执行 upLoadProductImage.jsp 页面，但此时并不进行文件上传的操作，而是单击页面中的【下载该 GIF 文件】和【下载该 ZIP 文件】超链接，如图 9.20 所示。

图 9.20　单击页面中的文件下载的超链接

单击页面中的【下载该 GIF 文件】超链接后，浏览器将会弹出如图 9.21 所示的文件“另存为”对话框，并在对话框内的“文件名”下拉列表框中出现默认的 logo.gif 文件名，该文件名是由<param>标签设置的值。

同样，如果在图 9.20 所示的页面中直接单击【下载该 ZIP 文件】超链接后，浏览器将会弹出如图 9.22 所示的文件“另存为”对话框，并在对话框的“文件名”下拉列表框中出现默认的 logo.rar 文件名，同样该文件名是由<param>标签设置的值。

在系统后台一定要提供有待下载的文件，并与在配置文件中所设定的文件名和文件路径保持一致性，否则将会出现如图 9.23 所示的错误。

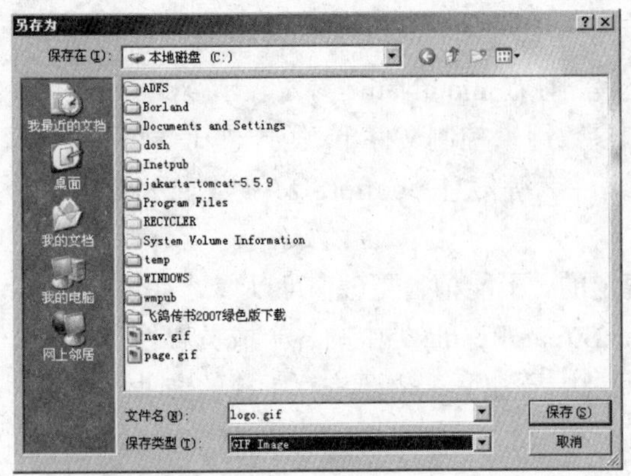

图 9.21　保存图像文件的对话框

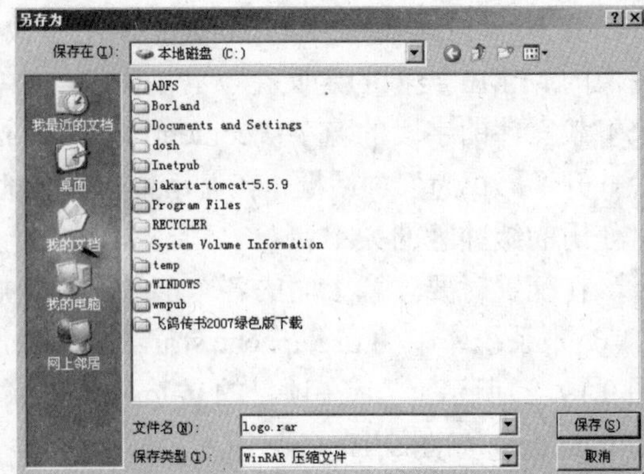

图 9.22　保存 RAR 压缩文件的对话框

图 9.23 系统后台没有提供下载的目标文件时的错误状态

9.3　基于 Struts2 框架的项目中防止表单重复提交

9.3.1　采用验证码限制表单重复提交

1. 避免表单重复提交

操作者在使用 Web 应用系统时，可能是由于粗心而在提交表单之后又单击了浏览器中的【刷新】按钮，导致表单数据再次被提交；或者故意通过反复提交同一表单来攻击站点。这不仅会造成系统中的数据混乱，后台程序大量地接收垃圾数据，还会吞食系统资源。

在 Web 应用系统开发中，在提交表单之后如果能够把用户导向到其他 Web 页面，也就可以解决意外重复提交的问题。

2. Web 应用系统中的验证码及其主要的作用

Web 应用系统中的验证码不仅可以防止恶意破解密码、机器人自动注册、登录、刷票、论坛灌水等常规的“攻击”行为，在需要防止表单重复提交的功能实现中，也可以利用验证码进行限制。由于验证码在每次不同的请求时都会产生不同的值，从而可以控制重复提交的行为产生。

验证码也就是将一串随机产生的数字或符号，生成一幅图片（如图 9.24 所示），例 3-15 为创建验证码图像并输出到浏览器中的代码示例。操作者在输入表单中提交后台进行验证，只有验证成功后才能使用系统中的某项功能。

3. 在项目中采用验证码限制表单重复提交

在客户关系信息系统中的“开户”功能页面表单中应用了验证码，操作者除了要输入有效的业务数据以外，还要按照系统中的验证码的要求输入有效的验证码，如图 9.24 所示。

图 9.24　在客户关系信息系统页面表单中应用了验证码

单击图 9.24 中的表单【提交】按钮成功提交请求后，如果操作者此时再单击浏览器中的【后退】按钮，将回到图 9.24 所示的请求表单页面中，最终的结果如图 9.25 所示。

欢迎您在本行开新户和存款
输入右面的认证码　K7EIZh　BXu28u　再来一张
选择操作方式：　开设账户　追加存款
请输入存款金额：　1300
请选择存款类型：　定期
请选择存款的存期：　12个月
请输入您的身份证号：　123456789012345678
提交　取消
验证码已经发生了改变

图 9.25　返回到原来的请求表单页面

但由于此时系统后台已经产生了新的验证码，而表单中原来输入的原始验证码已经和现有的新的验证码不一致。因此，此时如果操作者再单击浏览器中的【刷新】按钮（或者按 F5 键）将不能正常提交，此方法也能够有效地防止表单中的重复提交。

9.3.2 请求处理完成后转发到其他页面防止表单重复提交

1. 应用页面转发技术防止表单重复提交

在应用系统开发中，防止表单重复提交的最简单的方法是应用页面转发技术。也就是在操作者完成了某项功能操作后，系统自动转发到另一个目标页面中，如图 9.26 所示为某个系统中的删除用户信息的页面局部截图。

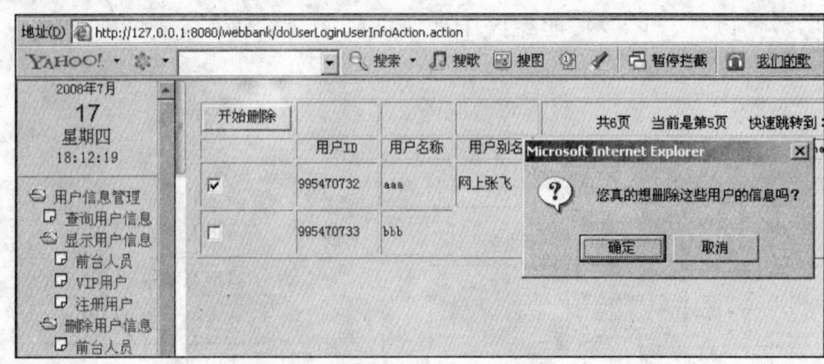

图 9.26　某个系统中的删除用户信息的页面局部截图

在图 9.26 所示的页面中，操作者正常完成功能操作。如果再单击浏览器中的【后退】按钮，并按 F5 键，浏览器将弹出如图 9.27 所示的警告提示信息对话框。

图 9.27　浏览器将弹出警告提示信息对话框

2. 利用转发中的 URL 地址为初始请求的 URL 地址限制表单重复提交

操作者如果单击图 9.27 所示图中的【重试】按钮后，由于在 URL 地址栏中出现的 URL 地址为开始请求时的 URL 地址（参考图 9.26）。因此，应用系统将自动进入如图 9.28 所示的初始页面和显示操作的初始状态，并没有真正向系统后台再次发送请求。

因此，利用转发到其他目标页面的方法，同样也能够避免出现重复提交的状况。

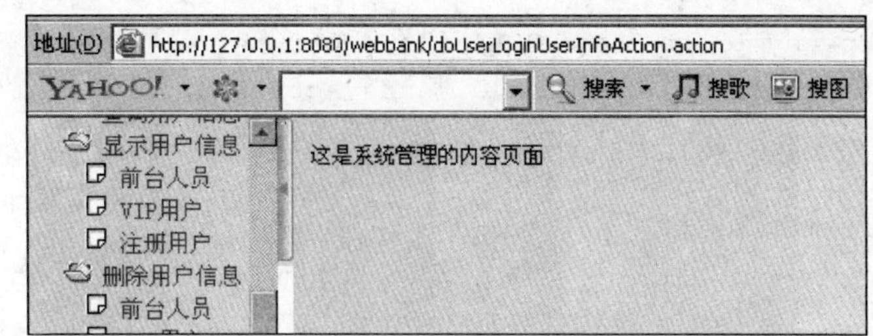

图 9.28　系统将自动进入初始页面和显示操作的初始状态

9.3.3　利用<s:token/>标签防止表单重复提交

1. Struts2 框架中<s:token/>标签的主要作用

在应用了<s:token/>标签的页面加载时，其中的<s:token/>标签将产生一个 GUID（Globally Unique Identifier，全局唯一标识符）值的隐藏文本框，该隐藏文本框的 HTML 标签如下所示：

```
<input type="hidden" name="struts.token.name" value="struts.token"/>
<input type="hidden" name="struts.token"
                    value="BXPNNDG6BB11ZXHPI4E106CZ5K7VNMHR"/>
```

同时，Struts2 框架运行时系统程序还将 GUID 字符串保存到会话（HttpSession）作用域对象中。在执行目标 Action 程序类中的方法之前，Struts2 框架中默认的 token 拦截器将会话 token 与请求的 token 值相比较，如果两者相同，则将会话中的 token 删除并继续执行请求，否则就向 actionErrors 错误集合中加入相关的错误信息。

因此，如果操作者通过某种手段提交了两次相同的请求，但由于两个 token（GUID 值）就会不同，从而避免了表单的重复提交行为。

2. Struts2 框架中的 token 拦截器的主要作用

token 拦截器主要配合<s:token />标签完成创建 GUID 字符串，并在操作者提交表单时将 GUID 也发送给服务器端程序；服务器端程序会检测客户端提交的令牌和缓存中的令牌是否一致并跳转到目标页面中。

3. 在项目中添加一个名称为 Struts2TokenAction 的 Action 程序类

Struts2TokenAction 程序为一个原理性的示例程序，在其中的 execute()方法中只完成简单的输出信息功能，并提供一个名称为 message 的成员属性，最终的程序代码如例 9-9 所示。

例 9-9　Struts2TokenAction 程序的代码示例。

```
package com.px1987.sshwebcrm.action;
```

```
import com.opensymphony.xwork2.ActionSupport;
public class Struts2TokenAction extends ActionSupport {
    private String message;
    public String getMessage() {
        return message;
    }
    public void setMessage(String message) {
        this.message = message;
    }
    @Override
     public String execute() {
        System.out.println("本程序为一个原理性的示例程序");
        return SUCCESS;
    }
 }
```

4. 在项目中添加向 Action 程序类发送请求的 tokenDemoPage.jsp 页面

在项目中添加向 Action 程序类发送请求的 tokenDemoPage.jsp 页面，如例 9-10 所示，在该页面中加入一个 Struts2 框架中的<s:token />标签，注意其中黑体标识的标签。

例 9-10 tokenDemoPage.jsp 页面中的代码示例。

```
<%@ page pageEncoding="gb2312"%>
<%@ taglib prefix="s" uri="/struts-tags" %>
<html><head><title>利用 token 标签防止表单重复提交</title></head><body>
<s:actionerror />
 <s:form action="struts2TokenAction.action" method="Post" >
    <s:textfield name="message" label="输入有关的信息" theme="xhtml"/>
            <s:token />
    <s:submit theme="xhtml"/>
 </s:form></body></html>
```

Struts2 框架中的<s:token/>标签

在例 9-10 中，利用<s:token/>标签创建出 GUID 值，从而识别出是否为重复提交表单行为。

5. 在系统配置文件 struts.xml 中配置定义出 Actoin 程序

配置定义 Struts2TokenAction 程序类与配置其他的 Action 程序类并没有什么本质的差别，但需要引用默认的 token 拦截器和默认的拦截器栈，作者的配置定义的代码示例如例 9-11 所示，请注意其中黑体标识的标签。

例 9-11 与 Struts2TokenAction 程序类配置定义有关的代码示例。

```
<action name="struts2TokenAction"
            class="com.px1987.struts2.action.Struts2TokenAction">
    <interceptor-ref name="defaultStack" />
```

```
    <interceptor-ref name="token" />
    <result name="invalid.token">/dealError/showNoLogin.jsp</result>
    <result name="success">/index.jsp</result>
  </action>
```

在以上 XML 配置文件中的片段代码中，值得注意的是，其中加入了名称为 token 的拦截器和名称为 invalid.token 的结果定义（指当发现重复提交时，需要跳转到的显示错误信息的目标页面）。由于 token 拦截器在会话 token 与请求 token 不一致时，会直接返回到名称为 invalid.token 的结果视图中。

6. 部署和测试本功能的最终执行效果

在浏览器中输入 http://127.0.0.1:8080/sshwebcrm/tokenDemoPage.jsp 的 URL 地址，执行 tokenDemoPage.jsp 页面，如图 9.29 所示，并在页面表单中任意输入信息并提交页面，因为后台的 Action 程序并没有真正地进行功能处理。

功能操作一切正常，并返回到目标页面中（由如下标签<result name="success">/index.jsp</result>定义的页面），然后在浏览器中按 F5 键刷新当前结果页面，浏览器同样也将弹出如图 9.27 所示的对话框，并单击其中的【重试】按钮，出现如图 9.30 所示的错误提示的页面。

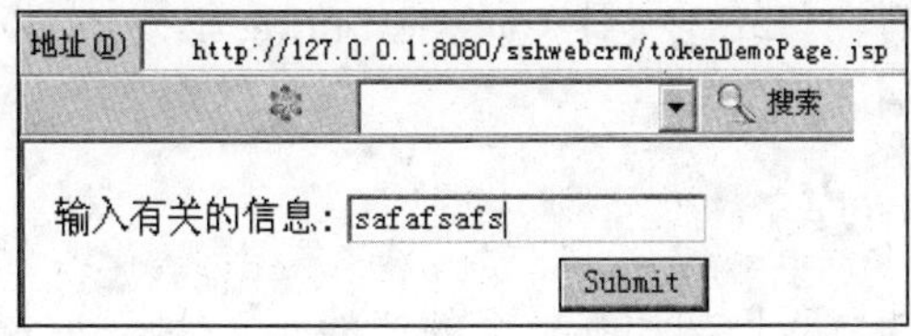

图 9.29　tokenDemoPage.jsp 页面的执行结果

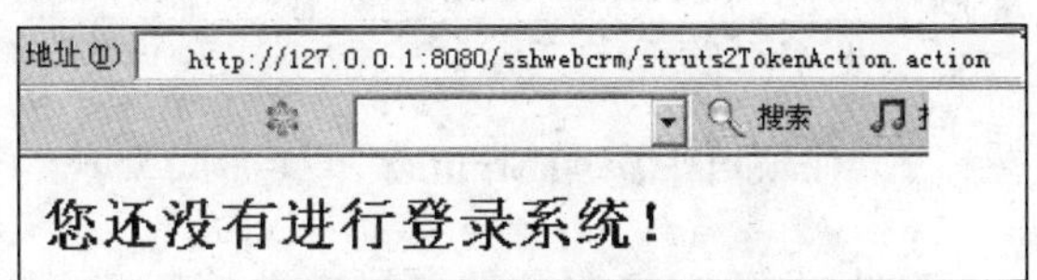

图 9.30　系统出现错误提示信息的页面

当出现重复提交时，系统将自动地跳转到由如下标签所定义的目标页面中：<result name="invalid.token">/dealError/showNoLogin.jsp</result>。

9.4　整合 Struts 2.X 版和 Spring 3.X 版系统

9.4.1　搭建整合的系统环境和添加系统库

1. 为什么要将 Strut2 与 Spring 3.X 相互整合

1）将 Struts2 框架整合进 Spring 框架能够给 Struts2 应用带来多方面的优点

首先，Spring 框架提供控制反转 IoC 技术进行对象的生命周期的管理和倡导容器提供的功能服务，从而可以降低应用系统在开发过程中所涉及的复杂性、低性能和可测试性。

其次，Spring 框架中提供了面向切面编程技术（AOP）的支持和实现，从而也可以将 Spring AOP 有关的各种拦截器组件应用在 Struts2 框架的应用系统中，进一步完善和丰富 Struts2 框架中的拦截器组件的功能。

Spring MVC 框架组件对控制器的请求配置相对比较复杂，同时表示层也没有提供丰富和完整的标签技术的支持，而 Struts2 框架则能够弥补这些 Spring 框架在表现层中的不足。因此，有必要将两者相互整合最终达到能够在 Struts2 框架中应用 Spring 框架中的 IoC 和 AoP 等技术，并相互利用。

2）在 Struts2 框架中提供了与 Spring 整合的系统库

在 Struts2 框架中已经提供了一个系统库 struts2-spring-plugin-2.1.8.1.jar 文件实现与 Spring 整合，如图 9.31 所示。

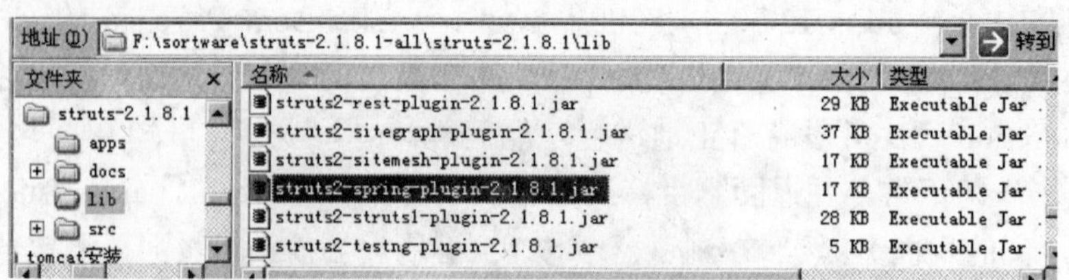

图 9.31 在 Struts2 框架中提供了与 Spring 整合的系统库

关于 Spring 框架的具体编程及应用技术，作者在《J2EE 项目实训——Spring 框架技术》一书（见本书的参考文献）中做了比较详细的介绍。

2. 在项目中添加 Struts2 框架面向整合的插件库文件

在基于 Struts2 框架的项目中添加与 Spring 3.X 版框架相互整合的插件库文件 struts2-spring-plugin-2.1.8.1.jar，需要将 struts2-spring-plugin-2.1.8.1.jar 插件库文件加入到项目的 WEB-INF/lib 目录中，如图 9.32 所示。

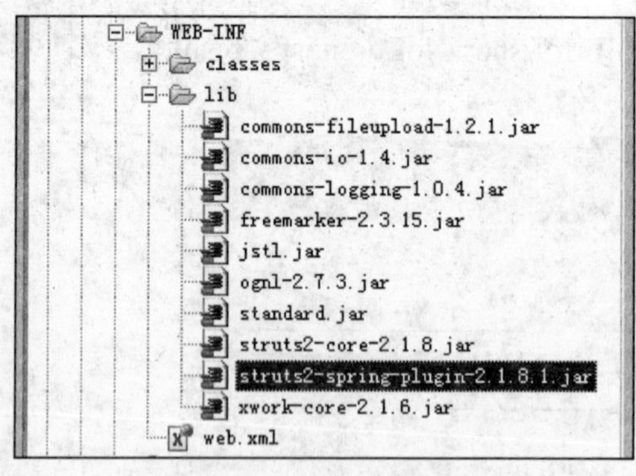

图 9.32 在项目中添加与整合有关的系统库文件

3. 在项目中添加与 Spring 3.X 版有关的系统库文件

除了需要添加插件库以外，还需要在 Struts2 的 Web 项目中添加与 Spring 框架有关的如下系统包，共 10 个系统库文件。本示例采用 Spring 3.X 版本：

- org.springframework.asm-3.0.0.RELEASE.jar
- org.springframework.beans-3.0.0.RELEASE.jar
- org.springframework.context-3.0.0.RELEASE.jar
- org.springframework.core-3.0.0.RELEASE.jar
- org.springframework.expression-3.0.0.RELEASE.jar
- org.springframework.jdbc-3.0.0.RELEASE.jar
- org.springframework.web-3.0.0.RELEASE.jar
- org.springframework.transaction-3.0.0.RELEASE.jar
- aopalliance.jar
- org.springframework.aop-3.0.0.RELEASE.jar

因此，需要将这些系统库文件加入到项目的 WEB-INF/lib 目录中，如图 9.33 所示为最终操作结果。

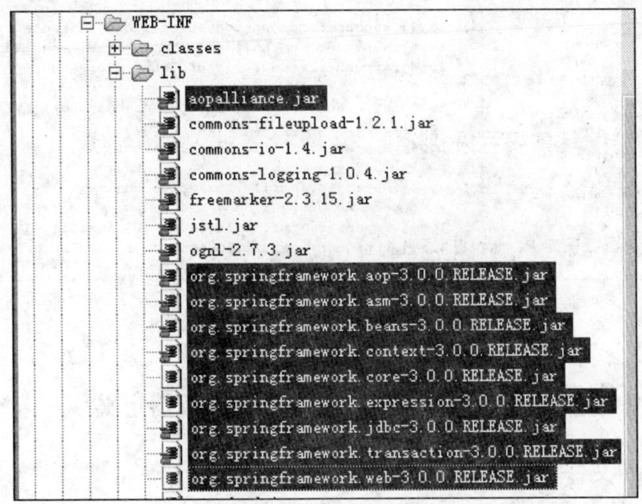

图 9.33　在项目中添加与 Spring 3.X 有关的系统包

4. 在项目中添加与 log4J 日志系统有关的系统库文件

1）在项目中添加 log4J 日志系统库文件

由于 Spring 框架应用了日志处理技术，因此首先需要在项目中添加 log4J 系统库文件，主要为 log4j-1.2.12.jar 和 commons-logging.jar 两个系统库文件，如图 9.34 所示。

2）在项目中添加 log4j.properties 属性配置文件

由于 log4J 日志处理器系统是利用 log4j.properties 属性配置文件进行系统环境设置的，因此在项目中还需要添加 log4j.properties 属性配置文件，可以直接将 Spring 框架中的 log4j.properties 文件复制到项目中的 classpath 目录中，如图 9.35 所示。

```
WEB-INF
  classes
  lib
    aopalliance.jar
    commons-fileupload-1.2.1.jar
    commons-io-1.4.jar
    commons-logging-1.0.4.jar
    freemarker-2.3.15.jar
    jstl.jar
    log4j-1.2.12.jar
    ognl-2.7.3.jar
    org.springframework.aop-3.0.0.RELEASE.jar
    org.springframework.asm-3.0.0.RELEASE.jar
    org.springframework.beans-3.0.0.RELEASE.jar
    org.springframework.context-3.0.0.RELEASE.jar
    org.springframework.core-3.0.0.RELEASE.jar
    org.springframework.expression-3.0.0.RELEASE.jar
    org.springframework.jdbc-3.0.0.RELEASE.jar
    org.springframework.transaction-3.0.0.RELEASE.jar
    org.springframework.web-3.0.0.RELEASE.jar
```

图 9.34　在项目中添加 log4J 系统库文件

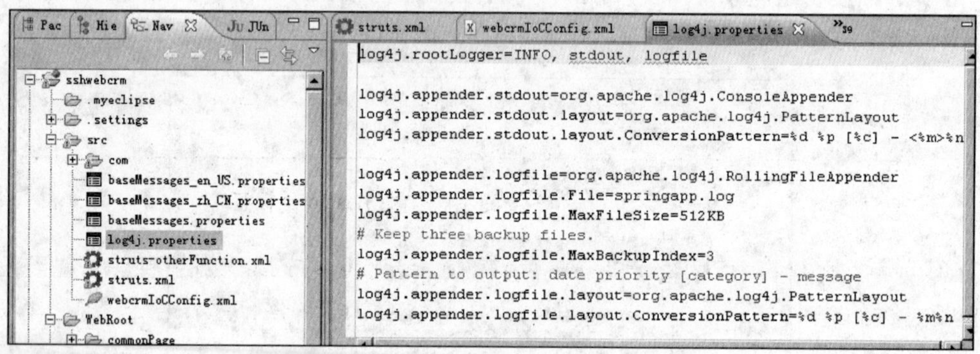

图 9.35　在项目中添加 log4j.properties 文件

5. 修改项目中的部署描述文件 web.xml 并添加监听器定义

1）在 web.xml 文件中添加<context-param>标签

Spring 框架利用<context-param>标签获得在整合中与 IoC 有关的 XML 配置文件及路径，因此需要在 web.xml 文件中添加<context-param>标签，并通过 contextConfigLocation 属性名所对应的值定义 IoC 的 XML 文件的名称和路径，如图 9.36 所示的最终配置结果。

```
<?xml version="1.0" encoding="UTF-8"?>
<web-app version="2.5"
    xmlns="http://java.sun.com/xml/ns/javaee"
    xmlns:xsi="http://www.w3.org/2001/XMLSchema-instance"
    xsi:schemaLocation="http://java.sun.com/xml/ns/javaee
    http://java.sun.com/xml/ns/javaee/web-app_2_5.xsd">
<context-param>
    <param-name>contextConfigLocation</param-name>
    <param-value>/WEB-INF/classes/webcrmIoCConfig.xml</param-value>
</context-param>
```

图 9.36　在 web.xml 文件中添加<context-param>标签

2）在 web.xml 文件中添加<listener>标签

由于与 IoC 有关的 XML 配置文件的最终解析是由 ContextLoaderListener 监听器组件最终完成的，因此需要加入 Spring 框架的 ContextLoaderListener 监听器以方便 Spring 框架与 Web 容器交互，并解析与 IoC 有关的 XML 配置文件。如图 9.37 所示的最终配置结果。

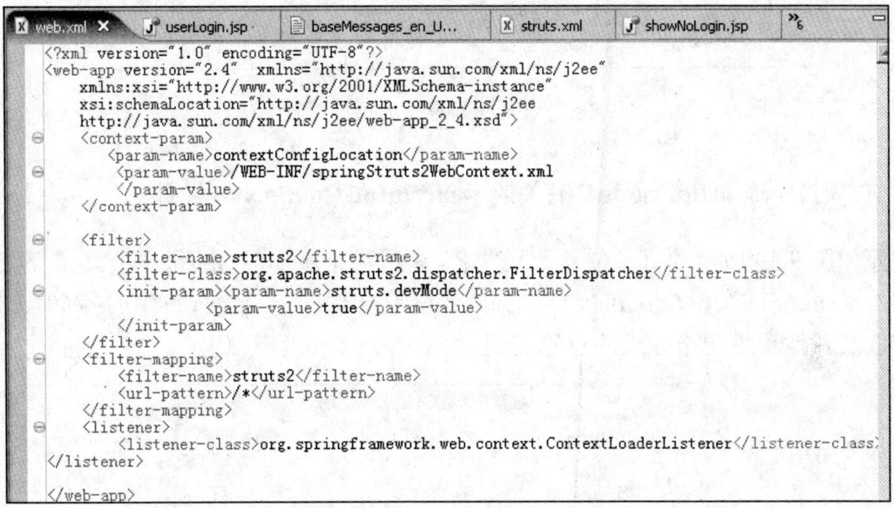

```
<?xml version="1.0" encoding="UTF-8"?>
<web-app version="2.4" xmlns="http://java.sun.com/xml/ns/j2ee"
    xmlns:xsi="http://www.w3.org/2001/XMLSchema-instance"
    xsi:schemaLocation="http://java.sun.com/xml/ns/j2ee
    http://java.sun.com/xml/ns/j2ee/web-app_2_4.xsd">
    <context-param>
       <param-name>contextConfigLocation</param-name>
        <param-value>/WEB-INF/springStruts2WebContext.xml
        </param-value>
    </context-param>

    <filter>
        <filter-name>struts2</filter-name>
        <filter-class>org.apache.struts2.dispatcher.FilterDispatcher</filter-class>
        <init-param><param-name>struts.devMode</param-name>
                <param-value>true</param-value>
        </init-param>
    </filter>
    <filter-mapping>
        <filter-name>struts2</filter-name>
        <url-pattern>/*</url-pattern>
    </filter-mapping>
    <listener>
        <listener-class>org.springframework.web.context.ContextLoaderListener</listener-class>
</listener>

</web-app>
```

图 9.37　在 web.xml 文件中添加<listener>标签

ContextLoaderListener 监听器组件实现加载 Spring IoC 的 XML 配置文件以创建出 WebApplicationContext 对象，从而可以在 Struts2 框架的 Action 组件类中通过依赖注入来获得业务层组件对象实例。

9.4.2　整合 Struts 2.X 版和 Spring 3.X 版系统示例

1. 将 Struts2 框架的 Action 类对象实例由 Spring 框架 IoC 容器管理

为此，需要修改项目中的 struts.xml 文件以告知 Struts2 框架运行系统，使用 Spring 框架 IoC 容器创建和管理 Action 类的对象实例。<constant>标签的示例如下：

```
<constant name="struts.objectFactory"
        value="org.apache.struts2.spring.StrutsSpringObjectFactory" />
```

在 Struts2 框架中的每一个对象实例都是由 ObjectFactory 工厂创建的，而 Spring 框架 IoC 本身就是创建和管理对象的容器。因此，只需要将由 ObjectFactory 创建对象的方法改为由 Spring 框架创建，如图 9.38 所示的最终配置结果。

当然，也可以通过 struts.properties 文件中的如下属性项目进行配置定义：

```
struts.objectFactory=org.apache.struts2.spring.StrutsSpringObject
Factory
```

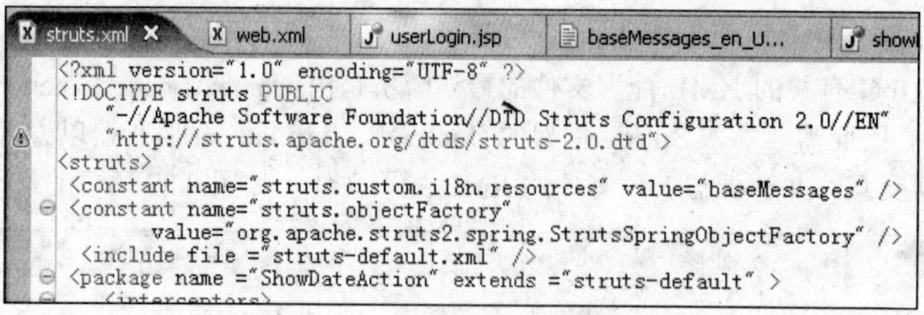

```
<?xml version="1.0" encoding="UTF-8" ?>
<!DOCTYPE struts PUBLIC
    "-//Apache Software Foundation//DTD Struts Configuration 2.0//EN"
    "http://struts.apache.org/dtds/struts-2.0.dtd">
<struts>
 <constant name="struts.custom.i18n.resources" value="baseMessages" />
 <constant name="struts.objectFactory"
         value="org.apache.struts2.spring.StrutsSpringObjectFactory" />
  <include file ="struts-default.xml" />
 <package name ="ShowDateAction" extends ="struts-default" >
```

图 9.38 <constant>标签的最终配置示例

2. 在项目中添加 Spring IoC 有关的 webcrmIoCConfig.xml 文件

按照如图 9.39 所示的目录位置和文件名，在项目中添加与 Spring 框架 IoC 容器对象管理有关的 webcrmIoCConfig.xml 文件，并在该配置文件中定义出项目中的各个 Action 类的对象实例及其他模型层组件类的对象实例。

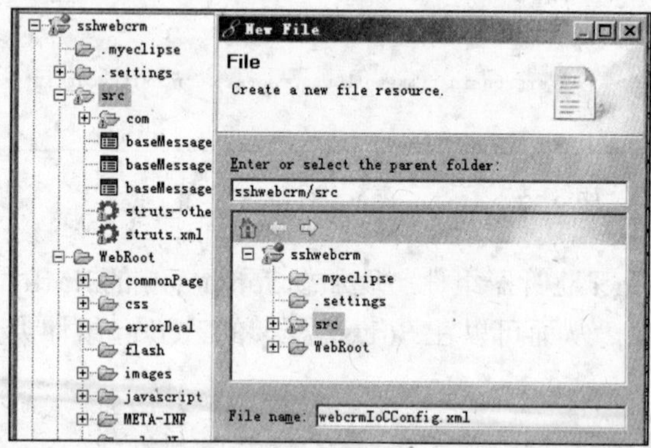

图 9.39 在项目中添加 Spring IoC 有关的 xml 文件

由于 Struts2 框架会为每一个请求创建出一个 Action 类的对象实例，所以在定义例 6-4 所示的模型驱动的 UserInfoManageActionModel 类的对象实例时，使用 singleton= "false"。这样 Spring 就会每次都返回一个新的 UserInfoManageActionModel 类的对象实例了。最终的配置文件示例如例 9-12 所示，请注意其中黑体所标识的标签。

 9-12 webcrmIoCConfig.xml 文件的代码示例。

```
<?xml version="1.0" encoding="UTF-8"?>
<!DOCTYPE beans PUBLIC "-//SPRING//DTD BEAN//EN"
        "http://www.springframework.org/dtd/spring-beans.dtd">
<beans>
    <bean id="userInfoActionBean" singleton="false"
            class="com.px1987.sshwebcrm.action.UserInfoManageAction
            Model">
    </bean>
</beans>
```

3. 修改 struts.xml 文件中原来的 Action 类的定义

将原来配置定义中的如下的 UserInfoManageActionModel 类的定义标签（参考例 6-6）：

```
<action name ="userInfoManageActionModel"
      class="com.px1987.sshwebcrm.action.UserInfoManageActionModel">
   <result name="success">/userManage/loginSuccess.jsp</result>
</action>
```

改为下面的定义形式：

```
<action name ="userInfoManageActionModel" class="userInfoActionBean">
   <result name="success">/userManage/loginSuccess.jsp</result>
</action>
```

注意，其中的 Action 类的定义和普通的 Action 类定义的不同之处就在于其中的 class 属性，它对应于例 9-9 中的 Spring IoC 配置定义中的<bean>标签的 id 属性值，而不是它的类全名。

4. 部署本 Web 应用和测试整合后的 Web 系统

首先将整合后整个项目文件部署到 Tomcat 服务器中，并启动 Tomcat 服务器和观察在控制台上是否有与 Spring 框架相关的异常抛出的状态提示信息，同时观察在控制台中是否出现对 IoC 的 XML 配置文件进行解析的状态提示信息，如图 9.40 所示。

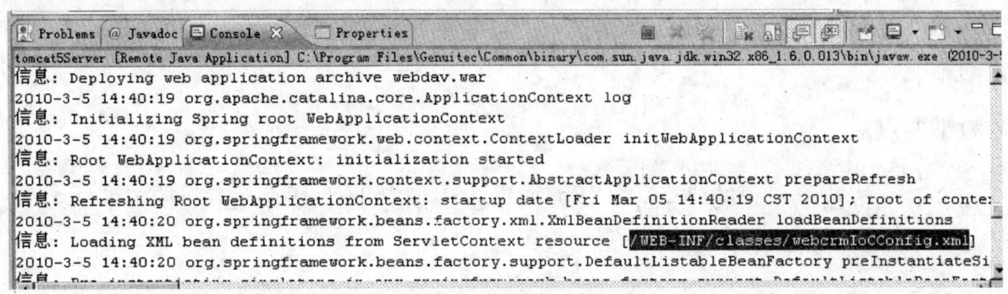

图 9.40　观察在控制台中是否出现对 IoC 的 XML 配置文件进行解析的状态提示信息

然后在浏览器中参照图 6.24 所示的操作方式继续执行 modelUserLogin.jsp 页面，并在表单中输入相关的登录信息，将出现如图 9.41 所示的登录成功的提示信息，说明 Struts2 和 Spring 两者之间的整合是成功的。

图 9.41　登录成功的提示信息

小　结

教学重点

本章的主要内容包括如下 4 个技术专题及应用：文件上传技术、文件下载技术、防止表单重复提交和整合 Struts 2.X 版和 Spring 3.X 版系统，它们都是企业应用系统开发中常见的应用技术。但在教学中也还应该要突出重点和要点。

在文件上传技术专题中，重点讲解对上传表单<form>标签的基本要求，Struts2 框架中的文件上传的实现原理，并结合例 9-2 说明如何实现文件上传。如果教学课时比较充分，也可以进一步延伸，讲解如何限制上传文件的类型及文件大小、多文件上传等技术及在项目中的具体应用。

在文件下载技术专题中，重点讲解为什么要对文件下载过程附加访问控制和身份验证，并结合例 9-6 说明在 struts.xml 文件中对相关的 Action 程序类配置的要点。

而在防止表单重复提交技术专题中，重点讲解了什么是表单重复提交行为、为什么要防止这种行为。同样也结合例 9-7 说明在 struts.xml 文件中对相关的 Action 程序类配置的要点。

学习难点

在本章的最后一小节重点介绍了如何将 Struts2 框架和 Spring 框架相互整合，但对与 Spring 框架相关的技术内容的介绍并不属于本书的重点内容，读者可以参考作者的另一本教材《J2EE 项目实训——Spring 框架技术》（见本书的参考文献）。

当然，对于没有接触 Spring 框架技术的读者而言，在学习本小节的内容时可能会存在一定的难度。

教学要点

在文件上传技术专题的教学中，需要向学生强调对上传表单<form>标签的基本要求，也就是要采用如下形式的<form>标签元素：

```
<form enctype="multipart/form-data" action="someOneURL" method="post" />
```

并向学生解释清楚为什么要将 enctype 属性取值为 multipart/form-data，method 属性取值为 post。

在文件下载技术专题中，由于 Struts2 框架已经对直接文件流下载技术进行了封装，并不需要开发人员关注其中的技术实现细节，而只需要在 struts.xml 文件中进行相关的配置定义。因此，在教学中应该要解释清楚例 9-7 中的各个配置项目的基本含义和为什么要定义这些属性项目。

而在防止表单重复提交技术专题中，在教学中同样也要解释清楚例 9-10 中与 token 拦截器组件有关的各个配置项目的基本含义和为什么要定义这些属性项目。因为初次接触 Struts2 框架中的令牌（Token）这个名词时，可能会不理解其含义。其实 Struts2 框架中的令牌机制也就是产生一个 GUID（Globally Unique Identifier，全局唯一标识符），然后每次请求处理之前进行识别是否为同一个 GUID 值。

学习要点

在学习如何限制上传文件的类型及文件大小的内容时，要注意在 fileUpload 拦截器的配置定义中应该给出描述文件类型的 MIME 字符串，而不是文件的扩展名。

另外，在引用 fileUpload 拦截器的同时，也还要对默认的拦截器栈 defaultStack 进行引入，否则项目中的其他的 Struts2 框架中的默认拦截器将失效。因为，此时 Struts2 框架系统将不再自动地引入它们，而必须由开发者自己再明确地指定和引入它们。

在整合 Struts2 和 Spring 框架系统时，要注意 Spring 框架的版本号，图 9.32 所示的 Spring 框架的系统包是指 Spring 3.X 版的系统库，不同版本的系统库文件名是有差别的。

练　习

1. 单选题

（1）在某个表单中包含如下的文件上传表单域标签<input type="file" name="upload File" />，其中的 type="file"的属性项目的基本含义代表的是如下的哪一项？（　　）

（A）文件　　（B）上传表单中的文件域
（C）文档资料　　（D）页面文件

（2）描述 Windows 系统中的 BMP（英文 Bitmap 位图的简写，同时也是 Windows 环境中交换与图形有关的数据的一种标准）格式的图像文件的 MIME 类型字符串为哪一项？（　　）

（A）bmp/image　　（B）image,bmp
（C）image 和 bmp　　（D）image/bmp

（3）为了能够限制上传文件的类型及文件长度的大小，需要在 Action 程序类的定义配置中引入下面哪一个默认的拦截器？（　　）

（A）exception　　（B）params
（C）fileUpload　　（D）token

（4）为了能够利用 Struts2 框架中的<s:token/>标签防止表单重复提交，需要在 Action 程序类的定义配置文件中引用如下哪一个默认的拦截器？（　　）

（A）chain　　（B）exception
（C）token　　（D）i18n

（5）为了能够整合 Struts 2.X 版和 Spring 3.X 版框架系统，在项目的部署描述文件 web.xml 中应该添加如下哪一个监听器组件？（　　）

（A）ContextLoaderListener　　（B）ContextConfigLocation
（C）LoaderContextListener　　（D）ConfigContextLocation

2. 填空题

（1）<form>标签中的 enctype 属性的可能取值为________、________、________，这 3 个不同的取值的含义分别为________、________、________。

（2）如果表单中包含一个 name 属性为 xxx 的文件域（如<input type="file" name="xxx" />示例标签），则应该要在对应的 Action 程序类中提供 3 个不同的成员属性对象来封装与上传文件有关的信息。它们分别为________、________、________，这 3 个不同的成员属性对象取值的含义分别为________、________、________。

（3）名称为 fileUpload 的默认拦截器中的 allowedTypes 属性参数的主要作用为________，而 maximumSize 属性参数的主要作用是________。

（4）在 Struts2 框架中内带有与上传过程中出现错误有关的各个错误提示信息，其中 key 键名为 struts.messages.error.content.type.not.allowed 的错误信息代表的错误是________，而 key 键名为 struts.messages.error.file.too.large 的错误信息代表的错误是________，key 键名为 struts.messages.error.uploading 的错误信息代表的错误是________。

（5）在多文件上传的页面中应该要提供多个上传的文件域，但它们的 name 属性值必须满足________，在后台的 Action 程序类中需要采用________包装上传的各个文件的名称、文件类型和文件数据内容。

（6）如下为一个项目中实现文件下载功能的 Action 程序类的<result>标签配置定义的代码片段示例：

```
<result name="success" type="stream">
    <param name="contentType">image/gif</param>
    <param name="inputName">inputStream</param>
    <param name="contentDisposition">filename="logo.gif"</param>
    <param name="bufferSize">4096</param>
</result>
```

其中的 type="stream"的含义是________，name="contentType"的含义是________，name="inputName"的含义是________，name="contentDisposition"的含义是________，name="bufferSize"的含义是________。

3. 问答题

（1）解释 MIME 的含义，它的主要用途。

（2）描述 Struts2 框架中的文件上传的实现原理，说明对页面中文件上传的<form>标签的基本要求。

（3）结合具体的应用示例说明如何限制上传文件的类型及文件大小。在实现多文件上传时需要注意哪些问题？

（4）结合具体的应用示例说明为什么要对文件下载过程附加访问控制和身份验证。在 Struts2 框架中如何实现这些功能要求？

（5）什么是表单重复提交行为？请结合具体的应用示例说明如何避免表单重复提交行为，并说明这些实现方法的基本原理是什么。

4. 开发题

（1）应用 Struts2 框架对文件上传技术的支持，实现如图 9.42 所示的带有图片上传要求的用户注册功能，并在 Struts2 框架的 Action 程序类中获得注册表单中上传的图片文件。

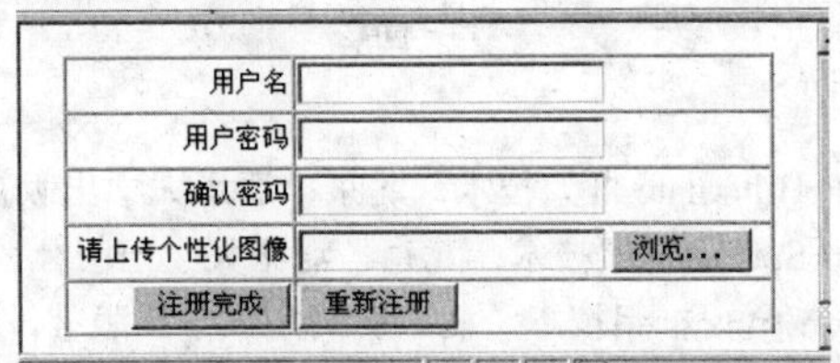

图 9.42　带有图片上传功能要求的用户注册页面表单

（2）对图 9.42 所示的用户注册表单在 Struts2 框架中应用<s:token/>标签防止注册表单重复提交。

（3）对图 9.42 所示的用户注册功能进行扩展，将注册表单提交的各个请求参数应用 JDBC 技术保存到数据库表中。

（4）再对图 9.42 所示的用户注册功能进一步扩展，应用 Struts2+Spring 框架相互整合的系统架构实现用户注册功能。

参 考 文 献

[1] 杨少波．J2EE 项目实训——Hibernate 框架技术．北京：清华大学出版社，2008.

[2] 杨少波．J2EE 项目实训——Spring 框架技术．北京：清华大学出版社，2008.

[3] 杨少波．J2EE 项目实训——Struts 框架技术．北京：清华大学出版社，2008.

[4] 杨少波．J2EE 项目实训——UML 及设计模式．北京：清华大学出版社，2008.

[5] 杨少波．J2EE 课程设计——项目开发指导．北京：清华大学出版社，2009.

[6] 杨少波．J2EE 课程设计——技术应用指导．北京：清华大学出版社，2009.

[7] 杨少波．J2EE Web 核心技术——XHTML 与 XML 应用开发．北京：清华大学出版社，2010.